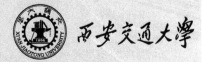

西安交通大学 研究生创新教育系列教材

EA架构与系统分析设计

饶　元　吴飞龙　杜小智　赵　亮　编著

西安交通大学出版社
XI'AN JIAOTONG UNIVERSITY PRESS

内容简介

随着互联网与移动互联网的兴起，软件系统在不断推陈出新的 IT 技术推动下，所希望解决和面对的问题域的复杂程度也越来越大，软件系统也正在从低级到高级、从简单到复杂、从封闭孤立到开放协同的方式快速地演化和发展。特别是在目前社会计算、云计算、移动计算以及大数据环境下，社会性软件以及 Web2.0 领域内的各种复杂的涌现现象及系统内的非线性系统动力学机制，使得对软件系统的分析与设计面临着巨大的全新挑战。面对着复杂而又庞大的应用系统，忽视软件系统设计整体目标的软件开发行为，已无法在复杂环境下，有效地把握外部环境与需求的动态变化对于系统所产生的影响，以及与其他系统之间的交互行为与集成操作模式。本书希望在软件开发从管理工具走向服务平台的演化过程中，通过采用模型驱动的体系结构（MDA）设计理念以及 Zachman 模型为代表的企业架（EA）软件的系统分析方法，寻找出一个稳定的，且可以在一定的时间内有效的系统设计理论与方法，并对新入行的人员提供有效的帮助和设计指导。

本书可以供软件工程、计算机科学与技术、管理信息系统等相关领域和专业的高年级本科生、研究生进行学习与参考使用。

图书在版编目（CIP）数据

EA 架构与系统分析设计/饶元等编著 . —西安:西安交通大学出版社,2015.9
（2017.7 重印）
ISBN 978-7-5605-7856-9

I.①E… II.①饶… III.①软件工程—系统分析②软件设计 IV.①TP311.5

中国版本图书馆 CIP 数据核字（2015）第 206121 号

书　　名	EA 架构与系统分析设计	
编　　著	饶　元　吴飞龙　杜小智　赵　亮	
责任编辑	任振国　季苏平	
出版发行	西安交通大学出版社	
	（西安市兴庆南路 10 号　邮政编码 710049）	
网　　址	http://www.xjtupress.com	
电　　话	（029）82668357　82667874（发行中心）	
	（029）82668315（总编办）	
传　　真	（029）82668280	
印　　刷	虎彩印艺股份有限公司	
开　　本	727mm×960mm　1/16　印张 29　字数 705 千字	
版次印次	2015 年 12 月第 1 版　2017 年 7 月第 2 次印刷	
书　　号	ISBN 978-7-5605-7856-9	
定　　价	53.00 元	

读者购书、书店添货，如发现印装质量问题，请与本社发行中心联系、调换。
订购热线:（029）82665248　（029）82665249
投稿热线:（029）82669097　QQ:8377981
读者信箱:lg_book@163.com

《研究生创新教育》总序

创新是一个民族的灵魂，也是高层次人才水平的集中体现。因此，创新能力的培养应贯穿于研究生培养的各个环节，包括课程学习、文献阅读、课题研究等。文献阅读与课题研究无疑是培养研究生创新能力的重要手段，同样，课程学习也是培养研究生创新能力的重要环节。通过课程学习，使研究生在教师指导下，获取知识的同时理解知识创新过程与创新方法，对培养研究生创新能力具有极其重要的意义。

西安交通大学研究生院围绕研究生创新意识与创新能力改革研究生课程体系的同时，开设了一批研究型课程，支持编写了一批研究型课程的教材，目的是为了推动在课程教学环节加强研究生创新意识与创新能力的培养，进一步提高研究生培养质量。

研究型课程是指以激发研究生批判性思维、创新意识为主要目标，由具有高学术水平的教授作为任课教师参与指导，以本学科领域最新研究和前沿知识为内容，以探索式的教学方式为主导，适合于师生互动，使学生有更大的思维空间的课程。研究型教材应使学生在学习过程中可以掌握最新的科学知识，了解最新的前沿动态，激发研究生科学研究的兴趣，掌握基本的科学方法；把教师为中心的教学模式转变为以学生为中心教师为主导的教学模式；把学生被动接受知识转变为在探索研究与自主学习中掌握知识和培养能力。

出版研究型课程系列教材，是一项探索性的工作，也是一项艰苦的工作。虽然已出版的教材凝聚了作者的大量心血，但毕竟是一项在实践中不断完善的工作。我们深信，通过研究型系列教材的出版与完善，必定能够促进研究生创新能力的培养。

西安交通大学研究生院

自　序

　　随着互联网与移动互联网的兴起,软件系统在不断推陈出新的 IT 技术推动下,所希望解决和面对的问题域的复杂程度也越来越大,软件系统正在从低级到高级、从简单到复杂、从封闭孤立到开放协同的方向快速地演化和发展。特别是在目前社会计算、云计算、移动计算以及大数据环境下,社会性软件以及 Web2.0 领域内的各种复杂的涌现现象及系统内的非线性动力学机制,使得对软件系统的分析与设计面临着巨大的全新挑战。面对着复杂而又庞大的应用系统,传统中那种只关注于技术细节,忽视软件系统设计整体目标的软件开发行为,已无法在新的复杂环境下,从整体上把握当外部环境与需求在动态变化时,对系统以及与其他系统进行交互操作和集成的影响与变化。

　　因此,本书的一个初衷就是希望在软件开发从管理工具走向服务平台的演化过程中,寻找出一个稳定的,且可以在一定时间内有效进行系统设计的理论与方法,来对新入行的一些人员提供帮助和指导,改变他们孤立地看待事物的思维方式,避免造成信息孤岛从而限制了信息与数据资源的有效共享与利用。当前,软件工程领域一直面临着一个巨大的挑战,即系统分析与设计人员一般按照功能性、非功能性的需求来建立需求模型,再根据需求模型获得相应的设计模型,进而实现代码框架的自动化生成。但是在整个软件开发的实践过程中,由于软件开发所涉及的模型具有多层次与多视角的特点,这也造成了软件建模工作的复杂度过高。因此,在软件项目从需求分析到设计的全过程中,如何建立针对不同层次软件模型的统一表达方式,并通过模型的逐步精化从上一层模型可以精确无二义地或者自动化地获得下一层模型,用来指导软件的开发,成为了当前产业与学术界共同关注的焦点。目前,不同领域的研究与应用实践给我们提供了许多有价值的思考方式与分析设计方法,其中最具有代表性的是模型驱动的体系结构(Model Driven Architecture,MDA)所提出的软件建模与实现的理念以及以 Zachman 模型为代表的企业架构(Enterprise Architecture,EA)系统分析方法。

　　自对象管理组织(OMG)于 2001 年 7 月发布模型驱动体系结构(MDA)以来,人们在软件系统的分析与设计过程中越来越多地考虑到如何利用 MDA 的基本概念、思想与工具,将基本的概念进行模型化、抽象化和逐步精化,并在可视化的CASE 工具的支撑下,对系统的一部分结构、功能或行为进行形式化规格说明,从而实现软件产品快速且高质量的开发。因此,MDA 已使得软件本身从"软件=数据结构+算法"大步地演化到"软件=模型+模型实现"的一个新阶段。但是,如果希望使模型能够充分地表示软件所涉及的问题域,就必须将相关的数据结构、系统功能以及系统行为等特征进行统一的、形式化的和规格化的严格定义。这一方面要保证所有的定义是唯一且无歧义的,即将模型描述语言与程序语法和语义之间进行了严格地绑定,并实现了模型语言与程序语言之间的映射;另一方面,利用模型语言所具有的可视化与抽象化的能力,帮助人们在软件分析与设计过程中略去无关的细节,并充分地体现出不同层面上系统的整体视图。在软件系统不断精化的过程中,逐步填充与完善相应的实现细节,使模型从抽象到具体,从而快速且高质量地设计并开发一个相关系统。因此,从这一个意义上看,软件的开发与设计过程可以定义为:针对一个实际问题进行建模、转换和精化模型,直至生成可执行代码的过程。

企业架构则是从更高的层面与视角来对一个软件系统的开发目标与所涉及到的不同维度特征和要素进行系统化的组织与建模。作为一个复杂系统的设计方法论,企业架构关注于业务、数据、应用、技术等多个领域,不仅描述了业务架构、数据架构、应用架构和技术架构等模型以及模型之间的相互关系,还定义了具体的设计与开发实施路线图以及利用架构来控制软件项目开发全过程的管理与治理方法。例如 Zachman 模型围绕一个系统的分析与设计提出了 6×6 的分析与设计矩阵,其中 6 列表示了系统的 6 个不同的维度视角,即在数据、流程、网络、人员、时间和动机等不同的维度下来透视整个企业级软件开发过程中所涉及的核心业务;同时,模型中的 6 行表示了软件工程中软件分析设计与开发过程的 6 个不同阶段,在每一个阶段下,针对一个特定的领域来分别建立模型,其包括语义、概念、逻辑、物理、组件和功能等模型,从而通过全局化的视角来审视与软件系统开发相关的业务、信息、技术和应用之间的相互作用关系,以及这种关系对企业业务流程与功能的影响。

在 MDA 和 EA 这两种新的视角下,有必要对目前软件系统的分析与设计过程进行重新审视与梳理,建立一种业务分析与 IT 设计相支撑的均衡化的分析方法与能力,特别针对实际业务高度复杂、高度集成的企业软件开发环境下,如何利用规范化和标准化的统一建模理论方法来帮助我们提高面对实际的企业应用软件系统在建模与开发过程中的分析与设计能力,已成为了目前我们必须解决的一个关键问题,而这一问题也突出反映了目前在高校的理论教学环节与企业软件开发的实践过程中存在脱节的一个软肋。这不仅是本书所希望进行探索和尝试解决的一个目标,同时也是与其他软件工程领域关于软件系统分析与设计相关教程之间的区别所在。笔者希望将系统分析与设计过程中存在的系统性与全局化的思维,融入到本书的不同环节与章节内容之中,确保一个软件系统是在一个整体的信息化蓝图下进行有效的分析、设计、实施与管控,避免无序的整合和重复投资,并减少软件分析设计与开发过程中的风险。

"学习不在于有没有人教你,而在于你自己有没有觉悟和恒心",这是被世人称为"昆虫界的荷马"的法国著名昆虫学家法布尔先生的一条名言。通过8年来的教学工作,笔者深刻地认识并感受到了这一点,也就是说如何有效地发挥出学习主体的主观能动性,这才是教育或者说是学习过程中最为核心的工作。正如古人所云"授人以鱼,不如授人以渔",所指的"鱼"就是我们常常所说到知识与概念,而"渔"则是实现目标的一种方法或能力,可能在初始使用"渔"的过程中,会存在许多的困惑与茫然,但是如果我们抱有觉悟和恒心,就可以利用"渔"不断地获取"鱼"的过程中,同时一定会有更多的能力提升与知识收获。这也是笔者经历了软件企业与高校教学的不同工作环境后,对于现代教学的一些初浅认识与感受,也希望可以通过本书的出版达到抛砖引玉的作用。一方面,能够让更多的学习者在此基础上不断地进行批判式的学习,获得更加有意义的知识,同时也不断地"刺激"和促进笔者自身能力水平的进一步提高,实现教学相长;另一方面,因笔者本身的知识局限性,也借此可以得到更多专业人士的批评与指正,或者也希望存在一些针对系统分析与设计领域思想和观点的共鸣,如果能够达成以上目标,这将是对本书最大的肯定。

亚里士多德在《形而上学》的开篇中写道:"求知是人类的本性,我们乐于使用我们的感觉就是一个说明。"由于软件的系统分析与设计工作对实践性要求比较强,因而本书强调理论与实际的结合,强调系统分析与设计技术的实用化、工具化与文档化,希望在"求知"探索的过程中,不断通过实践强化"我们的感觉"。

本书适合作为高校计算机学院、软件学院、管理信息系统等专业高年级本科生以及研究生的课程参考教材,也可以作为软件开发人员和设计人员的自修教材与工具书。

本书第1~3章由饶元编写,第4~5章由饶元和赵亮编写,第6~8章由饶元和吴飞龙编写,第9~10章由饶元和杜小智编写,第11~12章由饶元编写。在本书的撰写过程中,得到了许多同仁、专家与同事们的热情指导、交流与鼓励。感谢

CUM 的周抒睿博士对本书提出众多宝贵建议。西安交通大学软件学院社会智能与复杂数据处理实验室的多位研究生也参与了本书的修改与审验过程,其中主要包括了王铮、马丹阳、刘雄、唐建中、聂鹏以及范刘兵等,在此一并感谢。

本书得到了国家科技部"火炬计划"项目(2012GH571817)、陕西省科技攻关项目(2012K06 - 18 和 2013KRZ10)、榆林市科技项目(2012CXY3 - 2)、中央高校"科研基金"以及西安交通大学研究生院教学改革等项目的支持,在此一并表示衷心的感谢。

饶元于西安交通大学软件学院
社会智能与复杂数据处理实验室
2014 年 5 月

目　　录

第1章 软件系统分析与设计的环境与目标

信息技术领域的快速发展与知识的快速更新,使得所开发大量的软件系统都在面临着技术升级、业务操作与市场环境快速变化的挑战,如何适应这样的变化,已成为每一个软件的设计者必须面对与考虑的关键问题。特别是由于软件分析与设计方法的快速演变,对于采用什么样的分析方法、设计技术以及 CASE 工具来协助系统设计师在完成软件所需要的功能、保证软件功能的灵活性与可扩展性的前提下,为用户提供在人机交互过程中的友好体验与满足感,也成为了设计师必须要考虑的关键性因素。因此,本章从软件系统开发与设计过程中环境变化所引起的系统分析与设计的认识误区出发,针对软件系统的基本要素以及信息化的核心特征,分析软件设计过程中所涉及到的一些业务场景,并梳理出系统分析与设计过程的目标及要解决的关键性问题。

1.1 软件系统分析与设计的认识误区

1.1.1 程序与软件的基本概念

图灵奖获得者、Pascal 语言之父——尼古拉斯·沃思(Nicklaus Wirth)从程序逻辑结构的角度曾提出了"程序=算法+数据结构"的著名公式。在大量的程序设计语言开发和编程实践经验的基础上,沃思于 1971 年 4 月份在 *Communications of ACM* 期刊上发表了著名论文《通过逐步求精方式开发程序》(*Program Development by Step Wise Refinement*),首次提出了"结构化程序设计"(Structure Programming)的概念,并认为可执行的代码程序不应一步而成,而是应该分若干步自顶向下、逐步求精地实现。其中,第一步实现程序的抽象度最高,第二步实现程序的抽象度则会有所降低……最后一步编出的程序即为可执行的程序。采用该方法编程看似复杂,但实际上使得程序易读、易写、易调试、易维护,且易于验证。这种以"自顶向下"或"逐步求精"为基本思想的结构化程序设计方法,在程序设计领域引发了一场革命,成为程序开发的一个标准,并在随后发展起来的软件工程中获得了广泛应用。

软件是指一系列按照特定逻辑规则来组织并能够提供用户所需要的功能和性能的计算机指令或计算机程序集合。其不仅应具有程序能够处理、控制与操作的数据结构,还应反映一定的业务逻辑规则。这就需要根据软件自身的功能性需求以及程序执行操作的全过程提供相应的分析、设计、执行、测试以及维护等涵盖整个软件开发生命周期的文档。因此,在我国的国家标准中将软件定义为:与计算机系统操作有关的计算机程序、规程、规则,以及可能有的文件、文档及数据。即:软件应该包含特定领域信息的数据结构,提供相应功能和性能的计算机程序或指令集合以及利用这些程序或指令集合针对数据结构的操作;同时,还包括描述程序功能需求以及程序操作和使用的相应文档。简而言之,软件就是在特定环境下的程序、数据加文档的集合,可用如下公式来表示:

$$软件 = 程序 + 数据 + 文档$$

目前,软件已成为现代社会中办公、业务管理、金融投资、移动娱乐与休闲生活等各个方面的一项基础性设施。一方面,随着业务需求、数据结构与分类、操作方式以及逻辑复杂度的不断变化,如何有效地分析与设计一个合理的软件系统以适应不同环境和条件的需求,特别是在业务需求不断变化的环境下,如何设计出一个具有可用性、灵活性与可扩展性的软件系统变得十分困难;另一方面,由于自顶向下功能分解的分析方法极大地限制了软件的可重用性,从而导致了对相同软件实体对象在分析设计过程中存在着大量的重复性工作,直接导致了软件生产率与可维护性的降低。因此,如何将已有的软件资产进行有效地封装和重用,则成为软件工程领域中另一个巨大的、现实的挑战。

1.1.2　软件特征与软件系统分析与设计的方法

软件系统(Software Systems)是指由系统软件、应用软件以及中间件组成的计算机软件系统,它是计算机系统中由软件组成的部分。例如,系统软件包括操作系统软件、数据库系统软件与管理软件以及系统性能监测软件等。其中操作系统软件可用于管理计算机的物理资源和控制软件程序的运行,包括了处理器管理、存储资源管理、文件管理、设备管理和作业管理等功能,并实现了进程(任务)调度、同步机制、死锁防止、内存分配、设备分配、并行机制、容错和恢复机制等支撑性的功能。数据库系统软件则是用来支持数据管理和存取操作的软件,它将常驻在计算机系统内的一组数据集合组织起来并按一定的规则形成数据库,在关系代数与关系模式的理论支撑下来定义数据实体之间的关系,并通过数据结构化描述与查询语言(SQL 语言)来描述和定义对数据的操作;数据库管理系统软件则是为用户提供数据存取、使用和修改等操作的软件。而大量针对特定业务需求的功能化软件均属应用软件。上述的软件系统不仅仅包括可以在计算机(如智能移动终端、网络交换机等)上运行的软件程序,同时也包括与这些程序相关的技术文档。此外,这一系列的软件还包括以下特征:

(1)无形性,即软件没有具体的物理形态,只能通过程序的运行状况来了解软件的功能、特性和质量。

(2)逻辑性,即软件渗透了大量的脑力劳动,特别是逻辑思维、智力活动和技术水平。逻辑的严谨性、算法的合理性与有效性是保障软件产品质量的关键。

(3)目标性,软件的设计与开发往往是为了解决明确的、具体的问题,目标性越强,软件所需要或能够解决的问题就会越明确,且更加具体。

(4)环境依赖性,即软件的开发和运行必须依赖于特定的计算机系统硬件与软件环境,这同时也对软件可移植性提出了新的要求。

(5)可复用性,即开发出来的软件程序代码以及系统功能模块具有较高的可复用能力,这一方面可提高系统的开发效率,另一方面可快速形成多个软件副本。

(6)软件老化,即随着软件需求的不断变更以及技术的不断更新,软件系统在功能与性能等方面也不断地老化。

鉴于软件存在上述特征,如何从一个业务需求出发,通过系统的分析与设计过程,为软件的开发实现与维护运营提供一个有效的保障,已经成为了软件分析师与设计者必须面对的挑战。同时,为了研究、理解和解决客观世界中存在的具体业务问题,在对客观现实中存在的业务过程、文字与图表、符号与逻辑关系式以及实体关系进行抽象后,通过构造一个直观且易于表现和分析的可视化模型,帮助人们分析和研究客观事物中存在的逻辑关系与问题,成为了系统分析与设计的关键。

系统分析(Systems Analysis)是将复杂的业务信息进行合理的整理、加工、归纳和抽象的逻辑化过程,通过简化其内涵并分解成相对简单的要素,找出这些组成要素的根本属性与彼此之间的各种关联来实现对系统的定义与理解。由于这些要素相互之间存在着关联、相互制约、相互影响、相互作用,同时又相互排斥,这就导致了整个系统的复杂性、多变性和不确定性。如何利用模型来对客观事物进行抽象并简化表示,同时协助系统分析师解决具体的需求问题,往往取决于具体问题在不同的分析过程中建立什么样的模型。因此,也衍生出了多种不同的软件分析与设计的方法与理念,其中主要包括结构化方法、面向数据结构的软件开发方法、面向问题的分析法、原型化方法、信息工程方法、可视化开发方法、面向对象的软件开发方法等。这些软件开发方法在过去的软件危机期间曾经发挥了很大的作用,促进了软件业的发展。

沃思则提出了结构化程序开发过程,并对软件开发的环节进行了较为严谨的描述和定义。他所开展的软件设计主要根据对不同业务的调查分析和论证基础之上来确立的,虽然可以减少系统开发过程中存在的盲目性,但是只适用于开发规模不大、所有业务过程可以事先加以严格说明的系统。而对于那些业务规模较大、存在较多不确定性因素的软件系统而言,进行高效率的开发相对比较困难。因此,在借鉴和模拟人类习惯和思维方式的基础上,Grady Booch,Jim Rumbuahg 和 Ivar Jacobson 三位大师分别从不同的视角提出了基于面向对象的软件工程分析与设计方法,并通过 UML(Uniform Model Language)实现了全局统一的定义,即要求描述业务的问题空间(也称为问题域)与实现空间(也称为求解域)在结构上尽可能一致,使得程序易于理解和维护。

在面向对象的开发过程中采用了迭代的方式,即在分析、设计、实现等阶段采用多次迭代的方式来提高开发的效率,从而使软件开发各阶段的划分变得较为模糊。其中,在面向对象的分析过程中,首先需要抽取和整理用户需求并建立问题域的领域分析模型,并利用面向对象的逻辑来建立求解域模型;其次,利用面向对象的方法进一步针对业务系统进行分析和设计,确定系统的实现策略和目标,并在顶层结构的设计基础上,通过对象设计来确定解空间中的类、关联、接口形式以及实现服务的具体算法;最后,在进行具体代码实现的过程中,将设计结果转换成用程序语言描述的面向对象程序,并通过软件的调试和测试来验证程序是否能够满足相应需求。整个过程通过对象的抽象以及类之间逻辑结构定义来进行逐步精化,最终反映出整个的完整视图。

当前,分布式网络与并行计算环境的发展要求软件能实现跨空间、跨时间、跨设备以及跨用户的资源共享与协同,这进一步导致了软件的规模、复杂度以及功能的增加。由于传统的软件开发方法无法支持异构环境下的业务协同、系统集成以及大粒度的代码重用,为适应这种新需求,基于组件的软件开发技术应运而生,如COM+,JAVA Bean,Web Service 等。这种开发模式一方面针对分布式环境下的浏览器/服务器结构进行模块化集成,希望将软件的开发变得类似于硬件一样,即通过定义标准的接口来实现不同组件之间的集成;另一方面,利用模块化方法将复杂的系统分解为互相独立且协同工作的部件,并通过反复重用这些预先编译好的、功能明确的软件组件来实现应用系统的扩展和更新,从而利用客户和软件之间的统一接口来实现跨框架与平台的互操作。

1.1.3　目前存在的一些认识误区

目前,在模型驱动体系结构(MDA)的影响下,软件系统分析与设计建模在软件工程领域中的重要性越来越高。在实际的软件开发过程中,程序员或系统分析师们常常会受到编程语言的影响,但是面对越来越复杂软件开发需求,人们发现软件系统正在与其他学科发生越来来紧密的融合,例如网络游戏软件不仅需要利用软件工程方法来设计与实现游戏的基础功能,同时还需要利用审美学、社会学、心理学以及系统工程学等多个领域的交叉学科知识来提供支持。因此,一个好的软件系统分析与设计人员或系统架构师,应该具备综合的技术实现能力与素养,并培养如图 1.1 所示的知识体系。

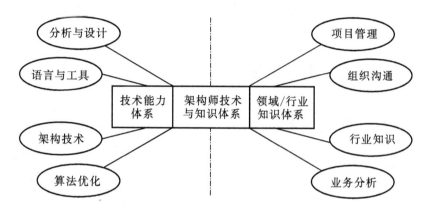

图 1.1　系统架构师技术与知识体系结构示意图

　　为了更好地适应现代软件系统的设计与优化需求,系统分析与设计人员以及架构师应该突破传统设计过程中存在的一些认识误区与不足。主要体现在以下几个方面:

　　(1)缺乏整体性思维,尤其是从宏观的整体业务逻辑到微观的程序设计实现的分析能力。由于系统微观实体之间的交互机制是构造整体宏观应用系统的基础,因而微观交互机制和宏观系统之间的关系是软件系统复杂性研究的核心议题。例如,如何利用万维网在宏观层面的演化机制来影响一个具体的 Web 信息系统不同用户实体之间的动态交互行为？ 可否在微观的 Web 信息系统设计过程中通过定义标准的交互规则来引导万维网的宏观结构向预期的网络拓扑的演化方向发展？ 而目前针对万维网的整体动态研究主要是基于简化的抽象模型,缺乏万维网对具体的 Web 信息系统的交互行为产生影响的深入研究。

　　(2)缺乏必要的开放视野,常常限于局部性的思考。在目前适应性软件系统的研究过程中,很少考虑到对其他信息系统的开放支持。往往由于仅局限于针对某一类具体问题进行研发,缺少对不同应用领域的系统之间进行迁移的横向比较,因而提出的系统设计方案在特定的项目背景下只能够适用于特定的应用领域,从而造成所设计的软件系统不仅无法适应业务需求的快速变化,同时也使得不同的业务系统之间的集成能力变弱。

（3）对交叉学科的系统性研究不足。随着信息系统在线用户规模的不断扩大，用户间的社会交互性与系统功能设计之间的关系越来越密切，越来越复杂。这就需要综合多个学科的研究方法来共同解决问题，例如在社会性软件中广泛应用的社会网络计算问题以及网络游戏开发时必须要考虑到不同用户的心理学等问题。特别是随着软件技术与其他各个行业的深入融合，只有深入了解和分析不同学科的应用特征，深化学科交叉与融合，才能充分体现出软件应用的交互操作能力与应用价值，更好地体现软件的工具性价值。

1.2　软件系统要素与信息化

1.2.1　软件系统要素

系统论创始人贝塔朗菲将系统定义为一个相互联系、相互作用的诸元素的综合体。钱学森则从系统工程科学的角度指出：系统是由相互作用、相互依赖的若干组成部分结合而成的，是具有特定功能的有机整体，而且这个有机整体又是它从属的更大系统的组成部分。其中，系统的要素是指能够反映事物本质的基本组成部分和单元，通过这些单元之间的相互联系，构建起一个完整的功能，即系统要素包括了结构、功能与关系等内容。因此，我们可以将系统定义为由一些部分要素所组成的一个有机整体，包含一切要素所共有的特性，其形式化的表述为：

定义 1.1　系统是指对于一个对象集合 S，当且仅当 S 满足下列两个条件：

（1）S 中至少包含两个以上的不同元素；

（2）S 中的元素均按一定的方式相互联系；

则称 S 为一个系统，而 S 的组成元素为系统的组成要素。

这个定义指出了系统的三个特性：多元性、相关性和整体性。其中，多元性是指系统内包括了多种要素；相关性是指系统内的要素之间存在的相互依存、相互作用以及相互制约；整体性是指系统内的要素组织到一起并构成了一个统一的整体。

作为一种特殊的系统，软件系统是指在一定的应用环境与条件下，为达到某一目的而实现的相互联系、相互作用的若干个要素所组成的有机整体，其中的关键要素包括：

（1）系统环境（Environment）。系统环境是运行软件系统所需要的计算资源，包括计算机硬件、外围设备、网络以及支撑软件，例如服务器、PC 机或移动终端、操作系统、数据库等。系统环境是软件运行的基础，如果所需要的环境不存在或者不完整，那么软件系统将无法正常工作。

（2）目标（Target）。目标是指软件系统预期提供的功能和结果。开发每个软件系统都有一定的目标,用于解决客户的实际问题并为客户提供价值。整个软件系统的开发过程是以目标为导向的,往往目标决定了软件的开发过程。

(3)边界(Bounder)。边界为软件系统所包含的功能与不包含的功能之间的界限。只有明确了系统的边界,才能进行软件系统的分析与设计等工作。软件系统通过边界实现与外部环境之间的信息交换。

(4)系统架构(System Architecture)。系统架构是关于软件系统结构与组织形式的综合框架,它决定了软件架构中各个元素的最终实现形态,是系统取得长远成功的基础保证。如果系统架构设计得不好,软件系统就变得十分脆弱。

(5)子系统(Subsystem)。子系统是软件系统的组成部分,实现软件系统中的部分功能。软件系统通常也分为多个独立的子系统,每个子系统内具有高内聚、低耦合等特点,子系统之间相互协作并共同实现了整个软件系统所提供的功能。

(6)输入/输出(Input/Output)。输入/输出是软件系统与用户之间的交互操作,用户将数据输入到软件系统,系统处理后将结果输出给用户。输入/输出设计将直接影响着用户体验,如果设计得不好,将会增加用户的操作复杂度。

(7)接口(Interface)。接口是软件系统中的规范,定义了不同部分之间的交互协议和约束。现在的软件系统通常由多个层次或多个模块组成,这些层次或模块之间能够有效地协调工作,离不开层次或模块之间的接口。接口设计体现了抽象与隔离以及关注点分离的思想,它不仅包括了用户界面以及与其他系统、设备和网络之间的外部接口,同时也包括了软件系统内部不同组件之间的内部接口。

(8)组成实体/对象(Element)。组成实体/对象是软件系统中的组成单元,它具有一定的状态和操作能力并能够完成系统中的特定功能。

(9)实体/对象关系(Relationship)。实全/对象关系是指软件系统中实体/对象之间的联系,主要包含了依赖、关联、聚合、组合和继承等多种关系,并通过这些实体和对象之间关系的相互协作来实现系统的应用功能。

一个软件系统的核心要素就是在特定目标与任务下,将系统内的组成要素按照不同的关系组织到一起,协调并完成特定功能的系统体系。只有充分地了解到系统的关键要素,才能在系统分析与设计过程中,有效地把握住系统的核心要素以及要素之间的内在逻辑关系。

1.2.2　工业与社会信息化

随着信息技术与社会经济各个领域以及人们在业务工作中各种业务环节的融合,信息化、网络化和全球化已成为当今世界经济发展的主要趋势,并推动着世界经济的不断增长。信息化代表了一种信息技术被高度应用,信息资源被高度共享,人的智能潜力以及社会物质资源潜力被充分发挥,个人行为、组织决策和社会运行趋于合理化的理想状态。同时,信息化也是一个国家由物质生产向信息生产、由工业经济向信息经济、由工业社会向信息社会转变的动态的、渐进的过程。它具有以下几个核心的构成要素:信息资源、信息网络、信息技术、信息设备、信息产业、信息管理、信息政策、信息标准、信息应用和信息人才等。从内容层次看,信息化的内容主要包括核心层、支撑层、应用层与边缘层等几个方面。从产生的角度看,信息化层次包括信息产业化与产业信息化、产品信息化与企业信息化、国民经济信息化和社会信息化等。因此,信息化是 IT 产业发展与 IT 在社会经济各部门扩散的基础之上,不断运用 IT 技术来改造传统的经济、社会结构并达到如前所述的理想状态的一段持续过程。我国国务院办公厅印发《2006—2020 年国家信息化发展战略》中将信息化定义为:充分利用信息技术,开发利用信息资源,促进信息交流和知识共享,提高经济增长质量,推动经济社会发展转型的历史进程。目前,信息化主要是针对企业信息化及个人或社会信息化两个不同的维度来展开。

企业信息化(Enterprises Informatization)实质上是将企业的生产过程、物料移动、事务处理、现金流动、客户交流等业务过程进行数字化和信息化,并利用各种信息系统与网络加工与传输相应的信息资源,为不同层次的人们提供相关数据与信息资源的分析能力,并通过合理配置企业资源,做出有利的决策支持。企业信息化意味着企业以业务流程的优化和重构为基础,在一定的深度和广度上利用计算机技术、网络技术和数据库技术,通过对企业生产经营活动中的各种信息进行收集、传递、加工、存储、更新和维护以及控制和集成化管理,实现企业内、外部的信息共享和有效利用以及企业不同部门之间的资源整合,提高企业的经济效益和市场竞争力,这将涉及到对企业管理理念的创新和管理流程的优化。

企业信息化是一项复杂的系统工程,不仅离不开有效的软件支撑系统,同时还需要具有一个详细和有效的长远规划,这也是实现信息交互的基础。在企业信息化的过程中,主要涉及到的软件平台将围绕着制造管理、财务管理、项目管理、人力资源管理、客户关系管理以及供应链管理等业务需求展开,提供了诸如企业资源计划系统(ERP)、供应链管理系统(SCM)、人力资源管理系统(HRM)、物料资源管理系统(MRP)、客户资源管理系统(CRM)、办公自动化系统(OA)、电子商务平台(ECS)以及呼叫中心(Call Center)等软件平台或基于软件的解决方案。特别是随着 Web2.0 应用的快速发展,推动了移动计算、云计算、大数据等平台技术与数据分析技术的进步,企业信息化在传统的业务管理环境与基础上,通过进一步与物联网以及社交网络进行融合,从而实现外部资源和内部资源的有效结合,为工业 4.0 的发展提供了新方向。

个人或社会信息化(Personality & Social Informatization)是随着 Internet 特别是移动网络应用技术的不断发展衍化而来的一种新型的软件应用,它通过互联网技术以及移动互联网技术与应用设施把社会的基础资源——个人信息资源——充分应用到社会各个领域。作为信息化的一个高级阶段,以社会计算为基础的社会信息化是指在一切社会活动领域内实现全面的信息化的过程,例如,无论走到哪里,人们都在使用微信、Facebook、LinkedIn、Blog、QQ 等即时消息工具来传递信息或进行交流。个人信息化以信息产业化和产业信息化为基础,通过信息化手段向社会活动的各个领域逐步扩展,并最终使得人类社会生活全面信息化。其主要表现为:社会计算与移动计算将在个人信息与社会活动信息的基础上,通过核心算法与软件技术,利用软件工具和应用服务平台使得信息扁平化的同时,加速信息与数据的等战略资源和重要财富的流动性与价值。

　　个人与社会信息化的应用研究主要围绕以下几个方面来展开:首先,针对社会计算、网络舆情安全、交互式新型信息共享与移动信息服务等需求,通过对社交互动与沟通过程的分析和对网络社区中形成的突发事件以及所引起的涌现现象的研究,来获取相关的热点动态及个人或群体的隐私信息,特别是在美国"棱镜"计划被曝光后,个人或社会信息化引起了全球的关注。利用电子邮件、实时通信、Web2.0社交软件与移动软件等获取并分析相应用户的数据已成为大数据时代的核心研究领域之一。其次,社会信息化将从复杂网络系统模型、多维度特征的融合计算、新型信息服务框架等角度出发,研究网络拓扑与内容相结合的计算模型及计算机制,探讨网络信息计算服务的新架构(Peer to Peer,P2P),研究下一代信息服务和信息安全管理的有效平台与新型应用(包括 OS+P2P Stream)。第三,随着普适计算以及移动计算的发展以及传感器和可穿戴网络的逐渐普及,社会计算还从传统的Web 信息计算逐步延伸到物理世界之中,通过感知物理世界中人们的移动及交互轨迹来挖掘个人、群体及社会性行为。通过所获得的海量的数据信息与知识,并借助于集体智慧来实现问题的解决与决策的优化。

　　可见,作为信息化过程中的一项重要的技术支撑,软件以及软件系统在信息化过程中起到了越来越重要的作用。一方面,通过信息化的过程,为软件系统的分析与设计开发提供了重要的行业背景与实际需求,并不断地提升软件技术与软件系统开发技术层次与支撑水平;另一方面,在软件技术与应用系统的共同推动下,信息共享的能力与程度也越来越高,从而进一步推动了行业、企业、个人以及社会各方面对信息消费的需求,以及对时间管理与业务管理能力的需求,促进了业务决策的优化与实现。

1.3　软件业务场景分析与信息化的成熟度模型

　　20 世纪 60～70 年代,美国哈佛大学教授 Richard Nolna 对信息系统建设进行大量的调研和分析之后,提出了反映信息系统发展过程的阶段理论假说,并在 70 年代中期首先提出信息系统发展的四阶段模型,之后又提出了改进的六阶段模型,即著名的诺兰模型。该模型第一次针对信息系统的发展阶段来进行抽象建模,并将信息系统建设分为初始期、普及期、控制期、整合期、数据管理期和成熟期 6 个阶段。这是一种波浪式的发展历程,其中前三个阶段具有传统计算机数据处理的特征,后三个阶段则显示出信息技术的特点。其中,在信息进行整合的过程中,由于计算机技术与应用环境的进展而导致了发展的非连续性,又称"技术性断点"。诺兰信息化六阶段论模型如图 1.2 所示。

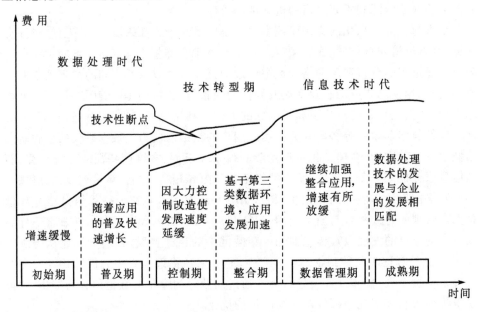

图 1.2　诺兰信息化六阶段论模型

其中,第一个阶段是初始期:企业单位引入了类似于应收账款和工资管理这样的数据处理系统,各个职能部门(如财务和人才资源部门)的专家致力于发展各自的管理系统。人们对数据处理成本缺乏控制,信息系统的建立往往不讲究经济效益,用户对信息系统也是抱着敬而远之的态度。

第二阶段是普及期:信息技术的应用开始扩散,数据处理专家开始在组织内部鼓吹信息化与自动化的作用。此时,企业单位的管理者开始关注信息系统方面投资的经济效益,但是实质的控制尚不存在,此阶段只有一部分应用系统获得了实际效益。

第三阶段是控制期:企业管理部门发现计算机预算增长过快,并且数量超出控制但投资回报却不理想,出于预算控制的需要,管理者开始召集来自不同部门的用户并组成管理委员会,共同规划信息系统的发展。管理信息系统成为一个正式部门的核心业务,用来管理与控制企业的内部经营管理活动,同时,通过启动项目管理计划和系统发展的规划,使应用信息系统开始走向正规化,并为将来的信息系统发展打下基础。

第四阶段是整合期:本阶段就是在系统软件与硬件集成的基础上,建立集中式的数据库管理系统来实现各种应用的信息管理。此时,企业单位从管理计算机向管理信息资源转变,这是一个质的飞跃。从第一阶段到第三阶段,通常产生了很多独立的实体。而在第四阶段,组织开始利用远程分布式通信技术,努力实现和整合现有的信息系统。

第五阶段是数据管理期:信息系统开始从支持单项应用发展到在数据库系统支持下的综合管理应用。组织开始全面考察和评估信息系统建设的各种成本和效益,全面分析和解决信息系统投资中各个领域的平衡与协调问题。

第六阶段是成熟期:企业中上层和高层管理者开始认识到管理信息系统是组织不可缺少的基础,并开始制订正式的企业信息资源计划和系统应用规划,以确保管理信息系统支持业务计划。此时,信息资源管理的效用被充分体现出来。

美国信息系统专家 William R. Synnott 在诺兰模型的基础上提出了一个新的四阶段推移模型,指出信息系统围绕着原始数据、加工处理后的数据、信息资源以及信息价值这四个阶段演化,特别强调了信息作为价值资源的作用。但是,该模型与诺兰模型均把系统集成和数据管理分割为前后两个阶段,即先实现信息系统的整合后再实施数据的管理,这在实践中存在着明显的缺陷。美国的信息化专家 Mische 指出信息系统集成与数据管理两者之间密不可分,即信息系统集成的实质就是对数据进行整合或集成。

随着信息化技术与应用的深入发展,信息技术越来越深入地与企业的业务管理过程相融合,并对企业的发展战略起到越来越显著的影响和作用。因此,如何有效评估信息化管理的能力成熟度,以及如何提高软件系统设计与开发的针对性与有效性成为了关键。在诺兰模型的基础上,根据企业信息化管理水平的差异,人们提出了一个包含五个级别的信息化管理成熟度模型,如图 1.3 所示。

从图 1.3 中可见,由于企业的信息化管理水平不同,利用软件系统为企业业务提供支持的能力也不尽相同。在级别 1 所对应的无管理的阶段中,企业主要采用手工方式进行管理,无软件系统提供管理服务支持,此时也属于软件与信息管理的无序状态。

在级别 2 的状态下,企业管理采用简单的单机软件,部门之间没有建立起信息资源的共享与协同。在此阶段下,软件系统之间没有建立信息共享与集成的机制,不同部门之间往往根据目前存在的一些问题进行局部化的软件设计与开发,来解决具体的业务问题。在这种环境下,开发出来的软件系统也非常容易形成企业内的信息孤岛。

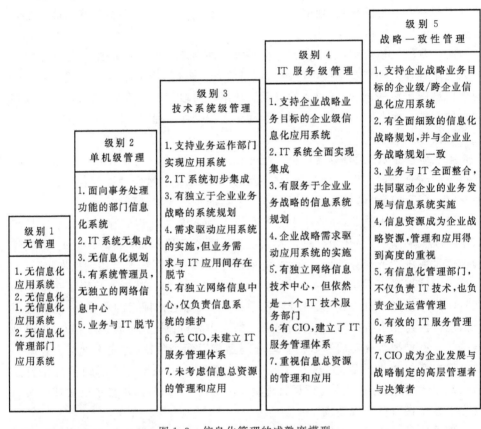

图 1.3　信息化管理的成熟度模型

在级别 3 的状态下,企业已经利用 IT 技术来开发软件系统,并对企业业务提供信息管理与部门之间部分的信息共享与集成,从而通过对局部业务需求的梳理来完成软件系统的开发与建设。同时,从技术角度关注于信息系统的规划,并建立起一个网络信息中心对硬件和软件系统进行维护管理,但尚未建立 IT 服务管理体系,也没有考虑信息资源的总体管理与应用。在此阶段下,为了消除信息孤岛对企业管理与决策带来的影响,在企业内部多个不同部门之间的信息集成与共享将成为软件开发与设计者优先考虑的要素。这种软件系统的开发可以以"进－销－存"管理软件为核心代表。

在级别 4 的状态下,企业通过建立一个服务于企业战略业务的信息系统规划与 IT 服务管理体系,开始对 IT 系统进行全面地集成,实现 IT 系统与企业战略业务目标的结合,完成对企业整体信息资源的统一管理和应用。在该阶段中,IT 系统与软件的开发是在企业战略需求驱动的基础上展开的。因此,从局部环境分析向整体的业务需求分析与系统化设计的迈进是该阶段与阶段 3 之间的最大的区别之一。同时,在此阶段下,软件开发与设计者要考虑的核心问题是建立以 ERP 或 GRP 软件为核心的企业全局信息化的整体设计与开发方案。

在级别 5 的状态下,企业在内部整体信息化的基础上,建立一个供应链体系下跨企业之间的信息共享与协同,实现一个基于企业产业链战略的全面细致的信息系统规划与 IT 服务管理体系,实现 IT 系统与企业战略业务目标的结合。在该阶段中,IT 系统与软件的开发是在企业产业链的战略需求驱动下来展开的。因此,从企业整体环境下的需求分析与功能设计向跨企业的信息系统集成与优化的方向转变则是该阶段的核心目标。在此阶段下,业务与 IT 全面整合,共同驱动企业的业务发展与信息系统实施,CIO 将成为企业发展战略中不可或缺的管理与决策者。从软件设计与开发的角度来看,SOA(面向服务的体系架构)成为了更好地实现企业内部不同软件系统之间以及不同企业之间跨平台的软件系统之间的信息集成与信息共享的关键技术,并成为了软件开发与设计者必须要掌握与应用的关键性技术。

综上可见,信息化管理成熟度模型充分反映了软件系统的设计与开发技术与企业业务发展之间存在着的紧密关系,在由手工信息系统向以计算机为基础的信息系统发展的过程中,在以业务需求为核心驱动力下,不断地促进了软件系统与 IT 技术的升级与优化。因此,了解信息化、了解企业信息化过程以及企业业务过程、了解企业信息化的成熟度模型与发展阶段,对于一个应用软件的系统分析与设计而言是至关重要的。一方面软件技术只在特定的业务场景与需求下,通过解决具体的问题才会获得最有价值的体现;另一方面,在业务需求的不断的变化过程中,对软件系统也提出了更多的全新挑战,这将促进系统分析与设计者站在全局和系统的角度,审视需求、把握技术,从而在两者紧密结合的基础上,实现软件系统设计与 IT 技术实现的价值最大化。

1.4　系统分析与设计需要解决的关键问题

软件工程作为系统工程中的一个特殊的应用实例,在传统软件工程的实施过程中,软件生命周期是指从软件定义、开发、使用、维护到报废为止的整个过程,一般包括了问题定义、可行性分析、需求分析、总体设计、详细设计、编码、测试和维护等阶段。根据 Standish Group 的统计表明,美国公司每年投资约 175000 个软件开发项目,投资额约为 2500 亿美元。而在这些项目中,只有 16% 的项目能够在预算内按计划完成,31% 的项目由于质量问题而被取消,经济损失约为 810 亿美元;约 53% 的项目平均超出预算 189%,经济损失约为 590 亿美元,而完成的项目平均只实现了原来规划功能的 42%。进一步针对开发失败以及质量存在缺陷的软件原因进行分析与调查发现,在整个软件生命周期过程中,如果在需求阶段修改一个错误的代价是 1,那么,在设计阶段则将增加到 3~6 倍,在编程阶段则增加到了 10 倍,到了内部测试阶段则增加到 20~40 倍,而在外部测试阶段则增加到 30~70 倍。一旦到了产品发布后,修改一个错误的代价则高达原来的 40~1000 倍。可见,修正软件错误的代价不是随时间呈线性增长,而是呈指数的方式进行增长。因此,对软件系统需求分析与设计的质量将直接决定了软件代码与软件产品的质量。加强系统的分析与设计成为了解决系统问题的关键,而在软件系统分析与设计的过程中存在着以下几个关键性的问题:

(1)如何有效地利用业务目标,在了解领域知识的基础之上梳理业务需求,从而深入地理解相应的业务过程。

(2)确定系统边界,分析系统的利益攸关方所具有的职责,从而形成系统中所需要的功能以及功能之间存在的逻辑关系。

(3)利用模型化的手段与技术,分别从逻辑模型以及物理模型的视角上来建立起整个系统功能模型与系统模块,并进一步根据不同要素之间存在的动态行为来构建系统的整体静态结构模型,从而可视化地理解系统中各个要素之间的数据结构、约束以及相应操作;同时,实现对模型可行性与有效性的验证。

(4)利用模型来指导软件的开发与实现过程,特别是利用模型驱动的软件体系结构(MDA)的设计方法与工具,建立起模型与实现之间的转化关系。同时,在实现代码的过程中,对模型中所涉及到的关系要素进行合理的动态追踪。

(5)利用分析与设计模型来指导软件的测试与实施过程,利用基于测试用例驱动的软件开发过程的理念,验证软件代码的可用性与健壮性的同时,对系统分析与设计模型的合理性也进行相应的验证。

在上述问题分析的基础上,还需要进一步考虑并解决:在软件开发过程中代码的可重用性与高效性问题,框架与架构的稳定性与灵活且可扩展的问题,软件设计过程的一致性与标准化问题,以及未来软件设计过程的自动化等一系列问题。本书的目标也是希望通过对上述有关问题的分析,介绍相应的系统分析与设计方法和技术,为读者了解软件系统的分析与设计提供一个初步的全景视图,也借此抛砖引玉,希望引起更多的软件开发者对软件系统分析与设计领域问题进行关注,从而在优化软件分析与设计的过程中,不断提高软件代码的质量与开发效率。

另外,随着各种 Web2.0 应用风靡互联网,敏感的企业用户发现,Web2.0 应用对信息的使用方式有可能与企业的内部管理系统相融合并促进企业运营管理效率与质量的提高,即将从单纯的软件管理向软件平台服务的方向演进,从而催生了企业 2.0(Enterprise 2.0)时代的到来。哈佛商学院副教授 Andrew McAfee 将企业 2.0 定义为:"公司内自然出现的社会软件平台,或者公司与其合作者及客户之间自然出现的社会软件平台。"这一平台不仅可以让内部成员,也可以让外部成员进行授权范围内的管理操作,并进行交流、分享与协作。这种机制改变了传统管理软件设计过程中封闭的人-机间的信息交互模式,并将软件作为一个共享的资源平台,通过促进人与人之间的互动与交流,改变了管理软件系统中实体的数据结构以及交互过程中固有的操作模式,使得人与人之间的交互变得更加可视化与可追踪化。这种基于互联网的全新软件平台化设计模式,不仅从底层设计的机制上改变了传统软件的应用目标、设计理念与模式,而且从应用层次上也从传统的信息管理转变成为了以用户为中心的软件服务,这些新的变化对下一代软件的设计与开发应用提出了许多新的挑战。

1.5　本章小结

在快速的技术变革与应用模式不断创新的今天,软件系统分析与设计的方法也发生了一些变化。因此,本书希望能够结合目前技术发展的趋势,通过对系统分析与设计经典方法的梳理与总结,从中挖掘出一些关键的、稳定的系统分析与设计方法、技术与理念,并通过对这些设计方法、技术与理念的深入分析与应用扩展,帮助相关软件设计人员和架构师从整个系统设计的全局高度出发,针对具体的问题和特定的领域,寻求一个更为实用的系统分析与设计方法,解决软件系统分析与设计过程中所遇到的实际问题。

1.6　思考问题

(1)请通过参考文献的阅读与分析,并结合网络中的相应的实际应用软件或平台,试比较传统软件管理系统与基于 Web 2.0 的网络平台软件之间的特征差异。

(2)请分析目前存在的一些认识误区对软件分析与设计过程所带来的影响。

(3)通过对软件系统的要素分析,请尝试用所学习过的软件分析技术和手段来尝试对一个软件系统进行建模与分析。

(4)根据信息化的成熟度模型,请针对你所了解的一个单位(或企业)在信息化过程中的成熟度展开分析,并请完成一个相应的分析报告。

(5)针对系统分析与设计过程中需要解决的一些关键问题,请结合你在某一个具体的软件编程与项目开发和管理的工作经验,来进一步分析如何能够更有效地提升你在软件分析与设计方面的综合能力,并完成一个分析报告。

(6)请查阅文献资料,分析一下在工业 4.0 的环境下,CPS 系统的作用与价值是什么,以及如果你作为一个企业的架构师,如何开展有关 CPS 系统的分析与设计工作,请完成一个分析报告。

参考文献与扩展阅读

[1]张天,张岩,于笑丰,等. 基于 MDA 的设计模式建模与模型转换[J]. 软件学报,2008,19(9):2203 - 2217.

[2]张德芬,李师贤,古思山. MDA 中的模型转换技术综述[J]. 计算机科学,2006,33(10):228 - 230.

[3]Herb Krasner. A Field Study of the Software Design Process for Large Systems [J]. Communications of the ACM,1988,31(11):1268 - 1287.

[4]朱慧. 工业 4.0:创新 2.0 时代的工业创新[J]. 办公自动化,2014(15):1 -11.

[5]杨迷影,徐福缘,顾新建,等. 基于认知导航模式的企业知识网络[J]. 浙江大学学报:工学版,2011,45(7):1181 - 1186.

[6]赵蓉英. 知识网络研究(II):知识网络的概念、内涵和特征[J]. 情报学报,2007,26(3): 470 - 476.

[7]李东方,俞能海,尹华罡. 一种 Web 2.0 环境下互联网热点挖掘算法[J]. 电子与信息学报,2010,32(5):1141 - 1145.

[8]李鹏. Web 2.0 环境中用户生成内容的自组织[J]. 图书情报工作,2012,56(16):119 - 126.

[9]Kaliappa Ravindran, Ramesh Sethu. Model - based design of cyber - physical software systems for smart worlds: a software engineering perspective[C]// Proceedings of the 1st International Workshop on Modern Software Engineering Methods for Industrial Automation. New York:ACM,2014:62 -71.

第 2 章　服务设计与需求工程

服务设计是采用"以人为本"的理念,设计和组织所涉及到的人、基础设施以及信息资源等要素,提高用户体验和服务质量的一个过程。需求分析过程也具有服务的基本特征,它不仅关注软件系统的实际业务目标、功能和约束,而且关注这些因素与软件行为之间的精确描述关系,以及这些因素随着时间和软件家族演化的关系,从而对影响软件系统开发质量的各种要素资源进行详细的定义和描述。因此,软件需求的描述过程也是对用户提供需求分析的一个服务设计过程。本章针对服务设计过程中存在的质量缺陷以及服务管理过程进行分析,并对软件需求工程的相关概念与技术进行介绍。

2.1　服务设计与质量模型

2.1.1　服务与服务设计

服务是一种以特定的、无形的劳动形式来满足他人某种特殊需求的有偿或无偿活动,它并不以实物交换为主要形式,由显形因素、隐形因素、支持性设施以及辅助物品等四个方面共同组成。一般地,服务具有以下四个基本特征:

(1)无形性。服务的组成元素不仅包括有形的物品,更重要的还有无形无质、无法触摸的服务行为,这是服务的本质特点。

(2)不可分离性。即服务的生产与消费是同时进行的,在提供服务的时刻也是服务被消费的时刻,服务提供与消费在时间上是不可分离的。

(3)差异性。即服务的质量水平以及构成要素可能因为人员、地点、时间的变化而出现较大的差异性,服务的质量难以用统一的标准来测量。

(4)不可储存性。由于服务的无形性和不可分离性,使得服务不可能像有形产品一样储存起来,以备未来销售。这些特征决定了服务质量评价的方式以及服务提供的方式。与有形产品相比,服务质量的评价会更加复杂,顾客在购买服务时所承担的风险更高,如何对提供方的服务能力进行质量评价并降低顾客所承担的风险,是服务设计研究的目标之一。

由于服务设计的内容包括服务产品的设计以及服务传递流程的设计,一个好的服务设计对于提高顾客满意度、增加服务企业的竞争力有着非常重要的意义。服务设计必须使服务过程管理、客户关系管理以及服务需求与能力管理能够有效整合、相互促进,使服务产品能以较低的成本来满足顾客的需求。一般地,服务设计流程主要包括服务发掘定位、服务方案形成、服务整合说明、服务产生、服务体验评估、服务传递等关键环节;服务设计常常可以采用的方法有服务路径走访、背景调研、日志法、背景访谈、头脑风暴,上下文场景建模、原型建模、人物角色分析、服务设计蓝图以及角色扮演等。在不同的设计环节中采用合理的方法,将有效地促进服务设计的质量与服务设计体验效果的提升。

2.1.2　服务质量模型

服务质量往往是指顾客所感知的服务质量,而不是实际的服务质量。在美国市场营销协会资助下,Paraduraman,Zeithaml and Berry 联合工作组(PZB)从服务的功能质量和技术质量两个维度上,针对顾客对服务质量的感知,创建了服务质量差距模型(Gaps Model),并通过该模型来识别顾客期望的服务质量与顾客服务体验之间存在的差距。因此,如果要了解顾客感知的服务质量问题,就必须了解顾客期望以及顾客对服务的感知状况。在服务的全生命周期过程中,服务质量的差距模型中包含了以下五种类型的差距:

差距 1:顾客期望差距。顾客期望差距指的是企业管理层对顾客的真实期望或需求存在着理解的偏差,或者对顾客期望和需求做出了存在着偏差的定义和描述。

差距 2:服务质量标准制订差距。服务质量标准制订差距指的是在管理层对顾客期望的理解基础上,可能由于某种原因,所制订的服务质量标准与管理层的理解之间也会存在着某种程度的偏差。

差距 3:服务传递差距。服务传递差距指的是即使管理层了解顾客的期望,也制订了正确的服务标准,但在服务传递的过程中由于传递服务人员的质量以及对标准理解的差异,仍然有可能出现新的服务偏差。

差距 4:外部沟通差距。外部沟通差距指的是外部营销宣传与内部服务的实际提供能力和水平相互脱节的现象,从而有可能会夸大内部的服务能力,造成顾客对服务质量的理解产生偏差。

差距 5:感知服务质量差距。感知服务质量差距指的是通过一系列的服务传递过程,顾客最终所感知和体验到的实际服务的质量与其预期存在着不一致。

整个服务质量的差距模型如图 2.1 所示,其中为了达到缩小差距 5 的目标,即实现顾客对服务质量的正确感知,就必须有效地消除或降低前面 4 个服务质量差距,并最终达到提高服务质量的目的。

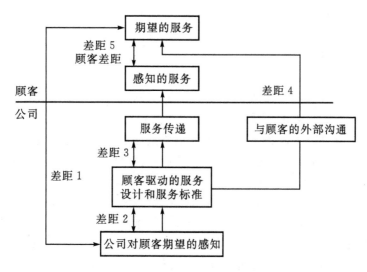

图 2.1　服务质量差距模型

首先,服务质量差距模型的第一个构成要素是顾客期望,PZB 研究所得出的一个非常重要的结论是,顾客的期望不是一个单一的变量,而存在一个容忍区域(Zone of Tolerance),即顾客服务期望被分解成两部分:理想服务和适当服务。容忍区域处于理想服务和适当服务之间;理想的服务可以认为是顾客服务期望的上限,它是顾客希望得到的服务水平,例如苹果手机的设计颠覆所有人对手机原有的期望和理解,从而引爆了用户对产品的需求。而适当服务也是顾客感知服务质量评价中另一个重要的指标,它是容忍的最低限,它表明了顾客认为企业服务的最低要求。当实际服务水平达不到最低可容忍服务(即适当服务)时,直接会导致顾客产生强烈的不满。

其次,服务质量差距模型的另一个核心要素在于企业内部服务开发的各个环节中的相关人员对顾客服务质量的理解以及服务标准化的定义,即通过一个标准化的流程来实现用户需求与期望的满足。但是,由于整个内部流程缺少用户的实际参与,从而导致了对用户服务需求的理解、服务标准的设计以及服务的开发等环节间存在差异,并导致了服务绩效的降低。因此,为了改变传统"烟囱"式的、封闭的服务设计,就迫切地需要将用户参与到整个过程中来,避免 Gap 2~4 这三种服务质量的差异对用户需求与期望产生不必要的影响,这一点对服务质量的保障至关重要。

最后,服务质量差距模型中 Gap4 反映的企业内部服务的辅助部门作为联系企业内部成员以及外部用户的一个关键桥梁(如市场或营销推广部门),他们对服务标准的理解也在很大程度上影响了用户对服务质量的感受,因此,建立内部统一的服务标准对服务质量保障是至关重要的。

2.2　需求工程

软件需求的开发与设计是一种特殊的服务设计,它满足服务设计中的基本特征和要求,同时,软件需求的质量好坏也可以通过服务质量的 5Gap 模型来分析,作为一种特定条件下的服务设计,软件需求质量与需求设计过程的标准化与规范化紧密相关。因此,为了建立需求设计与开发管理的标准化,在软件工程领域定义了一个需求工程(Requirements Engineering,RE)阶段,这也是唯一称之为“工程”的一个关键性阶段,其核心目标是明确描述涉众(Stockholder)的需求,并通过需求的分析和设计,使得软件工程师在一个统一标准的指导下,确定系统的边界、属性和开发实现相应的功能。此外,需求工程也涵盖了软件设计与开发过程中的许多重要活动,例如需求获取、分析、规范、冲突解决和验证等环节。这些活动的标准化直接影响着需求质量及用户对最终提交的软件产品质量的满意程度,成为了软件工程中最为重要的一个阶段。

2.2.1　需求工程的产生背景与概念

需求工程是随着计算机技术与应用的发展而发展起来的。随着企业在信息时代的发展,信息种类和数量快速增长,用户的需求也越来越复杂,需求变更越来越成为必然,原来那种注重直接进行软件编程实现的模式已经无法适应实际的需求。一些文献对软件项目进行跟踪调查的结果表明:约有 1/3 的软件项目没能按时完成,而在已完成的 2/3 项目中,又有一半的项目没有成功实施,失败的诸多原因之中与需求分析过程相关的原因占了约 45%。其中,缺乏最终用户的参与以及不完整的需求是两个最重要原因,分别占了 13% 和 12%。因此,人们越来越多地认识到需求分析与定义在整个软件开发与维护过程中的重要性,它不仅存在于软件开发的最初阶段,同时也贯穿系统开发的整个生命周期,直接关系到软件质量的好坏以及用户满意与否,甚至决定了软件的成败。

在早期的软件系统开发过程中,需求往往被定义成一个要求软件系统应该实现某些业务功能的规格说明。这些规格说明不仅是关于系统行为特性和属性信息的描述,也同时是对系统开发过程的约束。但这种定义较为笼统,对于软件项目干系人很难理解需求的真实含义,而且由于不同人员之间存在认知上的差异等因素,人们对规格说明的理解也很难形成统一的认识。随着业务问题规模的复杂化以及 IT 信息技术的进步,有人认为需求应是问题信息和系统行为、特性、设计以及制造约束的描述集合。Rational 公司则将需求定义为：系统必须符合的条件或具备的功能。而 IEEE 在软件工程标准词汇表中将需求定义为：

(1)用户解决问题或达到目标所需的条件或能力；

(2)系统或系统部件需要满足合同、标准、规范或其他正式规定文档所需具有的条件或能力；

(3)一种反映上述(1)或(2)所描述的条件或能力的文档说明。

该定义从用户和开发者两个不同角度来阐述对软件需求的理解，即软件需求定义了系统必须具有的能力，一个软件项目成功与否往往取决于它是否符合需求所规定的功能与能力。

因此，人们把包括创建和维持系统需求文档以及成果集合所必需的一切活动统一称为需求工程。它通过需求分析、确定客户需求、帮助分析人员理解问题并定义系统的目标为核心任务，利用合适的工具和记号，系统地描述待开发软件的行为特征与相关约束，并通过需求文档来对用户的需求进行定义和限制，防止软件需求不断变更造成系统边界的无法确定。因此，Matthias Jarke 和 Klaus Pohl 认为需求分析应分解为三个阶段，即需求获取、需求表示和需求验证。而 Herb Krasner 进一步将需求工程分解为五个关键的阶段，即需求定义和分析、需求决策、需求规格定义、需求实现与验证、需求演化管理等阶段。需求工程涉及软件系统在真实世界中的目标、作用和所受到的约束，通过与用户的交流可以有效地确定系统的功能边界，并将需求内容以"工程化"的方式来定义，这对需求分析人员的素质和能力要求也越来越高。

2.2.2　需求工程的整体框架与阶段

一般地，需求工程的活动可分为两大类，即需求开发和需求管理。其中，需求开发是通过调查与分析来获取用户需求并定义产品需求；而需求管理则在客户与开发方之间建立对需求的共同理解，控制需求变更，保持开发项目的计划、活动与软件需求的一致性。需求管理过程和软件开发过程是并行的，且贯穿在整个软件开发的全生命周期之中。需求工程的整体结构如图 2.2 所示。

下面对需求工程两大类中六个关键性阶段进行进一步的分析。

1. 需求获取

需求获取是在业务问题域与最终解决方案之间架设桥梁的第一步。需求获取一旦失误将会造成对系统需求和定义的偏差和改动，而这些变更都可能会造成软件系统在设计、实现和测试上的大量返工，其所花费的时间和资源，将远超过通过精确定义并获取需求所产生的时间和资源耗费。因此，要开发正确的系统，首先就需要尽可能详细地描述系统的需求,即清晰地定义系统必须达到的条件、功能和能力,从而使用户与软件开发人员在系统开发中就应该做什么、不应该做什么等方面达成共识。同时,系统开发人员在此过程中通过对需求的深入把握,获取用户对系统目标的期望,以及系统功能与非功能的需求等。此外,由于实际的业务过程中用户往往并不知道系统的需求应该如何准确定义和表示,因此,通过这些需求的开发方法来对用户进行引导和确认,例如,利用常用的行业标杆法和原型化方法,可以有效地引导用户确认并获取用户对系统的完整需求。

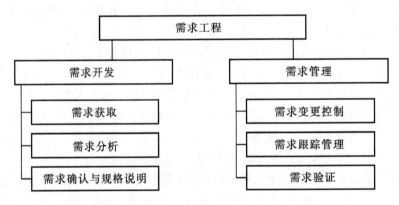

图 2.2　需求工程的整体结构示意图

2. 需求分析

　　需求分析是指在需求开发的过程中,对所获取需求信息进行分析,消除错误和不足,刻画细节以确保需求文档能够正确地反映用户的真实意图。需求分析的目标是能够更加深入地描述软件功能和性能,确定软件设计的约束和软件同其他系统元素之间存在的接口细节,并定义软件的其他有效性需求等。需求分析的核心任务就是借助于当前系统的逻辑模型导出目标系统的逻辑模型,确定为了满足用户的需求系统必须"做什么"。在需求分析阶段中主要的活动是需求建模,即采用一种符号体系来描述与刻画实际的业务需求,为最终用户提供一个可视化的系统概念模型。同时,对需求的定义与描述,应尽可能多地捕获现实业务过程中的上下文语义。

3. 需求定义

　　需求描述是根据需求获取和需求分析的结果来准确无误定义软件需求、产生需求规格说明书的过程。需求规格说明书的重点是阐述"做什么",而不是阐述"怎么做"。"怎么做"的问题是系统设计和实现阶段的主要工作,而需求阶段的描述并不需要涉及软件的开发、构造、测试或工程管理上的实现细节。

作为需求开发过程的主要成果,需求规格说明书定义了一个软件系统必须具有的功能、性能以及所需要考虑的各种限制条件。它不仅仅是系统测试和用户文档的基础,也是所有软件项目进行规划、分析、设计、编码测试与实施维护的基础,同时也是开发商和用户之间制订合约的重要依据。需求规格说明不仅应尽可能完整地描述系统预期的外部行为和用户可视化行为等功能性需求,还应该包括非功能性的需求。功能性需求主要说明了系统各功能模块与环境之间的相互作用,即拟开发软件在功能上应该做什么。需求通常包括系统的输入、操作的功能、系统的输出等功能需求。而非功能需求也称为系统的"约束",它主要从不同的角度对所考虑的解决方案提供约束和限制,包括可移植性、可靠性、效率、可用性、安全性、可重用性等性能指标。

4. 需求确认管理

需求确认是指开发人员和客户共同对需求规格说明书进行评审,双方对需求达成共识后作出书面承诺,使需求文档具有商业合同的效果的过程。一般地,需求确认包含两个重要工作:需求评审和需求承诺。其中,需求承诺是指开发方和用户方的责任人对需求规格说明书通过正式评审后所做出的承诺,该承诺具有商业合同的效果,这样可以在需求获取阶段为双方的良好沟通提供保证。

但是,分析人员无法在项目的早期阶段就能够掌握项目的所有实现细节,而且随着业务的变化,需求也会常常出现相应的变更。因此,分析师应该这样来理解需求确认的作用,即用户一旦同意并审核了这份需求文档,即表示开发人员对软件系统的需求已有所了解,进一步的变更可以在此基础上通过项目定义的变更管理流程来执行。这样用户方就会知道变更将会影响开发人员的成本、资源和项目计划。为了避免这种影响,就需要前期对需求的定义达成明确的共识,良好的需求确认将为软件项目的成功开发奠定坚实的基础。

5. 需求跟踪管理

可跟踪性是指两个或多个实体之间已定义好的链接或关系,从而可以实现通过对一个实体的行为跟踪或回溯到另一个实体。需求的可跟踪性反映了每一个需求项的全生命周期过程中不同阶段所对应的成果,即从最初的用户需求定义到需求设计、实现、测试以及发布的整个生命周期。如果把每一个需求项都看做一个实体对象,则该对象存在一个状态属性,这个状态属性可以用来表示生命周期中的不同阶段,这一点可以利用本书后续章节中提到的有限状态机模型来实现定义。

由于需求跟踪的目的是维护从需求定义到需求分析与设计、编程实现、系统测试等阶段的一致性,在确保所有工作成果符合用户需求的基础上,实现需求项在软件工程不同阶段下的状态改变。要实现在软件生命周期各个阶段对需求项的跟踪,其前提条件是在各个阶段都必须有比较完善的文档定义。例如,需求工程阶段的需求规格说明书,设计阶段的设计文档,以及实现阶段的源代码与相应注释等。这些文档间的层次关系是实现需求跟踪的基础。在这些文档元素之间建立关联后,就可以将每一个需求项从初始的需求定义阶段一直跟踪到需求用例的测试结果阶段。相反,也可以根据这条关系链从实现结果回溯到相应的需求定义。

需求跟踪的另一种通用方法是采用需求能力跟踪矩阵。建立需求能力跟踪矩阵的前提条件是将在需求链中各个过程的元素加以编号,以便使用数据库进行管理,使需求的变化能够反映为整条需求链的变化。需求跟踪矩阵并没有固定的实现办法,不同的设计师注重的角度不同,其所创建的需求跟踪矩阵也会有所不同,只要能够保证需求链的一致性和对状态的跟踪,就可以实现需求的追踪。另外,对需求的跟踪在一定程度上也可以作为实现项目的进度管理和控制的一种手段。

6. 需求变更控制与管理

需求变更是指在软件需求确定后所增添的新需求或对已经存在的需求所进行的修改,而变更控制是指对变更申请、变更评估和变更实施等进行控制的过程。在软件开发过程中,需求变更不可避免,有时甚至是必须的,变更有助于最大限度地满足用户需求。但在软件开发过程中,需求的变更会给项目开发带来许多不确定性。大量的需求变更会对已进行的软件开发工作带来较大的影响,若不加以控制,就会导致项目开发人员不断采纳新的需求,不断地调整项目计划进度、成本以及质量目标,最终导致项目的失控。

因此,正确地认识需求变化并做出相应的变更管理计划,使软件项目开发的进度、成本和质量始终处于可控的范围内。而需求的变更控制是需求管理的关键。特别值得注意的是变更控制过程并不是给变更设置障碍,相反,它是一个渠道和过滤器,通过它可以确保采纳最合适的变更,使变更产生的负面影响降到最小。结合以往的开发经验,需求变更控制步骤可归结为如下步骤:

步骤 1:变更申请。变更申请人向变更控制委员会(Change Control Board,CCB)提交变更正式申请,重点说明"变更内容"和"变更原因",可以要求预评审,也可以越过预评审。

步骤 2:变更申请受理与分析。变更控制部门或 CCB 成员小组分析这个变更请求,确定它是新的需求,还是需要修改需求或者是对原来需求误解的更正。分析清楚变更请求所针对的实际需要是什么,完成该请求的成本如何并根据需求可追踪的链式结构,来确定受其影响的其他部分需求有哪些。

步骤 3:变更申请的审批。CCB 成员通过对变更的分析讨论,对变更请求进行投票,由 CCB 负责人(或项目经理)审批并发布结果。如果同意变更,则转向步骤4:安排变更任务;否则终止。

步骤 4：安排变更任务。CCB 指定变更执行人，安排他们的任务。

步骤 5：执行变更任务。变更执行人根据 CCB 安排的任务，修改需求项，并对更改后的需求项重新进行技术评审（或审批）。

步骤 6：结束变更。当所有变更后的需求项都通过了技术评审或领导审批，这些需求项的状态就从"正在修改"变迁为"正式发布"，本次变更结束。

2.2.3　需求工程存在的问题与不足

Frederick Brooks 在他 1987 年的经典文章 *No Silver Bullet：Essence and Accidents of Software Engineering* 中指出"开发软件系统最为困难的部分就是准确说明开发什么。最为困难的概念性工作便是编写出详细技术需求，这包括所有面向用户、面向机器和其他软件系统的接口。如果前期需求分析不透彻，一旦做错，将最终会给系统带来极大损害，并且以后再对它进行修改也极为困难，容易导致项目失败。"可见，需求工程是软件工程中最复杂的过程之一，其复杂性来自于客观和主观两个方面：从客观上讲，需求工程面对的问题几乎是没有行业边界限制的，由于应用领域的广泛性，它的实施无疑与各个应用行业的特征密切相关，这为获取需求增加了困难。从主观上看，需求分析作为一种特定条件下的服务，对于不同的需求分析人员，对用户需求的理解也会存在着许多差异，而这些差异也是产生需求理解偏差的关键来源之一。因此，需求常见问题和主要原因一般包括以下几个方面：

（1）缺乏领域知识，应用领域背景的问题常常是模糊的、不精确的；

（2）领域中存在默认的知识以及不需要的环节，将会直接影响到软件系统的边界定义和确认；

（3）难以描述的日常知识（常识问题）以及不断变更的需求使得需求验证存在着问题；

（4）存在多个需求来源，而且不同的需求来源之间可能会存在冲突；

（5）对系统需求客户的信息不确定，且缺乏有效的沟通，造成信息的不完整。

一般地，影响需求工程中最重要的一个因素就是人的因素，需求工程需要方方面面人员的参与，如软件系统用户、问题领域专家、需求工程师和项目管理员等。这些人员往往具有不同的背景知识，且处在不同角度，扮演着不同角色，从而不可避免地造成他们之间相互交流的困难。同时，由于不同人员在需求的范围定义、内容理解以及验证方式上存在着差异，将会引起需求分析过程中产生多种不同类型的问题，这些问题如图 2.3 所示。

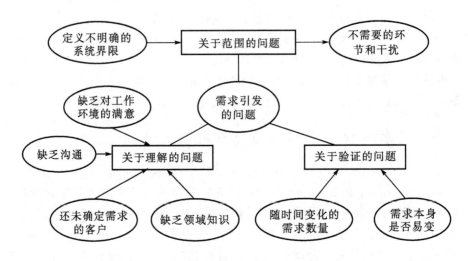

图 2.3　需求引发的相关问题示意图

2.3　需求分析与开发

2.3.1　需求的基本概念

需求本质上是指用户的期望和要求。在软件系统的开发与设计过程中,客户所提出并定义的需求往往对于开发者而言还是一个较高层次的产品概念,而开发人员所定义的需求存在一定的技术抽象使普通用户无法有效地理解。因此,不同的组织或专家从不同的角度对软件需求进行了定义。其中,著名的需求设计师 Merlin Dorfman 和 Richard H. Thayer 将软件需求定义为:用户解决某一问题或达到某一目标所需的软件功能。而 Bochm 则认为软件需求是研究一种无二义性的表达工具,该工具能够为用户和软件人员双方都接受,并且能够将需求严格地、形式化地表达出来。在此基础上,一种通用的观点认为:需求是用户所需要的并能触发一种程序或系统开发工作的说明。为了更有效地对需求进行描述和定义,IEEE 软件工程标准词汇表(1997 年)中将需求定义为一组能力,并指出软件需求应该包括以下三个能力:

(1)用户解决问题或达到目标所需的条件或能力;

(2)系统或系统部件要满足合同、标准、规范或其他正式规定文档所需具有的条件或能力;

(3)能够反映上述条件和能力的文档定义、说明与规范化描述能力。

2.3.2　需求的关键特征

客户需求的满足是软件开发的核心价值,在软件工程实现的过程中,需要通过甲乙双方对需求进行多次的沟通,不断对客户所期望开发的软件产品的用途、功能以及约束条件等要素进行逐步地发掘与细化,并将客户心里模糊的认识以及不确定的需求以精确的方式进行定义、描述并展示出来。同时,软件需求的满足本质上是一种特定服务的满足,而需求分析除了具有服务本身的无形性、异质性、不可分离性以及不可储存性的特征之外,还具有一些特殊的特征,所以有必要对需求的关键特征进行分析,从而使软件需求的分析更加准确。

特征一: 软件需求具有层次性。需求包括业务需求、用户需求和功能需求三种类型。其中,业务需求(Business Requirement)反映了组织机构或客户对系统、产品高层次的目标要求,并在项目视图与范围文档中予以说明。用户需求(User Requirement)文档描述了用户使用产品所必须要完成的任务,这在使用实例(Use Case)文档或方案上下文脚本中予以说明。功能需求(Functional Requirement)定义了开发人员必须实现的软件功能,使得用户能够完成他们的任务,并满足相应的业务需求。所谓特性(Feature)是指逻辑上相关的功能需求的集合,给用户提供处理能力并满足业务需求。软件需求各组成部分之间的关系如图 2.4 所示。

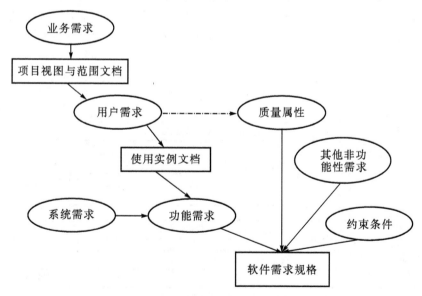

图 2.4　软件需求层次关系示意图

另外,软件需求规格说明还应包括非功能需求,它描述了系统展现给用户的行为和执行操作等。它包括产品必须遵从的标准、规范和合约,外部界面的具体细节、性能要求以及设计或实现的约束条件和质量属性。所谓约束是指对开发人员在软件产品设计和构造上的限制。质量属性是通过多种角度对产品的特点进行描述,并反映核心产品的功能。多角度描述产品对用户和开发人员都极为重要。特别需要说明的是,需求并未包括设计与实现的细节等具体信息,而是关注于用户究竟想要去做什么。

特征二:软件需求具有语义断连特征。语义断连是需求分析中常见的现象。由于在需求描述的过程中存在着上下文语义的缺失问题,特别是不同的人员在相关领域知识背景上存在的差异,造成在需求概念的描述与定义过程中存在着许多假设或者是假想,而这些假想的情况时有发生,但是这些假想的情况往往并不一定是真实的,从而使得整个需求分析的过程中存在着信息语义的失真,并造成需求判断的错误。因此,为了避免这种语义断连现象的发生,一方面需要对需求中所有的涉及物进行明确的定义,避免不一致或者二义性的发生;另一方面需要对需求描述的内容进行确认,从而有效地在划清角色与系统边界的基础上,形成完整的业务关联场景。

特征三:软件需求具有过程特征。即:软件需求分析是一个不断往复确认的过程,在这一过程中,最为核心的工作就是通过不断地反复确认,来对需求进行修改和完善,并最终达成认识的统一。达成统一的软件需求即为基线,或者说是一致的、存在共识的且可确认的需求。这对于后继的软件开发来说至关重要,软件需求开发反复确认的过程如图 2.5 所示。

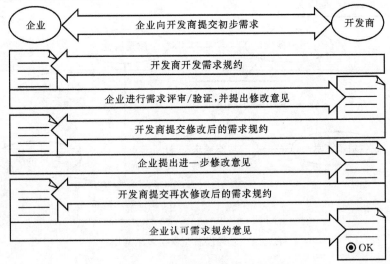

图 2.5　软件需求达成的过程示意图

特征四:软件需求存在状态的特征。软件需求是软件工程中的一个关键阶段。一旦形成了可以被定义与被描述的需求文档,就可以针对达成一致的需求文档在不同阶段下的实现状态进行动态的跟踪,并且需求的状态也可以采用状态机模型进行定义和描述。每一个状态机模型均可以采用状态、状态的变迁以及状态变迁过程中的触发事件来进行表示。在需求状态的描述过程中,需要定义需求所具有的状态特征,即需求的调研、分析、定义、确认、设计、实现和测试等反映需求全生命周期的状态。而从一个状态到另一个状态的变迁过程中,必然存在着一定的触发事件,这些事件本身也反映出需求自身的业务变化(如图 2.6 所示)。需求的状态特征以及需求状态机模型的描述,有利于对需求全生命周期的处理过程进行抽象,同时,利用这种抽象可以有效地为实现需求管理工具的开发和实现奠定基础。

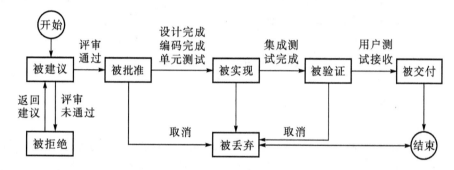

图 2.6　需求的状态变迁示意图

特征五:软件需求存在着角色的特征。软件需求本质上反映的是不同用户角色对软件系统的操作需求,即不同角色对软件的需求存在着差异性。因此,需要充分地考虑到软件需求本身存在的角色特征,这一特征不仅可以把握好系统的功能边界,也可以有效地确定角色之间存在的相互关系。特别是在基于 Web2.0 的社会化软件设计以及基于角色扮演的游戏软件的开发过程中,采用"以用户为中心"的理念,将角色的社会化特征融入到软件的设计与应用过程中来,成为了新一代的软件设计模式,呈现出越来越重要的作用。例如,一个传统的 MIS 管理软件的系统界面(如图 2.7(a)所示)与一个社会化软件应用系统(SNS),例如腾讯校友网(如图 2.7(b)所示)相比,SNS 系统通过将系统的功能需求与角色特征相结合,从而形成了一个基于不同用户交互行为的社会化软件平台,这种平台的需求具有特殊性和针对性。目前对传统软件的角色概念与系统的功能边界定义的变化,也反映出软件系统需求正在发生的一个重要变化,而这一变化主要体现在人们对软件需求中的角色特征进行深入的挖掘与理解上。

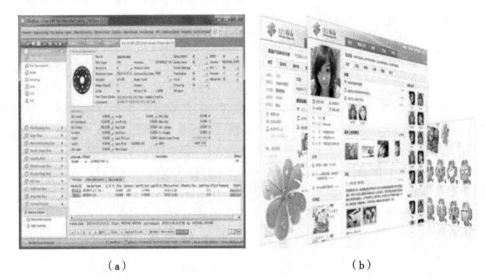

（a）　　　　　　　　　　　　　　　　　　（b）

图 2.7　角色特征的变化对软件设计带来了新的需求

2.3.3　需求的获取开发方法

需求获取是需求工程的第一个阶段，也是需求分析的关键，其目的是发现用户需求并定义系统边界。需求获取有多种方式，主要包括问卷法、面谈法、用例法、原型法和基于知识的方法等。

1. 问卷法

问卷法是通过向用户发问卷调查表的方式，根据用户反馈的问卷表整理出系统的需求。这种方法主要用于当开发方和用户都很清楚系统的需求时，特别是开发方和用户对系统中多数需求已达成共识，只需对一些个性化需求进一步确认。问卷法的过程：首先开发方根据经验和合同，通过对个性化需求和不明确需求的理解，提供一份初始的用户需求说明书，其中包含一份需求列表让用户选择，提交给用户确认。其次，用户阅读需求说明书，回答问卷调查表中的问题，根据用户方的理解直接修改用户需求说明书，或者只在问卷调查表中描述，由开发方修订用户需求说明书；最后，开发方拿到返回的用户需求说明书和问卷调查表，修订用户需求说明书。如果还有不明确的需求和需要用户回答的问题，可以重复上面的步骤，直到没有歧义为止。开发方整理出最终的用户需求说明书，让用户确认签字。这种方法比较简单，减少了获取需求需要的时间与成本，提高了工作效率，但在实际应用过程中，通过问卷法并不能完全获得双方认可的需求。

2. 面谈法

面谈法用于开发方不清楚用户需求的情况下,开发方和用户通过面谈理解并确定用户需求。通常用户熟悉业务流程,开发方有专业技术经验,双方需要架起业务和技术的桥梁,达成相互理解。面谈法的过程:根据合同范围双方确定需求的调研计划,并基于调研计划举行面谈或会议,形成需求调研记录。调研记录需要双方签字确认,如果需要增加面谈次数,每个调研主题结束后转入下一个主题。需求调研结束后根据所有的调研记录,开发方整理出用户需求说明书,并让用户签字确认。这种方法需要双方参与和较多的时间调研用户需求,主要用于开发方不清楚用户需求的时候,但是这种方法可以通过面谈增进双方对需求的理解。

3. 用例法

用例法是当前研究较多的一种方法,该方法试图用领域用户熟悉的情景用例来引导他们逐步提供系统信息。它首先采集一组系统实际的运行情景,然后让用户根据这些情景分别说明现实系统中各种行为及其目的,逐步建立应用软件的需求目标树。由于情景实例是实际系统的客观表现,有利于领域用户参与系统的需求描述,所建立的系统需求目标树也是现实系统的真实反映,可用于进行面向目标的系统需求分析。用例法中,由于用例是随机采集的,如何保证一组用例完整地反映系统需求,以及对不同用户的适应性是一个关键。在第 9 章中,将针对用例进行系统分析与设计的过程进行详细的介绍。

4. 原型法

原型法是开发方根据对用户需求的了解,设计出系统原型,然后利用原型来与用户进行交流沟通的过程。开发方通过原型可以发现双方对系统的理解是否一致,不断根据用户需要进行需求确定或原型修改,并挖掘出新需求。原型法的具体过程:开发方根据合同和经验,构画出系统原型;将系统原型提交给用户并与用户沟通,通过修订,达成对需求理解的一致;经过几个迭代的过程,最终得到一个双方认可的系统原型,然后开发方整理出用户需求说明书,提交给用户确认签字。这种方法主要用于开发方和用户对系统需求都不是很清楚的情况,可以通过系统原型减少因对需求理解不一致带来的系统风险,有些情况下如果系统原型是在正式的系统环境下设计出来的,那么正式的系统可以在系统原型的基础上演化而成,从而节省了开发的工作量和开发成本。

5. 基于知识的需求分析方法

与上面的那些方法不同,基于知识方法的出发点是希望能够采用软件开发者积累的经验或领域分析的结果,来帮助软件开发者理解应用和定义需求。目前在基于知识的需求获取方法中,对于本体的需求获取方法有很多的研究。需求获取是开发方和用户不断沟通交流,以期达成对要开发的系统的共同认识。需求获取中的问题与知识共享中的问题相似,但是由于背景和角色不同,开发方和用户对系统的理解不可能完全一致,双方之间沟通的鸿沟一直是系统失败的最大根源,基于本体的需求分析方法是使用一种双方都能理解的描述方法来定义系统,从而减少开发方和用户之间沟通障碍,增加系统成功的概率。

2.4　需求确认与管理

2.4.1　需求确认与版本管理方法

　　需求确认是为了避免概念中存在二义性,以确保需求说明能够准确、一致和完整地表达出系统的核心需要。需求确认包括需求评审和提交需求规格说明书,它的阶段性标志是正式的需求规格说明书。通过评审与确认后的需求规格说明书是开发人员工作成果和阶段结束的标志。需求确认是提高需求分析质量的有效途径。在需求获取阶段,用户所提出的大量需求往往是不系统的、不完整的,甚至是存在着个别错误的需求,只有通过沟通、分析和仔细审查,并通过适当的可视化表现形式,如绘制业务目标的上下文图或关联图以及功能结构层次图等,才能找出不同优先级下的需求中存在的遗漏或不足。需求评审是需求确认的核心,用户的参与在需求确认中起重要作用。通过对需求规格说明书的评审,可以尽早修正需求规格说明书中存在的问题和错误,这将会节省大量的时间和投资成本。

　　需求评审是分析人员在用户和软件设计人员目标一致的前提下,通过相互配合来完成对需求规格说明的审核。一方面,需要查找出原始的关联信息的出处,逐项审核原始信息与加工信息之间存在的逻辑,排除不适当的或不切实际的需求,检验软件需求的精确性、完整性和一致性;另一方面,需要使用户和软件设计人员对规格说明书的理解达成一致,有效降低软件开发风险。需求评审常使用倒推法,逐项从需求出发,查找产生该信息的路径,并逐个判断路径是否能实现、硬件是否能支持以及软件是否可行等因素。经过评审的需求规格说明将成为用户方与开发方实施合同的重要组成部分。如果评审未通过,例如发现了遗漏或错误,则可以进行迭代修改,直至通过评审为止。

2.4.2　需求的追踪方法

　　需求跟踪是指跟踪一个需求对象在其全生命周期不同阶段所处状态的过程,其目的在于建立与维护从"需求－设计－编程－测试"不同阶段之间的需求实现的一致性,确保工作成果满足用户的实际需求。需求跟踪也包括了编制每个需求项与系统其他元素之间的联系,这些元素包括体系结构或其他部件设计、源代码模块、测试以及帮助文件等。需求跟踪为我们提供了由需求文档到软件产品整个过程的动态追踪能力。一般地,需求追踪有两种方式:

(1)正向追踪,即检查《产品需求规格说明书》中的每个需求是否都能在后继工作成果中找到对应点。

(2)逆向追踪,检查设计文档、代码和测试用例等工作成果是否都能在《产品需求规格说明书》中找到出处。

正向追踪和逆向追踪合称为"双向追踪"。无论采用何种追踪方式,都要建立与维护需求追踪矩阵,该矩阵保存了每一个需求项与相应的工作成果之间的对应关系,而且可以将这些关系连接成一个需求追踪能力链(Trace Ability Link,TAL),每一个 TAL 均记录了相应需求项与其他需求项之间的嵌套层次以及依赖关系。当某个需求发生变更时,能够确保正确变更信息的传播,并将相应的任务做出正确的调整。从而使得每一个需求项从来源确认到产品实现的全生命周期不同阶段均可以得到有效地追踪。可追踪能力是评价需求规格说明书优秀与否的一个基本特征,为了获得这种可追踪能力,就需要统一标识和建立一个规范的需求追踪能力矩阵,如表 2.1 所示。

表 2.1　一种需求追踪能力矩阵

用例	功能需求项	设计元素	代码	测试用例
UC - 1 UC - 2	Catalog. query. sort catalog. query. import	Class Catalog Class Catalog	Catalog. sort() Catalog. import() Catalog. validate()	Search. 1 Search. 2 Search. 3 Search. 4

表 2.1 是一个简单软件管理系统的追踪能力矩阵示意表,该表说明了系统中每一个功能性需求将用例与多个设计元素、代码以及测试元素进行了关联。设计元素可以是模型中的对象,例如数据流图、关系数据模型中的表单或对象类等;代码可以是类中的方法、源代码文件名、过程或函数;测试实现则是相应的测试用例。此外,追踪能力联系链可以定义各种系统元素类型之间的一对一、一对多或者多对多关系,从而形成一个关系链或关系树,有利于实现对需求项的状态追踪。

2.4.3　需求的变更方法

通常,由于人们对软件项目的整体需求考虑不周到、经验不足或者人员与业务发生了变化,常常在软件实现的过程中不断地提出需求变更,希望系统能够更加实用。由于一个软件项目的研发与实施都需要在一定期限以及范围内完成,且随着时间的变化业务需求也会不断地发生着变化,意味着软件需求也可能会不断地发生着变更,造成需求管理变得十分困难。因为变更不仅意味着已完成的工作可能需要重新来做,甚至于一个变更的需求将导致项目中多个不同的需求项也会产生影响或变化,同时也意味着项目的时间计划与成本预算的超支,所以不断变更用户需求是导致软件项目开发失败的一个重要原因之一。

需求变更管理与成本、时间控制紧密相连,为从源头上控制变更的随意性,应规范需求变更程序。在进入需求确认阶段后,所有需求变更都要按变更程序管理,这个变更程序一般需要经过变更申请、变更评估、变更批准、修改需求规格说明书等步骤。在软件开发实现的过程中,需求变更越早则变更的代价越小,在需求工程阶段实施变更的代价是软件工程各阶段中成本最低的,在实际工程中,需求变更管理贯穿于整个软件项目的开发全过程。有效的变更管理需要对变更带来的潜在影响以及成本费用进行合理地评估。对合理的需求变更应该及时地加入需求规格说明书,对不合理的变更要求应向用户说明,对需要追加较大成本投入或者计划延期的需求变更,分析人员通过变更控制委员会(CCB)确认后,再进行相应的调整。

2.5　需求管理工具的设计

由于需求分析是软件工程中十分重要的阶段,针对需求工程的研究对于软件生产线以及软件体系结构都有重要的影响,对提高产品线的开发效率和降低成本方面也存在较大作用。目前已有很多需求获取和建模方法、需求分析方法,但是还存在如下一些问题:

(1)在用户和需求分析师之间存在着沟通鸿沟,能否提供一种方式或工具让各类涉众能够更加方便地参与到需求获取的过程之中?

(2)由于需求之间的依赖关系严重影响到需求在各个阶段的实现与追踪,需要实现对需求状态以及相关性分析的有效管理手段。

(3)如何建立一套统一规范,来降低需求分析过程中的不一致性?

(4)对需求的变更过程如何在开发过程中得到体现与管理?

(5)需求工程着重研究系统的问题领域,而软件产品的设计与开发过程集中在实现域,如何清除或减少两者之间的隔阂,并将需求阶段的成果以形式化或模型化的方式向产品设计阶段来转化?

为了解决上述的需求分析与管理过程中的实际问题,许多单位与个人纷纷提出了一些新的思路,其中,一些单位在对需求进行模型化的基础上,设计并开发了相应的需求管理工具,例如,图 2.8 反映了一个针对需求分析阶段经进行需求内容管理的软件工具。

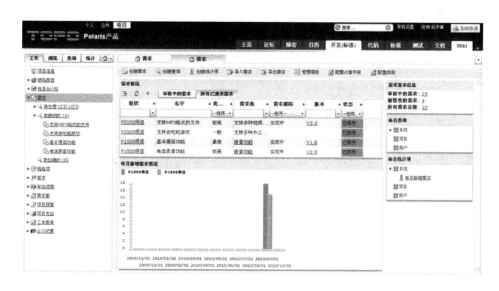

图 2.8　需求管理工具界面示意

　　仔细地分析这个示例,作为系统分析员特别需要考虑的是如何建立一个合理的需求模型,并利用该模型中的一些属性特征,例如需求的层次结构、版本、状态、用户角色、优先级以及稳定性等特征属性的定义来协助系统实现,其中一些需求特征可以参见表 2.2 中的描述。随后,根据这些属性的描述与抽象,可以设计出相应的需求系统的数据结构与数据字典,从而为整个系统的开发提供一个基础性的底层工具模型。通过需求增加、修改、变更记录与状态变化等操作,来达成系统模型与数据分析的工作目标,以确保系统用户对需求项进行合理的评价与资源优化。建议学习者可以参考本例中提供的属性特征,并通过抽象来建立起整个系统的数据模型、业务模型以及交互模型等。在模型的建立过程中,可参考相关文献来分析与思考需求工程领域中的核心概念与操作机制。

　　另外,在结合前文所述的一些特征和方法对这样一个需求管理工具进行重新建模和分析设计的过程中,希望将这些需求工程相关的概念融入到对这个系统的设计实践中,从而获得有关需求工程领域中那些"鲜活"的概念知识,而不仅仅是所谓的概念背诵与简单记忆,这也是本书希望达成的一个重要的学习目标。带着这样一种学习的态度和方式,来体验软件的分析与设计过程,一定会有更多的新发现和新体验。

表 2.2　需求的基本特征属性分析列表

需求属性	含　义	说　明
编号(层/序)	需求的顺序号	可根据系统结构或任务的 WBS 进行编排
名称	需求名称	用最简洁的语言表示需求的核心含义
描述与定义	对需求的描述和定义	需求的最本质内容可以用模型、图和表来进行表示
来源	需求的提出来源	用户需求的更高层依据、来源
提出/决策人	需求的提出人	当需求变化或受到影响时最易于讨论和决定的人
优先级	需求的优先级	表明高、中、低,以备需要取舍或决定先后响应顺序
实体	需求实现的实体	表明需求与实现实体的对应关系
状态	需求所处的状态	包括提出、批准、实施、实现、完成、拒绝、推迟、等待、丢弃等
需求属性	含义	说明
稳定性	需求的稳定性	按稳定性定义描述稳定性的高、中、低
验收标准	验收标准	需求实现的验证方式和标准
负责人	需求实现的负责人	
备注	对需求的附加说明	
作者	需求的提交者	
版本号	需求的版本号	
变更记录		本版本的变更内容描述本版本的变更原因、内容、影响
更新日期	需求的变更日期	

2.6　本章小结

需求工程是在软件工程领域中唯一的一个称为"工程"的阶段,需求的好坏往往直接决定了软件系统的成败。本章从服务设计与质量模型的视角出发,分析了产生服务质量偏差的 5 个根本原因,这些原因也是实现需求分析过程中必须面对的挑战。另外,本章在最后部分提出了一个针对需求管理工具进行分析与设计的要求,如果读者转换角度开始用分析和设计的视角来审视这个系统的构建过程,那么本书中的许多关于需求的概念就会在一系列深入思考的过程中,融入到了具体的应用之中,例如,需求工程中的存在的阶段、每一个阶段需求完成的核心工作以及需求自身存在的基本特征等。通过对这些基本概念信息的抽象与建模,可以让我们从全局上更好地把握相关的领域概念和知识,并且有助于我们将知识转化成更为重要且实用的能力和工具。

2.7　思考问题

(1)根据服务的特征与服务的质量模型,请尝试针对不同的软件开发过程对软件质量的影响进行分析,并且为了提高软件分析的质量,请尝试分析如何来优化这些软件开发过程,请给出相应的优化方案。

(2)请阅读与需求工程相关的参考文献与网络资料,针对需求工程在软件开发过程中的作用展开分析,并完成一个研究综述报告。

(3)根据需求工程存在的问题与不足,请结合你在某一个具体的项目过程中,对软件需求分析的实践进行分析并形成分析报告。

(4)根据需求的关键特征,请你针对某一个具体的软件项目开发的案例来分析这些特征在实际项目开发过程中的作用与价值。

(5)在需求工程的框架下,结合需求的基本概念和关键特征,请针对图 2.8 所示的软件需求管理工具,利用你所学习过的任何一种软件系统建模方法,对该工具进行抽象与形式化分析,并通过建模来完成对该管理工具系统的设计。

(6)在需求确认的过程中,对需求的版本管理是一个重要的工作内容,请分析如何建立一个合理的模型和机制来实现对内容的版本管理与控制?请尝试分析与实践。

参考文献与扩展阅读

[1]金芝,刘璘,金英. 软件需求工程:原理和方法[M]. 北京:科学出版社,2008.

[2]刘华虓. 需求工程中的若干问题研究[D]. 长春:吉林大学,2013.

[3]卢梅,李树明. 软件需求工程——方法及工具评述[J]. 计算机研究与发展, 1999,36(11):1289-1300.

[4]陈小红,尹斌,金芝. 基于问题框架的需求建模:一种本体制导的方法[J]. 软件学报,2011,22(2):177-194.

[5]李引,李娟,李明树. 动态需求跟踪方法及跟踪精度问题研究[J]. 软件学报, 2009,20(2):177-192.

[6]张伟,梅宏. 面向特征的软件复用技术——发展与现状[J]. 科学通报,2014,59(1):21 - 42.

[7]唐文忠,邓婧文. 可复用的需求建模方法[J]. 北京航空航天大学学报,2010,36(04):438 - 442.

[8]梅宏,刘譞哲. 互联网时代的软件技术:现状与趋势[J]. 科学通报,2010,55(13):1214 - 1220.

[9]湛浩旻. 软件需求获取过程关键技术研究[D]. 哈尔滨:哈尔滨工程大学,2013.

[10]毋国庆,梁正平,袁梦霆,等. 软件需求工程[M]. 北京:机械工业出版社,2008.

[11]刘锋,张伟,赵海燕,等. 企业信息系统中基于场景的协同式需求获取方法[J]. 电子学报,2009,37(4A):51 - 56.

[12]鱼滨,张琛,郝克刚. 支持 MDA 的交互式需求获取方法及辅助工具[J]. 计算机科学,2008,35(8):273 - 276.

[13]程学生,王聪. 基于领域模型的需求获取方法[J]. 计算机应用研究,2006(12):74 - 76.

[14]金芝. 基于本体的需求自动获取[J]. 计算机学报,2000,23(5):486 -492.

[15]陆汝钤,金芝,陈刚. 面向本体的需求分析[J]. 软件学报,2000,11(08):1009 -1017.

第 3 章 企业架构与 Zachman 模型

架构无处不在,它是事物的基本组织模式,不仅体现着事物的各个组成部分之间存在的关系,同时也包含着不同组成部分与外部环境之间的联系。企业架构(Enterprise Architecture,EA)是研究如何利用信息系统针对企业的组织模式以及企业不同组成单元之间存在的业务关系进行整体建模与设计,从全局角度来分析企业内部各单元之间存在的业务流程和功能。本章从企业建模与信息架构方法出发,主要介绍了 ARIS 模型和 Zachman 模型,并利用该模型对企业架构进行分析与规划,形成应用系统解决方案的相关方法与策略。

3.1 企业建模与信息架构方法

本章所说的企业是一个抽象概念,它不仅包括了公司与企业单位,同时也包括了学校、机关等事业机构与部门,它是由许多具有不同功能、不同业务单元组织而成的一个复杂整体。从组织形态上看,企业往往包含了多个不同的职能部门;从生产经营过程看,企业具有复杂业务处理规则与流程;从资源来看,企业不仅仅要采购相应的生产资源和资料,还要利用不同岗位的人员以及设备资源,在特定的环境和条件下来组织加工生产或提供特定服务。此外,在企业生产运营过程中,往往还会产生大量的数据和信息用来作为业务单位之间协作与共享的基础,这些资源在不同的部门中发挥着不同的作用和价值。在信息时代,如何针对企业的关键业务与核心流程进行梳理与建模,并在此基础上完成软件产品的设计开发一直都是软件设计者与开发者们关注的焦点。为了更好地开发与企业应用相关的软件产品,有必要深入地分析一下其复杂的业务系统,了解企业可能存在的一些属性和特征,并围绕这些属性和特征进行针对性的建模。

由于建模方法是人类对客观世界和抽象事物本身及其联系的具体描述,而企业建模方法则是为了描述企业的所有特征(如属性、功能和交互等)所采取的手段,因此,企业建模不仅仅需要完整地描述一个企业的整体构架,还需要完整描述企业的管理模式、组织机构、生产流程和相关资源。这对于软件分析与设计人员而言,企业建模过程也是一个业务软件需求再造的过程,通过企业建模可以发现企业生产管理过程中存在的各种瓶颈问题,避免软件开发过程陷入到不合理的业务细节之中,从而实现组织机构与企业资源之间的合理配置,完成核心资源的高效利用与信息共享,并达成生产与管理效率的提升以及资源利用率的提升,从而体现出相应软件以及软件设计者的核心价值。

国内外学者提出了多种企业建模分析方法,主要分为三维建模和二维建模方法。此外,对于复杂系统的分析与建模通常还需要采用建模工具的支持,下面对企业建模的总体框架与过程以及相应的核心模型分别进行介绍。

3.1.1　企业建模的总体框架与过程

企业建模过程是从不同的用户视角来获取企业的各类信息,将这些信息分析并组织形成一个完整模型的过程。企业建模过程通常从定义建模目标开始,首先需要明确建立的模型是为了达成什么样的工作目标,然后在继承和重用已有模型或领域本体的基础上,进一步深入调研和分析用户的本质需求并定义这些用户需求。一般地,企业建模过程定义了企业中需要做什么事情、由什么人来做、如何做、完成的操作正常与否等问题,并定义相应的活动以及活动之间具有的逻辑关系。因此,企业建模过程是一个将目标、方法、模型和质量评价等各要素进行综合分析的过程,其总体视图如图 3.1 所示。

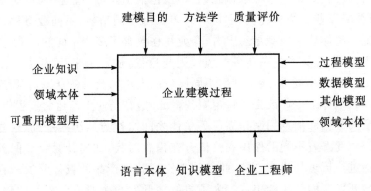

图 3.1　企业建模过程的总体视图

企业系统可认为是由实体、活动以及它们之间的联系所组成的一个稳定的结构单元,在企业建模时就需要仔细分析企业中存在的实体与业务流程间的关系。而传统的数据或活动模型只反映了系统中某一个侧面的信息,要想对整个企业系统进行统一建模,就需把握以下关键的设计原则:

(1)一致性原则。要保持企业模型在不同组件的语法和语义上的一致性。

(2)模块化原则。企业模型需要采用模块化的建模方法,通过模块化的封装,将不同的业务单元高内聚地封装到一起,这样有利于模型的管理与扩展维护。

(3)模型通用化原则。通过定义通用化的企业组件和模型,确保企业模型的一致和统一。

(4)模型可视化原则。为了提高人员交流的效率与效果,通过标准的可视化建模方法来提供一个清晰的、无二义的可视化建模机制。

3.1.2　企业三维建模方法

企业三维建模方法是指从通用性层次、产品开发生命周期以及资源视图三个不同的维度特征来对企业进行建模的方法。其中,通用性层次维描述了企业模型从一般到特殊的演化过程,它包括通用层、部分通用层和专用层三个层次;以产品生命周期为主要特征的时间维则反映了系统集成过程所经历的几个关键阶段,包括从需求分析层、设计层再到实现与实施层等关键阶段;资源视图维则是从信息、功能、资源、组织和控制等不同侧面描述企业。这些不同的分析维度构成了如图3.2 所示的一个企业的立方体特征模型。

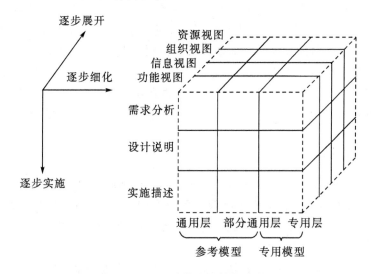

图 3.2　三维建模方法结构示意图

企业三维特征模型的典型代表包括了欧共体的 CIMOSA 模型、法国的 GIM/GRAI 模型、美国的 PERA 模型以及德国的 ARIS 模型等。下面对其中几个主要的模型进行简要介绍。

1. CIMOSA 建模方法

CIMOSA 目标是提供一个面向计算机集成制造系统(Computer Integrated

Manufacture,CIM)全生命周期的、开放的 CIM 参考体系结构。它从不同层次和维度反映了企业的信息建模、设计、实施、运行和维护等生命周期中各个阶段的实体描述、实施方法和支持工具,并形成一套完整的形式化体系。从结构上看,CIMOSA 建模方法是一种典型的结构化方法,它采用逐步细化和分解的方法,将领域过程分解为一系列业务过程(Business Process),这些业务过程描述了企业的行为与活动。目前,主流的企业建模方法均是从 CIMOSA 模型中演化而来的,或在很大程度上借鉴了 CIMOSA 的思想。

2. GRAI/GIM 建模方法

GRAI(Graph with Results and Activities Interrelated)方法是 20 世纪 70 年代中期由法国波尔多第一大学 GRAI 实验室提出的一种用于描述与分析生产管理系统的方法,后来 GRAI 实验室将其进一步发展成为分析整个企业业务的一种方法,称为 GIM (GRAI Integrated Methodology)。GIM 方法论包括 GRAI 概念参考模型、建模框架、建模方法和结构化方法,并由物理系统、信息系统和决策系统三个子系统组成。为了描述整个企业应用系统,GRAI 模型通过建立栅格与网格这两个基础模型来实现对整个系统功能的建模。其中,GRAI 栅格从全局的角度描述了企业生产管理过程中,功能与时间之间的关系,并将时间维定义为生产管理过程中所需考虑的时间长度及其周期性调整的时间间隔。同时,时间维和功能维相交的每个单元均可作为决策中心,它不仅可以为生产管理系统提供信息交换,还可以实现信息的决策。GRAI 网络则是通过功能分解与分阶段建模来描述决策过程的一种方法,许多具体执行的细节,如时间、成本和异常处理机制等并没有包含在模型中。

3. ARIS 建模方法

ARIS(Architecture of Integrated Information System)是德国 Saraland 大学的 Seheer 教授提出的一种集成化的信息系统模型框架,它通过将企业的组织、功能、流程、数据、产品/服务等要素进行统一的建模,形成一个可视化的企业完整的、一致的业务模型,如图 3.3 所示。

自 1990 年以来,Scheer 教授研究团队开发了一套标准的软件工具集来支持 ARIS 建模与仿真,其中包括 ARIS EasyDesign,Toolset,ARIS for R/3,ABC(Activity - Based Costing),Weblink 和标准界面等。尽管 ARIS 也存在内容的一致性和完整性难以维护,系统功能、组织和数据视图相对独立等问题,但是 SAP 公司最终还是以高价将其收购,并将 ARIS 作为软件信息系统规划与设计的重要工具。

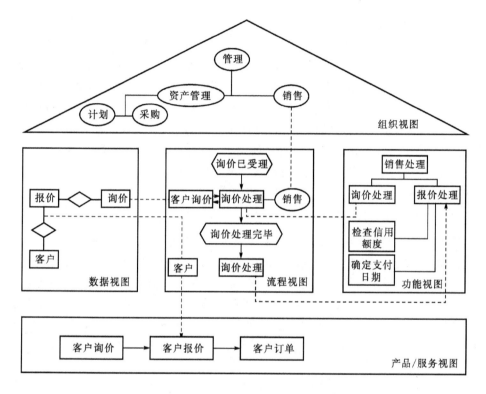

图 3.3　ARIS 建模体系结构示意图

3.1.3　企业二维建模方法

与三维建模方法相比,二维建模缺少了通用性层次维,即没有了企业模型从一般到特殊的演化过程,因此,建模方法较为简单且建模方法的模块化程度不高,缺乏对模型有效重用等问题。下面针对二维建模的方法进行一个简单介绍:

1. 普渡参考体系结构

普渡参考体系结构(PERA)是普度大学的应用工业控制试验室在 1990 年为一个 CIM 项目进行企业建模而开发的。PERA 面向系统的整个生命周期,并通过概念、定义、设计、构造与安装以及运行等 5 个阶段来建立基于任务的企业参考模型。同时,通过功能视图和实施视图来实现信息系统任务、制造任务和人工任务的建模,并实现企业相关的决策、控制和数据处理。与其他参考模型相比,PERA 覆盖了 CIM 系统实施的完整生命周期,并且针对人的行为活动来建模,这也是 PERA 模型区别于其他参考模型的重要特征。

2. Petri 网方法

Petri 网是由德国 Carl Adam Petri 博士于 1962 年提出的一种网络理论，经过 50 多年的发展，已成为具有严密数学理论基础和多种抽象层次的通用网络模型。Petri 网是一种图形化的建模工具，也可以看成是一种特殊类型的有向图，该有向图由令牌、库所、变迁以及连接库所与变迁等要素构成。通过 Petri 网模型可以对并发性、异步性、分布式、非确定性、并行性系统进行描述，尤其适合于描述离散事件的动态过程。为了更好地扩展系统的建模能力，目前在 Petri 网的基础上又发展了时序 Petri 网、着色 Petri 网等高级 Petri 网来实现对复杂系统的建模。在本书的 8.4 节中还将对 Petri 网进行进一步的介绍。

3. IDEF 建模方法

IDEF 方法是在 20 世纪 80 年代初由美国空军最早提出的，其中包括三种建模方法：功能建模（IDEF0）、信息建模（IDEF1）和动态建模（IDEF2）。随着信息系统的相继开发，又开发出了一系列 IDEF 族方法：数据建模（IDEF1X）、过程描述获取方法（IDEF3）、面向对象的设计方法（IDEF4）、使用 C＋＋语言的 OO 设计方法（IDEF4 C＋＋）、实体描述获取方法（IDEF5）、设计理论获取方法（IDEF6）、人-系统交互设计方法（IDEF8）、业务约束发现方法（IDEF9）以及网络设计方法（IDEF14）等。

根据用途，IDEF 方法族可以分成以下两类：第一类是为系统集成人员提供相互之间信息交流的模型化工具，主要包含 IDEF0，IDEF1，IDEF3 和 IDEF5。其中，IDEF0 通过对功能的分解，按照输入、输出、分类控制来实现系统不同功能的描述；IDEF1 用来描述企业运作过程中的重要信息；IDEF3 支持系统用户视图的结构化描述；IDEF5 用来采集事实和获取知识。第二类是针对系统开发过程提供设计工具，主要包括 IDEF1X 和 IDEF4。其中，IDEF1X 可以辅助语义数据模型的设计，而 IDEF4 则通过面向对象的方法来提供系统设计和建模的工具。

由于 IDEF 方法具有严谨的语义描述、语法规则和图形化语言，同时，也有多种建模工具支持该建模方法，迄今为止这种方法仍然是一种被广泛采用的有效方法。例如，Computer Association BPWin 建模工具可以用于实现功能建模 IDEF0；Computer Association ERWin 建模工具可以实现基于 IDEF1 的信息建模，该工具目前已成为数据库分析设计的主要工具之一。建议读者可以通过相关的网络资料和参考文献对 IDEF 方法以及工具进行进一步的研究，本书第 7 章将会利用 IDEF 建模方法来进行软件系统的数据库建模设计与应用实践。

3.2　企业架构

3.2.1　企业架构的概念与发展

企业架构(Enterprise Architecture)的思想来自企业建模,其目的是将跨组织间的零散且遗留的业务流程进行优化并集成到一个完整的开发环境中,从而及时响应变更并支持业务战略的交付。企业架构包含的基础要素有业务、信息、操作、组织结构、IT 整体架构以及企业 IT 基础设施。一些文献将企业架构定义为关于 IT 规划与管理、复杂系统设计与实施理论以及标准与工具的集合。并采用以下公式来进行定义:

企业架构＝架构的模块与组件 ＋ 模块与组件间关系 ＋ 管理规范

1987 年,IBM 公司的资深工程师 John Zachman 率先提出了"信息系统架构框架"的概念,并从信息、流程、网络、人员、时间和动机等 6 个维度来分析企业,同时与软件开发生命周期过程相结合,为不同的维度视角提供了 6 个阶段性模型,即语义、概念、逻辑、物理、组件和功能等模型,从而形成了一个 6×6 的模型矩阵,且矩阵中的每一个单元均对应着一个特定的模型。在这一开创性工作的基础上,Zachman 与 John Sowa,Keri Anderson 以及 Clive Finkelstein 等人进一步合作对模型进行了扩充和改进,并在 1997 年将扩充与改进后的框架进行发布并称之为"企业架构框架"(Framework for Enterprise Architecture),而 Zachman 本人也被尊称为"EA 之父"。

企业架构最早应用于美国的一些政府机构中。首先是美国国家技术标准研究所在引入 Zachman 架构框架后发布了 5 层的 NIST 框架,从此联邦政府内出现了许多企业架构框架,包括国防部(DOD)和财政部(DOT)等。1996 年,美国的 Clinger-Cohen 法案(也称信息技术管理改革法案)导致了术语"IT 架构"的产生。该法案强调美国政府指导下属联邦政府机构通过建立综合方法来管理信息技术的引入、使用和处置等,并要求政府机构的 CIO 要负责开发、维护和帮助建立一个合理的和集成的 IT 架构(注:当时的术语 ITA,现在被解释为 IT 企业架构(EA))。1999 年 9 月,美国联邦 CIO 委员会发布了联邦企业架构框架(FEAF),FEAF 定义了一个 IT 企业架构作为战略信息资产库,旨在为联邦机构提供一个公共架构来支持业务的运行以及流程的变革。随后,美国政府的管理和预算办公室(OMB)创建了联邦企业架构管理办公室并发布了 OMB Circular A-130,要求企业机构记录和提交他们的企业架构到 OMB,同时对架构发生的重大变革与更新进行记录。2002 年 2 月,OMB 开发了联邦企业架构(Federal Enterprise Architecture,FEA)

用来帮助联邦政府之间的相互协作,实现系统之间的互操作和交互。因此,完整的企业架构知识体系包括企业架构的范围与定义、内容框架、架构的开发、架构的参考模型和架构、架构的使用、架构的评估以及架构的项目管理等方面,整个知识结构如图 3.4 所示。

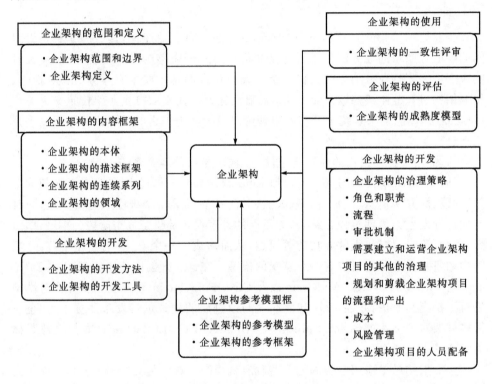

图 3.4　企业架构知识体系

在企业架构的发展过程中,美国联邦政府对企业架构的应用和推动发挥了非常重要的作用。目前,在国际上以美国和欧盟为首的发达国家已经为企业架构的推行制定了一系列强制性的法律法规,例如美国的 Clinger - Cohen 法案(信息技术管理改革法案,1996)、美国的 Sarbanes - Oxley 法案(美国公众公司会计改革和投资者保护法案,2002)以及欧盟授予的公共合同法令等,这些强制性的法律法规成为了政府机构和公司企业在其业务中采纳和使用企业架构的强大驱动力。从这些国家的发展经验和示范作用来看,企业架构的采纳和推行,是经济、社会和商业发展到一定阶段的必然产物。随着全球化的进展以及我国信息化综合实力的不断增强,可以预计企业架构未来在我国的政府部门/机构和企事业单位中具有较好的应用前景和发展空间,必将受到越来越多的关注。

3.2.2　Zachman 框架与企业架构

目前,企业架构主要是从以下两条主线进行发展和演化:一是以 Zachman 框架为核心,围绕特定领域的应用来开发的主流架构框架与方法,例如 EAP,FEAF,TEAF 等;二是以 ISO/IEC14252 为基础开发的美国国防部的信息管理技术架构框架 TAFIM,以及 OPEN GROUP 开发的 TOGAF 框架,同时,美国国防部又进一步开发出了 DoDTRM,C4ISR 以及最新的 DoDAF。而其他的企业架构模型则基本上是在上述两条演进路线上进一步发展与融合的结果。目前,最主流的企业架构方法包括 Zachman 的 EA 框架、开放群组(Open Group)的 TOGAF 架构框架、美国联邦企业架构 FEA 和 Gartner 的 EA 流程。这些内容可以浏览相关的参考文献,本章重点介绍 Zachman 架构。

Zachman 框架本质上是一种分类方法和逻辑结构,它提供一种定义企业复杂业务过程的模型化和结构化的方法体系,并为企业信息建设提供了一个逻辑化的构造蓝图。经过多次修改和演化,Zachman 框架最终形成了如图 3.5 所示的多维度的组合模型视图,即由一个二维的 6×6 矩阵组成,由根据项目的涉众角色类型和不同维度特征所形成的矩阵来作为系统的一个基本度量,矩阵中的每一行代表了系统在开发生命周期内不同角色的观点和视角,而每一列代表系统中不同的特征维度。

从图 3.5 可见,Zachman 框架通过 5W1H 的 6 个维度来构成整个系统的问题空间描述,即 What,When,Where,Why,When 和 How;同时,又通过 6 种不同的角色来体现开发过程中不同阶段的要求与特点,这 6 个角色包括 Planner,Owner,Designer,Builder,Sub-contractor 和 Product,每一个角色对系统具有独立的分析视角与分析目标。通过模型组合形成了一个在满足设计生命周期的过程中,业务分析系统的全局视图。同时也使得软件系统的规划师、负责人、设计者等角色能够全面地看到企业的业务方向与关键的分析视角,并通过企业的组织结构、计划、规则、流程和数据等要素的分析和建模来定义企业的核心业务目标;使设计师可以运用多种技术模型来解决企业业务过程中的信息需求。下面针对 Zachman 框架中不同维度所对应的模型,以及不同用户视角所对应的阶段目标进行介绍,以希望读者对该模型有一个全局性的认识与把握。本书的后续章节基本参考了 Zachman 模型的维度特征,分别从不同的角度来分析和设计系统模型,从而形成了本书一个完整的系统分析与设计框架。

Zachman 框架结构	数据	功能	网络	组织	时间	动机
企业规划（规划者）	重要业务对象列表 实体＝业务对象类	业务过程列表 功能＝业务过程类	业务执行地点列表 节点＝主要业务地点	重要组织单元列表 组织＝主要组织单元	重要事件列表 时间＝主要业务事件	业务目标列表 目标＝主要业务目标 手段＝成功要素
企业模型（业主）	如语义模型 实体＝业务实体 联系＝业务联系	如业务过程模型 过程＝业务过程 I/O＝业务资源	如业务分析模型 节点＝业务地点 连接＝业务连接	如工作流模型 组织＝组织单元 工作＝工作成果	如主进度表 时间＝业务事件 周期＝业务周期	如业和规划 目标＝业务目标 手段＝业务策略
系统模型（设计者）	如逻辑数据模型 实体＝数据实体 联系＝数据间联系	如系统体系结构 过程＝应用功能 I/O＝用户接口	如分布式系统体系 节点＝处理器/存储器 连接＝线路属性	如员工接口体系 组织＝任务 工作＝交付的成果	如处理结构 时间＝系统事件 周期＝处理周期	如业务规划模型 目标＝结构声明 手段＝行动声明
技术模型（承建者）	如物理数据模型 实体＝表 联系＝指针/链	如系统设计 过程＝功能模块 I/O＝数据单元	如技术体系结构 节点＝硬件/软件 连接＝线路说明	如描述体系结构 组织＝用户 工作＝筛选方式	如控制结构 时间＝执行周期 周期＝分量周期	如规划设计 目标＝条件 手段＝行动
详细描述（子承建者）	如数据定义 实体＝字段 联系＝地址	如应用程序 过程＝语言描述 I/O＝控制块	如网络体系结构 节点＝地址 连接＝协议	如安全体系结构 组织＝身份 工作＝职务	如时限定义 时间＝中断 周期＝机器周期	如规则说明书 目标＝子条件 手段＝措施
具体实现	如数据、信息	如功能、结构	如网络、线路	如组织	如进度表、甘特图	如策略、规则

图 3.5　Zachman 框架结构示意图

1. Zachman 框架中不同角色的视图

在 Zachman 框架中,不同的行分别代表了不同的角色在系统实施不同阶段中的观点,其中包括了计划者、组织者、架构者、设计者、构建者以及产品使用者的不同视角和观点。这些阶段组合起来则可以形成系统设计与开发的全生命周期过程,其中,每一种角色在系统实施的相应阶段所对应的主要任务包括:

(1)定义范围(计划者观点)。定义组织或系统的方向与目标,并定义组织或系统的边界范围。

(2)企业模型(拥有者观点)。用分析与设计的术语来定义组织或系统的业务模型,包括其组织结构、业务过程、业务部署以及数据表单等,从而形成企业整体的业务概念视图或模型。

(3)基本概念模型(架构师观点)。用更严格的术语或者模型来定义系统,根本上说是要把企业模型进一步抽象到系统的概念模型层次,并定义一个系统的概念模型。在 Zachman 模型的最初版本中,这一观点被称作是信息系统设计师的观点,与拥有者所建立的企业业务模型相比,该阶段则是对业务模型进一步抽象和建模,并对其中每一个维度内需要处理的基本功能进行设计并形成系统模型,该阶段也是系统分析设计的核心阶段。

(4)技术模型(设计者观点)。定义系统的逻辑设计模型与验证技术模型,并考虑采用具体的技术来满足和实现前面各阶段所定义的需求以及相应的概念模型。

(5)详细设计与实现模型(构建者观点)。在技术模型设计的基础上,对设计模型进一步细化,并可以采用具体的实现方法和开发工具来达成设计的目标和要求。

(6)产品功能(产品使用者观点)。定义组织内各层次的业务功能,并通过系统的实际运行与功能应用,以具体软件产品的形式来验证前面所定义的需求以及分析和设计模型的实施状况。

2. Zachman 框架中不同维度的分析视图

Zachman 框架中的列表示提取业务信息的不同维度,从某种意义上讲,也是统一建模工具中所需要使用的基本要素,因此,每一个维度本质上就是针对系统中特定要素进行分析和建模的过程。具体建模要求如下:

(1)数据(What)。主要针对企业内的业务数据对象与实体以及它们之间的逻辑关系来建模。在数据维度下,每一行都是针对业务中不同事务内所包含的数据信息抽象与建模。其中,从企业要处理的事务到系统 ER 模型视图、数据概念模型以及物理模型,最终体现到数据在计算机中的物理存储方式。相关数据模型设计将在本书第 7 章进行详细介绍。

(2)功能(How)。根据业务活动的执行来分析系统的功能与服务,针对企业的数据流与功能进行建模。在功能维度下,从第一行对企业的业务功能的定义开始,分别通过对企业任务节点的具体实现行为与数据处理过程进行建模、功能分解以及具体功能的编程实现等环节,最终完成整个系统的功能定义的建设。其中,相关数据流模型的设计将在本书第 8 章中进行详细介绍。另外,如果从面向对象的角度来看,类是对数据以及数据流中操作的封装,它体现了系统设计过程中抽象能力的提升,而面向对象的分析与设计则是在数据与功能操作这两个维度进行抽象与封装的基础上,建立的一种新型的模型分析方法。本书第 9 章与第 10 章则针对面向对象的分析设计的基本方法与主要的设计模式进行定义和描述;而第 11 章则是针对软件设计过程中有关软件架构的相关内容进行了进一步的知识扩展。

(3)地点(Where)。反映企业业务活动的地域分布情况,其中,从第一行(计划者观点)上所反映的企业运行活动的地理分布状况开始,进一步针对企业在不同地域条件下的业务单元的分布以及相互的联系,再到这些业务单元在不同地域环境下所扮演的功能角色,最终通过计算机以及通信网络的具体部件和协议来进行统一建模和实现。这一过程也反映了系统的部署与实施状况,相关内容将在第 9 章有关类的部署模型得到初步的体现;

(4)人员(Who)。Who 指与系统相关的企业业务人员所对应的组织层次与权限责任的定义。系统操作人员是系统的核心外部实体,它直接定义了系统的边界与规模。对系统中涉及的用户角色与人员属性的分析往往是系统分析的入口,首先从企业的人力资源的组织架构开始,到人员所处的业务单位的层级与关系、人员的职责与交互功能,最终实现不同角色在不同权限下的人机交互设计。在这个过程中反映了与系统相关的用户-角色-权限模型的设计,即基于角色的访问控制模型(RBAC)的设计,相关的内容将在本书的第 4 章进行详细的介绍。

(5)时间(When)。根据企业业务过程中与时间相应的调度信息来建模,这也是针对企业或系统有关资源调度和计划的关键性问题来进行分析建模的方法。其中,通过对整体工作任务计划的描述与定义,建立计划内详细工作任务的逐层分解,并在工作任务与资源之间建立关联,以形成一个任务工作的总体控制与调度模型。针对时间管理与资源调度建模分析和设计的相关内容将在本书第 5 章进行介绍和讨论。

(6)目标(Why)。根据企业的战略目标和业务措施进行分解,并在一定的约束条件下,针对企业业务管理过程中的不同业务规则来进行建模的过程。整个过程从分析企业的战略定位与任务开始,通过确定企业的目标和战略,然后将其转化成企业的具体执行策略与规则,从而形成一系列相应的规则与约束,通过对规则进行建模,来实现在特定约束条件下的程序开发。具体的规则建模与规则引擎设计将在本书第 6 章中进行介绍。

综上所述,Zachman 框架有如下 3 个特点:

首先,Zachman 框架通过 6 个维度与 6 个不同的用户视角组织成了一个模型矩阵,在矩阵中的每一个单元均是某一个角色针对特定维度的关注结合点,在矩阵每一行从左到右进行遍历时,则可以看到在该角色的视角下对系统不同侧面特征进行建模的任务要求;而从上到下来遍历矩阵时,则可以看到在软件设计过程中的某一个维度下,系统的某个特征如何从初始的需求开始,通过逐步细化和设计建模,并达成最终的功能实现。

其次,Zachman 框架通过将不同的角色视角与多个维度特征的分析相结合,试图解决传统设计中存在的单一视图所具有的局限性和差异性问题,只有这样才可以针对业务的本质问题开展针对性的分析。由于 Zachman 框架提炼和吸收了传统方法中的一些精髓,并通过 6 个维度来建立起一个系统分析与设计的模型组合框架,每一个模型本身就是一种传统系统分析与设计的重要方法,因而为系统的分析与设计人员提供了一个完整的视图,也为学习者提供了一个了解企业级软件系统分析与设计的策略与方法。

第三,Zachman 框架分析能力比 ARIS 模型更进了一步,不仅定义和扩展了分析的维度,同时也定义了一个分析的层次,从而使得系统的分析与设计过程所具有的内在逻辑可以通过系统的具体建模过程来得到最终的实现。因此,将两者结合来分析企业架构对软件系统设计的作用和影响,将有助于我们深入理解不同模型之间的内在逻辑关系。

目前,Zachman 模型已被大量的实践应用系统所采纳,并在具体的应用实施过程中不断地进行相应的优化。例如,英国航空公司和 BBC 公司均采用该框架作为企业内部 IT 治理与信息化建设的整体框架模型,而我国的清华大学在高校信息化的规划与具体建设过程中也采用了 Zachman 模型。为了将整个框架与具体的实施过程更好地结合,Zachman 本人在原有的基础上,一方面不断地优化模型的设计与内涵,另一方面则与相关企业合作,进行集成应用工具的开发与实践。其中最具代表的是与 Sparx 公司在结合 UML2.5 标准的基础上所研发的 Enterprise Architect V11.0 版的可视化集成开发工具,实现了在 IDE 环境下直接使用浏览器进行可视化的建模与管理,同时,进一步结合了模型驱动架构(MDA)技术在建立模型之后,可使用 EA 模板来驱动系统代码框架的自动化生成。相关的工作可以参考 http://zachman.net/ 和 http://www.sparxsystems.cn/products/ea/trial.html 等网站上的相关资源。这些工作正在将 Zachman 框架从企业信息化设计的指导标准与战略实施框架,向模型工具化的方向演进,特别是将企业架构与 UML 紧密结合,使得高层的企业模型与具体的设计过程进行集成。这些研究与实践工作将会对软件的设计与开发产生重要的影响和深远的作用。

3.3　企业架构方法与信息规划

3.3.1　企业架构方法与 IT 信息规划

　　企业架构的另一个重要作用就是指导企业进行信息化的规划建设,即 IT 规划。IT 规划是在理解企业发展愿景、业务规划和 IT 技术现状的基础上,形成对软件信息系统的愿景、信息系统的组成架构和信息系统各部分之间的逻辑关系的梳理。作为 IT 服务产业的一个高端且具有较高门槛的行业,IT 规划通过高附加值的规划为企业业务重组、整合与发展提供弹性的技术支持,并成为了大型软件公司关注的核心方向之一。IT 规划包含信息系统战略规划(Information System Strategy Planning,ISSP)和狭义的信息技术规划(Information Technology Strategies Planning,ITSP)。ISSP 是在理解企业的发展愿景、业务规划的基础上,通过优化各种企业资源和新的运营模式,寻找支撑企业业务战略(Business Strategy)目标实现的信息系统组成架构与实施方法。而 ITSP 是在 ISSP 战略规划之后,对信息系统各组成部分的硬件、软件以及技术的具体实施计划与安排,即 IT 技术规划。企业战略、企业架构以及应用软件系统之间存在的关系如图 3.6 所示。

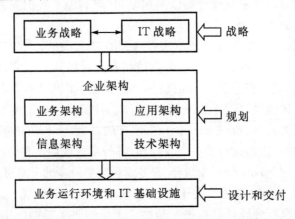

图 3.6　企业战略与企业架构以及应用软件系统之间存在的关系

　　西方发达国家的企业对 IT 规划非常重视。英国经济情报社与 IT 咨询公司联合调查结果表明:年收入超过 10 亿美元以上的大型企业中,95% 的企业已进行了 IT 规划;年收入在 1～9 亿美元的中型企业中,约有 91.3% 的企业已开展了 IT 规划;而年收入小于 1 亿美元的小型企业中,也有 76.1% 完成了 IT 规划。与国外先进企业相比,国内企业对于 IT 规划还缺乏深入的认识、研究和经验,在规划过程中往往只重视应用系统和网络、硬件平台的建设,而忽略了与企业管理和业务密切相关的信息系统内容建设相关的规划,因此,导致的后果是尽管建设了许多企业应用软件系统,但一方面由于大量“信息孤岛”的存在,使得数据和信息来源多样但不一致;另一方面由于对软件预见性的规划和设计不足,造成软件系统无法支持或者适应企业业务的扩展变化而导致了大量软件开发失败。这种问题的出现,不仅是由于企业对业务需求变化的把握能力和水平的限制,对于软件的开发与设计师而言,改变传统的依赖式设计思维,利用企业架构的整体化设计,从全局性或整体的角度来把握所要开发的软件系统特征与能力,才能够真正体现出软件的价值与作用。

因此,进行全面的企业信息资源规划才是 IT 规划和软件开发之前的首要而且是重要的高价值的工作。在企业架构的基础上,建立一个有效的信息规划手段来提升企业整体协作能力、整体竞争能力的同时,并避免软件开发与信息化建设过程中存在的盲目性、局限性与无序性,已成为了行业发展的必然需求。针对信息规划所涉及到的信息资源类型,特别是数据、信息、组织机构以及业务需求与业务目标等要素,除了可以采用 Zachman 框架来进行系统的分析与规划设计之外,还有一些其他的分析视角。例如,James Martin 从数据角度建立了复杂信息系统建模的数据规划方法,提出了信息工程的概念,指出数据是稳定的,但针对数据的处理是多变的,数据一旦存储到系统中来,将成为企业的核心资产。而数据资产的价值取决于企业对这些数据前瞻性的规划与设计。

我国的高复先从信息资源的角度提出了信息资源规划(Information Resources Planning,IRP),即针对系统可能产生的信息从来源、获取、处理、存储及利用等各阶段进行全方位的规划。企业在通过信息资源规划过程中也可以不断梳理和优化企业的业务流程,明确企业的信息需求,建立企业信息标准和系统模型,再利用这些标准和模型来衡量企业需要开发的软件系统并对现有系统进行评估和优化。整个信息资源规划方法论包括以下四部分:模型(起指导作用的一组概念和规则)、语言(用于描述建模结果的表达法)、方法(实施设计的具体做法)和工具(支持设计方法的软件工具)。其中,信息规划与系统分析、设计之间的关系如图 3.7 所示。

另外,在 ARIS 模型和 Zachman 框架模型的基础上,IBM 公司又提出一种业务组件模型(Component Business Modeling,CBM)。该模型包括业务组件模型(Component Business Model)、热点关注图(Heat Map)和目标业务流程(To - be Business Process Model)等模型工具,并利用这些工具来分析企业在不同业务条件下的系统建设方案。通对对待建系统的特征评估以及与其他系统之间依存关系的分析,可以设计出一个软件系统的建设优先级以及接口的预留方案,目前这种方法与工具已在大量的企业咨询与实践中得到应用和验证优化,更多内容可以参考本书提供的参考文献。

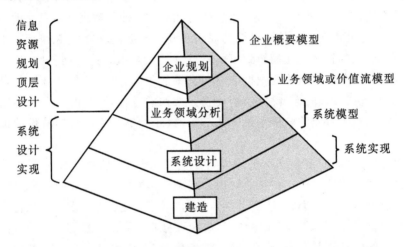

图 3.7　信息规划与系统分析、设计与开发实现之间的关系

3.3.2　系统解决方案与可行性分析

企业架构为企业提供了一个战略规划与实现过程的实现蓝图,但如何将业务战略、IT 战略与技术实现相结合,则需要提供一个规划实现的具体解决方案以及可行性的分析。解决方案(Solution)是指在针对某些已经体现出的或者可以预期的不足、缺陷以及需求等问题,提出的一个解决问题的建议书或计划表,并通过有效的分析与评价方法来确保执行过程中的有效性和可行性。因此,解决方案必需有明确的对象,并在施行的范围和领域内对问题进行实际、客观和理性的分析。例如,问题为什么会发生,是否还会再次产生,是否会导致其他的问题,是否侧面反映了其他的潜在问题,怎样避免这些问题,本次的解决方案有哪些经验积累等。通过问题的分析,尽可能把握问题的实质,把握到每个细节要素。此外,设计者和决策者必需清醒地认识到解决方案的局限性、优势和劣势以及在变化条件下的不确定性。一旦解决方案本身有所欠缺,那么可能在执行过程中会导致更多的问题,达不到预期的效果。

解决方案的可行性(Feasibility)指对方案中所涉及到的过程、设计、程序或计划能否在所要求的时间范围内成功完成的一种确认。可行性研究是项目前期工作的主要内容,它通过市场分析、技术研究和经济测算,最后确定是否投资一个项目。

软件项目的可行性分析主要是通过对系统需求、资源供应、建设规模、工艺路线、技术选型、环境影响、资金筹措和盈利能力等多种因素进行分析,研究通过对项目建成后可能取得的经济、技术以及社会效益的预测,运用试验结果、测算图表等客观数据来论证拟建项目是否可行,提出该项目是否值得投资和如何进行投资建设等综合建议,并为项目的最终决策支持提供依据。各类投资项目可行性研究的内容及侧重点因行业特点而差异很大,但一般包括以下 6 个方面的内容:

(1)投资必要性。在投资必要性的论证上,主要根据市场调查及预测的结果,一是要做好投资环境中各种要素的全面分析论证;二是开展市场预测,对竞争力、价格、市场细分等方面进行市场定位和研究;三是开展产业政策研究。综上条件对系统或项目的投资可行性进行分析,这也是对系统可行性分析的前提。

(2)技术的可行性。主要关注于项目的具体实现技术,通过对设计技术实现方案的合理分析,进行评估与选型,这也是项目实施的基本保障。

(3)财务的可行性。主要从项目投资者的角度,设计合理财务预算方案,评估项目的成本与收益分析,这是项目实施的重要约束。

(4)组织的可行性。根据项目的工作任务分解,组织合适的人力资源来分配到合适的任务实现环节中,对项目的实施提供了重要组织保障。

(5)社会可行性。分析项目对社会的影响,包括政治体制、方针政策、经济结构、法律道德、宗教民族以及社会稳定性等。

(6)风险因素控制的可行性。项目执行的过程中,还存在许多的不确定性和风险,这些风险主要包括市场风险、技术风险、财务风险、组织风险、法律风险、经济及社会风险等。因此,需要建立一个风险防范的机制和对策,为项目执行全过程提供风险评估与控制管理。

在软件项目的可行性研究中,针对上述的内容,需要结合软件项目的自身特点,合理确定可行性研究的范围和深度,并可以按照以下步骤来开展分析工作:了解高层意图,明确软件系统的范围与目标,通过现场调研与资料搜集来确定明确的需求,对需求信息进行处理与分析,对项目方案进行评估与选择,最终完成可行性分析报告的编写。

3.4　本章小结

企业建模为系统架构师以及核心的软件开发人员提供了一个了解企业整体业务的逻辑视图。本章在对企业建模的总体框架以及三维和二维建模方法进行介绍的基础上,分析了企业架构的基本概念,特别是通过对 Zachman 模型的分析,了解到对于一个复杂的业务系统在分析过程中,需要建立多维度和多视角的组合式分析方法,从而一方面为系统分析人员提供了不同维度的分析视角和方法,另一方面也奠定了本书的基本结构,这也是理解本书设计方法的一把钥匙。最后,本章介绍了企业架构与信息规划、解决方案与可行性分析之间的概念和关系。

3.5　思考问题

(1)结合图 3.1 提出的企业建模总体框架与过程,请选择一个你所参与并实践的软件项目,并试分析和说明你是如何来进行建模分析的。如果利用图 3.1 中的不同维度,试分析怎么来改变针对一个软件系统的分析的角度和过程。

(2)企业的三维建模方法与二维建模方法之间的异同是什么?

(3)请结合参考文献与网络资源,并利用企业架构的基本概念来对一些典型的企业架构模型进行分析,并说明其异同与适用的对象。

(4)请利用 ARIS 模型来尝试分析你所参与的一个软件项目,对项目的需求内容重新分析,并说明这种方法的优点与不足。

(5)请利用 Zachman 模型以及内部的不同维度与视角,详细分析你所参与的一个软件项目,并对该项目的需求进行再次分析,说明这种方法与 ARIS 模型相比所具有的优点与不足,形成一个完整的分析报告。

(6)请利用参考文献与网络资源,来尝试针对某一个企业或单位的信息需求,利用企业架构对这个企业进行 IT 信息的规划,并请写出一个完整的规划与分析报告。

(7)Zachman 模型已经与 UML 模型进行了融合,请从网络上查寻和下载有关的软件 CASE 工具,并分析这些工具的特点与功能。

参考文献与扩展阅读

[1]裴雷. 基于 EA 的政府信息资源规划研究田[D]. 武汉:武汉大学,2008.

[2]王武魁. 林业电子政府企业架构框架研究田[D]. 北京:北京林业大学,2006.

[3]曾森,范玉顺. 面向服务的企业架构[J]. 计算机应用研究,2008,25(2):540 -542.

[4]董阳,王扬,赵迪,等,基于 ARIS 流程管理平台的信息运维体系构建与实施[J].电力信息与通信技术,2014,12(8):6 - 9.

[5]John A. Zachman. A Framework of Information Systems Architecture [J]. IBM Systems Journal, 1987, 26(3):276 - 292.

[6] The Chief Information Officers Council, Federal Enterprise Architecture Framework (FEAF 1. 1) [EB/OL]. 2010 - 12 - 09〔2015 - 01 - 15〕. https://

cio. gov/wp-content/uploads/downloads/2012/09/25-Point-Implementation-
Plan-to-Reform-Federal-IT. pdf.

[7]Chris Widney. An IBM Rational approach to the Department of Defense Ar-
chitecture Framework (DoDAF) Part 1: Operational view [EB/OL]. 〔2006 -
03 - 12[2015 - 03 - 02]〕. http://www. ibm. com/developerworks/rational/li-
brary/mar06/widney/index. html? S_TACT=105AGX52&S_CMP=cn-a-r.

[8]The Open Group. TOGAF 8. 1[EB/OL]. 2003 - 12 - 20[2015 - 02 - 26]. ht-
tp://www. opengoup. com.

[9]Scheer W A. 集成的信息系统体系结构(ARIS)——经营过程建模[M]. 李清,
张萍,译. 北京:机械工业出版社,2003.

[10]尹海燕. 基于 ARIS 的电网企业业务流程建模技术的研究[D]. 北京:华北电
力大学,2010.

[11]祁连,顾新建,张涛,等. 企业建模框架的比较研究[J]. 系统工程理论与实
践,2001,9:16 - 21.

[12]高复先. 信息资源规划[M]. 北京:清华大学出版,2001.

[13]李钢,齐二石,何曙光,刘洪伟. 信息化工程项目中的总体规划[J]. 工业工
程,2005,8(6):5 - 7.

[14]范玉顺. 企业信息化管理的战略框架与成熟度模型[J]. 计算机集成制造系
统,2008,14(7):1290 - 1296.

[15]张玲玲,林健. 信息技术与企业战略、业务流程及组织结构整合的关系模型研
究[J]. 系统工程,2002,20(2):63 - 68.

第4章 LOGIN 与基于角色的访问控制

用户权限管理是软件系统开发过程中非常重要的一个环节,一方面各种软件系统的开发需要为不同的用户角色提供特定需求下的软件功能与授权服务;另一方面,保护系统资源可控且不受侵犯。根据不同权限设计,系统对访问者提供的系统信息的控制能力以及对访问数据拥有什么样的操作能力与限制,反映了系统信息的安全性与可靠性能力。本章通过对 Zachman 模型中的关于"Who"这一维度上的特征进行分析和建模,介绍了常见的系统访问控制方法,分析了基于角色的访问控制模型(RBAC)以及该模型在系统设计中的方法。

4.1 访问控制

访问控制技术是一种实现既定安全策略的系统安全技术,是安全服务的一个重要组成部分。访问控制根据系统安全策略的要求管理所有的资源访问请求,并对每一个资源访问请求做出是否具有许可的判断,从而有效地防止了非法用户访问系统资源以及合法用户非法地使用其他非授权系统资源的情况发生。因此,利用访问控制技术来设计一个合理、优化的软件注册与登录管理门户,实现对不同的内部资源以及外部用户实体对象之间的资源匹配与隔离,具有重要的作用。访问控制不仅是系统实现安全操作的一项重要的功能,同时也是评价系统安全性的一个重要的指标,常常被认为是一个系统开发与设计的入口。

4.1.1 访问控制基本概念与分类

国际标准组织 ISO/IEC10183-3 中将访问控制定义为"为电脑系统所属资源在遭受未经授权的操作威胁时提供适当的控制以及防护措施,以保护信息的机密和完整性"。这些未经授权的操作包括:未经授权的使用(Unauthorized Use)、信息的泄漏(Disclosure)、未经允许的修改(Modification)、恶意的破坏(Destruction)以及拒绝服务(Denial of Service)等 5 部分。美国国家安全局发布的信息保障技术框架(Information Assurance Technical Framework,IATF)文档中根据信息安全需求划分了五种核心的安全服务:访问控制、保密性、完整性、可用行和不可否认性。而百度百科将访问控制定义为"按用户身份及其所归属的某项功能组来限制用户对某些信息项的访问,或限制对某些控制功能或资源的使用能力"。一般地,它主要有以下三个方面的功能:首先是防止非法的外部主体进入或访问受保护的系统资源;其次,允许合法用户访问个性化的受保护的系统资源;第三,防止合法用户对受保护的系统资源进行非授权的访问。从这个角度上来看,如何设计系统中存在的资源与用户之间的关系是一个关键。

综上所述,访问控制是软件系统保密性、完整性、可用性和合法使用性的重要基础,它不仅指系统对用户身份的识别以及利用用户身份来制订资源访问的策略,也反映了对系统数据资源利用的能力,是系统安全防范和资源保护的关键策略之一。其核心是建立一个针对主体对象(Who)与系统资源之间访问与操作关系的一个完整视图与控制模型。它通常应用于软件系统管理员显式地准许或限制用户对服务器、目录、文件和数据库等关键资源的访问与控制能力及范围,防止非法用户的侵入或者系统合法用户的不慎操作导致的异常或破坏,从而使软件系统在预先定义的规则下,合法地进行使用。访问控制不仅是拒绝非法用户访问,同时也限制了合法用户对不同资源的访问。图 4.1 提供了对不同用户和角色,以及对不同角色分配权限的一个过程,通过形成权限分配树,使系统最终实现了相应的权限管理与控制。

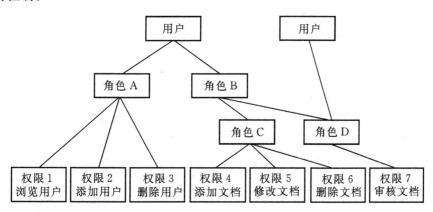

图 4.1　用户-角色-权限的分配映射结构示意图

为了达到针对不同的主体对象实现对系统的客体资源对象进行访问控制和管理的目标,访问控制模型需要完成以下两个关键任务:一是识别和确认访问系统的用户;二是确定该用户是否可以针对某一系统资源执行不同操作的访问。因此,访问控制包括了两个层次基本概念:访问控制与访问控制策略。访问控制用来处理系统中主体和客体之间操作匹配和限制,这些限制通常可以被表示为访问控制策略,通过这些策略的实施,实现合法用户对系统的使用或阻止非法用户对系统的访问,在降低系统应用风险的同时,提高信息资源应用的针对性与合理性。

为了建立针对主体对象与系统资源之间关系模型,访问控制可以被抽象为三个核心要素:主体(Subject)、客体(Object)和控制策略(Policy)。其中,主体对象 S 是指提出访问系统资源请求的主体所组成的集合,主体对象往往是某一操作或动作的触发者,一般指用户或代表用户的进程或程序。主体通常拥有一定级别的访问权限,并可以访问相应级别的保密数据。需要注意的是,主体不一定是动作的执行者,也可能是用户所启动的某一个进程、服务和设备等。客体对象 O 是指被访问的资源实体。系统中所有可以被操作的信息、资源、对象都可以是客体,客体是信息、文件、记录以及数据库等数据对象的集合,也可以是网络硬件设施或无线通信终端等设备资源。而控制策略 P 是主体对客体之间访问规则组成的集合,所有的存取控制均遵循一定的约束条件,这种约束体现出了一种授权行为,也是客体对主体实施相应操作行为的策略。因此,访问控制可以抽象地用以下公式进行表示:

$$AccessControl(S_i) = \{P_i(O_j) \mid 1 \leqslant i,j \leqslant n \mid \} \tag{4.1}$$

式(4.1)表示了对于一个特定主体对象 S_i 的访问控制,是利用相应的控制策略 P_i 对系统中存在的资源 O_j 进行授权操作的一个能力集合。因此,访问控制本质上是针对 <Who,What,How> 权限三元组进行定义的过程,即"Who(主体)有能力针对 What(客体)进行 How(规则或权限)的操作"。由此可见,访问控制策略的定义是建立有效的访问控制模型的关键,而采用什么方式以及如何进行访问控制策略的设计则是系统分析与设计中的关键。

目前,主流采用以下两种访问控制策略:自主访问控制策略(Discretionary Access Control Policy,DAC)和强制访问控制策略(Mandatory Aceess Control Policy,MAC)。其中,自主访问控制策略是指用户不仅有权对自身所创建的访问对象(如文件、数据表等)进行访问,还可以自主地授予或回收其他用户对这些资源对象的访问权限;而强制访问控制是指由系统(通过专门设置的系统管理员)对用户所创建的对象从系统层面进行统一的强制性访问控制,并按照规定的规则和策略来决定这些资源可以由哪些用户以特定类型的操作方式进行访问。可见,在MAC 中即使是资源对象的创建者,在创建一个资源对象后,也需要根据规则与策略来判断是否有权来访问该对象。基于角色的访问控制策略(Role - Based Aceess Control Policy,RBAC)属于一种特殊的强制访问控制策略。这三种访问控制模型之间存在的异同如表 4.1 所示。

表 4.1　三种访问控制模型之间的异同

模型描述	DAC 模型	MAC 模型	RBAC 模型
基本描述	某一主题能够授予或者撤销与其同等级的其他主体的权限	依据客体的机密性或者敏感级与主体的级别控制主体对客体的访问	引入角色使得用户与权限分离,通过对角色的授权实现用户对系统资源的操作
应用特点	自主授权模型	基于多级安全的机密信息的保护,以特权级别控制系统的信息流向	保证资源信息的完整性,实现谁可以对哪一种信息做什么样的操作
安全性	比较差	高度安全	较高安全
重用性	差	差	高重用
复杂度	高	高	低
应用范围	适用小型系统	适用 3 级安全系统	适用大中型系统
扩展性	差	差	好

4.1.2　访问控制策略的主要实施方法

访问控制策略是一个访问控制实施的指导原则,它定义了如何进行存取控制以及存取的策略。在具体的实施过程中,主要的一些访问控制策略包括访问控制矩阵（Access Control Matrix，ACM）、访问控制列表（Access Control List，ACL）、能力列表（Capabilities List，CL）与权限关系表（Authorization Relation Table，ART）,下面对这些方法进行介绍。

1. 访问控制矩阵(ACM)

访问控制矩阵是 B. W. Lampson 于 1969 年通过形式化表示方法对主体对象（Subject）、客体对象（Object）与访问矩阵（Access Matrix）等基本元素进行抽象而建立起的一个访问控制模型,它利用访问矩阵来表示主体与客体之间的关系。其中存取机制的主体是访问操作中的主动实体,即用户;而客体是访问操作中的被动实体。主体对客体进行访问时,系统利用监控器根据访问矩阵来进行判断控制。因此,这种方法也是最直接、最简单但又是弹性最小的访问控制方式。

2. 访问控制列表(ACL)

访问控制列表是以访问控制矩阵为基础,以 ACM 中的列所构造的＜域,权限集＞有序对来形成一张资源访问控制表。它以客体为中心,每一个列表中记录着能够访问该客体的所有主体的权限。ACL 针对访问控制矩阵进行了降维,可以显著减少所占用的存储空间,并提高查询速度。在一些文件资源管理系统中,常将文件的访问控制表存放在相应的文件控制列表中,以实现文件的索引与存取控制使用,具体如图 4.2 所示。例如,针对客体 File1,访问控制列表记录了不同的访问主体以及该主体所拥有的访问权限,其中用户 A 与用户 B 具有只读权限,而用户 C 则具有读/写两种操作权限。同理,针对客体 File2,访问控制列表也记录了不同的访问主体及其所拥有的访问权限,其中用户 A 具有读/写操作权限,用户 B 具有只读权限,而用户 C 具有读/写两种操作的控制权限等。

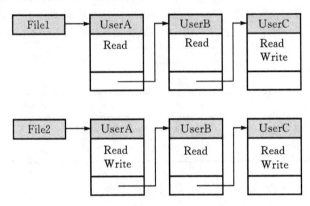

图 4.2　访问控制列表(ACL)结构示意图

ACL 从客体的角度来管理主体的操作权限,在一般情况下,这种方式存在着一些明显的不足:当从主体的角度来查询某一个主体所拥有的所有资源的访问权限时,则必须先遍历客体列表后才能获得结果,此种作法十分耗时。此外,若频繁变更主体的权限,将会增加 ACL 管理者的配置负担。因此,为了提高访问的效率,在具体的实现过程中,有时也可以定义一个统一的访问权限集合。当某主体对象在访问某种资源时,可以先访问公共的资源访问控制表,去查找该主体对象是否对指定资源具有访问的权力;如果找不到,再进一步到相应资源对象的访问控制表中去查找,从而提高访问控制的查询效率。

3. 访问能力列表(CL)

访问能力列表也也是一种以访问控制矩阵为基础的访问控制方法,它是以访问控制矩阵中的行(即主体域)来进行划分,形成的一张访问权限表,即由一个主体对象对每一个客体对象所具有的一组可执行操作所构成的权限表。表中的每一项即为该主体(用户或进程)对某客体对象(文件或数据资源)的访问权限,因此,访问能力列表可以用来描述一个主体对象对每一个文件所能执行的一组操作。在实现时,访问能力列表常存储到系统的一个专用区中,只允许特定的访问合法性检查的程序对该表进行访问,以实现对访问能力列表的保护。访问能力列表的结构如图 4.3 所示。例如,针对主体用户 A 而言,他具有对 File1 的读取权限、对 File2 的读/写权限,其处理方式与访问控制列表(ACL)相似。因此,该方法从用户的角度来实现时也较为容易,但是当频繁变更客体的权限时,不仅会加重管理者对权限配置管理的负担,同时也会造成大量的时间开销。

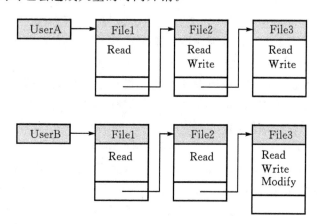

图 4.3　访问能力列表结构示意图

4. 权限关系表(ART)

权限关系表是在访问控制列表(ACL)与能力列表(CL)的基础上得出来的,它提供了从主体或客体角度的控制存取。目前,大多数系统都同时采用了访问控制表和访问能力表,并在系统中为每一个对象配置一张访问控制的权限关系表。当一个主体对象(用户或进程)首次尝试访问一个对象时,先检查访问控制表,检查该主体是否具有对该资源对象的访问权。如果无权访问,便由系统返回一个拒绝访问消息,同时生成一个例外或者异常事件;否则,允许该主体对该资源对象进行访问,并为该主体建立一个相应的用户访问权限表,将其连接到主体对象。然后,该主体便可直接利用这一返回的权限去访问该对象,从而可以快速验证其访问的合法性。当主体对象不再需要对相应的客体资源对象进行访问时,便可以撤消并更新相应的访问权限。该方法的优点是能够简单明了地从不同角度来获取所需要的信息,并通过建立规则来实现相应的操作。

4.2　基于角色的访问控制模型

自从 David Ferraiolo 和 Riek Kuhn 于 1992 年提出了第一个基于角色的访问

控制模型 Ferraiolo - Kuhn92 模型以来,基于角色的访问控制模型便成为了系统安全领域被广泛关注的焦点。1996 年,美国 George Mason 大学的 Sandhu 等人完整地描述了一个 RBAC 基本框架与管理框架,并确立了具有里程碑意义的 RBAC96 模型和 ARBAC97 模型,该模型已成为目前基于角色访问控制的基础模型。2001 年,美国国家标准与技术局(NIST)Ferraiolo - Kuhn 提出了一个统一的 RBAC 模型建议(即 NIST - RBAC),将权限分成操作与客体两个组件,并增加了对会话(Session)的描述。经过进一步的提炼后,美国国家信息技术标准委员会将其定为美国国家标准(ANSI/INCITS359 - 2004)。此外,大量的研究人员在 RBAC 模型以及软件应用项目的设计基础上提出了一些其他的角色访问控制模型,其中主要包括了 SQL RBAC 模型、基于任务的 RBAC 模型、基于任务和角色的双重 Web 访问控制模型、基于上下文感知(Context - Aware)的访问控制模型以及自适应安全(Adaptive Security)的访问控制策略等扩展模型。

　　RBAC 模型是一种特殊的强制访问控制模型,其基本思想是将用户分配到角色,再为角色分配相应的权限,而用户通过对应的角色来获取系统的操作权限。因此,RBAC 降低了大型软件应用系统中的安全管理复杂性和代价,同时,大多数的软件系统也将 RBAC 作为系统的整个用户入口以及功能分配的基础。除了主流的商业软件系统外,RBAC 在企业部门、政府机构、医疗、银行、军事等领域也都有广泛的应用并取得了巨大的经济效益。为了更好地理解 RBAC 在系统分析与设计过程中的重要性,我们需要对它进行深入地理解与研究,使它更好地应用于不同的领域。下面主要针对 RBAC96 与 ARBAC97 两个模型进行介绍。

4.2.1　RBAC96 模型

　　R. Sandhu 等人提出的基于角色的访问控制参考模型(即 RBAC96 模型)是由 RBAC0,RBAC1,RBAC2 和 RBAC3 四个概念模型组成的一个模型家族。其中,RBAC0 是整个模型家族中的基础模型,它定义了系统采用 RBAC 的最小需求,其中包含了用户、角色、权限和会话等基本概念;RBAC1 则是在 RBAC0 的基础上增加了角色分层的概念,这种分层的方式可以将该模型抽象到一个基于组织机构(OU)的权限分配,并可以根据组织内部的职权和责任结构,来实现角色与角色之间的层次关系的定义;RBAC2 也是在 RBAC0 的基础上增加了条件约束,例如角色互斥、角色基数、前提角色以及前提权限等,从而为建立一个完备的权限控制系统奠定了基础;RBAC3 则将 RBAC0,RBAC1 和 RBAC2 三个基础模型进行整合,并形成了一个统一模型。RBAC 模型的整体结构如图 4.4 所示。

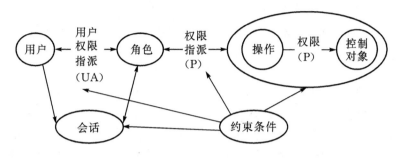

图 4.4　RBAC 模型的整体结构示意图

1. RBAC96 模型的基本概念

根据公式(4.1)可知,RBAC96 模型中对于权限的分配与授权控制本质上是对系统中的主体对象、客体对象以及权限操作这三个要素之间的组合定义。特别是 RBAC 在用户概念的基础上抽象出来了一个角色概念,并利用角色概念与客体资源对象操作能力之间的关系,降低了用户权限处理与控制的复杂程度。因此,在整个 RBAC96 模型中,核心的基本概念包括以下几种:

定义 4.1　用户(**Users**)就是一个可以独立操作或访问计算机系统中的特定数据或者数据资源的主体对象,用户在一般情况下是指人,也可能包括其他的系统或者触发器等。

定义 4.2　角色(**Roles**)是指一个组织或任务中的工作职责类型或岗位位置,它代表了一类具有相同资格、权利和责任的用户集合,是权限分配的载体,并可以有效隔离 Users 与 Permisions 之间的复杂逻辑关系。因此,角色一方面表示了对用户的职责划分,另一方面也表示了一类用户可以访问的系统的功能集合。

定义 4.3　权限(**Permission**)是对计算机系统中的数据或者用数据表示的其他资源进行访问或执行操作的许可,它可分为对象访问控制和数据访问控制两种。

定义 4.4　会话(**Session**)是用户到多个角色之间的一种映射关系,当用户激活他所拥有的特定角色时,则建立一个相应的会话。每个会话与单个用户相关联,并且每个用户可以关联到一个或多个会话,即一个用户可以同时具有多个角色。

在 RBAC 模型中,特别关注用户与角色之间,以及角色与许可之间存在的关系。为更好地表示,一般可以将用户与角色之间的关系定义为 UA(User Role Assignment),并将角色与许可之间的关系定义为 PA(Permission Assignment)。而这两个关系均为"多对多"(Many-to-Many)的关系,即一个用户属于多个角色,且每一个角色也可以包含多个用户,同时,每一个角色可以拥有多个操作权限,且每一个操作权限也可以隶属于多个角色。

另外,在实际应用系统的权限设计过程中,往往会在 RBAC 模型的基础上,对用户抽象并形成一个用户组的概念,用来解决组织机构中用户分级授权的问题。例如,针对企业 A 部门的通知,要求所有的 A 部门的成员均能看到的需求,如果设计了一个 A 部门所对应的 Group,就可以直接将该职责直接授权给这个 Group 来实现。同时,在操作系统的权限设计中,常采用 GBAC(Group – Based Access Control)访问控制模型来实现权限访问控制。例如:Windows2003 Server 里面,有几个常见的用户组,其中包括 Administrators,Backup Operators,Guests,Power Users,Replicator 以及 Users 用户组,默认新建立的用户均属于 Users 组,而 Administrators 组的用户具有与 Administrator 相同的权限。可见用户组与角色概念之间存在着一定的差异,但是也具有一定的相似性,因此,有一些软件系统在设计过程中也常将用户组来替代角色实现权限的设计与控制。用户组的定义如下:

定义 4.5　用户组(**Group**)也是一类具有相同资格、权利和责任的用户集合。作为一种权限分配的单位与载体,用户组往往表达的是一种面向组织机构的用户层次关系,以满足不同层级权限继承与控制的要求,而角色则是一种更加抽象的用户分类概念。

2. RBAC96 模型的原则

RBAC 模型中主要包括三个基本的原则,即最小特权原则、责任分离原则和数据抽象原则,下面将逐一进行介绍。

(1)最小特权原则(the Principle of Least Privilege)是系统安全领域最基本的原则之一,所谓最小特权(Least Privilege),是指在完成某种操作时所赋予系统中每个主体对象(用户或进程)必须具有的许可权限。最小特权原则一方面授权给主体对象相应的权限来执行所需要完成的任务或操作;另一方面,该原则只赋予了每个主体执行操作的最小权限集合,从而在系统一旦出现事故、异常错误以及系统入侵等问题时,所造成的代价和损失最小。

最小特权原则要求每个用户在操作中应当采用尽可能少的特权来登录和使用系统。而对于那些被授予更多功能权限的角色对象,只有在实际操作需要时,才去利用更多的权限来执行相应的操作。这样减少了由于误操作或是侵入者假装合法主体对系统所造成的破坏,限制了事故、错误或攻击带来的危害强度。同时,它还降低了程序进程之间因相互调用而导致的不必要或不适当的操作发生。

(2)责任分离原则(the Principle of Depart of Duty)是指将不相容的职责相分离,通过实现合理的权限设置与角色分工,并调用相互独立的角色来共同完成敏感的任务。而这些敏感的任务,如果集中于一个人身上,可能增加舞弊或管理漏洞的可能性,因此,需要将一些不相容的职责进行分离。例如,要求保管某项资产的职责与记录该项资产的职责必须进行分离,并由不同的角色以及互斥的用户来参与管理。

（3）数据抽象原则（the Principle of Data Abstraction）是指对于权限控制的一种抽象，特别是针对业务操作的抽象，如财务操作不仅可以用操作系统所提供的读、写等执行权限，同时，也可以采用借款和存款等抽象的业务权限来表示，这种抽象对 RBAC 实现有效的配置和管理提供了基础。该原则使得系统对数据的操作具有较强的业务语义特征，因而在实际的软件系统开发与设计过程中被大量采用。

4.2.2　基本模型——RBAC0 模型

RBAC0 模型是整个 RBAC96 模型族中的基本模型，该模型要求每个许可权和每个用户通过与角色之间的关联来实现权限分配。角色可以被看成是一种语义结构，它是访问控制策略形式化的基础。许可权是指对数据和资源类客体的操作集合，其精确含义只能在系统的实现过程中确定。会话则是由单个用户在激活角色的过程中创建并控制的，同时，会话的终止也受到用户的行为控制。特别需要说明的是，RBAC0 模型中不允许一个会话去创建另一个会话，而只能由用户来创建会话。整个 RBAC0 模型的示意如图 4.5 所示。

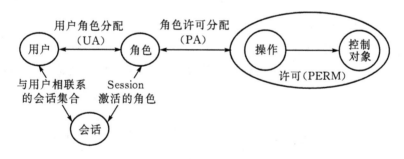

图 4.5　RBAC0 模型结构示意图

结合图 4.5，用户、角色、许可以及分配关系 PA 和 UA 所形成的集合称为管理权限，RBAC0 模型中假定只有系统的安全管理人员才能够修改这些组件，相关内容将在 ARBAC97 的管理模型中进行介绍。在上述分析的基础上，RBAC0 模型的形式化定义如下：

定义 4.6　RBAC0 模型是由四元组 $<U,R,P,S>$ 组成的一个集合，其中，U，R，P，S 分别表示用户集合、角色集合、许可权集合和会话集合。且：

$UA \subseteq U \times R$ 表示用户与角色之间多对多的指派关系；

$PA \subseteq P \times R$ 表示许可权与角色之间多对多的指派关系；

$Roles(S_i) \subseteq \{r | (user(S_i),r) \in UA\}$ 表示每一会话与单个角色之间的映射，即 $Role:S \to R$。函数 $user(S_i)$ 表示每一个会话 S_i 到单个用户的映射，即 $user:S \to U$

(注:常量代表会话的声明周期)。

由于在 RBAC0 中每个角色至少具备一个许可,且每个用户至少被分配一个角色,因此,上面的表达式表示了每个用户可以通过建立一个会话来激活该用户所属的一个特定角色,并可以利用该角色来访问系统的特定许可。在此条件下,定义谓词 EXES(u,s)来表示用户 u 能够执行一个特定的会话 s;谓词 EXEP(u,p)表示用户 u 能够执行某一特定的许可 p,则 RBAC0 模型具有以下几个规则:

规则 1:如果一个用户不具备任何角色,则无权开始一次会话,可以形式化表示为

$$\forall u,s(u\in U,s\in S)(EXES(u,s)\Rightarrow R(u)\neq\varnothing)$$

规则 2(角色授权):用户在一次会话中的活跃角色必须是经过授权的,可以形式化表示为

$$\forall u(u\in U)(AR(u)\subseteq R(u))$$

其中 AR 表示授权的角色。

规则 3(角色执行):用户所能执行的许可必须是当前角色所拥有的许可,形式化表示为

$$\forall u(u\in U)(EXEP(u,p)\Rightarrow\in r,且\ r(r\in AR(u)\wedge p\in P(r)))$$

在此基础上,RBAC0 模型可以采用一个典型的 E-R 模型的方式来实现一个组织内有关角色控制的访问权限控制模块的相应底层数据结构视图,如图 4.6 所示。

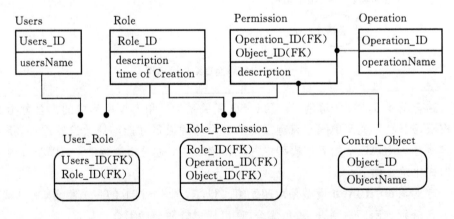

图 4.6　RBAC0 模型的 E-R 设计结构示意图

其中,许可与操作资源表反映了系统的整体控制权限矩阵,即通过资源-操作矩阵可以将系统中的所有资源与操作建立关联,矩阵中的每一个单元均为一个特定的权限,从而将所有的权限形成一个权限集合,并对不同的角色进行分配,进而

实现每一个角色的权限分配与控制。例如,一个系统的功能-操作-访问权限矩阵如图 4.7 所示。

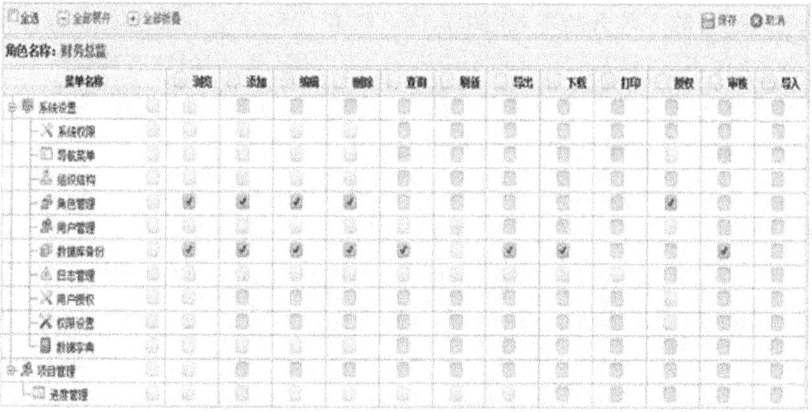

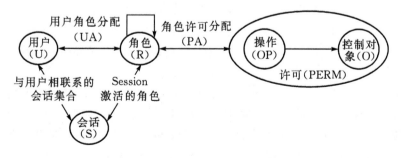

图 4.7　RBAC0 模型中某一角色下的功能-操作-权限控制矩阵结构示意图

4.2.3　层次模型——RBAC1 模型

为了解决在一般的单位和组织结构中层次型的职权隶属关系,需要在 RBAC0 模型的基础上提供一种多级的安全控制结构,来实现具有线性的保密级别管理。RBAC1 模型就是一种在 RBAC0 基础上,扩展了角色层次结构的一种衍生模型,它主要在角色与角色之间具有多对多的关系,即一个角色可以与多个角色拥有层级的关系。另外,角色分层可以分为一般性角色分层模式与限制性角色分层模式。一般性角色分层模式是指高层角色可以完全继承低层角色的所有权限,且不受任何条件的限制;而限制性角色分层模式是指高层角色可以有条件地继承低层角色的权限,并且权限的继承在一定的条件限制下可以通过传递的方式来实现。RBAC1 模型的结构示意如图 4.8 所示。

图 4.8　RBAC1 模型结构示意图

　　原则上,RBAC1模型体现了角色的层次化,并实现了在实际情况下,多级安全系统中上级领导所分配的资源访问权限高于下级职员权限的具体情况。针对一个多级安全系统中的业务分析场景,图4.9(a)将职员和经理分别定义为普通角色和高级角色,经理不仅可以透明地继承职员的所有权限,还可以拥有独立权限。而不同部门的经理在进一步继承经理的权限外,根据不同的部门还具有不同的独立权限,从而不仅实现了权限的继承,同时也实现了不同角色所具有的独立权限控制的功能。图4.9(b)描述的是角色多继承结构,项目部经理的权限是研发工程师和测试工程师两种不同角色的所有权限并集。而在图4.9(c)中,研发工程师与测试工程师两个角色均可能保留部分个性化权限,而将公共的一部分权限分离并实现继承,这样项目部经理就无法获得研发工程师的所有权限。为了解决角色继承中存在的私有权限问题,人们引入了私有角色的概念,有效地阻止了权限的向上继承,这样研发工程师所保留的私有权限便不会被项目经理所继承,从而实现了权限的隔离。

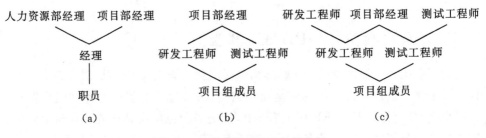

图4.9　权限分层的业务场景分析

　　因此,综上分析对RBAC1进行形式化定义如下:

　　定义4.7　RBAC1 模型是由四元组<U,R,AR,P,S>组成的一个集合,其中,U,R,AR,P,S分别表示用户集合、角色集合、活跃角色集、许可权集合和会话集合。其中:

　　UA:U×R表示用户与角色之间多对多的指派关系。

　　PA:P×R表示许可权与角色之间多对多的指派关系。

　　RH:R×R是对R的偏序关系,称为角色等级或角色支配关系,也可用≥符号表示。

　　$Roles(S_i) \subseteq \{r | (r' \geqslant r)[user(S_i, r') \in UA]\}$表示每一会话与角色子集之间的映射函数,随时间的变化而变化,即 $Role: S \to R$。

　　规则1(角色层次):如果在会话 s 中激活了角色 r_i,那么 r_i 所包含的下层角色 r_j 也同样被会话 s 所激活,即:

　　$\forall s, r_i, r_j (s \in S, r_i \in R, r_j \in R)$,则当 $r_i \in roles(s_i)$ 且 $r_i \geqslant r_j$ 时,有 $r_j \in roles$

（s$_i$））成立。

在上述定义和规则的基础上，RBAC1 模型可以采用一个典型的 E - R 模型来实现整个权限访问控制模块的底层逻辑结构视图，如图 4.10 所示。

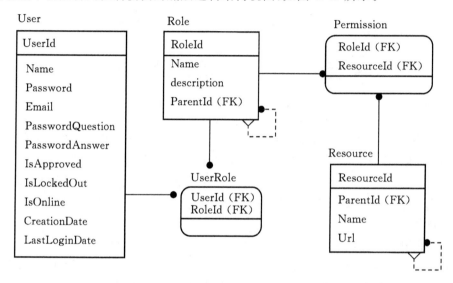

图 4.10　RBAC1 的 E - R 数据关系结构示意图

其中，角色表是一个级联的递归结构表，即角色可以用一个层次树来进行表示，许可与资源表反映的也是整个系统的整体控制权限矩阵，即资源-操作矩阵，通过该矩阵可以将系统中所有的资源与操作建立关联，并针对不同层次的角色进行权限分配。由于角色之间存在着偏序的关系，在实现每一个角色权限分配与控制的同时，也可以实现角色权限的层次性传递，从而为实现复杂组织机构下的角色访问控制奠定了基础。

4.2.4　约束模型——RBAC2 模型

RBAC2 模型是在 RBAC0 模型基础上增加限制和约束后扩展而形成的权限控制模型，由于所引入的约束限制将施加到 RBAC0 模型中所有关系和组件上，因此，可以对不同用户成员之间存在的互斥、条件以及其他的逻辑关系进行定义。例如，互斥角色限制是 RBAC2 中的一个基本限制，它利用规则来制约两个不同角色在权限分配过程中的相互排斥，即对于一个用户在特定活动中只能激活一个角色，而不能同时获取两个角色的使用权。因此，在实际的应用系统设计过程中，RBAC2 模型在企业内控管理过程中为了避免管理漏洞而大量被采用，整个 RBAC2 模型的示意如图 4.11 所示。

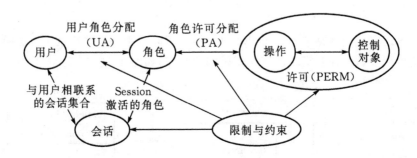

图 4.11　RBAC 2 模型结构示意图

从图 4.11 可见，RBAC2 对 UA，PA 和会话中的 User 和 Roles 等实体对象进行约束与限制，这些限制主要包括角色静态互斥约束、角色动态互斥约束、角色基数约束以及角色前提约束等几类，并通过这些约束与限制机制保证了用户权限与业务规则之间的一致性与完备性。在实际系统应用过程中，经常用到的是前三种约束机制。

角色静态互斥约束是要求某些角色不能同时分配给一个用户，即利用角色互斥限制可以实现权责分离的原则。例如，在审计活动中，一个用户不能同时被指派给会计角色和审计员角色。又如，在公司业务管理过程中，经理和副经理的角色也常常是互斥的，合同或支票只能由经理签字，不能由副经理签字。或者在一个项目中，一个用户可以既是项目 A 的程序员，也可以是项目 B 的测试员和项目 C 的验收员，但他不能同时成为同一个项目中的这 3 个角色。通过这种角色互斥性的约束，避免在实现过程中出现管理上的漏洞，并消除对系统信息资源访问安全的风险。例如，英国巴林银行的破产案例中，除了业务管理中存在一些漏洞之外，在其软件系统的设计中也正是由于缺少了 RBAC2 的设计与应用，导致了在系统中存在角色权限的约束漏洞而被非法用户所利用。

角色动态互斥是在一个用户开始会话时，对会话来施加限制，使得用户不能同时激活其中的一些角色，否则将会违背组织的安全策略。该约束允许一个用户被指派给两个以上的角色，但不允许在同一时间内该用户能够同时激活两个以上的角色。例如，一个教学管理系统，一个用户可能是某一门课程的教师，但也可能是另一门课程的听课学生，这时在使用系统时，该用户只能在线激活一个角色来登录系统。另外，也可以限制一个用户在同一时间内激活的会话数量，例如，QQ 软件的在线用户只能存在一个激活帐号。

角色基数包括角色可以分配的最大和最小用户数，即每一个用户是否能够被指派主要源于角色的成员数限制。基数约束并非 RBAC2 模型所要求的，但在具体的应用系统中，却是安全策略所要求的一个方面。大多数的应用系统在 RBAC2

模型的实现过程中，也将其作为一项角色约束来加以实现。例如，一个单位的最高领导只能为 1 人，中层干部的数量也是有限的，一旦分配给这些角色的用户数超过了角色基数的限制，就不再接受新分配的用户，从而保证信息资源的安全。

角色前提约束是指用户在被指派角色 R1 之前，必须已经是另一个角色 R2 的一个成员，即角色 R2 是成为角色 R1 的先决角色（Prerequisite Roles）。先决角色比新指派的角色级别要低，对先决角色的限制成为了角色的前提约束。在实际情况中，类似的前提约束条件都是对具有一定业务联系或关系的角色起作用。例如，在高校职称晋升过程中，讲师是任副教授的先决角色，副教授是教授的先决角色。另外，在需要执行回避策略过程时，当用户不是某个特殊角色 B 时，才能担任另一个角色 A 的排斥性前提约束。例如，本课题组成员不应当是本项目成果鉴定委员会的成员。

因此，RBAC1 中的角色继承概念也可以视为是一种特殊的限制，即被分配给低级别角色的权限，也必须分配给该角色的所有上级角色。因此，从某种角度上讲，RBAC1 模型是冗余的，它可以被包含在 RBAC2 中。但 RBAC1 模型比较简洁，采用继承来替代约束限制，从而使概念更为清晰。综上，RBAC2 的形式化定义如下：

定义 4.8　RBAC2 模型在 RBAC0 模型的所有特征与要素的基础上，增加了对 RBAC0 中所有元素的核查与约束判断过程，其中约束满足以下条件：

$Sta\_mutex(r_i) = \{r_j | r_j$ 和 r_i 满足静态互斥, $i \neq j\}$

$Dyn\_mutex(ri_j = \{r_j | r_j$ 和 r_i 满足动态互斥, $i \neq j\}$

$Members\_lim(r_i) = \{n | n \geqslant 0, n$ 为 r_i 的角色成员限制数$\}$

$Members\_num(r_i) = \{n | n \geqslant 0, n$ 为 r_i 的角色成员数$\}$

当用户 u 被分配了相应的角色 r_i，即 $Role\_members(r_i) = \{u | u$ 被分配了角色 $r_i\}$ 满足上述的约束时，用户的访问才可以被接受。

约束规则 1（静态责任互斥）：一个用户 u 所被分配的任意两个角色 r_i, r_j 都不属于静态互斥角色。即对于 $\forall u, r_i, r_j (u \in U, r \in R, r_j \in R)$，都有

$(u \in Role\_members(r_i)) \wedge (u \in Role\_members(r_j)) \Rightarrow r_j \notin Sta - mutex(r_j)$

成立。

约束规则 2（动态责任互斥）：在一次会话 s 中，所激活的任意两个角色 r_i, r_j 都不能属于动态互斥角色。即对于 $\forall s, r_i, r_j (s \in S, r_i \in R, r_j \in R)$，都有

$r_i \in roles(s) \wedge r_j \in roles(s) \Rightarrow r_j \notin Dyn\_mutex(r_j)$

成立。

约束规则 3（角色基数规则）：所能分配给角色 r_i 的最大用户（成员）数量不能超过角色成员限制数。即对于 $\forall r_i (r_i \in R)$，都有

Members_num$(r_i)\leqslant$Members_lim(r_i)

成立。

　　可见,RBAC2 的约束在实现时可以用函数来表示。当为用户指定角色或为角色分配权限时,就会调用这些函数进行检查,根据函数返回的结果来决定分配是否满足限制的要求。通常只对那些可被有效检查的一些简单约束进行实现,因为这些限制可以保持较长的时间。但是,约束机制的实现依赖于每个用户存在的唯一标识符的基础之上,如果一个实际系统的支持用户拥有多标识符,则约束将会失效。

4.2.5　统一模型——RBAC3 模型

　　RBAC3 将 RBAC1 和 RBAC2 组合在一起,一方面提供角色的分级和继承能力,另一方面也提供角色与操作的约束机制。但是,将这两组概念集成在一起时也会引起一些新的问题,即在约束和角色的等级之间也可能会产生相互的影响。由于角色间的等级关系满足偏序关系,而这种关系也是一种特殊的约束,因此,在角色分级控制访问权限的同时,应该尽可能避免在限制和约束的定义之中存在的可能冲突,并造成系统的权限漏洞。例如,附加的约束可能会限制一个给定角色的先决角色,这可能会与角色层次化的继承发生冲突,从而引起系统的权限冲突并产生控制漏洞,这也是在系统整体设计过程中,特别需要避免的。RBAC3 模型整体框架如图 4.12 所示。

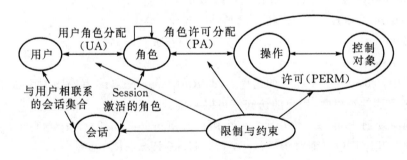

图 4.12　RBAC3 模型的整体框架示意图

　　通过对上述 RBAC3 模型的分析,其基本的实体主要包括用户、角色、权限、约束和会话类。角色类中可以具体化出两种类别,即使用者和管理者。而 RBAC3 模型的约束可以包括很多种形式,为了简化分析模型,我们将静态模型中的约束只定义为以下三种:用户约束、权限约束和会话约束。另外,静态模型还有一个特殊的类 Session Hour,当用户建立一个会话来激活相应的角色时,该类被使用并用来表示会话的时长,这对处理基于会话的约束十分有用。例如,一个组织可以要求用户只能在某些时间建立会话,或者每一个会话定义了特定的会话时长,为了强化这类约束,就需要跟踪每个会话的会话时间。RBAC3 整体的实体关系结构如图 4.13 所示。

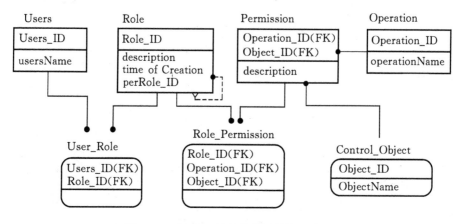

图 4.13　RBAC3 的实体关系结构示意图

4.3　基于 RBAC 的管理模型与设计应用

4.3.1　ARBAC97 管理模型

　　根据实际的系统需求,对于具有上百个角色的大型软件系统而言,如何通过统一的管理模式来实现角色和系统功能之间的关系管理是一个巨大的挑战,这对 RBAC 模型族的统一管理机制以及对于 RBAC 模型的实际应用提出了更为明确的需求。在这个过程中,不仅涉及到了系统安全管理人员组的授权问题,同时对整个 RBAC 模型族中的角色提供统一的强制访问控制与保障机制奠定了基础。因此,Sandhu 等人在 RBAC96 的基础上,进一步提出了利用一个特殊角色来管理其他角色的思想,从而形成了 ARBAC97 的访问控制管理模型,该模型的结构如图 4.14 所示。

　　ARBAC97 模型在 RBAC96 模型的基础上,增加了管理角色(AR)和管理权限(AP)。在 ARBAC97 模型中,R,P 和 AR,AP 之间是不相交的,即普通权限只授予普通角色,管理权限只授予管理角色,其中不存在相互的交叉授权。同时,对于角色约束而言,也不涉及到管理角色和普通角色之间的互斥约束问题。但在 AR-BAC97 中存在的一个重要问题是对管理角色所建立的管理授权问题,这在具有层次结构的 RBAC1 模型中尤为突出。

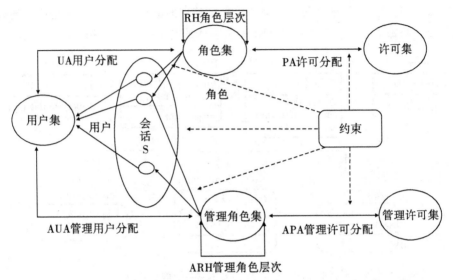

图 4.14　基于角色的访问控管理模型 ARBAC97 结构示意图

ARBAC97 模型包括以下三种类型关系,即用户-角色指派(URA97)、许可权-角色指派(PRA97)以及角色-角色指派(RRA97),其模型设计类结构如图 4.15所示。

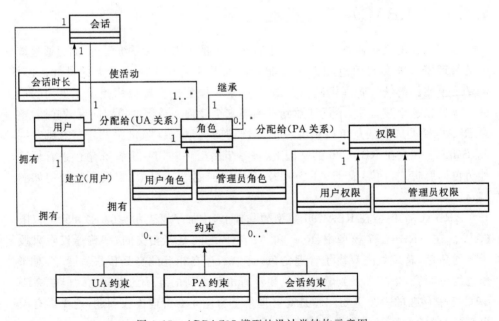

图 4.15　ARBAC97 模型的设计类结构示意图

其中,用户-角色指派(URA97)组件涉及到用户-指派关系 UA 的管理,即如何将用户与角色进行关联。该关系的修改权限由管理角色来控制,即系统管理员角色中的任一成员均有权管理其他角色中的成员以及成员关系,而对于指定一个用户属于管理员角色则常在 URA97 以外完成,并假定是由系统安全管理人员来完成。

许可权-角色指派(PRA97)组件涉及了角色-许可权的指派与撤销,从角色观点来看,用户和许可权有类似的特点,它们都是由角色联系在一起的实体。因此,也可以将 PRA97 看成是 URA97 的对偶组件。

角色-角色指派(RRA97)则是为了便于对角色的管理及分类,该组件涉及 3 类角色,即能力(Abilities)角色、组(Groups)角色及 UP -角色。其中能力角色是指用许可或其他资源操作能力的组合来分配成员角色;组角色是通过用户分组所形成的一类角色;UP -角色则是用来表示用户与许可权的角色,这类角色对其成员没有限制,成员可以是用户、角色、许可权、能力、组或其他 UP -角色。目前,对 ARBAC97 管理模型的研究还在不断的深入中,对能力-指派与组-指派的形式化已基本完成,对 UP -角色概念的研究成果还未形式化。

通过区分这三类模型,可以应用不同的管理模型来建立不同类型角色间关系。首先从能力角色考虑,能力是许可权的集合,可以将集合中所有许可权作为一个单位指派给一个角色。而组是用户的集合,可以把该集合中所有许可权作为一个单位指派给一个角色。组和能力角色均可以划分层次等级。而在 UP -角色中,一个能力角色是否是它的一个成员则是由 UP -角色是否能够支配该能力来决定,如果能够支配则是,否则则不是;相应的,如果一个 UP -角色被一个组角色支配,则这个组就是该 UP -角色的成员。

4.3.2　一种扩展的 ARBAC 模型——ExtensionARBAC

EARBAC 模型是在 ARBAC97 模型的基础上进行扩展的一种模型,该模型不仅在角色授权阶段引入了强制访问控制特性,同时在管理机制上增加了审计特征。与 NIST RBAC 参考模型相比,EARBAC 模型具有更强的表达能力与灵活性。它在 ARBAC97 参考模型中不仅直接引入了管理角色并实现了对其他客体角色的权限分配,还可以对会话、资源客体对象以及相应的操作行为进行统一审计。例如对角色分配、许可分配和角色规则管理等行为进行统一的审计,从而在保证了系统访问控制与授权的同时,对系统提供了二次审计的强化方法。EARBAC 模型的具体结构如图 4.16 所示。

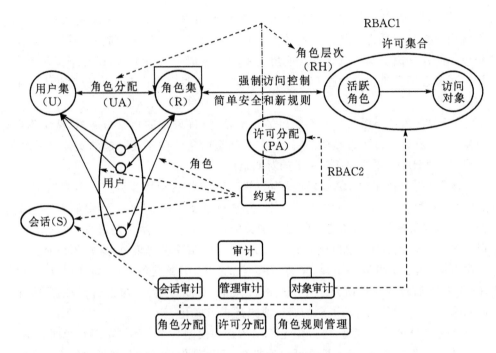

图 4.16　EARBAC 模型的具体结构示意图

4.3.3　ARBAC97 管理模型的应用

ARBAC 权限管理机制不仅明确了用户性质,也满足了资源权限不会随着用户的变化而变化的要求,同时,在用户和权限之间引入了角色的概念,甚至可以实现在分布式环境下不同区域之间的角色分配与授权管理。这体现了系统的业务组织部门在使用应用软件时的管理特点,即一旦用户的职责发生变化,只需要改变其相应的角色就可以快速地改变其相应的权限,从而降低了系统权限管理的复杂程度,使系统具有了较高的灵活性。

因此,在大量的实际应用软件系统的开发过程中,均采用了 ARBAC97 模型作为系统用户访问控制和权限的设计基础。例如,不论是基于 Web2.0 的社会化网络应用平台,还是传统的企业管理应用软件,系统中均存在登录以及权限分配的功能,而图 4.17 所展示的一些系统登录页面,均是采用 ARBAC97 为其核心框架来扩展设计的。

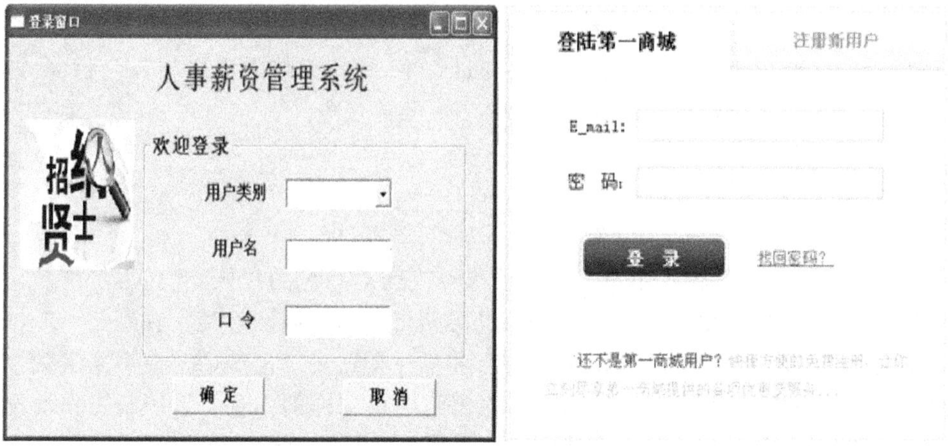

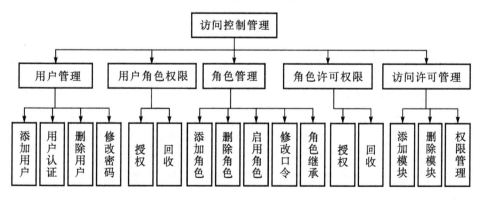

图 4.17　软件应用系统登录(LOGIN)页面示意图

从图 4.17 可见,无论对于一个普通的管理系统还是一个电子商务的网站平台,登录后,均需要根据实际的业务规则对于不同用户的访问功能进行约束与限制,这是系统软件的一个关键功能,也是所有系统信息访问和操作的入口。同时,利用 ARBAC97 模型建立一个系统的超级管理员用户,来实现对系统中不同角色的管理和权限配置,也是大多数软件应用系统共同的设计与实现准则。因此,在实现一个软件系统内的访问控制功能模块时,结合 ARBAC97 模型中的不同要素,需要完成用户管理、角色管理、访问许可管理以及用户角色权限分配管理和角色许可分配管理等功能的具体实现,该模块的整体的功能如图 4.18 所示。

图 4.18　基于 ARBAC97 模型的访问控制管理功能结构示意图

综上所述,对于一个系统的设计者来说,一旦了解了 RBAC 的核心机制,不仅为系统提供了一个安全可靠的访问入口,同时,通过对系统中用户的抽象,实现了角色的定义与职责的划分,在降低系统设计过程复杂性的同时,还增加了系统的灵活性与针对性,这也是在系统分析与设计过程中,把握系统的用户与角色职责、划分系统边界、实现个性化管理和控制的一项重要的任务。

4.4　本章小结

　　RBAC 模型通过将对用户的访问授权转变为对角色的授权,然后再将用户与角色关联起来,从而简化了一个系统用户访问权限的控制与管理。在利用 RBAC 模型建立起了一个软件系统后,主要的管理工作是通过 ARBAC97 模型来实现授权管理或用户角色的关系管理。首先,根据组织机构内部的业务管理与工作情况来建立角色集合,再授予角色完成其相应工作所需要的操作权限,从而实现用户权限管理与访问控制过程的简化。另外,随着企业的组织模式的复杂程度与灵活程度的提升,对于企业内部的用户访问授权提出了许多新的挑战。例如,利用 ERP 系统来实现一个矩阵化事业部管理下的用户访问控制,以及在网络环境下完成一个动态网络联盟中的用户访问与授权,并对不同域内的用户实现资源的访问请求处理等这些挑战也迫使我们对 RBAC 模型进行相应的扩展。

　　因此,从系统应用架构的角度上来看,RBAC 模型不仅是一个安全的控制模型,本质上更是一个系统的设计入口与应用访问入口。通过对系统中存在的角色以及角色职责进行定义,不仅协助系统设计者有效地划分了整个系统的功能边界,同时,也为系统建立起一个面向个性化的用户权限管理与访问控制功能的设计奠定了基础。

4.5　思考问题

　　(1)结合访问控制的核心目标与分类,请尝试分析不同类型下的访问控制的异同,并举例说明。

　　(2)请针对 RBAC96 访问控制家族中的不同模型,利用你所学过的分析模型对其进行建模,并分析这些模型特点以及模型之间的差异。

　　(3)请结合你所参与的一个软件项目,分析 RBAC 模型是如何在实际项目中得到实施的。

　　(4)请分析 ARBAC97 模型与 RBAC96 模型之间的异同。

　　(5)请结合参考文献以及网络资源,试分析对 ARBAC97 模型进行扩展的访问控制模型特征,并对这一个扩展模型在实践过程中的应用进行分析与说明。

　　(6)请结合参考文献以及网络资源,试分析单点登录 SSO 技术与访问控制技术之间的异同,并试举一例来分析和说明 SSO 技术在实际项目中的应用与实践过程。

参考文献与扩展阅读

[1]黄益民,平玲娣,潘雪增. 一种基于角色的访问控制模型及其实现[J]. 计算机研究与发展,2003,40(10):1521 - 1528.

[2]范小康,何连跃,王晓川,等. 一种基于 RBAC 模型的角色管理方法[J]. 计算机研究与发展,2012,49(Suppl.): 211 - 215.

[3]李斓,冯登国,徐震. RBAC 与 MAC 在多级关系数据库中的综合模型[J]. 电子学报,2004,32(10):1635 - 1639.

[4]刘强,王磊,何琳. RBAC 模型研究历程中的系列问题分析[J]. 计算机科学,2012(11):13 - 17.

[5]李凤华,苏铔,史国振,等. 访问控制模型研究进展及发展趋势[J]. 电子学报,2012(4): 252 - 256.

[6]马晓普,李瑞轩,胡劲玮. 访问控制中的角色模型[J]. 小型微型计算机系统,2013(6):17 - 20.

[7]David F Ferraiolo, Ravi Sandhu, Serban Gavrila, et al. Proposed NIST Standard for Role - based Access Control[J]. ACM Transaction Information and System Security, 2001, 4(3):224 - 274.

[8]Joon S PARK,Ravi Sandhu, Gail - Joon Ahn. Role - Based Access Control on the Web[J]. ACM Transactions on Infomation and System Security, 2003, 4 (1): 37 - 71.

[9]陈胜,娄渊胜,张文渊. RBAC 模型中角色互斥研究及应用[J]. 计算机技术与发展,2012,22(12):21 - 24.

[10]钟华,冯玉琳,姜洪安. 扩充角色层次关系模型及其应用[J]. 软件学报,2000,11(6):779 - 784.

[11]鞠成东,廖明宏. 基于 RBAC 模型的角色权限及层次关系研究[J]. 哈尔滨理工大学学报,2005,10(4):95 - 99.

[12]Masood A, Ghafoor A, Mathur A P. Conformance Testing of Temporal Role - based Access Control Systems[J]. Dependable and Secure Compu-ting, IEEE Transactions on, 2010, 7(2): 144 - 158.

[13]许峰,赖海光,黄皓,等. 面向服务的角色访问控制技术研究[J]. 计算机学报,2005, 28(4):686 - 693.

[14]道炜,汤庸,冀高峰,等. 基于时限的角色访问控制委托模型[J]. 计算机科

学,2008,35(3):277 - 279.

[15]夏启寿,范训礼,殷晓玲. 基于时间的 RBAC 转授权模型[J]. 西北大学学报:
　　自然科学版,2009,38(6):932 - 936.

[16]黄建,卿斯汉,温红子. 带时间特性的角色访问控制[J]. 软件学报,2003,14
　　(11):1944 - 1954.

[17]王凤英. 访问控制原理与实践[M]. 北京:北京邮电大学出版社,2010.

[18]徐云峰,郭正彪,范平,等. 访问控制[M]. 武汉:武汉大学出版社,2014.

第5章 时间管理与资源计划模型

"When"模型是Zachman企业架构模型中的一个重要维度特征,作为是一种稀缺的资源,如果无法管理好时间,则无法管理好其他的任何事物,因此,在现代管理过程中,时间的调度与管理已成为了人们越来关注的焦点。对于与时间计划相关的软件系统设计而言,如何针对时间维度的业务进行分析与建模,将会影响到一类应用软件的认识与把握。本章在对时间管理的基础上,抽象出一个资源计划(RP)模型,利用该模型可以将软件工程中软件项目与企业的物料管理等应用进行统一的建模,并完成一类软件的设计。

5.1 计划与时间管理

5.1.1 计划管理

计划是实现管理职能的前提和基础,并根据对象所处的外部环境与内部资源条件,在未来一定时间范围内通过制定行动方案、明确工作任务、组织和安排所有事件来达成组织目标的一种途径。计划往往会受到时间的影响与外部环境约束,所制定计划的好坏会直接影响最终的结果。因此,为了更好地降低风险,许多人在制定计划时将其进行分解形成层次性的计划,如主计划、子计划,再利用从下至上或者再从上向下构成一个完整的计划制定过程,保证计划的科学性与完整性。尽管如此,在计划执行过程中由于环境因素的变化,也会导致计划的变更与修改,从而影响到项目的最终实现目标。因此,哈罗德·孔茨等人将计划分解为以下要素:

(1)目的或使命:是指计划所有者在社会上的作用、地位和性质,以及通过计划活动所能够表现出来的抽象化与原则化的社会价值体现。

(2)目标:是对目的或使命的一种具体化与明确化,计划所有者的使命支配着其内部各个要素在不同时期内的目标制定与达成。

(3)战略:是为了达成计划者的目标而采取的行动和利用资源的总体计划,其目的是通过一系列的主要计划和政策来决定和传达实现目标的基本规则与方法。

(4)程序:是制定处理未来活动过程的一种操作计划,它详细地定义出完成某类活动的切实方式,并按规定的时间顺序对必要的活动进行排列。

(5)规则:是计划执行过程中的一些条件、保障与管理决策,是为程序执行提供的一种特定的约束与控制。

(6)方案(或规划):是一个综合的计划,它包括目标、程序、规则、任务分配、要采取的步骤、要使用的资源以及为完成既定行动方针所需要的其他因素。一般地,方案与规划可能需要多个详细的支持计划,在主要计划执行之前,需要将这些支持计划制定出来,并付诸实施。

(7)预算:是指在执行方案与规划过程中所采用的成本与费用的一种计划,该计划也是对项目整体方案执行过程中的一种约束。

通过对上述一些要素的整合,一个完整的计划应该从确定目标开始,在对环境研究分析基础上,确定一些关键的规则与可行方案,从而制定出主要的工作计划与详细计划。通过对资源的分配与约束,最终根据主计划制定详细的分解计划以及活动的预算。因此,一个计划的核心意义最终只有一个:那就是在一定时间以及约束条件内实现特定的目标。整个计划的主要制定过程如图 5.1 所示。

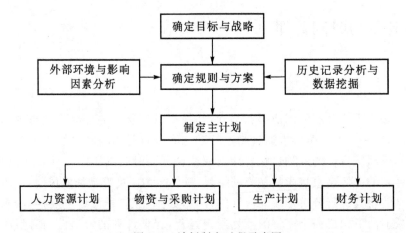

图 5.1　计划制定过程示意图

在实践过程中,常用的编制计划方法包括目标计划管理、滚动计划和网络计划技术等方法。其中,目标管理(Management by Objectives,MBO)是指管理者通过目标对下级进行管理,在确定了目标后,对其进行分解并转变成一系列具体的任务与子目标,管理者根据任务或子目标的完成情况对整个项目的完成情况进行分析与评估,实现动态管理。通过目标分解,才使得明确的目标与相应的资源进行了合理的匹配。在设计过程中,任务分解可以通过一个树状结构来表示,例如,常用的工作任务分解(WBS)方式就是一个典型的代表;也可以形成一个任务目标与资源的分配矩阵(见图 5.2),通过资源的分配来实现任务目标、角色人员以及进度的控制。

角色 项目	内部干系人																		外部干系人					
倡导组织	项目管理		架构		开发				发布操作	产品管理					测试		用户体验		项目外部干系人					
涉及类型 必须的(R) 有责任的(A) 需商议的(C) 涉及的(I)	项目经理	IPM负责人	基础架构架构师	解决方案架构师	开发工程师	开发经理	构件工程师	首席开发工程师	发布经理	审查人员	产品经理	业务分析人员	主题专家(SME)	发起人	测试经理	测试工程师	用户体验架构师	用户教育专员	管理员	IT	HR	消费者	SOA	培训
项目规划																								
估算项目的范围	A			A	R							R				R	R	R	I	C	C	C	I	I
估算项目属性	A				R							R				R	R	R	I	C	C	C	I	I
定义项目生存周期阶段	A																		I	C	C	C	I	I
估算工作量和成本	R			C	A	C						C				R	R	R	I	C	C	C	I	I
编制预算和进度	A											R							I	C	C	C	I	I
识别项目风险	A	C		C		C			C		R	R	C	C	C		C		I	C	C	C	I	I
项目数据的管理计划	A	R		C	I	R	C		R	R		C			R	I	I	I	I	C	C	C	I	I
规划项目资源	A	C		I	I	C			A						C		I	I	I	C	C	C	I	I
知识和技能的计划	A	C							A			R							I	C	C	C	I	I
项目干系人的介入计划	A	C							A										I	C	C	C	I	I
制定项目计划	A	C							A										I	C	C	C	I	I
获得对计划的承诺	A	C																	I	C	C	C	I	I
审查从属计划	A	A																	I	C	C	C	I	I
协调资源与工作配置	A	A																	I	C	C	C	I	I
获得计划承诺	A	A																	I	C	C	C	I	I

图 5.2　任务目标与角色人员之间的分配关系矩阵

工作分解结构方法(Work Breakdown Structure,WBS)是一种将复杂问题进行简化与分解的方法,它可以根据目标与工作任务的分解结果来制订进一步的计划。在工作任务分解的过程中,通过定义各项活动和任务之间的依赖关系,实现工作进度与工作资源的分配。一般地,在 WBS 分解的过程中,每一项具体的任务均存放到一个工作包内,且工作包之间存在着继承和依赖关系。同时,每一个具体的工作任务只能由一个人来负责操作,从而保证了计划执行过程中,具有较好的可追溯性与适应性。目前,大量的计划管理软件系统均采用 WBS 作为工作计划管理的核心方法和工具。

滚动计划方法是一种动态编制计划的方法,按照"近细远粗"的原则来制定一定时期内的计划,然后按照计划的执行情况和环境变化,动态调整和修订未来的计划,并逐期向后移动,从而实现短期计划和中期计划的结合,避免了不确定性所带来的不良后果。该方法将工作分解成多个不同阶段,并针对不同阶段来制定不同的计划。随着时间的推移,将不确定预测计划逐步细化变成具体的实施计划,同时,根据用户需求和软件开发环境的变化来调整相应的任务计划的变更,解决了在研发过程中的连续性与计划阶段性之间的矛盾。图 5.3 提供了一个滚动计划方法的示意图。

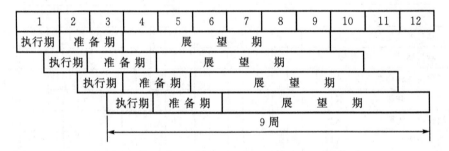

图 5.3　滚动计划方法示意图

网络计划技术是美国杜邦公司创立的一种应用网络模型,它直观地表示了研究项目中开发众多工作(工序)之间的逻辑关系与时间关系,是对完成工程项目所需时间、费用、资源进行求解和优化的计划方法。它包括了关键路径、计划评审技术、组合网络等方法。其中,美国海军武器部在研制"北极星"导弹计划时,曾经使用了计划评审方法(缩写为 PERT)对项目的计划安排、评价、审查和控制进行全程的计划,并获得了巨大成功。随后,在美国新建工程中全面推广这种计划管理方法,其中包括在软件开发与设计过程中所采用的关键路径分析以及计划评审等方法,均取得了较好的效果。网络计划方法主要包括肯定型与非肯定型两种网络计划技术,每种技术也同时包括了一系列具体的方法,这些方法如图 5.4 所示。

其中,在利用网络计划技术中,关键路线法是在有限的资源、时间与预算等的限制下,找出一些关键的影响因素以及这些因素之间存在的一个逻辑关系链,来解决面对不确定性和不同资源之间的计划与安排,并达成项目目标的一种有效方法。它将确定的要素资源和随机变化的环境因素与进度分析相结合,一方面,在决定项目计划时考虑了有限资源的限制,另一方面,利用项目进度网络图以及给定的依赖和约束关系来计算关键路径。一旦确定了关键路径,根据可用的资源量来制定资源限制的时间表,项目的关键路径常常因资源约束而改变项目的时间进度。例如,图 5.5 反映了对项目中不同的资源节点的关系,可以通过不同的节点来实现一个关键路径,并对关键路径进行有效地控制,从而保障项目的顺利执行。

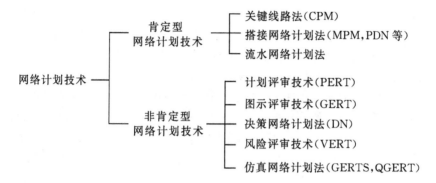

图 5.4　网络计划技术的分类结构示意图

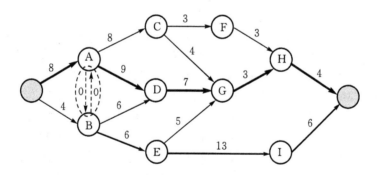

图 5.5　项目的 CPM 法与关键路径示意

关键路径的提出主要基于两方面的考虑:一是如何识别出最容易造成项目失效的那一个路径,即关键路径。通过增加一定量的浮动时间、安全量以及提供最有效的资源投放到相应的路径节点之上,避免由于工作延误与变更而造成的项目延期或者失效,从而降低项目在执行过程中存在的风险。二是通过优化资源分配,提高资源利用的价值与效率。

整个项目计划的制定与执行过程,本质上是一个资源的优化求解问题,而在此过程中,由于受到大量环境因素的影响,如何规范定义和消除这些制约因素的影响,实现在生产计划执行活动过程中持续优化和改进,以色列的戈德拉特博士提出了约束理论(Theory of Constraints, TOC)。该理论试图通过在各种约束条件下寻找优化生产的内在规律,即寻找妨碍系统目标实现的因素,并消除这些约束以提高系统的性能。特别是约束理论从系统的整体和全局来考虑问题,将企业定义为一个执行营利为目标的系统,在此系统中,任何阻碍目标实现的因素都是约束,并且在一定条件下,这些约束只有较少的因素会对系统产生影响。因此,为了提高系统的工作效率,必须针对那些存在瓶颈的工序进行分析,并对其中存在的影响因素进行控制,使系统在实现目标的过程中保持平衡。可见,TOC 理论是关键路径法提出的一个重要背景,在复杂环境下,针对特定的影响因素进行合理的分析与优化,将会对整个项目目标的实现提供重要的理论与实践基础。

综上所述,通过对时间与计划管理的分析,形成了项目在生产活动过程中管理的基本概念与要素体系。尤其是在制定计划的过程中,一方面,需要通过收集足够的信息来协助制定项目的计划;另一方面,以目标为导向,关注计划以及计划执行的过程,避免项目目标的模糊导致项目实施过程中出现的较大偏差。因此,了解这些基本的概念与方法,对于软件工程以及项目管理提供了一个重要的领域分析基础。

5.1.2　时间管理

时间是一种线型且不可逆的独特而稀有的资源,它既不能存储,又无法变更,更不可以替换,在不同环境下对于时间的消耗与管理方式,往往直接决定了计划执行的好坏与优劣。因此,制定科学合理的时间管理计划是为实现目标、提高工作效率提供的系统保障。所谓时间管理,是指在同样的时间消耗情况下,为提高时间的利用率和有效性而进行的一系列控制工作。或者说,时间管理就是克服时间浪费,为时间的消耗而设计的一种优化程序,以达到趋近于预期目标的目的。可见,时间管理是从被动地时间消耗转而向系统地、集中地、有计划、有目的地主动规划与分配使用,并运用一定的技巧、方法与工具进行高效能的、富有创造性的活动。柯维领导中心的创始人史蒂芬·柯维通过对时间管理从感性向理性、非量化向量化发展的过程中,将时间管理理论分为以下四个阶段:

(1)第一阶段强调使用笔记和备忘录,记录需要做的事情;它使人在忙碌中调整分配时间与精力,并逐步完成待办事项。由于没有严谨地建立一个完整的时间管理体系,容易令人在忙碌中疲于应付。而目前,存在大量的备忘录软件工具,特别是在移动应用端,为个人提供相应的事件记录与备忘录的管理与提醒。

(2)第二阶段主要使用事历和日程表,注重规划与准备,强调规划未来的重要性。通过制定目标和规划,尽可能多地在有限时间内完成更多的事情;但是,由于对于事件或活动没有强调之间的差异,也可能会造成把大量的宝贵时间用在了不太重要的事情上,并产生活动的价值风险。目前,许多日程表软件为个人或者组织提供了事历以及团队日程进度管理的功能。

（3）第三阶段主要根据不同的事项或活动的优先级来设定短期、中期和长期目标，即通过将"做最重要的事"的价值观转化为执行活动的目标，再逐步实现目标规定的计划，利用有限的时间和精力来执行最有价值的事件或活动。由于过分强调了工作的执行效率和时间的利用率，有时也会造成较大的工作压力，并产生一定的副作用，因此，为了在时间的僵化管理过程中增加弹性，可以通过活动自动排序和调整来促进目标的达成。大量的企业级应用软件针对生产过程中出现的资源浪费与时间等待等问题，采用满足第三阶段的时间管理方法与规则来设计相应的软件系统。

（4）第四阶段主要主要强调对于个人的管理，而不仅仅只限于对时间的管理。根据任务的轻重缓急，以价值、成果和贡献为中心，来强调目标和方向，并通过对资源的集中式管理，优化生产过程中的产出和产能之间的平衡，实现生产效能的最大化。目前，一些的社会化应用软件以用户个人为核心，建立起了一个围绕个人的社会关系资源进行计划管理的软件工具，并实现了针对个人资源的优化管理，为达成个人在工作过程中的产能与产出之间的平衡，提供了一个应用原型与工具示范。

综上分析，可以看到时间管理一直在强调任务目标，通过目标的定义，进一步细化和优化整个目标的实现过程，而时间管理的最有效方式则是形成计划管理，通过对计划的执行，来实现对时间资源的有效利用。因此，大量的管理软件系统，特别是有关于个人的时间管理、软件项目的研发过程管理或者是针对于产品的生产加工过程管理，均会利用时间管理以及计划管理工具来实现最终资源的优化。例如，Getting Things Done(GTD)就是其中的一个例子，它通过收集、整理、组织、回顾和执行五个工作环节来组织完成一个工作任务与时间管理的方法，利用该方法也开发了大量的软件系统。但是，目前这些主要的时间管理软件利用了第一和第二阶段中的关键要素进行分析与建模，但针对第三，特别是第四阶段的要素分析与应用较少。对于未来而言，随着网络与移动应用技术的不断升级，强调一个以生产者产能为核心的时间计划管理将会越来越成为人们关注的目标。GTD 系统的核心原则与 RTM 时间管理软件工具页面如图 5.6 所示。

因此，Zachman 模型中将时间与计划管理列为一项系统分析过程中的重要维度，也充分地反映出有关时间特征在软件系统分析与设计过程中的重要意义。而这一点，在实际的应用过程中也存在着相似的问题，例如，最为典型的任务包括在生产制造企业中所关注的物料资源计划——MRP，以及软件开发过程中常常使用到的软件项目管理工具，如 MS Project 等。本章后续内容将针对 MRP 系统设计中存在的关键要素以及 Project 软件中存在的特征要素进行分析的基础上，提出一个抽象的资源计划基础模型——RP 模型。通过这个模型的建立，为解决有关时间计划相关的软件分析与设计提供了一个有效模型与分析视角。

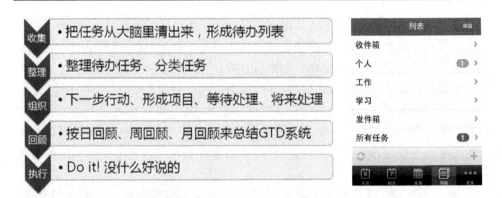

图 5.6　GTD 的核心原则与 RTM 时间管理软件工具页面示意图

5.2　物料资源计划——MRP

　　上世纪 70 年代末,美国制造业面临一种空前的危机,在造船、钢铁、机械、晶体管、电视机、录像机、集成电路等方面的市场竞争中,美国的制造企业败给了日本企业。这促使美国制造企业进行了深刻的反思与总结,发现问题的症结来自于无效计划所带来的影响。其中,无效计划会造成频繁的紧急作业指令,使原来正在执行的生产任务停下来,以便执行这种紧急任务;这种无效计划的安排常常表现为加班生产赶进度,致使采购与生产加工人员常常是在一种紧张的气氛中工作;同时,无效的计划使各部门在相互协作中责任不明,互相指责,而真正的原因不清。

　　为解决这一系列的问题,IBM 公司的约瑟夫·奥利佛博士在针对制造企业的管理软件设计过程中,提出了把对物料的需求分解为独立需求与相关需求两个概念,并在此基础上发展形成了一个物料需求计划(Material Requirement Planning,MRP)。MRP 即根据市场需求预测和顾客订单数量,结合产品结构各层次物品的从属类型和数量关系,组成产品的材料结构表和库存状况,再以每个物品为计划对象,以完工时间为基准倒排工作计划,通过计算机计算所需物资的需求量和需求时间以及物品下达计划时间的先后顺序,从而确定材料的加工进度和订货日程安排的一种实用技术与管理模式。本节主要针对 MRP 的基本过程、目标与组成要素以及相应的系统设计模型进行分析与介绍。

5.2.1　物料需求计划基本过程

　　物料需求计划(MRP)是指根据产品结构各层次物品的从属和数量关系,以每个物品为计划对象,以完工时期为时间基准倒排计划,按提前期长短区别各个物品下达计划时间的先后顺序,是一种工业制造企业内物资计划管理模式。MRP 采用推式技术,即根据市场需求预测和顾客订单来制定产品的主生产计划,然后根据产品生成的进度计划,组成产品的材料结构表和库存状况,通过计算机来计算所需物资的需求量和需求时间,从而确定材料的加工进度和订货日程并用来组织生产计划。其主要内容包括客户需求管理、产品生产计划、原材料计划以及库存纪录等。其中,客户需求管理包括了客户订单管理及销售预测,将实际的客户订单数与客户需求预测相结合,即能够得出客户需要什么以及需求量的大小。该方法依靠物料经过功能导向的工作中心或生产线,来实现大批量生产过程的最大化效率和最低单位成本,并通过计划、调度并管理生产来满足实际和预测的需求组合,MRP 的整体分析过程与要素结构如图 5.7 所示。

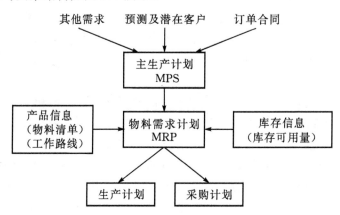

图 5.7　MRP 的整体分析过程与要素结构示意图

其中,按需求的来源不同,企业内部的物料可分为独立需求和相关需求两种类型。独立需求是指需求量和需求时间由企业外部的需求来决定,例如,客户订购的产品、科研试制需要的样品、售后维修需要的备品备件等;相关需求是指根据物料之间的结构组成关系由独立需求的物料所产生的需求,例如,半成品、零部件、原材料等的需求。物料的订货量是根据需求来确定的,这种需求应考虑产品的结构,即产品结构中物料的需求量是相关的。因此,根据图 5.6,主生产计划(MPS)根据客户的需求预测与已有的订单合同以及对市场需求的分析预测,最终确定在一段具体的时间内,生产每一具体的最终产品的生产数量与计划安排。而根据 MPS 的计划安排,一方面需要结合生产的目标产品,来分析产品结构与物料清单,即通过明确的产品结构特征来计算出所有需要使用到的物料需求;另一方面,需要通过库存信息来获取企业当前所具有的产品、零部件、在制品、原材料等的数量相关信息。因此,MRP 的一个初步的计算步骤如下:

MRP 初步算法（算法 5.1）：

第一步：计算市场中各种因素与条件下的产品预测生产量的总和 M。

第二步：根据产品结构的物料清单（BOM），计算出每一件产品所需要的各种子部件与零件的数量 $Q_t(BOM)$，其中 $Q_t(BOM)$ 表示产品 BOM 结构树中每一个节点（即零部件）所需要的产量。

第三步：根据 $M*Q_t(BOM)$ 得出所有产品生产计划中所需要的每一个零件的数量。

第四步：根据计算库存中所具有的各种零部件的数量 $I_t(BOM)$，可以计算出采购产品的计划量 $B_t(BOM) = M*Q_t(BOM)-I_t(BOM)$。

但是在上述的算法中，只提供了采购产品零部件的总量，结合前文所述的 TOC 理论，即为了达到企业赢利的目标，企业应该进一步优化采购与生产过程中的业务关联，即根据生产过程中每一个时刻对不同零件或原材料的需求量，在一个最优化的时间内组织采购，从而在实现企业现金资源的最大化利用的同时，避免了库存的积压与浪费。因此，需要结合生产的节拍、产能以及生产工艺路线来制订一个具体的生产计划，围绕生产计划中资源的消耗速度来计算出相应的物料采购计划。为此，人们提出了一个库存订货点理论，即库存量作为物料订货期间的供应量，当物料的供应到货时，物料的消耗刚好到了安全库存量。这样一方面保障生产过程的原料供应的平稳性与安全性，另一方面，优化了企业现金管理的能力。这种控制模型需要从最终产品的生产计划（独立需求）导出相关物料（原材料、零部件等）的需求量和需求时间（相关需求），同时根据物料的需求时间和生产（订货）周期来确定其开始生产（订货）的时间，因此，需要确定提前期、订货点与订货批量三个参数。有关订货点理论的基本模型如图 5.8 所示。

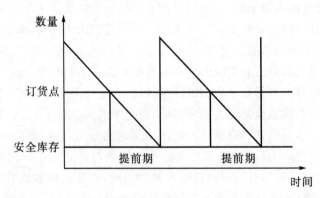

图 5.8　订货点理论的基本模型示意图

利用订货点理论,在针对物料的消耗与供应相对稳定,且物料价格不太高的情况下,通过增加时间与提前期等参数,在算法 5.1 的基础上将 MRP 算法进行改进如下:

基于订货点理论的 MRP 改进算法(算法 5.2):

第一步:根据算法 5.1 的前四步,计算出 M,$Q_t(BOM)$ 以及 $I_t(BOM)$ 的值。

第二步:设置物料的安全库存量 $SI_t(BOM)$,即提供对于 BOM 中每一个物料 t 的安全库存水平量;设置一个采购的提前期 $ST_t(BOM)$,即只在某一个时间 T 之前的 ST 时刻下达采购指令,才会在 T 时刻将相应的物料 t 采购入库。

第三步:根据产品生产过程中的节拍 $W_t(BOM)$,即单位时间内的物料消耗量,可计算出在一个提前期内,生产过程中消耗的总物料数量等于 $W_t(BOM)$ * $ST_t(BOM)$。

第四步:根据订货点理论,订货点的物料存量 $O_t(BOM) = SI_t(BOM) + W_t(BOM)*ST_t(BOM)$,即当物料 t 的存货量 $I_t(BOM) = O_t(BOM)$ 时,启动采购。

在这个改进算法的执行过程中,体现出了物料需求计划中按需采购和按需供应的指导思想。另外,上述算法一方面减化了模型的参数约束,使得计算过程与实际情况略有一些偏差;另一方面,利用该方法实现了采购过程中的资金优化,但是带来的一个代价是,增加了采购环节中判断与操作的工作量和复杂度。从软件设计与开发角度来看,这种方式直接带来的新需求则是增加生产、财务与库存管理等部门之间的信息共享程度,这给企业管理系统的整体分析与设计均带来新的挑战与要求。

5.2.2　物料需求计划系统的目标与组成

物料需求计划 MRP 强调在时间进度与计划的安排下,以确保交货期为目标来实现对库存水平的控制。而对于一个 MRP 物料资源管理软件系统而言,往往以时间计划为主线,利用产品结构、工艺工序等数据为计划分解提供依据,强调在正确的时间将正确的物料、信息按正确的需求数量送到正确的地方。可见,在实现 MRP 系统的过程中,需要协调多个部门之间的信息共享,以保证在有限资源的约束下,获取最佳的经济效益。因此,MRP 系统在设计与开发过程中应达到以下目标:

(1)保证计划生产和向用户提供所需的各种材料、零件和产品。

(2)采购恰当品种和数量的零部件,在恰当的时间订货,维持尽可能低的安全库存水平。

(3)规划生产活动、交货日期和采购活动,并形成工作日历。

(4)计划对资源的利用充分且负荷均衡,对于未来的负荷要在计划中作适当的考虑。

为了实现上述目标,利用 MRP 系统对企业产品生产过程中所需要的各种相关物料的库存控制就具有特别重要的意义。尤其在早期的 MRP 系统中,不仅考虑需求产品(或者零部件)所构成的信息,即物料清单(BOM)和各种物料的库存信息(存储记录),同时,还需要对最终产品进行 MRP 运算,形成计划并反推出需求的零部件生产进度和数量。因此,从系统的输入、处理与输出的角度来看,一个完整的 MRP 系统主要包括了以下核心要素,这些要素以及要素之间的关系如图 5.9 所示。

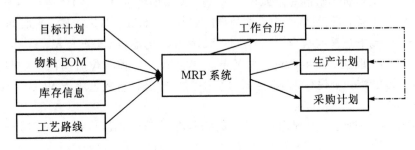

图 5.9　MRP 软件系统中的基本输入与输出结构示意图

其中,MRP 在输入过程中存在的核心要素包括目标计划(主生产计划)、产品结构文件(BOM 清单)、库存信息以及工艺路线。目标计划(主生产计划)是 MRP 的主要输入,它驱动了 MRP 系统的执行,相当于生产需求目标的总体进度计划。物料 BOM 清单提供了产品结构信息,结合主生产计划的生产需求以及库存中物料当前的存货信息,通过 BOM 清单可以对产品任务进行分析,并生成最终目标产品所需的零部件、辅助材料或原材料的明确需求目录树,通过产品 BOM 的结构层次特征,优化生产加工不同阶段下的工艺路线。而工艺路线本质上是对产品生产过程中所有资源进行组织和优化的过程。由于物料资源一直在消耗的过程中,每一次运行 MRP 计算,库存的信息均会发生变化,因此,每次物料出库和入库后,都必须及时对记录进行更新。图 5.10 分别提供了产品的 BOM 结构树以及 BOM 结构表的示例。

在 MRP 系统处理的过程中,根据产品需求按照产品的结构关系进行分解,明确每一个产品节点的生产目标,同时,根据目标需求给定的时间界限、订货提前期以及每一个阶段的库存净需求,倒推出订货时间与数量。当现有的库存量为 40,提前期为 2 时,在生产桌子的过程中,MRP 系统的净需求量计算与采用计划处理过程如表 5.1 所示。

在 MRP 系统输出过程中,根据系统的输入以及处理过程,逐层将每一层物料的订货计划量进行汇总,并根据每一层物料的生产提前期以及其他有关数据进行计划,形成相应的生产工作日历与计划报告。其中,工作台历是对于每一项工作任务进行生产过程中的明确时间安排,而计划报告则主要包括零部件投入产出计划、原材料需求计划、互换件计划、库存状态记录、零部件完工情况统计、工艺装备需求计划、计划将要发出的订货、已发出订货的调整、对生产及库存费用进行预算以及优先权计划等。

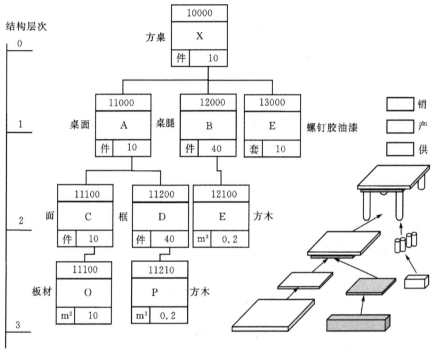

（a）产品 BOM 结构信息树

层级	物料编码	产品名称	材料定额	相关性	生效时间	失效时间	是否虚拟件	偏置期
0 层	10000	方桌	10 个	成本相关			否	
1 层	11000	桌面	10 个	成本相关	2015-3-20	2015-5-20	否	1 天
1 层	11001	桌腿	40 个	成本相关	2015-3-20	2015-5-20	否	
1 层	11002	螺钉胶油漆	10 套	成本相关	2015-3-20	2015-5-20		
2 层	12000	面	10 个	成本相关	2015-3-20	2015-5-20	否	
2 层	12001	框	40 个	成本相关	2015-3-20	2015-5-20	否	
2 层	12002	方木	0.3m³	成本相关	2015-3-20	2015-5-20		
3 层	13000	板材	10m²	成本相关	2015-3-20	2015-5-20	否	
3 层	13001	方木	0.2m³	成本相关	2015-3-20	2015-5-20	否	

（b）产品 BOM 结构表

图 5.10　产品结构与 BOM 清单信息

表 5.1　MRP 系统处理净需求计划示意图(提前期为 2)

时段(周)	1	2	3	4	5	6	7	8
毛需求量	20	10		30	30	10		
已分配量	0							
计划收到				40				
现有库存(40)	20	10	20	40	10	0		
净需求量					10	10		
计划交付			10	10				

5.2.3　物料需求计划系统的关键要素与要素模型

为了更好地分析 MRP 系统中的核心要素以及之间关系,通过对 MRP 系统的抽象和简化,抽象出了以下 5 个关键的要素:

要素一:生产目标——物料清单,即通过物料清单的方式来分解和细化生产目标,而所谓物料是指产品、部件、组件、装配件、成品、采购件、自制件、毛坯件以及原材料等。关于物料的数据信息包含了企业中设计、工程、计划、采购、制造、仓储、销售、成本等所有物料的相关信息,因此,物料的各种属性信息构成了 MRP 系统的基本数据参数。

要素二:生产环境——工作中心,即一组生产要素资源与生产能力单元的抽象集合,它是包括生产设备(机器)、工作组、生产线、生产单元、生产设施等各种生产资源与生产能力单元的总称。工作中心中的每一个生产能力单元均可以称为工作节点,每一个节点包括了一组人、财、物等相关的生产能力与资源。因此,工作中心能力是由工作节点数以及工作节点中所包括的设备台数、人力资源、开动的班次、工作时间、设备利用率等组成,并成为一组工作中心能力数据。

要素三:生产组织——工艺路线,即产品的加工与装配生产过程。本质上生产组织是将工作中心中不同的生产资源有机组织起来,按照特定约束来安排生产步骤与计划,以最优化的方式达成生产目标的一个过程。因此,在生产组织过程中,常常需要对工艺路线进行调整与换装,其核心目的是对于特定目标产品的生产过程中,对相关生产要素资源进行的组织与优化。

要素四:生产约束——提前期,即是指完成某项活动所需要的一段准备时间。在 MRP 系统中,通过对物料净需求的计算,结合提前期可以形成物料的采购计划,从而保障了生产的连续性与稳定性。另外,生产过程中经常采用变动提前期的概念,即以生产产品的产量或批量数量多少,计算该批零件或物料工件在各道工序时间的总和后,把小时转换成天数,再与部件、装配件、产品的最后完工日期相比,计算出该批零件或物料工件的提前期。

要素五:生产计划——工作日历或称工作台历,即用来编排计划的特殊形式的日历。除去工厂休息日、节假日、计划停工日或其他指定的不生产日,即为工厂有效工作日历,并以天或周的形式作为编排物料计划开工与完工使用的时间单元。一般地,也可以通过甘特图可视化地来展示生产过程中的工作日历。

综上所述,可以利用这五个要素进行简化地表示一个 MRP 系统,同时,通过这五个要素以及它们之间存在的关系,可以建立一个简化的数据结构模型,如图 5.11 所示。

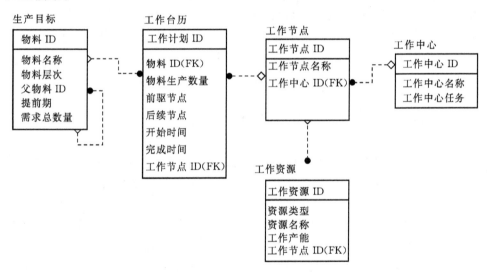

图 5.11 MRP 系统五要素形成的简化数据 ER 模型示意图

其中,在生产目标表中,当父物料 ID 为空值(Null)时表示对应的产品,而在非空时,则表示对产品的结构分解所对应的物料和零件部件,从而形成了一颗完整的产品 BOM 树。根据产品的生产目标,可以定义出每一个节点中的需求数量。针对工作中心中存在的工作生产单元进一步抽象形成了工作节点表,每一个工作节点都包含了一组相应的工作资源,即人力资源、设备资源以及资金资源等类型,同时,根据物料的层次结构约束以及工作节点在工艺过程中的不同作用,最终结合工作台历形成生产的工作计划,并且在计划中根据工作节点之间存在的前驱与后续关系,以及工作开始与完成时间,形成了一个完整的工艺路线以及产品的生产计划。这一个简化模型的建立,一方面将生产过程中最为关键的要素进行了抽象建模,并通过模型建立起要素之间的关联,特别是通过这种方式可以有效帮助我们了解到针对 Zachman 模型中的 When 维度,所形成的有关时间与计划相关系统的分析视角;另一方面,尽管该模型比较简化,但是已初步反映时间与计划模型下的一些核心特征,随着约束的增加以及业务模型的不断完善,在此模型的基础上,可以逐步地扩充成为一个完整的物料计划应用系统,有兴趣读者可以在此基础上来进一步完善图 5.11 所提出的 MRP 模型。

综上,传统的 MRP 系统存在着两个假设:一是计划中各零部件的提前期是可靠的;二是在需要的时候有足够的生产能力,即无产能的限制与约束问题。但是在实际情况下,特别是在企业多品种小批量的生产环境下,每一个设备、人员以及资金等资源均是有限的,同时也会受到实际产能的限制。为了解决在更加实际的应用场合下的约束与限制问题,MRP 系统也由最初的订货点法经 MRP、闭环 MRP两个阶段发展到现在的 MRP‐II/ERP 系统。尽管这些实际应用系统的设计越来越复杂,但在本质上,还是对其中的一些生产要素进行抽象并建立起相应的数据模型,详细的内容可以参考本章后面提供的一些参考文献。

5.3　项目管理与软件资源计划

全世界每年大约有 50 万个项目经理执行着 100 万个左右的软件项目,并产生了价值约为 6000 亿美元的软件产品。在这些项目中,有许多无法满足客户所期望的质量,或者不能在指定的时间或预算内按时交付。有分析认为:1/3 左右的项目在成本和时间上超出了额定预算。因此,了解项目管理的内在核心机制并且能够将其应用于软件开发的过程之中,形成一个有效的软件资源计划来指导软件的开发与实施,则对于软件的设计者与开发者而言,都具有重要的意义。本节的主要内容将介绍项目的特征、项目管理的约束、阶段以及相关知识领域,同时,针对项目管理在软件领域的应用,提出了软件资源计划的概念,并且对软件资源计划的核心要素与软件系统的设计进行了分析。

5.3.1　项目的概念与特征

项目是指一系列独特的、复杂的并相互关联的活动,这些活动存在着一个明确的目标或目的,必须在特定的时间、预算、资源限定的范围内,依据特定的工作规范和流程来实现。项目参数包括项目范围、质量、成本、时间和资源。美国项目管理协会(Project Management Institute,PMI)在其出版的《项目管理知识体系指南》(*Project Management Body of Knowledge*,PMBOK)中将项目定义为:为了完成一个独特的产品、服务或任务所做出的一次性努力的活动。例如,生产一个产品订单、开发一套软件产品、举行一项团队活动、完成一个学业考试以及解决某个研究课题等均是一个典型的项目。因此,美国前任项目管理专业资质认证委员会主席 Paul Grace 曾指出："在当今社会中，一切都是项目，一切也将成为项目。"

可见，项目是一个特定的、待完成的有限任务集合，它是在一定的时间内，满足一系列特定目标的多项相关工作与活动的总称。一般地，它包含以下三层含义：项目具有一个工作目标，并在特定的环境与背景等约束条件下包含了一系列有待完成的任务；项目在一定的组织机构内，利用有限的人力、物力、财力等资源，在规定时间内完成任务；任务要满足一定的数量、质量、功能、性能和技术指标等多方面的要求。因此，作为一类特殊的活动或任务，项目在其执行过程中所表现出的区别于其他活动的基本特征包括以下几个方面：

（1）唯一性。该特征是项目与其他活动相区别的一个重要特征。每个项目均有自身的独特之处，没有两个完全相同的项目，建设项目一般比开发项目更具有程序化特点，但所有项目都具有不同程度的客户化的特征。在项目本身存在风险的情况下，不能够完全程序化，项目主管也正是因为他们有许多例外情况需要处理，所以被人们强调其重要性。

（2）一次性。由于项目的独特性，项目作为一个任务，一旦完成，项目即宣告结束，不会有完全相同的任务重复出现，这就是项目的一次性。但是，项目的一次性特征是针对项目整体而言的，并不排斥在项目中存在交叉重复的子项目工作。

（3）多目标特征。项目的目标包括成果性目标和约束性目标。在项目过程中，成果性目标都是由一系列技术指标，如时间、费用、性能以及功能等来定义的，但这些目标同时也都受到了多种其他条件的约束，从而使项目具有多目标特征。

（4）生命周期特征。每一个项目都存在着开始和结束两个关键的节点，并且经历着启动、计划、实施、控制和结束这五个不同的阶段，即形成了项目的生命周期，并且项目生命周期中每一个阶段均具有不同的工作任务与关注的重点。

（5）相互依赖性。项目在执行过程中，由于需要使用一定的资源要素，其中包括设备、人员以及物资等资源，一旦与组织中的其他工作或项目同时开展，其中的一些资源也会在不同项目之间共同使用，从而造成资源之间的冲突以及项目之间的相互依赖关系。

（6）冲突特征。项目冲突主要包括几个方面，项目内部的冲突主要体现在任务分配、资源分配与调度的不均衡性、时间进度的安排和质量结果的考核等方面；而外部冲突主要外映在项目资源在多个项目共享并存在的冲突与冲突解决。客观而言，在项目开展的过程中，冲突无处不在。

在这些特征分析的基础上，应针对相关问题开展实际研究，抽象并识别出项目中存在的各种实体要素及其关系，形成项目管理过程与整个内容体系的完整框架，从而指导项目管理工具软件的设计与开发实现。

5.3.2　项目管理的内容体系与过程

项目管理是针对项目的目标与任务,在规定的时间、预算以及资源的约束下,利用一定的技术或方法对有限的资源进行管理和分配,并在实现对项目进程进行计划、调度、监视和控制的过程,达成最优化的结果。这一过程覆盖了项目开发中的各种活动,涉及了人的因素、项目组织、资源管理、质量管理、项目进度计划和控制、报表与文档、交付验收等诸多方面。因此,英国建造学会《项目管理实施规则》定义项目管理"为一个建设项目进行从概念到完成的全方位的计划、控制与协调,以满足委托人的要求,使项目得以在所要求的质量标准基础上,在规定时间内,以及批准的费用预算内完成"。

美国国际项目管理协会进一步定义了项目管理所包括的九项知识领域:范围管理、时间管理、费用管理、质量管理、人力资源管理、风险管理、沟通管理、采购与合同管理和综合管理。通过对这九项任务的管理,一方面可以实现项目管理的目标,即满足项目利益攸关各方不同的要求与期望,最终达成目标;另一方面,通过建立知识领域之间的关系形成了项目管理的核心过程与辅助过程。通过这两个过程的相互支持,形成了一个完整的项目管理过程,如图 5.12 所示。

从图 5.12 可见,为了制定项目计划,首先需要根据项目的目标范围、时间工期与成本费用进行规划,形成项目管理过程中的核心约束,并在此约束的基础上,通过对项目目标的工作分解以及对资源与成本的规划与分解,形成工作活动日历,从而生成一个相应的项目计划。一般地,项目目标主要体现在专业目标(功能、质量、生产能力等)、工期目标和费用目标(成本和投资)三个方面,并共同构成了项目管理的目标体系。同时,在整个核心过程的支撑下,一个项目可以通过任务分解来细化目标,并通过项目的质量计划、沟通计划、人力资源的组织计划、采购计划以及风险分析与控制活动等组织形成一个完整的项目辅助支撑过程,从而达成项目管理的最终目标。

此外,在特定约束条件下,如何实现资源、成本以及进度的同步控制和动态优化也是需要进一步研究的重点。据统计,进度问题在项目生命周期中引发的冲突最多,进度问题之所以如此普遍的发生,部分原因是由于时间易于测量,利用甘特图、网络图以及传统的关键路径分析方法比较容易可视化地反映出相应的进度状况。而项目的范围和成本超过预算,则较容易让许多人忽视。例如,许多书籍中定义的传统的项目关键路径主要是指项目执行过程中,将那些前后存在逻辑关系的任务连接到一起所形成的任务路径中,所消耗时间最长的路径则为关键路径。但是在某些特定的条件下,当项目的成本超过了预算,或者项目的范围超过了预期时,则都有可能会引起项目的失败。因此,了解到了这一点,就较容易地判断出,衡量关键路径的本质在于这一条路径是最容易造成项目失败的路径。而针对不同的评价维度,将会有不同的评价标准。另外,关键路径是相对的和可变的,采取相应的技术组织措施或者项目变更后,有可能使原来的关键路径转变为非关键路径。

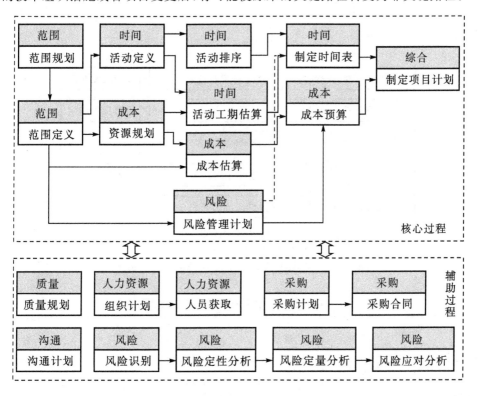

图 5.12　项目管理的主要流程与步骤

　　为了达成项目的目标,对目标任务的分解是一个关键性的活动。在任务分解的过程中,结合财务预算的分解和人力资源组织分解,对项目所包括的任务之间存在的依存关系进行分析,形成项目活动的先后排列顺序以及活动时间的估算,通过优化形成整体的项目工作计划,并支持工作计划的变更与控制。整个过程可如图5.13 所示。

　　其中,任务定义阶段是将项目工作分解为粒度更小、更易管理的工作包,也叫任务或活动,这些小的任务应该是能够保障完成交付产品的详细且可实施的任务。在项目实施过程中,将所有的任务列成一个明确的任务清单,并让项目团队中的每一个成员能够清楚地知道有多少工作需要处理。随着项目任务分解得深入和细化,工作分解结构(Work Breakdown Structure, WBS)可能会需要修改,这也会影响项目的成本估算等其他部分。一般地,项目管理的核心内容可以用"三五九"表示,即项目管理过程中存在三个约束条件:范围、时间及成本;五个项目实施阶段:启动、计划、执行、控制和收尾阶段,同时,在项目制订计划的过程中也存在着如5.3.2 节中所定义的一些细分阶段;另外,结合项目管理中包含的九大知识领域,通过对项目中的任务进行分解,形成了一个项目管理的整体过程、要素与活动之间的分布关系模型,如表 5.2 所示。

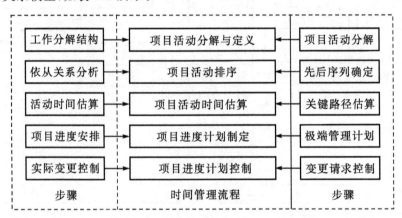

图 5.13　项目工作分解与时间管理的流程和步骤

表 5.2　项目管理过程中不阶段下的活动任务分布

过程组 知识领域	启动	规划	执行	监控	收尾	合计
项目整体管理	制定项目 章程 制定初步 范围说明	制定项目 管理计划	指导管理 项目执行	监控项目工作 整体变更控制	项目 收尾	7
项目范围管理		范围规划 范围定义 创建工作 分解结构		范围核实 范围控制		5
项目时间控制		活动定义 活动排序 活动资源 估算制定进度表		进度控制		6
项目费用管理	费用估算 费用预算		费用控制			3
项目质量管理		质量规划	实施质量保证	实施质量控制		3

续表

过程组 知识领域	启动	规划	执行	监控	收尾	合计
项目人力 资源管理		人力资源规划	项目团队组建 项目团队建设	项目团队管理		4
项目沟通管理		沟通规划	信息分发	绩效报告 利害关系管理		4
项目风险管理		风险管理规划 风险识别风险 定性分析风险 定量分析风险 应对规划		风险监控		6
项目采购管理		采购规划 发包规划	询价 卖方选择	合同管理	合同 收尾	6
项目管理 过程合计	2	21	7	12	2	44

从表 5.3 中可见,整个项目管理过程中存在 44 个重要的活动,其中,在项目规划阶段包含了 21 个活动,占总活动数的 47.7%,而在项目的变更控制与管理阶段包括了 12 个活动,占总活动数的 27%,因此,也可以看出计划的制定与计划的控制是整个项目管理过程中的核心环节。

在任务的活动排序阶段,核心工作是在产品描述和任务清单的基础上,找出项目任务之间的依赖关系和特殊领域的依赖关系和工作顺序。其中,既要考虑团队内部所期望的特殊顺序和优先逻辑,同时也要考虑内部与外部、外部与外部的各种依赖关系以及为完成项目所要做的一些相关工作。另外,在该阶段设立项目的里程碑也是一个关键的工作,里程碑定义了项目中关键事件与关键的目标时间,是项目成功的重要因素。里程碑事件是确保完成项目目标的活动序列中不可或缺的一部分,它通过增加评审点,极大地降低了项目管理过程中存在的风险(如图 5.14 所示)。例如在软件开发项目中,可以将需求的最终确认、产品移交等关键任务作为项目的里程碑,从而降低软件项目开发过程中存在的风险。

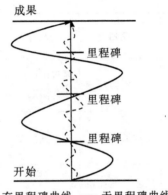

---有里程碑曲线　——无里程碑曲线

图 5.14　项目里程碑管理示意图

　　而在项目活动时间估算阶段,主要是根据项目范围、资源状况计划列出项目任务所需要的工期。同时,根据估算的工期来计算项目的关键路径,充分考虑到任务活动在特定的资源需求、人员能力以及环境因素下对项目产生的影响以及相应的风险。这个阶段对项目管理人员的能力要求以及经验要求均比较高,特别是需要能够平衡各种资源,并以最优化的方式来组织和协调,在特定的约束条件下,实现对项目活动资源的分配以及时间估算,最终达成并实现项目的核心目标。

　　在制定进度计划阶段,是在项目总体规划与目标的基础上,根据项目相应的工作量、工期以及质量要求,对各项活动的起止时间、各项活动所需的人力资源、设备物料、资金预算等的具体安排、里程碑以及各项活动之间的相互衔接协调关系来拟定具体执行计划。在充分考虑各种客观条件和风险预计的条件下,通过进度计划来确定项目的总体进度目标与阶段进度目标,这也是项目管理的核心阶段,因此,计划质量的好坏对项目是否能够快速、有序、高效地执行有着决定性的影响。进度计划编制的主要工具可以采用网络计划图和横道图,通过绘制网络计划图,确定关键路线和关键工作。根据总进度计划,制定出项目资源总计划和费用总计划,把这些总计划分解到每年、每季度、每月和每旬等各阶段,从而进行项目实施过程的依据与控制。例如,利用 MS Project 软件来制订项目的执行计划,一方面通过列表来实现对所有任务的工作分解以及工作时间的估算和资源的分配,另一方面,通过可视化的工具可以进行展示,并可以直观地分析活动之间的约束以及项目的关键路径。最终形成的项目进度控制计划列表如图 5.15 所示。

　　在进度计划的控制阶段,控制是随着项目的进行而不断实施的一个动态过程,它主要的任务是监督进度的执行状况,及时发现和纠正项目执行过程中存在的偏差和错误。它在计划实施与控制过程中需要不断地进行信息的传递与反馈,并在计划变更中对各种影响因素进行分析与优化,从而实现对进度变更采取实际的控制,以确保项目工期目标的实现。

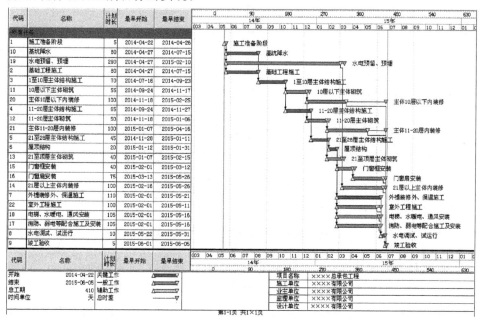

图 5.15　项目管理计划制订效果示意图

5.3.3　软件资源计划的构成核心要素与模型

软件项目管理是一种特殊的项目管理,它不仅满足普通项目管理的一些共性特征,同时,由于软件开发是一项智力密集的项目,它也具有一些软件工程领域所独有的特征,因此,软件工程与软件开发也成为了目前项目管理广泛应用的一个领域。同时,由于软件项目管理的核心是以软件开发过程中的人力资源为基础,围绕项目的需求进行分析后,结合项目过程中的设备资源、资金预算资源进行优化,而形成一个计划调度模式,这种模式与制造资源计划之间存在着大量的可类比性与相似性,因而称之为软件资源计划(Software Resource Planning,SRP),该软件资源计划的整体结构与模式如图 5.16 所示。

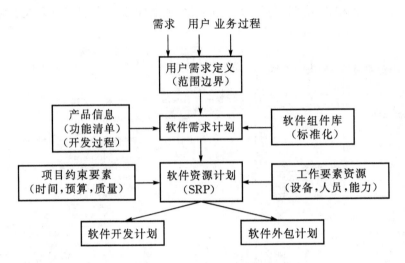

图 5.16　软件资源计划（SRP）的整体结构与模式示意图

　　其中，根据不同用户角色的需求以及业务流程的分析，可以对用户的需求进行定义，从而确定出所需要开发的软件产品的范围、边界以及核心的目标。在此基础上，对软件的产品功能进行分析与设计，并形成软件的产品模块与功能清单，整个功能清单是一个层次化的功能体系结构，常用 HIPO 模型来表示，这种模型与 BOM 树结构有一定的类似性。但是同时最主要的差异在于基于 BOM 的产品的批量化生产的过程中，存在着对物料数量的需求，而软件开发过程中不存在。一方面是因为在软件的开发过程中，一般只会开发出一个软件产品，而产品复制的过程也是一个非常简单与快速的过程，这也是知识产品的一个特点；另一方面，一旦在软件中出现了某些功能模块重复的情况，往往在系统的设计过程中，通过抽象的方式，将这些可能重复的代码与功能模块形成公共组件，并存在企业的软件组件库中，供其他的项目重复使用，这不仅加快了整个项目的开发效率，同时也降低了软件的 BUG 产生的概率以及软件维护的成本。因此，在一个成熟的软件开发过程中，利用软件开发小组已有的软件组件库中存在的公共组件，判断出哪些组件能够在软件的开发过程中实现重用，通过这一个重要决策过程，最终确定出在软件开发的项目中，所具有的软件开发工作量。在此基础上，根据项目所采用的软件开发过程设计出不同的项目里程碑，即在每一个不同的软件开发阶段形成一个评估控制节点。这一方面对该阶段的工作内容与达成目标进行细化；另一方面，对该阶段的工作成果进行质量评估与控制，保证软件进度计划的有效执行。

　　在确定了软件需求计划之后，即明确了软件开发过程中所需要完成的任务与活动，并结合项目中的约束条件，例如时间、成本以及性能质量等方面的约束要求，对所有的项目资源进行组织和优化。特别是根据工作任务的重要性以及复杂度，来选择合适的人员以及设备，并达到关键资源投放到关键路径上，保证整个项目开发过程的质量与效果。在这一个软件开发资源与任务活动的匹配与优化过程中，一方面要完成对每一个活动所需要时间的估算，另一方面，形成了一个完整的软件项目开发的时间安排与工作计划。

为了更好地分析 SRP 系统中的核心要素以及要素之间存在的关系，结合前文所述的 MRP 系统中的关键要素，可以发现 SRP 系统中也存在着相应的关键的要素。

要素一： 开发目标——软件功能模块与功能点列表，即通过 HIPO 图的方式来分解和细化软件的整体功能目标，同时也可以采用 WBS 的方式来实现软件系统功能的分解与细化。所谓软件功能模块是指一组完成某项特定功能的、高内聚的程序代码集合，它通过软件的功能设计来解决特定用户的需求，通过组织这些软件模块可以形成一个完整的软件系统。这些功能模块包含了所有软件项目中的关键属性信息，因此，对软件模块的属性特征的信息抽取构成了 SRP 系统的基础数据。

要素二： 软件开发环境——资源中心，即一组软件要素资源与软件开发能力的抽象集合，它是包括生产设备（机器）、人或工作组、预算以及质量保障等各种软件资源与开发能力单元的总称。资源中心中将各种资源进行分类组合形成一个资源的基本单元即资源节点，每一个资源节点均包含了一组相应的人、财、物等相关的生产能力与实体资源的信息集合。

要素三： 软件开发过程——技术路线，即软件产品的开发与生产组织过程，本质上是将软件开发过程中的各种资源有机地组织起来，按照特定的要求和约束进行资源分配与时间估算，并以一种最优化的方式来实现软件开发的一个过程。因此，针对不同类型的软件项目以及不同的软件开发资源，常可以选择不同的软件开发过程，例如，瀑布式、迭代式或是敏捷式等不同的开发过程，具体采用哪一种过程，主要视具体的项目以及具体的资源情况而定，但其本质上是将各种相关软件开发的要素资源进行组织和优化的一个过程。

要素四： 软件的逻辑约束——关键路径，即由于软件模块之间存在着逻辑依赖，有一些模块是另外一些模块进行开发的前提条件，为了避免某一个软件开发任务的无效等待，需要在每一个软件任务的时间估算时，充分地考虑到软件的这种逻辑依赖性，并根据时间估算形成任务依赖路径，保证每一个软件任务都能够按照计划进行合理的衔接。另外，在基于组件或者基于外包的软件开发过程中，由于开发过程的组织模式更为复杂，这时需要根据项目的截止时间来倒排工作计划，并设定软件模块开发的提前期与浮时，从而保障在软件开发过程中的连续性与稳定性。

要素五： 软件项目计划——工作日历，即为不同的项目成员提供一个整个项目过程中,每一天所包含的具体任务安排的工作日历,并将所有成员的工作进行汇总后形一个项目的整体工作计划与排程。这个计划列表也可以采用一些可视化的工具来直观地进行表示。

通过上述分析,MRP 系统与 SRP 系统中的一些关键要素尽管存在着一些明显的差异,但是总体上还具有很大的相似性,表 5.3 则针对这两个不同的系统之间存在的相似性与差异进行了分析比较。

表 5.3　MRP 系统与 SRP 系统的比较

要素特征	MRP 系统	SRP 系统
项目目标	通过对需求预测、订单统计以及库存数量信息,并利用产品 BOM 分解,计算出每一个零部件的所需要的净需求量	通过对用户角色以及业务流程分析,形成系统的目标、范围与边界,并通过需求分析形成系统的 HIPO 功能结构层次图
项目开发环境	形成生产中心,并通过工作节点来组织不同的生产资源,强调设备资源与产能资源,人力资源也是生产过程中的关键	形成资源中心,通过资源节点来组织软件的开发资源,强调逻辑设计与人力资源的能力,设备是一个辅助的关键资源
项目开发过程	工艺路线,即根据不同产品加工的要求,设定不同的工艺过程,并将生产中心中的工作节点组织起来完成产品生产的特定的流程	软件开发过程,即采用通过软件工程定义的不同开发过程,来对软件资源的组织优化,并建立项目里程碑节点来实现软件项目的过程控制
项目逻辑约束	提前期,即对外采购所需要的零部件的时间计划,它是为了实现资金与生产过程中对零件使用的优化,并按照生产计划实现采购物品的及时补货,来保障生产过程的稳定。另外,由于产品在组装时也存在一定的逻辑依赖关系,这种生产过程中的依赖路径也对项目约束产生影响	关键路径,由于软件模块之间存在逻辑依赖,因此,为保障软件开发过程中的有效性与稳定性,项目的关键路径则成为了软件项目管理过程中的关键因素。另外,在软件模块外包的开发过程中,也需要根据计划来设计提前期
项目计划	生产排程计划,根据产品生产要求,形成产品的生产日历,反映出生产的产品数量以及所需要零部件数量,在此基础上,体现出整个产品生产的加工计划	软件开发任务计划,根据项目的要求,在特定的约束条件下,形成个人与整体的软件项目开发任务计划表

通过上述列表分析,我们可以发现 MRP 系统与 SRP 系统之间存在许多的共性,通过进一步的抽象,我们提出了一个通用性的资源计划模型——RP Model,该模型充分体现出来了 Zachman 模型中所描述的"When"模型的一些特征。下面将进一步分析和说明 RP Model 的建模过程与应用价值。

5.4 传统软件的设计模型——资源计划 RP 模型

在 Zachman 模型中通过"When"维度模型来表示有关时间与计划调度相应的业务建模方法,而物料需求计划以及软件资源计划的应用过程中,均体现出了时间这一个关键的维度特征,同时,结合各类资源在时间维度下进行整合、匹配与优化,形成了在工作目标下的任务安排以及资源协同工作计划。通过 5.3.3 节中针对MRP 系统模型与 SRP 系统模型中存在的关键要素进行异同分析的基础上,本书提出了一个抽象的时间模型——资源计划模型(Resource Planning Model,RPM),该模型也具有上述 5 种关键的要素,并且利用资源匹配过程将这些要素有机地组织到一起,形成了一个完整的模型体系。

资源计划模型(RPM)主要可以分解为三个作用域:一是目标域,即通过对目标任务的结构分解,形成目标明细化的任务清单(例如 BOM 清单或 HIPO 功能层次结构图),这种细化的目标任务构成了项目的工作基础。而对于目标任务信息实体的抽取与建模,也是这一类软件系统建模设计的关键。二是资源域,即在工作中心内将所有的资源进行分类、抽象并聚集到不同的工作节点内,这些资源主要包括了"人、财、物"等不同类型的资源实体。通过对这些资源实体的抽象,一方面减化了系统设计过程中的整体操作算法的复杂程度以及过程;另一方面,通过工艺路线或者不同的软件开发过程可以灵活地将这些工作节点组织起来,并实现一个产品生产或项目任务的工作流程。由于项目类型的不同,资源与操作对象也存在着差异,因此,模型可以根据需要实时地更新工作流程、开发过程或者工艺路线,实现资源组织的优化。三是计划域,即在不同的约束条件下,通过将不同的任务与资源进行匹配与优化,形成一个资源计划的进度列表,并通过这一个列表来完成整个项目的计划与控制执行。整个 RPM 模型的要素结构与关系如图 5.17 所示。

因此,在资源计划的 RP 模型中,需要考虑的工作主要包括以下两个方面的内容:一是需要考虑到时间这一个核心维度下,不同的资源之间的调度与整合方式;二是需要把握住目标任务的定义,只有明确了边界范围或者工作任务活动的定义后,才有可能将这一个目标进行任务的分解,从而形成可以管理与操作控制的核心活动等要素。此外,RP 模型还存在着以下几个重要特征:

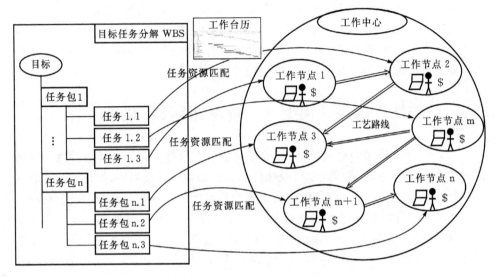

图 5.17　资源计划 RP 模型要素结构与关系示意图

（1）关于工艺路线。在 RP 模型中所利用的工艺路线是一个抽象的概念，可以是产品生产过程中的特定工艺流程，也可以是软件开发产生过程中某种特定的软件开发过程模式，其本质是为了达成工作目标，并将各种资源进行组织并形成一个完整的和规范的生产流程，以达到最优化资源配置的一个过程。在不同的项目目标下，或者是在同一个项目目标下，由于组成的资源要素存在着差异，因此需要结合具体的实际情况来进行分析，并选择采用一个合理的工艺路线流程来达成生产最优化的目标，即生产与开发的组织过程是一个动态过程。特别是在软件工程领域中存在着多种软件开发过程，每一种都存在着不同的优点与不足，因此，作为一个合格的架构师或项目经理，如何选择不同的软件开发过程来优化软件的开发与资源整合也是一个项目的重要工作。

（2）关于工作节点。在 RP 模型中工作节点也是一个抽象的概念，同时，工作节点也具有层次性，即一个工作节点可以包括多个子工作节点，而每一个子节点均是一个多类资源共同组合的一个有效单元，通过这一种方式，极大地简化了资源分配过程中的复杂程度，有利于我们关注于整个模型中更为重要的关键性问题。例如，软件开发过程中，可以根据需要划分成多个开发小组来协同研发，每一个小组均包括一定的成员、设备以及相应的预算等资源，同时，每一个小组还可以进一步细分，且可以一直细分到以组成成员为核心资源来组织相应的设备与资金预算资源，从而形成一个叶子工作节点。由于每一个叶子工作节点具有具体的可操作性与管理性，因此，将工作目标分解成为具体的工作任务后，可以将这一个工作任务与相应的工作资源进行匹配。

（3）关于目标。在资源计划 RP 模型中的目标,是对工作任务的一个明确定义和要求的抽象表示。对于不同的任务,如研发软件、工程项目或者产品加工等,它们的目标均存在着一定的差异,而这个差异也反映在对目标进行分解细化的过程之中。例如,在产品加工生产的过程中,强调有形产品的零部件的需求数量;而在软件研发的过程中,则强调无形软件需求的边界范围描述与功能模块定义;在工程项目的管理过程中,则强调工程项目的控制节点以及每一个节点中包括的一些具体的活动。但是,通过抽象,可以发现这些问题均可以通过对目标的分解来达到最终的任务目标。

（4）关于计划。在资源计划 RP 模型中的计划尽管没有直接可视化地表示出来,但是在工艺路线的约束下,通过将目标域中的任务与资源域中的工作节点进行匹配结合,最终的体现形式则是一个工作日历,即一个完整的工作计划。因此,工作计划本质上也是一个优化求解问题,即在时间、质量以及预算成本的约束下,如何最优化地组织和利用资源来达成工作任务目标。

因此,资源计划 RP 模型也是针对 Zachman 模型中的时间维度,来对系统中存在的相关资源进行调度和优化的一种策略,同时,本书也希望通过对 RP 模型的分析,将其转化成为一类软件系统的设计模式与设计方法。由于这种模型一方面对不同的资源计划过程进行了抽象,另一方面通过抽象也简化了相应的操作,对于有效地理解调度问题具有较好的指导和帮助作用。但是,它也反映出来一个重要的设计缺陷,即所有的资源均被系统统一管理着,这些资源具有相同或相似的数据结构,即人员与物资设备在信息结构上是等价的,这种方式在传统的 MRP/ERP 等软件的设计中得到了大量的实际应用。随着企业管理模式的变化,以及互联网和移动网络技术与应用普及,越来越多的系统开始将 Web 2.0 等社会化应用软件与传统的 ERP 等管理软件相结合,但是在结合的过程中,迫切需要转变的一个设计思维就是需要把人员从被管理的一个对象转化为一个服务的对象,即在系统平台上,用户已从系统中的一条数据记录,转变成为了一个信息的创造主体与信息内容的消费主体,因此,在新的企业 2.0 环境下,应用软件的开发与设计模型已经开始发生了一些重大的变化。

5.5　传统企业资源计划管理 ERP 软件与 Enterprise 2.0

5.5.1　企业资源计划 ERP

ERP 系统是在上世纪 50 年代的库存管理、60 年代的财务管理、70 年代的

MRP 以及 80 年代的 MRPII 等管理应用系统的基础之上,于上世纪 90 年代针对日益复杂的企业管理需求提出来的一整套先进的管理思想与应用工具集合。作为现代企业信息化的核心应用系统,它的发展大致经历了四个关键的阶段:

第一个阶段(90 年代中期)是 ERP 概念的形成与基于应用集成的 ERP 体系结构的建立。该阶段在 MRPII 的基础上,从制造资源管理向企业内部的所有应用资源一体化管理的方向扩展,采用 C/S 技术在充实扩展原有模块业务内涵的基础上又增加了一些新的应用模块,如物流的运输管理、内部工作流的管理以及产品的质量管理等模块。在此期间,ERP 主要还是强调企业内部的资源整合与应用系统的集成。

第二个阶段(90 年代后期)是基于企业价值链的 ERP 应用体系结构的建立与完善期。该阶段从企业内部应用资源集成向企业内外的价值链的统一化管理的方向扩展,由于企业普遍采用了 Internet 技术,企业可以在相同的技术平台上对企业内部的应用资源以及外部的客户与合作伙伴的资源进行整合。将客户关系管理以及供应链管理也纳入新的 ERP 体系结构中,从而形成了客户、企业内部生产计划与控制以及供应/分销链的三层结构的企业价值链。但是,这两个阶段的 ERP 体系结构均是以 EAB(Enterprise Application Bus)为核心的单片式体系结构,即通过紧耦合的方式在 EAB 上将多个功能模块和应用系统进行集成。为了适应不同行业动态变化的商业需求,这些系统模块需要通过复杂的定制、调整和部署,甚至利用系统提供的 API 进行二次开发,从而造成了 ERP 项目实施部署的成本过高,系统维护困难,并成为 ERP 系统在企业应用和实施过程中的瓶颈问题。

为了满足企业行业化、协同工作与动态电子商务的迫切需要,ERP 系统发展进入到第三个阶段(2000—2008 年)。这个阶段采用基于服务驱动的松耦合动态集成模式,通过 SOA 为 ERP 系统提供一个新的技术应用框架,它将网络中可获得的软件应用资源封装成服务,并可通过合成多个不同企业提供的粗粒度服务来实现业务过程的动态集成,从而在降低系统硬件平台要求以及部署与实施成本的同时,为业务用户提供了敏捷性与灵活性。作为企业技术解决方案,基于 SOA 的 ERP 系统已成为目前各大 ERP 系统软件提供商竞相投入研发的焦点,其中,用友的 U9,Mircosoft 的 Bcentral,Peoplesoft 的 Peoplesoft,Siebel 以及 SAP 的 MySAP 等基于 SOA 的产品进入到了研发的关键阶段。

另外,在 Web 2.0 技术、移动计算、云计算以及大数据等技术的推动下,ERP 也正在从管理为核心向内容服务为核心、从独立的工具向服务平台的方向转变,ERP 系统发展进入到第四个阶段(2009 年至今)。这个阶段一方面通过软件的交互模式的改善来优化对企业业务过程的信息化管理,另一方面通过社会化群体智能,来促使软件系统中的信息内容与数据成为企业的核心资产。这种基于社会化的 ERP 系统也使得管理应用软件从一个封闭的内部管理系统,转变为开放的服务化、交互化与社会化的应用平台。针对这种深刻的软件设计与应用模式的转变,有人称之为 Enterprise 2.0 时代的到来。ERP 系统的主要功能与技术发展演化过程如图 5.18 所示。

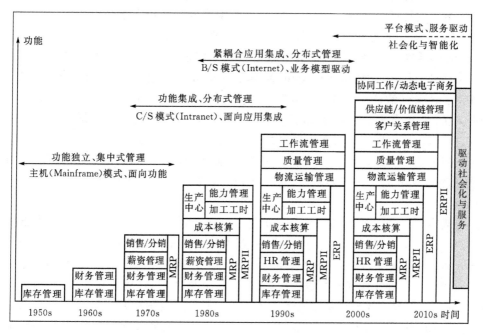

图 5.18　ERP 系统的主要功能与技术发展演化过程示意图

通过上述,可以清晰地看出 ERP 技术与应用功能的一个演化过程。了解这些功能与业务的情况,对于软件的设计与开发者而言,有 3 个方面的内容特别值得注意:一是系统化与全局化的设计理念,即要求通过全局的功能与业务过程把握,来实现完整的业务系统;二是扩展性与灵活性,ERP 系统在多年的发展过程中,不断地进行技术与业务模式的演化,这对系统的灵活性与可扩展性提出了新的要求;三是资源的组织和优化方式上,ERP 系统追求的一个目标就是企业内部资源的优化,并通过实现全局的算法优化来达成一个不同部门与业务之间的平衡。但是,随着技术的不断进步,ERP 系统中存在的一些问题也不断地暴露出来,下一代系统的优化模式与发展方向已受到大量学者与企业界的高度关注,也将是软件技术与应用发展的一个重要方向和研究领域。

5.5.2　Enterprise 2.0 的概念与改进的 RP 模型

　　计算机技术的成熟与标准化使得企业利用 ERP 等软件系统实现大范围的跨企业整合与信息集成成为可能，特别是随着网络技术的发展，信息系统越来越呈现出网络化的特征，互联网正在将独立的企业凝聚成为一系列相互协作、资源共享、业务整合与系统集成的产业集群。著名的管理学家彼得·德鲁克（Peter F. Drucker）曾在 1999 年指出：当时的信息技术发展走向了错误的方向，即 Information Technology 里的 Information，而不是 Technology 在真正推动社会的进步。具体也表现在 Web 1.0 的技术与应用是静态且单方向的，缺乏用户之间足够的信息交互；而 Web 2.0 则是通过用户创建内容和彼此间的交互，促进优质的信息通过口碑与传播实现了最大范围内的共享，促进了用户人数从一小撮扩展到一大群，一旦超过了临界数量，就会形成巨大的影响力，而这种前所未有的影响力所造成的结果就是 Web 1.0 到 Web 2.0 的转变，也是技术向内容价值进行转变的一个过程。

　　具有 Web 2.0 应用特色的一些关键原则包括：将 Web 作为平台，利用丰富的用户交互式体验，促进用户生产内容，实现群体智能与知识共享，并将数据转变成未来系统的核心。在这一种应用环境下，软件的运行也将跨越单一设备，通过采用轻量型的程序设计模式与开放的体系架构，将分享和参与、功能和集成、内容和服务相结合，实现软件平台的动态升级与进化（永久的测试版）。其中，苹果公司的 APP Store 则是其中的一个典型的代表，它通过开放的平台化技术，将分散的且独立的开发者各自开发的软件系统通过网站平台汇集到一起，从而极大地促进了平台中信息与服务的能力。

　　而在传统的企业管理过程中，软件设计的基本背景在于将企业内的人、财、物等各种要素均作为一种需要被管理的对象，这也是在资源计划 RP 模型中所反映出来的，将人这一个信息资源的创造主体，被弱化成了与设备物资等同的一个管理客体对象，技术价值被放大，甚至于被认为远超过信息所带来的价值。Web 2.0 与移动计算的出现反映了互联网发展的最新方向，企业必须通过广泛的协作、充分的交流以及资源的整合来形成一个具有竞争优势的链条，企业如何在全球化、网络化与服务化的新时代下，提供一个更有竞争力的软件服务体系与平台则成为了竞争的焦点，也是软件设计发展的新方向，正是在这样的技术与应用背景下，促使企业 2.0（Enterprise 2.0）概念的产生。

　　企业 2.0 是通过以移动技术为代表的云计算、物联网等新一代信息技术工具和 SNS、社交媒体为代表的社会工具应用，完成企业形态从生产范式向服务范式的转变的一种新的软件应用模式。相对于传统企业管理信息化过程，Enierprise

2.0 是在互联网络环境下,采用全新的设计模式对传统企业资源计划软件(ERP 系统)的一次升级,也有学者或者公司将其命名为 Enterprise Web 2.0 或者 Enterprise Social Software。哈佛商学院副教授 Andrew McAfee 在其发表的 *Enterprise 2.0, The Dawn of Emergent Collaboration* 一文中指出,Enierprise 2.0 是"公司内自然出现的社会软件平台,或者公司与其合作者及客户之间自然出现的社会软件平台",这种新型的基于 Web 2.0 的群体智慧、社会性网络以及大规模协作的知识员工协作平台将对企业的工作模式、产业链发展以及企业生态环境的建设带来直接的影响,并主要应用于企业内部的知识管理、内部协作和改进企业文化等方面,同时也广泛应用到了企业与客户之间的协作上。IBM 首先将 CRM 客户管理系统与社会化网络技术相结合,开发出了一种社会化的 CRM 管理软件,这种软件将客户资源转化成为了系统的内容创造与服务资源。在这一种设计模式下,企业的 RP 模型中所有的被工作中心隔离的人力资源之间,也可以通过彼此之间的交互协作以及知识资源的共享来实现开发计划与过程的优化,即在 RP 模型中进一步增加了知识库来记录内部成员以及外部协作成员之间的交互信息与知识共享。基于 Enterprise 2.0 的改进 RP 模型如图 5.19 所示。

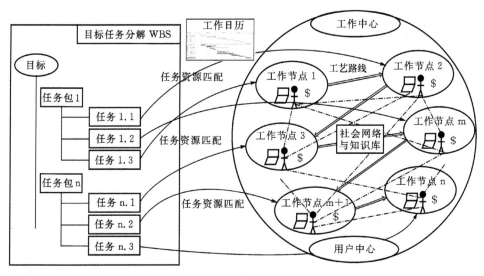

图 5.19　基于 Enterprise2.0 的资源计划 RP 改进模型关系示意图

由于在基于 Enterprise 2.0 的资源计划 RP 改进模型中,利用了社会化网络将不同工作节点中的人力资源进行网络优化,即需要为每一个人员提供一个信息获取、信息交流、信息共享与信息推送的新机制。这同时也对软件系统的设计提出了新要求,即如何重新组织系统的信息流转机制、如何建立系统的公共数据结构、如何实现用户的交互设计等。这些新的设计需求将企业的资源计划管理软件带到了一个新的阶段,即从单纯的资源管理向信息服务的方向迈进。另外,在工业 4.0 的视角下,RP 模型得到了进一步的扩展,即每一个资源节点均成为了信息交互的中心,此时不仅包括了由不同角色的用户所组成的社会网络,同时也包括了由不物理资源组成的传感器网络,在这些网络的环境下,CPS(Cyberspace Physics System)系统在扩展 RP 模型的基础上,为不同来源的数据分析提供了框架与分析基础。

5.6　本章小结

著名的时间管理理论崔西定律指出:"任何工作的困难度与其执行步骤的数目平方成正比。例如完成一件工作有 3 个执行步骤,则此工作的困难度是 9,而完成另一工作有 5 个步骤,由此工作的困难度是 25,所以必须简化工作流程。"本章通过对时间管理以及任务计划的分析,介绍了时间与计划之间存在的异同。在此基础上,一方面针对企业在产品生产过程中存在的一个具体应用为例,深入研究了关于物料需求计划 MRP 系统的基本过程、目标与组成要素,并形成了一个统一的要素模型;另一方面,针对软件工程领域中存在的项目管理核心要素以及要素之间的关系模型进行分析。在此基础上,抽象并首次提出了一个资源计划的 RP 模型,该模型解决了针对时间维度下,对于核心要素资源之间的关系进行建模,是这一类问题的一个公共的抽象解决方案,在具体的与时间计划相关的问题领域中,均可以在此基础上进行细化。此外,在传统的资源计划模型(RP Model)中将企业内的各类资源用统一的方式进行管理,其中人力资源在整个过程中仅作为一个普通的资源被系统管理着,另外,在 Enterprise 2.0 环境下,社会化的网络对系统中的内容以及信息共享机制提出了更高的要求,这些新的需求对时间计划相关的软件产品设计也提出了新要求。

5.7　思考问题

(1)计划管理具有哪些基本要素,如何利用形式化的方法来对计划管理进行建模?

(2)参考网络中的有关计划管理的软件工具,请试着分析这些软件中存在的一些特征,并尝试选择其中的一款软件来进行分析与建模。

(3)针对时间管理存在的四个阶段,请参考网络中有关的时间管理软件工具,分析这些软件中存在的一些特征,并根据不同阶段下的时间管理特点,选择其中的一款软件来进行分析与建模。

(4)根据 MRP 系统中存在的五个要素,请尝试分析这些要素以及要素之间存在的关系,并可以在图 5.11 的基础之上,尝试利用你所使用过的模型对 MRP 系统进行分析与建模。

(5)根据项目管理的 9 大领域中包含的项目要素、特征与过程体系,请尝试对你所了解的一个项目管理软件进行分析并建模。同时分析 MRP 与项目管理软件系统之间存在的异同。

(6)利用第 1 章中传统管理软件与 Web 2.0 软件服务平台之间存在的特征差异,请进一步分析 RP 模型中存在的优点与缺陷,并在此基础上,进一步分析图 5.17 与图 5.19 之间存在的差异。

(7)通过网络资源查寻有关 ERP 相关的软件工具与资料,对 ERP 的核心功能、关键技术与算法进行调研,并完成一个 ERP 产品的分析报告。

(8)通过阅读参考文献与相关的网络资源,了解 Enterprise 2.0 的相关概念与应用进展,并请利用 RP 模型来完成针对 Enterprise 2.0 的分析研究综述。

参考文献与扩展阅读

[1]黄喜. 中小制造企业 ERP 实施若干关键技术研究[D]. 杭州:浙江大学,2007.

[2]熊耀华. 基于工作分解结构的软件项目管理的研究[D]. 武汉:华中科技大学,2004.

[3]李慧芳,范玉顺. 工作流系统时间管理[J]. 软件学报,2002,12(8):1552-1558.

[4]曹桂涛,喻姗姗. 软件项目的时间管理[J]. 计算机应用与软件,2010,27(7):74-76.

[5]金敏力. 基于关键链的项目优化调度问题研究[D]. 哈尔滨:哈尔滨工业大学,2013.

[6]李俊亭,王润孝,杨云涛. 基于资源冲突调度的关键链项目进度研究[J]. 西北工业大学学报,2010,28(4):547-552.

[7]陈友玲,张晓丽,覃承海. 基于关键链的多项目计划编制[J]. 计算机集成制造系统,2009,15(7):1336-1341.

[8]康一梅. 软件项目管理[M]. 北京:清华大学出版社,2010.

[9]李海宁,孙树栋,郭杰. 基于混合整数规划的高级计划排程方法研究[J]. 制造业自动化,2012,34(9):59-62.

[10]张南,王德权,王玉华,等. 基于 MRP 的发动机行业生产计划系统的开发[J].大连工业大学学报,2008,27(4):377-379.

[11]徐文华,贺前华,李韬,等. 基于 MRP 的可撤销模板设计及其分析[J]. 电子

　　　学报,2009,37(12):2792-27.

[12]张露,黄京华,黎波.ERP 实施对企业绩效影响的实证研究——基于倾向得分
　　　匹配法[J].清华大学学报:自然科学版,2013,53(1):117-121.

[13]钟诗胜,王国磊,林琳.主件网络图与部套制造树之间的映射关系研究[J].
　　　计算机集成制造系统,2008,14(8):1596-1602.

[14]李浩,纪杨建,暴志刚,等.企业现代制造服务系统实施框架与方法学[J].计
　　　算机集成制造系统,2013,19(5):1134-1146.

第6章　业务规则与规则引擎设计

　　由于软件需求的规模越来越大,且变化的速度也越来越快,往往导致了整个项目开发过程中不断的变更或调整,因此,人们希望从需求中寻找出一些稳定存在的规律与规则,来降低系统开发实现过程中的风险。而规则引擎就是这样一种重要的设计模式与开发工具,它是在推理引擎基础上发展起来的一种应用程序组件,通过采用预定义的语义规则模块来接收数据输入、解释业务规则,并根据规则做出业务决策,从而实现了业务决策与应用程序代码之间的关注点分离,解决了业务需求快速变化对整个系统程序的影响。本章主要针对规则引擎的概念、推理方法以及规则引擎的设计,介绍 Zachman 模型中的"Why 模型"在一个复杂软件系统开发过程中的应用与设计方法。

6.1　业务规则与规则引擎

6.1.1　规则引擎产生的需求背景

　　软件应用市场和用户需求随着技术与业务的发展不断地发生着新的变化,特别是随着企业规模的增加以及业务形态的变化,其业务管理的规则也变得越来越复杂,如何实现管理流程的自动化则成为了目前一个关注的焦点。一旦业务规则发生变化,如何实现业务操作人员无需程序员帮助,利用系统提供的配置方法与工具来实现自主操作,这对软件系统的设计提出了新的要求和挑战。另外,一些复杂的业务规则很难直接推导出算法和抽象出数据模型,并且这些业务规则在软件需求阶段尚无法明确,但在编码过程中不仅会在多处使用,而且还有可能存在大量的变化,为了适应这种变化,软件设计过程必须要考虑到提升系统的柔性和适应性。因此,针对企业外部环境下不断变化的业务规则,使得业务逻辑和应用开发程序相分离,并实现业务规则在系统运行过程中可以动态的修改与维护,已成为应用软件系统必须考虑的关键性技术。

　　早在 20 世纪 70 年代,斯坦福大学的科研人员采用 LISP(LIST Processing)语言开发的 MYCIN 系统是第一个基于规则的血液疾病诊断系统。该系统首次利用规则来表示知识并从执行程序中分离了出来,从而奠定了规则引擎的基本体系结构,对知识库和知识推理等组件进行了描述和定义。MYCIN 系统整体结构如图 6.1 所示。进入 20 世纪 80 年代,随着人工智能技术(AI)的研究进展,规则引擎已被开发实现并应用于商业化产品之中,但是由于性能较差,基于知识规则的编程方法并没有得到很好的推广应用。到了 80 年代后期,随着面向对象技术的兴起,分类、封装、消息通信机制等技术为人们解决复杂软件系统提供了新的概念和模型,也为基于知识规则的应用程序提供了更好的集成和实现方式。到了 90 年代后,出现了 JRules,Drools,JLisa 和 Jess 等多种专家系统的开发语言和工具。2004 年 8 月,发布了规则引擎的业界标准 JSR - 94(Java 规则引擎 API),为实现业务逻辑与管理系统之间的相对独立性和业务规则的集中管理奠定了基础。

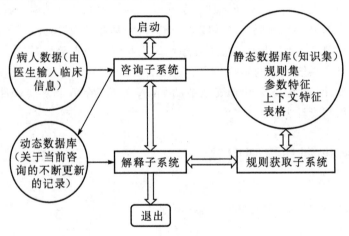

图 6.1　MYCIN 系统的结构示意图

特别是在面向对象的 MVC 分层和关注点分离的设计理念下,基于业务规则的开发方法通过进一步的抽象,将系统中的业务规则封装到了一个公共的程序组件之中,即通过使用预定义的规则描述语言(包括语义和语法规则)来定义和实现业务规则与决策,并将这些规则封装到系统的组件中,通过预定的接口与相应的操作方法来调用和执行相应的规则,从而实现了业务决策与应用程序代码的分离。而这个公共组件即为规则引擎,它是由推理引擎发展而来的,通过接收数据输入和业务规则解析,并根据业务规则来制定出相应的业务决策,从而使商业决策的制定者、业务工作人员以及业务分析师等专家可以直接进行规则的定义、更改和分析,直接参与管理业务生命周期,而系统开发人员也可以将更多的注意力从业务流程的学习转换到对系统的开发与部署上。业务规则与规则引擎在系统中的应用结构与关系如图 6.2 所示。

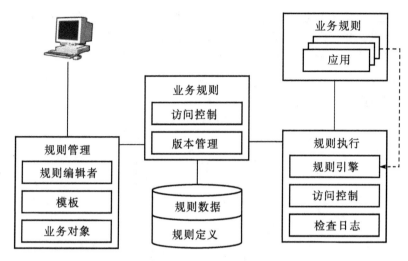

图 6.2　业务规则与规则引擎的组成关系以及示意结构

　　规则引擎使应用系统设计的整体框架结构与维护机制均发生了巨大改变,一方面对系统架构抽象化与模块化设计的要求越来越高,同时,也使得程序员可以直接利用规则引擎技术而无需了解过多的业务实现细节,这不仅减少了程序的代码量,缩短了系统的开发时间,并且提高了程序的正确率;另一方面,通过关注点的分离,也使得业务人员在业务变化时,利用规则引擎进行快速的规则变更与个性化的配置,使系统更加适应业务逻辑的变化。因此,目前大量的商业化规则引擎已投入到实际软件项目的应用与开发,并在医疗诊断、电信计价和故障排查、银行信贷评级、保险的核保以及物流的分检管理等软件应用领域内得到了广泛应用。例如,法国电信每小时要处理 400 万个电话记录单,其中包含了 150 多条规则,面对如此庞大的规则判断如果用传统的 If/Then 语句来实现的话,显然无法灵活调整与变更这些规则的执行。而我国的中国移动等公司的计费计价管理系统中,为了避免大量的业务规则的维护与变更,在批价、账务优惠和最终账单等应用上也采用了规则引擎来进行设计。

6.1.2　业务规则的定义与表示

　　业务规则是在实现系统目标时所应用到的操作、定义和约束,利用规则帮助组织来达成目标的同时,可以促进企业内委托方、代理方乃至第三方之间进行更好的沟通,实现操作过程的自动化。业务规则组织(Business Rules Group, BRG)从两个角度对业务规则进行了定义:一是从业务角度,业务规则是一种业务执行的原则,是包含在特定活动或者范围内关于指导、操作、实践过程中用于执行业务的一种行为规范;二是从信息系统角度,业务规则则是定义或者限制业务操作的一种声明,用来分解业务结构、控制或影响业务行为与操作。业务规则的理论基础是:设置一个条件集合,当满足这个条件集合时,触发一个或者多个动作(如图 6.3 所示)。通过规则形式化的策略语句,提供系统较大的灵活性和良好的适应性,这也是企业保持竞争优势的决定性因素。

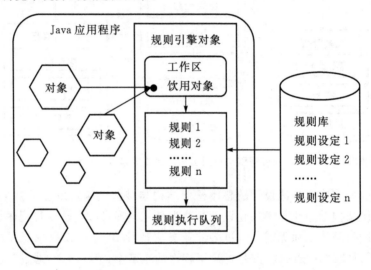

图 6.3　规则集合与执行动作队列结构示意图

　　由于规则是业务事实(Business Fact)之间的关系描述,而产生式规则和正、反向推理方法是规则逻辑推理的基础,它与传统编程语言中的条件语句(If/Then 语句)表达的语义相似,因此,常常可以利用产生式规则来表示业务规则,并且从结构上往往可以将规则分解为前件(Antecedent Part)和后件(Consequent Part)两个部分。在基于规则的系统中,规则一般表达形式为

$$A_1, A_2, \cdots, A_n \rightarrow C_1, C_2, \cdots, C_m \qquad (6.1)$$

　　式(6.1)表示:如果前件部分满足,即满足前提 $A_1, A_2, \cdots$ 和 A_n,则执行后件部分的操作(即执行行为 $C_1, C_2, \cdots$ 和 C_m),且前件和后件可以由逻辑运算符 AND、OR 和 NOT 等组成的表达式来表示。其中,前件部分又称为模式部分、条件部分或者 Left - Hand - Side(LHS,即左部),是规则触发的条件,单独的一个条件可以称为条件元素或一个模式;而后件部分又称为结论部分、动作部分或者 Right - Hand - Side(RHS,即右部),是规则促发时要执行的一系列行为动作。产生式规则的语义是:如果前件满足,则可以得出结论或者执行相应的动作,即后件由前件来触发。所以,前件是规则的执行条件,后件是规则的执行体。此外,产生式是基

于演绎推理的，除包括逻辑蕴含式外，还包含各种操作、规则、变换、算子和函数等，从而保证了推理结果的正确性。由于一个产生式规则就是一个知识，大量的产生式规则相连接可以构成一个推理树，或者是多棵推理树，且树的宽度反映了实际问题的知识范围，而树的深度则反映了问题推理的难度，这使得产生式规则不仅容易被人理解，同时也可以通过知识推理与操作适应各种实际问题。

因此，业务规则实质上也可以理解为一组条件和在此条件下的操作，是应用程序中的一段业务逻辑，通过一组业务条件的执行判断语句来表达或描述一组约束以及控制企业的业务管理和运行。该业务逻辑通常由业务人员、企业管理人员和程序开发人员共同开发和修改。例如，针对如下一个复杂的程序逻辑：

```
If ((user. isMemberOf(AdministratorGrouP)＆＆
    user. isMemberOf (MarketingGrouP)) || user. isSuperAdminUser() {
    //更多对特殊条件的检查
        if((expenseRequest. code(). equals("xxx")
            || (expenseRequest. code(). equals("XXX")＆＆(totalExpenses＜2000)
            ＆＆(bossSignOff＞totalExpenses))＆＆(deptBudget. notExceeded)){
            //做业务 A
        } else if{//做业务 B
            }
        }
else{ //更多业务逻辑
    }
```

显然，针对上面的这种程序逻辑与业务背景紧密结合的传统编程方式而言，当业务发生了变更时，代码都需要进行相应的调整和修改，但是，如果采用以下的方式来进行描述，则会简单得多。

当满足条件：

(1)用户是管理员成员；

(2)用户属于营销工作组或者是超级系统管理员；

(3)购买需求代码是 xxx 或者是 XXX；

(4)且花费需求小于 2000 元；

(5)总花费金额小于上司签署的花费上限；

(6)没有超过部门预算。

则业务 A 将会被激活；否则，转向业务 B 的判断逻辑。

通过上例可见，利用业务规则，可以更加清晰地定义出业务的判断与执行条件。进一步来看,如果将这些业务规则以某种形式存放在一个规则文件中,一旦业务规则发生了变化,只需要修改规则文件,而不需要改动代码。处理机制,不仅实现了代码与业务逻辑间的分离,也使得代码通过配置实现了可读性和重用性的提升,从而实现了业务实际操作者与开发设计者之间的关注点分离与解耦,这也是实现规则引擎的一个核心机制。

6.1.3　业务规则描述语言

　　1943 年,美国数学家 Post 首先提出了产生式规则,将人类大脑记忆模式中各种知识块之间存在的因果关系以"IF... Then..."的形式来表示,其格式固定且形式单一,并且求解问题的过程与人类认知过程相似。从 60 年代起,产生式规则成为了专家系统的基本表示结构,特别是它易于将规则转换成"与或树",并在推理机执行的过程中可以加载到内存中进行推理和动作执行,从而实现推理的结果。如今的产生式系统,在理论与应用上都经历了一些优化,尤其是在规则引擎技术的推动下,产生式系统也在向规则软件系统的方向演化。

　　除了可以利用产生式规则、语义网络等来描述业务知识外,随着业务的复杂程度越来越高,对推理的执行效率的要求也越来越高,产生式规则表示方法已无法满足实际的应用需求,因此,迫切需要开发出另外一些语义表达能力强且执行效率高的业务规则描述语言和方法。而业务规则描述语言反映了业务规则和知识的数据结构与控制结构,它不仅在规则引擎的设计中具有较为重要的作用,也是人工智能领域的一个重要研究方向。作为产生式规则描述工程化的一种方法,业务规则描述语言既具有产生式的一般形式,又对产生式中的条件部分和推理部分进行了定义和实现。一般地,规则描述语言可以分为结构化(Structured)和基于标记(Markup,通常基于XML)两类,这也反映了规则可以采用结构化数据库文件或定制格式的文本文件方式来进行存储和管理。目前,主要的规则描述语言的对比如表 6.1 所示。

表 6.1　不同规则描述语言的类型比较

规则描述语言	类型	厂商
SRL(Structured Rule Language)	结构化	FairIsaac(以前是 BlazeSoftware)
DRL(Drools Rule Language)	结构化	Jboss(以前是 drools. org)
RuleML(Rule Markup Language)	XML	www. ruleml. org
SRML(Simple Rule Markup Language)	XML	无
BRML(Business Rules Markup Language)	XML	无
SWRL(Semantic Web Rule Language)	XML	www. daml. org

其中,作为结构化的规则描述语言,DRL 是 JBoss Rules(Drools)提供的自定义格式的规则描述语言,它兼容了接近于自然语言描述的语法并完全兼容 Java 语法。常用的规则结构大致如下:

Rule "name" //定义规则名称

　　ATTRIBUTES //可选项,用来提示规则的行为方式的相关属性;When

　　LHS //条件部分

Then

　　RHS //执行结果部分

以上述的规则为例,若某公司的销售人员在年终的产品销售额 X 小于 60 万元,并且已达成协议但未进行成交的合同预计销售额 Y 大于 100 万元,则该销售人员的年度销售总成绩可以通过执行操作 X＋Y/2,并将结果赋予变量 X。利用 DRL 规则描述方法可将上述实例描述为:

```
Rule saleStatisiticsPerYear. Sum{
    When{
            Compare X and Y：(getX( )＜ 60 万元)；
            Compare Y and X：(getY() ＞100 万元))；
    }
    Then{
            setX((getX() ＋ getY())/2)；
    }
}
```

另外,作为一种典型的标记型规则描述语言,RuleML 不仅符合 W3C 的 XML 规范,用于在 Web 上共享和发布基于 XML 规则的语义表达,使规则表示满足规范化、标准化和通用化的要求;同时,通过支持正向链接(自上而下)和反向链接(自下而上)两种规则的构建方法,来实现对规则的推理解析。此外,RuleML 构成了一个分层的规则子语言(Rule Sublanguages)家族,并将一个规则划分为若干个原子(Atom)部分,支持反映性规则、完整性规则、派生规则和事实性规则等四种规则类型。在规则表示的过程中,规则系统以＜head＞标签来表示事实的结论(即 Then 部分),用＜body＞标签表示前提条件(即 If 部分),同时,还可以使用＜var ＞,＜ind＞等标签来表示不同的单个常量、逻辑变量以及结构,使用＜rel＞表示谓词或关系符号。这样不仅可以表示各种流行的规则系统,还能支持诸如大于、小于、不等于等常规的逻辑表达式,适合知识规则的表达。目前,针对 RuleML 的推理匹配模式研究以及最新的应用实践,国际上每年都会召开一个相应的学术年会以促进 Web 规则之间转换技术的发展与应用实践交流（http://ruleml2014. vse. cz/）。

RuleML 作为一种标记语言的标准，不仅可以方便地将信息以自然语言的方式进行序列化，同时，RuleML 采用了 Datalog 和子语言 Hornlogic 作为其规则语言的核心。Datalog 是一种轻量级推演数据库系统，也是一种带有递归视图的关系数据库。它采用 SQL 与 Prolog 的语言交集，利用程序逻辑来表示关系数据库中的实体信息或视图，因此，它不仅可以定义事实，即关系数据库内数据表中的行（客观事实的定义），同时也可以定义规则，即利用视图来定义隐含的表间关系。

为了解释 DatalogRuleML 的功能，本节利用 RuleML 来描述一个基于自然语言的实际业务规则，并使用可视化的 OrdLabTree（Order - Labeled，详情可以参考网站 http://www. dfki. uni – kl. de/～boley/xmlrdf. html）解析树来表示这种自然语言句子的结构。下面提供 2 个示例来说明 RuleML 是如何进行规则描述的。

示例一：事实规则

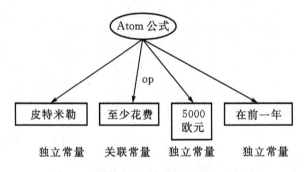

图 6.4　示例一：事实解析树结构示意图

其中，标签（tags）和标注（label）等内部节点采用椭圆形来表示，如图 6.4 中的"Atom"（类似 RDF 中的匿名资源）；而叶子节点采用矩形来表示（类似 RDF 中的文字，包括 PCDATA（Parsed Character Data）类型的字符），如图 6.4 中存在的"关联常量"（Rel），"独立常量"（Ind）或"数据常量"（Data）。另外，从"Atom"节点连接到"Rel"节点的线条被标记为"op"，并将参数区分开来，而中间操作的顺序是模仿原来自然语言的排序。图 6.4 中的解析树可以利用 RuleML 来进行表示如下：

```
<Atom>
  <Ind>Peter Miller</Ind>
  <op><Rel>至少花费</Rel></op>
  <Ind>5000 欧元</Ind>
```

　　　　<Ind>在去年</Ind>
　　　</Atom>

　　在上述 RuleML 的标签代码中，从外到内，整个应用程序的关系构成了一个 Atom 公式，标记为<Atom>…</Atom>，"<Rel>至少花费</Rel>"表示了一个关联的变量，并且通过<op>标签将它与 Atom 节点进行了关联，而"<Ind> PeterMiller</Ind>"，"<Ind>5000 欧元</Ind>"和"<Ind>去年</Ind>"为三个独立常量，从而形成了一个 DatalogRuleML 事实。

　　示例二：推断（Implies）

　　当规则为"A customer is premium if they spent at least 5000 euros in the previous year."（翻译成中文的自然语言为：如果他们在去年至少花费了 5000 欧元，那么他们是优质的顾客）时，首先利用 OrdLabTree 将上面语句条件构造为一个解析树，如图 6.5 所示。

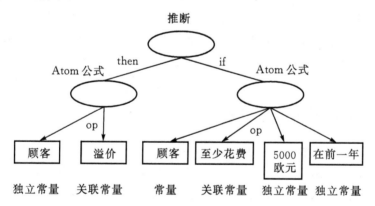

图 6.5　示例二：推断解析树结构示意图

　　其中，通过<Atom>节点，将语句分解成为 If/Then 的推理结构树，在叶子节点上，包括了<Var>，<Ind>和<Rel>三种变量，并且通过<op>标签将关联变量与 Atom 节点进行了关联，从而形成了一个 DatalogRuleML 的推断。整个推断解析树结构相应的 RuleML 标签代码如下：

```
<Implies closure="universal">
　<then>
　　<Atom>
　　　<Var>顾客</Var>
　　　<Rel>是优质的</Rel>
```

```
            </Atom>
        </then>
    <if>
            <Atom>
                <Var>顾客</Var>
                <Rel>至少花费</Rel>
                <Ind>5000 欧元</Ind>
                <Ind>去年</Ind>
            </Atom>
        </if>
    </Implies>
```

综上所述,无论采用哪种规则描述语言,都需要描述一组条件以及在此条件下执行的操作(即规则)。目前,针对 Web 语义网络下的内容解析与规则判断,一直是研究关注的焦点领域,如何利用规则描述语言来精确且无二义地表示规则,同时,提供高效的解析能力则是目前的设计规则引擎必须解决的关键问题和面对的挑战。

6.1.4　目前主流的规则引擎工具分类

目前,大部分主流的开源规则引擎项目主要都是基于 Java 语言开发的,例如 JBoss Drools,JESS,Mandarax,JLisa 和 JEOPS 等,并在与外部非 Java 开发的系统进行集成时存在集成难度大、实施成本高等缺点。而一些商用规则引擎,例如 IBM Websphere iLog JRules 虽然与其他的软件系统之间具有较好的兼容性,但是在集成时必须提供 Websphere iLog 组件的支持。这些规则引擎按照规则的类型差异,可以分为以下几类:

(1)基于简单业务规则(Simple Business Rule):通过一张简化的、直观的词汇表来表达,并且在应用程序或业务流程的可变性情况下调用的一种业务规则。这种规则引擎的典型例子有 ILog,Blaze 和 IBM 的 BRBeans。

(2)基于人工智能规则(Artificial Intelligence Rule):管理人工智能(Artificial Intelligence)和数据挖掘(Data Mining)算法行为的规则。该类规则引擎的代表产品是 DB2 Intelligent Miner。

(3)基于事件相关规则(Event Correlation Rule):在事件相关性中利用规则将一组各自独立的事件聚合成一种有意义的形态,其中代表性的产品是 IBM Tivoli Event Console 系统。

（4）基于数据为中心的规则（Data Centric Rule）：即约束数据检索与更新的规则，加强语法、语义和上下文保留的数据完整性，并在这些约束下控制数据的转换以及数据的访问。其中的代表是 Versata 公司开发的 LogiCusite。

（5）基于转换和验证规则（Transformation Validation Rules）：即在应用集成或信息集成场景中可以定义对数据的修改规则。这些规则定义数据是如何修改、净化或验证的，其中的代表性产品有 Websphere Business Integration 和 DB2 Warehouse Manager。

目前，这些主流的规则引擎组件已经开始支持 JSR - 94 规范，这些规则引擎工具的相关信息如表 6.2 所示。

表 6.2　不同则引擎工具的信息比较

厂商	产品名称	是否支持 JSR	主页
ILOG	JRules	JRules4.6 支持	http://www.ilog.com
Fair Isaac, Blaze Advisor	Blaze Advisor		http://www.fairisaac.com
YASU Technologies	QuickRules	QuickRules 3.0 Beta 支持	http://www.yasutech.com/products/index.htm
PegaSystems	PegaRules Process Commander		http://pega.com
Sandia Labs	Jess	Jess6.1 支持	http://herzberg.ca.sandia.gov/jess/
Kalstride	KRules		http://www.kalstride.com/

在诸多 Java 引擎中，具有代表性的是 ILOG 规则引擎，它的业务规则语言框架定义了三种规则语言：采用自然语言语法来编写规则的业务操作语言（BAL），采用伪代码形式编写规则的技术规则语言（TRL），使用类似于 Java 或 XML 语法编写规则的 ILOG 规则语言（IRL）。此外，在 ILOG 的规则库中，具有规则版本控制、权限管理、规则历史记录、锁机制等一系列的功能。在规则库的实现上，采用直接绑定 IRL 文档的方式。

另外，JBoss Rules(Drools)也是一个易于访问业务规则、易于调整和管理的开源业务规则引擎，Drools 同时支持 3 种方式书写规则，包括 Excel 方式的决策表规则、XML 文件格式规则以及 drl 格式规则。其中，其中 Excel 决策表方式的用户操作界面最友好，而且规则的文件格式为 ＊.xls 与现有的商业文档完全一致，便于业务人员使用，但是对于一些复杂规则（例如嵌套的事实实例），则无法用决策表方式描述。由于 XML 描述内容格式清晰,并且有大量成熟的 XML 解析工具,因此,在 Drools 2.0 中的主要规则采用了 XML 来描述。但是,由于 XML 语言对于普通业务人员而言难以理解与快速掌握,因此未得到公众广泛的认可。从 Drools3.0 开始,JBOSS Drools 推出了接近自然语言描述方式的 drl 语言格式,该语言将自然语言描述方式的语法和 Java 语言的语法相融合,降低了规则语言的学习难度。同时,在规则推理方面,Drools 使用正向推理方式,并支持 Rete 算法与 Leaps 算法等模式匹配算法,同时采用优先级队列算法作为冲突的主要解决策略。

6.2　专家系统与规则匹配机制

6.2.1　规则匹配中的基本概念定义

定义 6.1　事实(Fact):又称事实断言或事实对象,它是数据对象或属性对象之间的多元关系,一个事实可以用一个三元组来表示:

$$F:(Data, Attributes, Values)$$

其中,Data 表示由若干个数据对象组成的集合,Attributes 表示 Data 中的属性所组成的集合,Values 是属性集合所对应的值的集合。

定义 6.2　规则(Rule):由条件和结论构成的推理语句,并具有一定的表达能力、可理解性和可访问性。一条规则可以用以下二元组来表示:

$$R:(LHS, RHS)$$

其中,LHS(Left Hand Side)是规则的所有约束条件的集合,并包括了多个数据对象的不同约束条件,因此每条规则中隐含了一组数据对象。如果用 ΔObj_k 来表示 LHS 中的第 k 个事实对象,$\sum \Delta LHS_k$ 来表示第 k 个事实对象的所有约束条件,则 LHS 可定义为

$$LSH = \sum f(\Delta Obj_k, \sum \Delta LHS_k), k \in N, k \geqslant 1$$

另外,RHS(Right Hand Side)是规则的结论部分,也就是事实满足 LHS 后进行的处理动作(Action)。规则的形式化自然语言可表示为 If condition... Then action,规则的组成结构如图 6.6 所示。

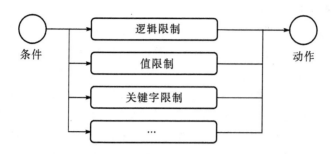

图 6.6　规则的组成结构示意图

定义 6.3　模式(Pattem)：规则的 LHS 部分是针对已知事实的一种泛化表达形式，也是一种实例化的多元关系。模式可以用以下二元组表示：

$$P:(R(LHS), \Delta LHS)$$

其中，R(LHS)为模式的条件部分，ΔLHS 为规则库 Φ 中元素执行的逻辑顺序，一般是 Rete 网络在形成过程中一条匹配链上的匹配顺序。当一个新的事实加入到规则引擎时，需要通过对模式的匹配判断，来确定该事实是否可以满足模式的需要，并形成合理的输出，其简要过程如图 6.7 所示。

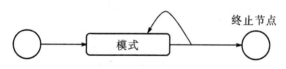

图 6.7　模式匹配示意图

定义 6.4　规则库(Φ)：由所有规则的 LHS 部分组成的集合称规则库或知识库。规则库包含了特定应用下所有的匹配条件，它隐含了所有条件的逻辑关系：

$$\Phi:(R, F, C)$$

其中，R 表示规则，F 为事实对象的集合，C 为事实对象间的逻辑关系，即 C $\in$ {and, or, not}，规则库对应于专家系统中所有的专家判断条件。

6.2.2　专家系统

专家系统(Expert System)是一种在特定领域内具有专家解决问题水平和能力的程序系统，也称基于知识的系统(Knowledge - based System)。它能够有效地运用专家多年积累的有效经验和领域知识，通过模拟专家的思维过程，解决需要专家才能解决的问题。自从 1968 年费根鲍姆等人研制成功第一个专家系统 DEN-DEL 以来，专家系统已获得了飞速的发展，并且广泛地运用于医疗、军事、地质勘探、教学、化工等领域，产生了巨大的经济效益和社会效益。目前，专家系统仍然是人工智能领域中活跃的研究领域之一。

　　一方面,专家系统通过使用某种知识的表示方式对知识进行编码和集中存放,形成了一个可用于推理的知识库;另一方面,专家系统模仿人类的推理方式,采用试探性的方法结合知识库进行数据推理,并利用专业术语来解释和证明推理结论的合理性与正确性。专家系统通过将推理逻辑与数据相分离,为用户提供了一个简单的系统使用环境。一个典型的专家系统一般包括三个部分:集中存放所有规则的知识库(Production Memory)、规则引擎(Inference Engine,也称推理机)和工作存储器(Working Memory)。其中,工作存储器在系统运行时可以用来加载规则所使用的全部事实数据,通过规则的优先级定义,利用规则引擎判断哪些规则满足事实或目标,并授予规则优先级,然后执行最高优先级规则来进行推理。整个专家系统的整体结构如图 6.8 所示。

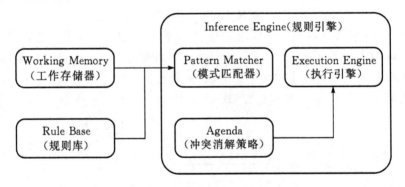

图 6.8　专家系统的整体结构框架示意图

　　规则引擎又由三个核心部分组成:模式匹配(Pattern Match)、冲突消解(Conflict Resolution)和执行引擎(Execution Engine)。其中,模式匹配决定了哪些规则能够满足事实或目标;冲突消解根据模式匹配的要求和规则的执行次序来授予优先级;执行引擎负责执行规则和相应的动作。推理引擎常采用两种推理方式:演绎法(Forward - Chaining,正向链)和归纳法(Backward - Chaining,反向链)。演绎法从一个初始的事实出发,不断地应用规则得出结论(或执行指定的动作);而归纳法则是从假设出发,不断地寻找符合假设的事实。

　　由于专家系统是为了解决特定领域的具体问题,除了需要一些公共的常识外,还需要具有领域相关的知识;这些领域问题具有模糊性、不确定性和不完全性的特点,也使得专家系统通过将知识库与推理机相分离的方式来实现基于知识的问题推理与求解方法。通过进一步细化这些功能模块,一个基于规则的专家系统的核心功能与组成模块如图 6.9 所示。

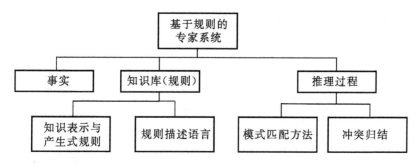

图 6.9 基于规则的专家系统结构图

其中,知识(规则)库以及事实库均可以用来存放专家知识,这些知识的表示形式有产生式、框架和语义网络等,但在专家系统中运用得较为普遍的是产生式规则以及规则描述语言。由于专家系统在问题求解过程中是通过知识库内的规则来模拟专家判断的,因此,知识库中知识规则的质量和数量直接决定了专家系统的质量水平。另外,由于知识库与专家系统之间具有相对独立性,用户可通过改变和完善知识库中的内容来提高系统的性能。

推理的过程主要是针对当前的条件或已知的信息,通过模式匹配与冲突归约对知识库中的规则进行问题推理与求解,并利用人机界面来实现系统与用户之间的交互,实现用户输入与系统问题推理结果的输出。因此,知识获取与匹配是专家系统中知识库是否优越的关键,也是专家系统设计的关键。

6.2.3　规则引擎的组成结构与执行机制

作为专家系统中的核心部件,规则引擎接受数据输入、解析业务的规则,并根据规则中所包含的指定条件,来判断、过滤其能否实现规则匹配所定义的动作。一般地,规则引擎包括信息服务(Information Services)、信息元(Information Unit)、规则集(Rule Set)和队列管理器(Queue Manager)四个核心组件。其中,信息元是一个包含特定事件信息的对象,如消息、产生事件的应用程序标识、产生事件的内容与类型、通用方法和属性以及一些系统相关信息等,从而构成规则引擎的一个数据信息基础。信息服务则是信息元的产生与消费对象,即通过规则引擎对外提供的服务接口,接收到用户的输入信息和需求后,根据不同的属性与类型,使用不同类型和格式的信息元。队列管理器用来管理来自不同信息服务的信息元所组成的执行队列,并通过规则集,将每一条规则里所包含的一组条件过滤器和多个执行动作,进行过滤与判断,当条件过滤器为真时,执行相应的动作。其中,条件过滤器不仅可以包含多个过滤条件,同时也可以利用多个布尔表达式的组合来表示过滤条件。这四个核心组件通过相互的协作来完成规则引擎的判断与执行工作,组件间的协作关系如图 6.10 所示。

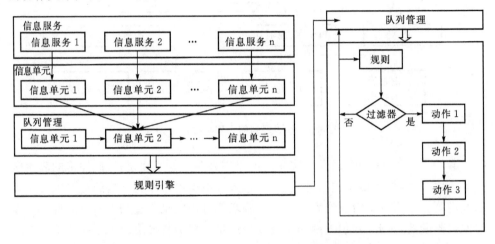

图 6.10　规则引擎中四个核心组件之间的协作关系

当信息服务接受到外部事件后,通过规则引擎将其直接转化为信息元,并按照一定的执行顺序与规则,将这些信息元组成队列,在队列管理器的调度下,依次按规则库中的条件进行判断和执行相应的动作。当执行第一个规则并对其条件过滤器进行计算求值时,如果值为假,则所有与此规则相关的动作皆被忽略并继续执行下一条规则。如果第二条规则的过滤器值为真,所有与此规则相关的动作皆依定义顺序执行,执行完毕后继续报告下一条规则。在遍历执行完成该信息元内所包含的所有规则后,信息元将被销毁;然后队列管理器接收下一个信息元,直到队列管理器中的信息元均被遍历和执行完毕后,规则引擎执行结束。由于每个信息服务只产生与自身类型相对应的信息元,因此,为了保证规则引擎的并发能力,一台机器上不仅可以同时运行多个信息服务,也可以运行同一信息服务的不同实例。

另外,在规则引擎执行过程中存在两个特殊动作:放弃动作(Discard Action)和包含动作(Include Action)。如果执行放弃动作,则会跳过其所在的信息元中后继的所有规则,并销毁当前信息元,规则引擎继续接收队列管理器中的下一个信息元。而包含动作就是在动作中嵌套包含了其他规则集中的动作。如果包含动作被执行,规则引擎将暂停并进入被包含的规则集,执行完毕后,规则引擎将返回原来暂停的地方继续执行,这一过程将采用递归方式来执行。

6.2.4　规则引擎的模式匹配与推理算法

在规则引擎中,所谓模式就是规则里面的条件元素,每一个模式由一个或多个约束组成,其目的就是将规则模式与事实列表中的事实相匹配,即将规则库中所有规则的左部模式和当前工作内存中的事实断言进行比对,如果规则中所有模式与事实匹配,则规则被激活并加入到相应的队列或集合中。规则模式匹配问题是一个组合性的 NP Hard 问题,研究发现模式匹配时间大约占据整个规则引擎系统运行时间的 90%。

在单一事实的条件下,模式匹配的操作较为简单,但是在多事实的条件下,模式匹配的过程与操作方法往往变得较为复杂,此时,通常使用多字段通配符(?)、字段约束与组合、函数控制等方式来实现模式匹配。而针对高级模式匹配的问题,主要通过谓词函数、谓词字段约束、返回值字段约束以及各种条件元素创建一个控制流来控制规则的执行,此时的规则模式就是控制模式(Control Pattern),专门用于控制规则何时使用,控制事实(Control Fact)用来触发控制模式。由于规则匹配的效率直接影响到规则引擎的性能,因此,研究高效实用的模式匹配算法,成为了规则引擎研究与应用的关键。

索引计数匹配法是一种早期的匹配算法,其基本思想是:为全部规则内所包含的模式分别建立索引,并存储到一张索引表中,工作存储器中的每一个具体事实也可以通过该索引表找到所有与之相匹配的模式实例,且每一个模式实例均可以通过一个计数器来记录工作存储器中能够与该模式相匹配的事实个数。同理,对于每一个规则,也需要一个计数器来记录它与工作存储器中实事相匹配的个数。开始时,计数器的初始值为 0,当工作存储器发生修改时,索引计数匹配算法开始采用以下步骤来执行运算:

Step1　根据索引表,先找出所有与模式实例相匹配的事实。

Step2　当增加一个新的事实时,则需要遍历匹配整个模式表,如果存在与该事实相匹配的模式,则将模式计数器的值自动加 1;同理,若删除一个事实时,同样遍历匹配模式表,并根据已存在的匹配模式,将模式计数器的值减 1。

Step3　对于每个匹配的模式均隶属于相应的规则之中,若该模式为首次成功匹配,则相应的规则计数器自动加 1;当该模式计数器的值减到 0 时,则将该规则计数器的值减 1。

Step4　当规则与事实之间可以实现匹配时,则将相应的规则实例送入议程表中,如果该规则由满足转变为不满足,且该规则仍在议程表中等待调度,则从议程表中删去该规则所对应具体实例。在此基础上,卡内基梅隆大学(Carnegie Mellon University)的 Charles L. Forgy 博士在 1974 年发表的一篇工作论文中首次提出 Rete 算法(Rete Pattern Matching Algorithm),并在他 1979 年的博士论文和 1982 年的一篇发表论文中进行了详细阐述。另外,在近期的研究中,Forgy 博士提出的 Rete - NT 以及 ReteIII 算法等改进算法,性能提升了 300%。但是,Rete 算法思想对规则匹配算法理论的影响意义深远,其核心思想是根据内容将分离的匹配项动态构造成匹配树,以达到显著降低计算量的效果。目前,所有典型的匹配算法均是 Rete 算法的改进或变型,均是通过利用规则系统的时间冗余性和结构相似性两个特点,通过保存中间过程及模式共享来提高匹配和推理的效率。

　　作为目前效率最高的一个 Forward - Chaining 推理算法,Rete 算法利用基于 CLIPS,ART,OPS 或 OPS83 等规则语言,通过与事实和规则中的模式进行匹配,以确定出存在哪些规则来满足它们的条件。目前,许多 Java 规则引擎均采用 Rete 算法来执行推理和计算,其中事实与规则的匹配模式与过程如图 6.11 所示。

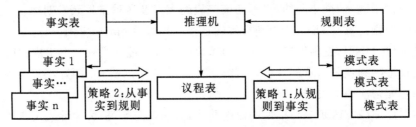

图 6.11　Rete 算法中事实与规则匹配模式与过程示意图

　　如果匹配过程只需一次,推理机可以检查每条规则并寻找一套事实来决定规则中存在的模式是否满足匹配条件;如果满足,则将此规则记录到议程表中;并进行循环执行下一条规则的匹配,直到遍历结束为止。由于事实列表在每次执行中都可能会被修改,当在事实表中添加新的事实或者删除旧的事实时,事实表的变化也使得先前不满足匹配条件的模式可能会与新的事实实现匹配,并且在反复执行匹配的过程中,需要对已满足匹配条件的规则进行不断的更新。该方式即为图 6.11 中的策略 1,是一种以规则为基准,来实现规则与事实匹配的策略。该策略执行的效率较为低下,特别是由于规则相对稳定,而事实可能会经常发生一些变化,通过规则来寻找相匹配的事实时,存在着时间冗余性,即重复地匹配与执行,造成了不必要的计算与时间开销。

　　在每一次的操作过程中,一般仅有少量的事实会发生变更,因此,对这些已发生变更的事实进行追踪和反向匹配处理,将会避免许多不必要的重复计算。即在推理机执行匹配的过程,以事实为基准,逐一扫描规则表中的每一条规则与模式,对于实现匹配的事实,则将相应的索引与对应的规则同时进行存储。当某一事实发生变更时,则直接取出与之对应的规则进行匹配,如果可以实现匹配,则保留,否则删除原来的匹配规则。同时,重新遍历规则表,查找是否存在与变更后事实相匹配的新模式,如果存在则将新的匹配模式重新进行存储,这样避免了不必要的重复计算。该方法即为图 6.11 中的策略 2,它是一种以事实为基准,可以快速实现变更的事实与规则之间的匹配策略。该策略执行的效率明显高于策略 1。

　　在模式匹配过程中,规则的前提(LHS)中可能会有很多相同模式,因此匹配规则的前提时,存在大量的重复运算,这样就带来时间冗余性问题。为了更好地优化匹配过程中的执行效率,Rete 算法提出了保存过去匹配过程中留下的全部信息,以空间的代价来换取系统的执行效率。它首先将规则的所有左部模式(LHS)进行编译,形成一个 Rete 能够辨识的数据流网络。规则中的每一个模式均生成了一个测试节点(类型节点),用来进行模式内部测试(Select)或模式间测试(Join)操作。在规则匹配的过程中,该网络用来过滤工作存储器中的事实断言,通过将需要添加或删除的事实从网络的根节点开始,自顶而下进行测试传播,并建立事实断言与匹配节点之间的关系。越靠近网络的底部,通过测试的事实断言则越少,网络最底部的节点是被所有模式匹配的规则。

　　Rule M 通过分解形成了包含不同节点类型的 Rete 网络结构,如图 6.12 所示。其中,Rete 网络由模式网络(又称 Alpha 网络)和连接网络(又称 Beta 网络)两部分构成。Alpha 网络记录了每个模式的具体信息;Beta 网络则记录了规则模式之间的变量绑定信息,如 A. a1＝B. a1。同时 Beta 网络还提供了不同的模式之间的自动检测,可以根据同名变量而引入相应模式之间的约束,保证同名变量取值的一致性。

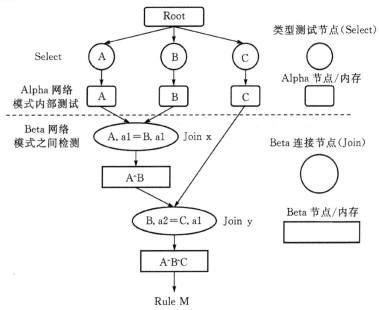

图 6.12　规则 RuleM 的 Rete 网络结构示意图

另外，Rete 网络结构包括了以下四种类型的节点：根节点（Root）、类型节点（Type‐node）、Alpha 节点（Alpha‐node）和 Beta 节点（Beta‐node）。其中，根节点是一个虚拟节点，是构建 Rete 网络的入口；类型节点中存储了各种类型的模式，在匹配阶段中每个事实断言将从对应的类型节点进入到 Rete 网络；Alpha 节点只有一个输入，对应于模式内部测试；Beta 节点是具有左输入和右输入的 2 输入节点，左输入可能是 Alpha 节点或 Beta 节点，而右输入总是 Alpha 节点，Beta 节点对应于模式间测试；在网络末端的节点（可能是 Alpha 节点，也可能是 Beta 节点）称为终节点（Terminal‐node），其中包括一个规则内所有模式的匹配信息，表示该规则被激活。Rete 网络的构建算法如下：

Step 1　创建根节点（root）。

Step 2　加入一个规则（alpha 节点从 1 开始，beta 节点从 2 开始）。

Step 2.1 取出模式 1，检查模式类型，如果是新类型，则加入一个类型节点。

Step 2.2 检查模式 1 对应的 alpha 节点是否已存在，如果存在则记录节点位置，如果没有则将模式 1 作为一个 alpha 节点加入到网络中，同时根据 alpha 节点的模式建立 alpha 内存表。

Step 2.3 重复 Step 2.2，直到所有的模式处理完毕。

Step 2.4 组合 Beta 节点，按照如下方式：

• Beta(2)左输入节点为 alpha(1)，右输入节点为 alpha(2)；

• Beta(i)左输入节点为 Beta(i‐1)，右输入节点为 alpha(i) (i>2)，并将两个父节点的内存表内联成为自己的内存表。

Step 2.5 重复 Step2.4，直到所有的 Beta 节点处理完毕。

Step 2.6 将动作（RHS 部分）封装成终端节点（action 节点），并作为 Beta(n) 的输出。

Step 3　重复 Step 2，直到所有规则处理完毕后，算法执行结束。

例如，存在以下规则 Rule M，其定义为：

规则 RuleM：
　　(Define rule RuleM
　　　(A a1 ? x))
　　　(B(a1 ? x) (a2 ? y))
　　　(C a1 y)
　　　→
　　　…RHS…

Rete 算法存在基于编译时和基于运行时两个阶段的处理机制。在编译时，规则的前件被编译到一个判别网络中,用于构造 Rete 网络并在规则环境下表示数据的相关性;而在运行时,则反映了工作存储中数据项内容的变化,也称为变换令牌(Token),即当增加或删除一个事实断言时,算法将通过监听工作内存的变化,对Rete 内存节点的内容进行增量更新并计算激活的规则,同时利用 Token 来表示已经实现匹配的事实信息。另外,在网络中随着新匹配节点的加入,Token 也在动态变化,直到遍历结束找不到匹配节点或到终点为止。

　　假设提供一个初始的 Rete 网络如图 6.13(a)所示,当一个新添加的事实断言A2 从根节点进入 Rete 网络,并按照深度优先的方式在网络中进行处理时,事实断言的匹配更新过程如图 6.13(b)所示。

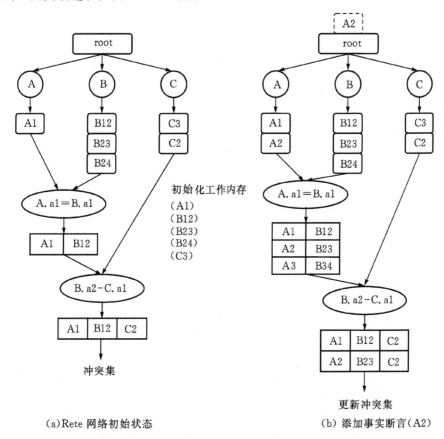

（a)Rete 网络初始状态　　　　　　　　　（b) 添加事实断言(A2)

图 6.13　在规则 Rule M 的 Rete 网络中添加事实断言的匹配过程

　　图 6.13(a)提供了 Rule M 的初始 Rete 网络,其中每一个类型节点均提供了一个事实的实例,并且在初始的工作内存中存储的事实断言包括{(A1),(B12),

(B23)，(B24)，(C3)，(C2)}，同时，通过模式匹配过程形成了(A1，B12，C2)已被匹配的规则。在此基础上，添加事实断言(A2)时的模型匹配过程如下：首先将新事实断言从顶部加入网络，并沿图中的传播方向与其他的模式进行匹配，即将 A2 与工作内存中的(B12)，(B23)，(B24)等事实进行匹配，并将工作内存表示成节点中进行匹配的测试结果信息，即增加了(A2，B23)和(A2，B24)，在此基础上进行进一步的模式匹配，将新事实断言(A2)传播到 Rete 网络末端，并通过了所有测试，实例化的信息被加入到冲突集之中，如图 6.13(b)所示。

Rete 算法的事实断言删除与事实断言添加匹配过程相似：当一个事实从工作存储器中删除时，通过算法的循环迭代找出所有与该事实相匹配的模式，直到将所有与该事实断言相关的节点在内存中的内容全部被删除，删除事实断言也可能激活规则，并将该事实从匹配事实表中删除。

Rete 算法的空间复杂度取决于 $O(R,F,P)$，其中，R 是规则的数量，F 是断言事实的数量，P 是每个规则中的模式数量。即：Rete 的算法复杂度主要取决于规则的数量、规则模式的数量和工作内存的数目。则该算法在整个认知与执行的循环过程中包括了三种复杂度的度量：最佳复杂度为 $O(\log(R))$、平均复杂度为 $O(R*F)$ 和最差复杂度为 $O(R*F*P)$。可见，规则模式匹配过程中需要进行变量绑定和信息匹配的内容越多，时间和内存的开销就越大。如果规则的模式之间只包括少量的变量匹配，那么时间和内存的消耗将稍优于一般的线性关系。另外，由于规则中存在结构相似性的特点，即许多规则通常包含了相似的模式或模式群，Rete 算法通过抽取规则中的公共部分并将其放在一起来进行计算，从而减少了后续循环的计算测试次数，大大提高了规则匹配的执行效率，但是它为保存中间结果也占用了大量的存储空间，并使消耗的存储空间呈现几何增长，因此，Rete 算法并不适合大规模规则库。Rete 算法的缺点可以总结为如下两点：

(1)由于系统存储了匹配过程中所有的中间结果，特别是模式之间的变量绑定信息，导致大量信息的重复存储，如 Rete 网络每个 Beta 节点中重复存储了同一路径中上一级 Beta 节点内的所有信息，造成大量内存消耗。

(2)删除事实断言与添加事实断言的匹配过程类似，在删除事实断言时需要进行针对事实断言的匹配操作，另外还需加上查询时间，这样使得 Rete 算法在删除事实断言操作的代价相当昂贵。

尽管人们在 Rete 算法的基础上，先后提出了 Treat 算法、Leaps 算法和 Matchbox 等一系列改进与优化的算法，鉴于实际应用中规则模式的关系并不是非常复杂，Rete 算法仍是应用最广泛的模式匹配算法，ILOG，Jrules，Haley，Yasu Quickrules，CA Aion，ESI Logist，CLIPS，Jess，JBoss Rules(Drools)和 Soar 等著名规则系统均是采用 Rete 算法来构建的。随着近些年来，大量商业规则引擎的广泛应用,对于匹配算法的性能要求也将会越来越高。

6.2.5　Java 规则引擎 API(JSR-94)

　　为了避免不同的规则引擎在应用过程中分别建立各自的体系、语言规范和标准,造成不同系统之间在信息共享与交换以及系统集成与扩展过程中形成的信息孤岛现象,在 BEA,IBM 等厂商以及开源组织的大力推动和支持下,JCP(Java Community Process)组织于 2004 年 8 月发布了 Java 规则引擎 API 标准——JSR-94。该标准的目标是针对图 6.14 所示的一个规则引擎的应用系统框架中,将应用程序接口进行统一定义与标准化,该标准不仅定义了独立于厂商的标准 API,并将规则的载入、业务规则的解释执行以及基于规则的管理决策等操作统一封装到了 javax.rules 包中,开发人员可调用该包提供的接口与方法来实现不同应用程序与规则引擎之间的集成与交互,或者进一步实现不同产品的设计与开发。但是,由于该规范没有强制性的统一语法规则,当需要将 Java 规则引擎应用到不同的应用系统时,往往需要结合实际系统的需求来调整规则定义。

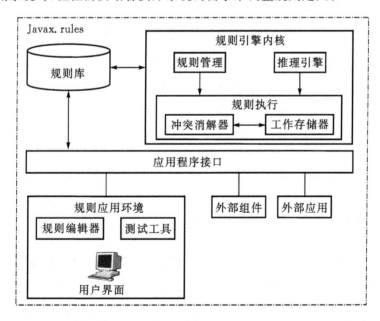

图 6.14　规则引擎应用系统框架与接口需求定义示意图

　　Java 规则引擎 API 主要分为两大类:规则管理 API(the Rules Administrator API)和运行时客户 API(the Runtime Client API)。规则管理的活动主要包括对规则引擎的实例化和规则的初始化;运行时的活动主要包括操作全局数据库和执行规则。同时,在 API 的参考实现中通过 JCA 连接器,并利用 JNDI 获得一个 RuleServiceProvider。Java 规则引擎 API 的体系结构如图 6.15 所示。

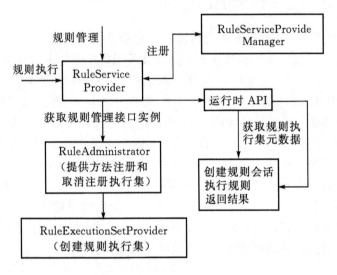

图 6.15　Java 规则引擎 API 的体系结构

其中,javax. rules. admin 包中定义了规则管理的 API,包含装载规则、与规则对应的执行集(Execution Sets)以及实例化规则引擎。规则可以从 URI,Input Streams,XML Streams 和 Readers 等外部资源中装载,同时规则管理 API 还提供了注册和取消注册等执行操作集的维护机制。使用 admin 包定义规则有助于对客户访问运行规则进行管理控制,通过在执行集上定义许可权使得未经授权的用户无法访问受控规则。另外,在规则管理 API 中,通过使用 RuleServiceProvider 类来获得规则管理器(RuleAdministrator)接口的实例,该接口提供注册和取消注册等方法。同时,规则管理器提供了本地和远程的 RuleExecutionSetProvider 类来负责创建规则执行集(Rule Execution Set)。规则执行集可以从 XML Streams 和 Binary Streams 等来源中进行创建。这些数据来源及其内容经汇集和序列化后传送到远程运行规则引擎的服务器上。在大多数应用程序中,规则引擎或规则数据来源的情况并不多,为了避免这些情况在网络上的开销,API 规定了在同一个 JVM 虚拟机中的规则库调用本地的 RuleExecutionSetProvider 类提供的方法,并能够检索在规则执行过程中所有的规则对象,这使得客户可以按照自己需求来调用规则集中的规则对象。

javax. rules 包中定义了运行时客户 API,为获取规则引擎中用户运行规则与结果提供了类和方法。在运行时客户只能访问那些使用规则管理 API 注册过的规则,运行时 API 帮助用户获得规则的会话,并在相应的会话中执行规则。另外,运行时 API 提供了类似于 JDBC 模式的访问方法,为不同的规则引擎厂商提供统一的 RuleServiceProvider 类,从而实现对不同的规则引擎提供运行时和管理 API 的访问,规则引擎厂商通过该类将其规则引擎的实现方法提供给客户,从 RuleServiceProvider 类获取规则引擎的唯一标识 URL,如"com. mycompany. myrulesengine. rules. RuleServiceProvider",并通过这样的 Internet 域名空间的定义来保证访问 URL 的唯一性。另外,RuleServiceProvider 类的内部实现了规则管理和运行时访问所需的接口,在用户使用前需要使用 RuleServiceProviderManager 进行注册。

　　运行时接口是运行时 API 的关键部分,提供了用于创建规则会话(RuleSession)的方法,规则会话用来运行规则,运行时 API 同时也提供了访问在 ServiceProvider 注册过的所有规则执行集的方法。规则会话接口定义了客户使用的会话类型,客户根据自己运行规则选择使用有状态会话或者无状态会话。无状态会话的工作方式就像一个无状态会话的 Bean,而当客户需要与规则引擎建立专用会话时,常采用有状态会话。输入的对象通过 addObject()方法可以加入到会话中,且同一个会话当中可以加入多个对象。对话中已有对象可以通过使用 updateObject()方法得到更新。只要客户与规则引擎间的会话依然存在,会话中的对象就不会丢失。Java 标准 API 中的规则管理、执行与会话创建的执行代码如下所示:

```
//获得服务提供器
RuleServiceProvider    serviceProvider    =    RuleServiceProviderManager. getRuleServiceProvider(RULE_SERVICE_PROVIDER);
//获得规则管理器
RuleAdministrator ruleAdministrator = serviceProvider. getRuleAdministrator();
//获得规则执行集(一个可以执行的规则序列)
RuleExecutionSet res1 = ruleAdministrator. getLocalRuleExecutionSetProvider(null);. createruleExecutionSet(inStream,null);
//注册规则执行集
ruleAdministrator. registerRuleExecutionSet(res1. getName(),res1,null);
//获得规则执行时(执行规则环境)
RuleRuntime ruleRuntime = serviceProvider. getRuleRuntime(0;
//创建无状态规则会话
StatelessRuleSession statelessRuleSession=(StatelessRuleSession)ruleRuntime. createRuleSession(res1. getName(),new HashMap(0),
```

RuleRuntime. STATELESS_SESSON_TYPE) ;

//执行规则，传入参数和输出结果都是 List

List input = new ArrayList() ;

List result = statelessRuleSession. executeRules(input) ;

由于 Java 规则引擎 API(JSR‐94)允许客户程序使用统一的方式与不同厂商的规则引擎产品进行交互，这在一定程度上给规则引擎厂商提供了标准化规范。但是，由于没有提供规则引擎的准确定义，也没有深入定义如何构建规则、调用与操纵规则，并且在与 Java 语言绑定以及对 J2EE 的支持方面也存在着不足，因此，JSR‐94 还需要进一步进行规则语言的标准化。目前，业界倡导的另一种解决方式是使用 RuleML 作为公用标准，很多 Java 规则引擎已经开始使用这种解决办法，也许这将是未来的一个发展趋势。

6.3　基于规则引擎的应用系统的设计与应用

6.3.1　基于规则引擎的应用系统的业务架构

现代企业的业务管理软件系统中，如果一个复杂的业务逻辑代码包括了多个 If‐Then 嵌套条件语句，则在维护时可能会存在一些麻烦。利用规则引擎可以使业务规则的管理者以声明的方式，而非命令式的编程语言来表示和管理这些业务规则，即将业务决策从应用程序代码中分离出来，并使用预定义的语义模块来编写业务规则与决策。一旦规则发生变化，无需修改系统代码与重新编译部署，仅需通过简单的规则配置来实现业务功能的变更，降低了系统"BUG"的出现概率。因此，在实际软件开发与设计中，如果发现存在频繁需要更改业务逻辑代码的情况，则有必要考虑使用规则引擎。图 6.16 反映了一个基于规则引擎的业务系统构建过程中核心要素。

图 6.16 反映了一个基于规则引擎的业务系统构建过程中所包含的三个关键阶段：业务需求分析与规则建模阶段，规则分析、定义与开发管理阶段以及规则执行与应用阶段。

第一，在业务需求阶段，核心包括了业务模型建立、业务规则定义、业务规则流程梳理以及业务管理定义这四个关键要素。业务模型的建立，即在业务规则定义过程中对企业的核心业务对象、属性及行为进行结构化的描述，是业务规则定义过程中业务规则定制者与 IT 系统的沟通桥梁；业务规则是企业业务逻辑的一种结构化和精细化的提炼，并且每一条业务规则可以由业务模型来进行逻辑组装；业务流程规则是一组具有逻辑关联的业务规则的描述,它提供了更高层次的灵活性和可配置性,来适应快速变化的业务环境;业务管理是指业务规则集合物理意义上的组织行为,包括对业务规则进行定义、审核、发布和归档等行为。

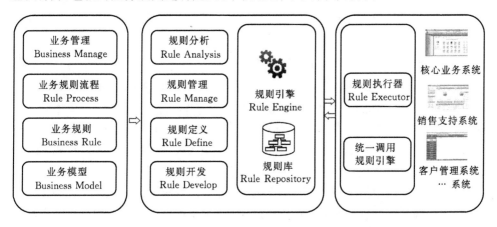

图 6.16　基于规则引擎的业务系统构建框架与要素

　　第二,在规则分析、定义与开发管理阶段,核心是定义和建立一个规则系统,即在开发和建立规则引擎的基础上,利用规则库将各种业务规则以及业务行为的结构化模式,按照业务领域形成统一的规则集合,规则的开发、定义、管理和分析是规则管理系统的重要功能,通过 JSR - 94 接口为 IT 人员和企业业务人员提供良好的用户规则管理接口。

　　第三,规则执行与应用阶段,企业的业务系统通过统一的规则执行接口(规则执行器 Rule Excutor)实现对规则引擎的调用并返回相应的结果。通过统一的执行接口,规则引擎可以灵活且方便地同各企业的 IT 系统进行整合。

　　因此,要建立一个能够满足业务需要的基于规则引擎的应用系统,就必须解决上述三个阶段中存在的关键性技术问题,从而实现对业务系统的灵活管理。

6.3.2　基于规则引擎的应用系统的设计与应用实践

　　业务引擎最大的优势就是能够通过使用可配置、可读性和重用性高的业务规则来代替那些复杂的 If/Then 语句,通过设置一个或多个条件,来控制和触发相应的操作,避免传统方法下业务逻辑与程序代码之间的紧耦合。一般地,规则引擎适合在以下 4 种软件开发环境下使用:①业务规则的描述较为容易,可以精确描述;②业务规则可以用现有的算法及理论进行描述和解决;③逻辑变化比较频繁;④领域专家有足够的时间对系统的业务规则进行支持与维护。

　　业务规则通常由业务分析人员和业务策略管理者来进行开发和修改,为了保持系统的完整性与一致性,一些复杂的业务规则也可以由技术人员使用程序语言或脚本来定制。为了更好地说明规则引擎在软件应用过程中的价值,下面将结合 RBAC 模型下用户-角色的访问权限控制需求,利用规则引擎来开展系统的分析设计。

1. 关于 RBAC 的规则要求与整体框架结构

　　由于 RBAC 模型中用户和角色的分配以及角色和权限的分配往往都是手工完成的,当用户量增加时,会导致系统效率降低,且容易发生错误。为了克服这一缺陷,RBAC 模型中引入了基于规则的访问控制模型(RB‐RBAC 模型),使得用户分配的权限可以自动配置完成。其中,RB‐RBAC 模型是结合本书第 4 章中 RBAC2 模型的一个优化,即针对用户以及角色的操作权限进行约束和建模,利用用户、角色以及权限三个核心实体,以及之间存在的约束关系形成一个相应的规则库,并通过规则库的统一配置,形成系统访问过程中的约束控制。整个的业务场景与模型如图 6.17 所示。

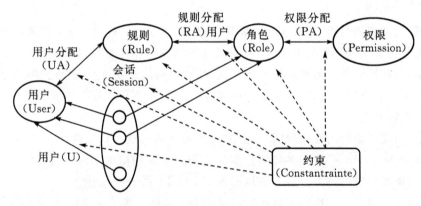

图 6.17　基于规则的访问控制模型(RB‐RBAC)示意图

　　根据图 6.17 所示模型,除了保持 RBAC 模型中原有的机制外,需要根据业务的约束建立一个相应的规则库,通过规则引擎所提供的规则策略进行解析,并用来判断用户以及角色在执行系统资源使用权限时的策略。即:当用户发出对系统的访问请求并提交用户属性信息时,系统启动规则引擎进行规则解析与匹配计算;当规则匹配成功时,用户从角色代理模块中获取相应角色,否则用户重新提交信息;在针对角色进行系统资源的权限分配时,根据角色与权限的映射关系,能够匹配规则库中所定义的业务操作规则,则角色可以获取相应的操作系统资源权限;并实现用户在特定规则下,对系统资源的统一访问控制。当用户满足某条规则后,系统通过角色代理模块为用户分配与规则匹配的角色,通过权限分配模块,让用户获得相应的系统访问权限,最终实现对资源的访问。整个角色分配过程对于用户是透明的,整体过程如图 6.18 所示。

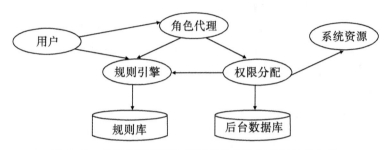

图 6.18　基于规则引擎的 RBAC 访问控制机制抽象框架

其中,通过建立规则引擎,一方面将与用户、角色以及权限分配等不同业务约束规则统一建立了规则库,并通过规则引擎实现了对规则库中规则的调用;另一方面,通过规则引擎与规则库的建立,实现业务逻辑与代码之间的分离,并且通过对规则库进行配置的方式来实现对用户访问过程的控制。

2. 设计规则,建立规则库

根据系统的实际需求,在基于规则的用户访问过程中存在着一些动态变化的规则,结合图 6.18 可知,针对不同的权限控制主体对象,即 RBAC 中的三个主体对象以及对象之间存在的约束关系进行规则抽取,从而形成了基于用户规则、基于角色规则以及基于操作规则三个基本类型。下面针对不同类型的规则进行抽取,在基于用户类型的规则中,抽象的规则示例如下:

用户规则 1:

　　If 用户 A 登录时在 3min 内输入的用户名或密码的错误次数小于 6 次;

　　　　Then 提示用户 A 输入错误信息;

　　Else 用户 A 账号被冻结;

　　End If

用户规则 2:

　　IF 用户 A 的登录账号被冻结次数小于 5 次/年;

　　　　Then 用户 A 向管理员提交用户申请,同时提供用户 A 的身份验证

信息;

　　　　　　IF 信息验证通过,Then 系统返回一个随机密码;

　　　　　　　Else 重新验证,直至验证通过;

　　　　End IF

Else 将用户 A 加入系统黑名单；

End IF

除上述用户规则之外，在整个 RBAC 访问控制系统中，针对角色也可以建立不同的规则模型。由于角色存在可以继承的特性，并且不同的角色对某些核心功能与数据资源具有不同的访问能力，因此在实际业务中，根据企业的组织结构，当角色的保密级别是某个部门级或单元级（个人级）时，角色的权限只能分配给组织结构中的某个节点单元，即部门或用户。此时，角色之间存在的约束关系可以用以下的规则描述：

角色规则 1：

如果在角色集合 X 内，隶属于 A 部门的用户其保密级别为部门级，那么当 A 部门的角色集合 X_a 继承 X 时，X_a 继承所有 X 拥有的权限；而当 B 部门的角色 X_b 继承 X 时，X_b 不能继承 X 拥有的权限。

角色规则 2：

如果角色集合 Y 的所属人是 C 用户，保密级别为个人级，那么当 C 用户的角色集合 Y_c 继承 Y 时，Y_c 继承所有 Y 拥有的权限；而当 D 用户的角色 Y_d 继承 Y 时，Y_d 不能继承 Y 拥有的所有权限。

如果对上述规则中进一步限定，例如可以在 RRBAC 模型中增加对客体对象的限制，实现用户组织结构中上下级关系在访问控制中的约束等，则将会使 If - Else - Then 条件语句更加复杂化。尽管在实际的企业级软件系统设计的过程中，会大量出现复杂的业务规则与约束条件，这也是规则引擎从业务实现过程抽象出来的核心价值之一，但本节为了更好地反应规则引擎对相应系统设计过程中的作用，对业务规则的复杂程度进行了简化。

3. 定义规则文件

依据 RB - RBAC 中的规则模型，可以根据规则引擎的语法要求，将整个规则文件分为 When 和 Then 两大部分。其中 LHS 是规则的条件部分，需要按照一定的语法来组织；而 RHS 基本上是一个允许执行程序语言（如 C♯ 或 Java）的代码块，任何在 LHS 中使用的变量都可以在 RHS 中使用，在规则文件中通过属性来设置规则执行的优先级，数字越大表示执行的优先级越高，默认情况下为 0。我们把本节定义的用户规则命名为"User_RBAC. drl"，来说明整个系统中不同角色访问过程中，异常处理的约束条件是否可以有效控制程序代码与业务的执行，通过事先设定好的 User 类和 TimeRuleObject 登录次数服务类来获取一个对象，然后通过对象对这个类中的所有方法进行访问。用户规则 1 的具体实现过程如下所示：

Rule "User_RBAC1"

When

　　e：TimeRuleObject(flag== false)

Then

　　Date startTime ＝ e. getStartTime()；

　　Date CurrentTime ＝ e. getCurrentTime()；

　　long durTime ＝ endTime. getCurrentTime() － startTime. getStart-
Time ()；

　IF（durTime＜3 minute ）

　　IF e. errorTime＜＝6，Then print "密码或用户错误请重新输入"；

　　Else

　　　User. setAccount(disable)；

　　End IF

　　End

　　其他的规则定义与实现过程与上述类似，可以参照相应规则方法进行定义。通过规则的形式化定义之后，利用规则引擎来实现基本规则的配置。例如，在Eclipse开发环境下安装和部署开源的 Drools 规则引擎，来实现规则与业务逻辑的配置与功能实现，如图 6. 19 所示。

　　Drools 规则的编译与运行都是通过 Drools 提供的各种应用程序接口来实现的，这些接口一般可分为规则收集、规则编译和规则执行三类，完成这些工作的API 包括 KnowledgeBase，KnowledgeBuilder，StatelessKnowledgeSession，StatefulKnowledgeSession 等，实现规则文件的收集、编译、查错、插入规则事实(fact)和执行规则等。

　　其中，规则编译是对规则文件进行编译，并产生一批编译好的规则包(Knowledge Package)供其他的应用程序使用。StatefulKnowledgeSession 对象提供了与规则引擎进行交互时最为常用的一种方法，它不仅与规则引擎建立了一个持续的交互通道，在推理计算过程中可能会多次触发同一数据集，并接受外部插入(Insert)的业务数据(Fact)。每个 Fact 对象通常是一个普通的 Java 的 POJO，一般会包含有若干个属性。每个属性都会利用 get()和 set()方法来对外提供数据的设置与访问。一般来说，在 Drools 规则引擎中，Fact 所承担的作用就是将规则中需要用到的业务数据从应用当中传入进来。如果在规则中需要有数据传出，则可以通过 StateKnowledgeSession 当中设置 global 对象来实现。一个 global 对象也是一个普通的 Java 对象，在向 StatefulKnowledgeSession 当中设置 global 对象时不用insert 方法，而是使用 setGlobal 方法来实现。

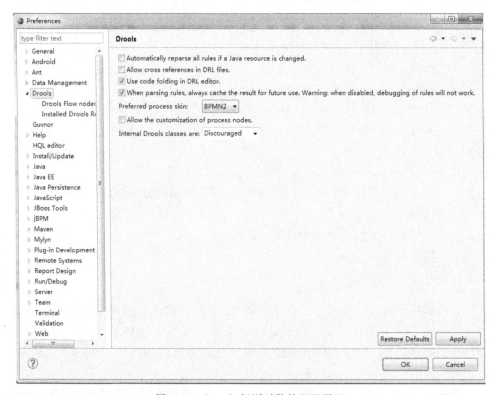

图 6.19　Drools 规则引擎的配置界面

　　针对 RBRBAC 在权限分配过程中所涉及到的用户规则,在对其中的规则模型抽取之后可以利用规则语言进行定义,并通过 Drools 规则引擎工具进行发布,实现规则文件的加载,以及业务逻辑与业务规则的分离,使系统可以快速地实现业务的变更。具体的实现过程,有兴趣的读者可以进一步参考 http://drools.jboss.org 中的相关内容。

6.4　本章小结

　　总体上,规则引擎代码与逻辑的分离,即利用规则引擎使得业务逻辑与代码高度解耦,从而可以对业务逻辑进行集中式管理,不仅降低了系统的操作复杂度,同时也极大地降低了程序开发和维护的复杂度和代价。另外,由于规则是按照特定的业务逻辑和语法结构写入到规则文件中,其可读性要远比将业务逻辑写入代码中的可读性要高出许多,从而在系统的应用与开发过程中具有了一些特别的优势。本章通过对规则的定义以及规则描述语言的介绍,为专家系统的设计提供了基础,同时针对专家系统中的核心组件规则引擎的组成结构与执行机制的分析,深入探讨了规则引擎的模式匹配与推理算法的原理,并针对规则引擎的横向集成与扩展,介绍了 Java 规则引擎 API 的实现规范 JSR－94。在此基础上,简要分析和介绍了利用 Drools 来实现一个基于规则引擎的应用系统的简单示例,通过上述的分析为读者提供一个有关规则引擎的设计与应用场景,为进一步深入学习奠定了基础。

6.5　思考问题

(1)根据图 6.2 中所示的业务规则与规则引擎的组成结构与关系,请试分析业务规则的定义方法对规则引擎的影响与作用。

(2)请阅读参考文献以及网络上提供的相关资源,并针对不同类型的规则描述语言进行比较,分析其异同。

(3)请阅读参考文献以及网络相关资源,针对目前主流的规则引擎进行比较分析,在此基础上,选择其中一款规则引擎,尝试分析该规则引擎的设计与实现机制。

(4)请阅读相关资料,针对规则引擎中的模式匹配与推理算法进行分析,分析RETE 算法的优点与不足,结合相关资料,尝试对 RETE 算法进行改进。

(5)针对 6.3.2 节中基于 RBAC 模型在应用过程中的建立的规则,请利用Drools 规则引擎,尝试对你所开发与实现的软件系统中的 RBAC 模型进行规则的定义与匹配。

(6)针对 JSR－94 规范,结合模式的匹配与推理算法,请对 Java 规则引擎的API 进行再次设计,以保证该引擎具有较好的稳定性与可扩展性。

参考文献与扩展阅读

[1]罗三保,薛安. 基于规则引擎的突发性大气污染事故应急处理系统研究[J]. 北京大学学报:自然科学版,2011,48(2):296－302.

[2]张渊,夏清国. 基于 Rete 算法的 Java 规则引擎[J]. 科学技术与工程,2006,6(11):1548－1550.

[3]李磊. 基于规则引擎的健康评估系统的设计与实现[D]. 上海:上海交通大学,2012.

[4]陆歌皓,李仕金,吴超凡. Drools 规则引擎在现代物流信息平台的应用[J]. 计算机科学,2011,38(10A):447－450.

[5]童毅. 规则引擎中模式匹配算法及规则引擎应用的研究[D]. 北京:北京邮电大学,2010.

[6]娄云峰,周兴社,杨刚,等. 基于规则引擎的实时关键绩效指标生成技术[J].

计算机技术与发展,2013,23(09):59－62.

[7]罗谦,唐常杰,于磊,等 . 基于多槽哈夫曼 Trie 树的规则引擎快速匹配算法[J]. 四川大学学报:工程科学版,2011,43(5):102－108.

[8]徐久强,卢锁,刘大鹏,等 . 基于改进 Rete 算法的 RFID 复合事件检测方法[J]. 东北大学学报:自然科学版,2012,33(6):806－809.

[9]Jboss Community. Drools:the business logic integration platform [EB/OL]. [2014－12－08]. http://www. jboss. org/drools/.

[10]缴明洋,谭庆平 . Java 规则引擎技术研究[J]. 计算机与信息技术,2006(3):41－43.

[11]EsperTech. Esper is a component for complex event processing [EB/OL]. [2014－12－10]. http://esper. codehaus. org/.

[12]闫欢,张宜生,李德群 . 规则引擎在制造企业 MES 中的研究与应用[J]. 计算机工程, 2007,33(7):210－212.

[13]顾小东,高阳 . Rete 算法:研究现状与挑战[J]. 计算机科学,2012,38(11):8－12.

[14]吴建林 . 基于 ECA 扩展企业经营信息主动服务机制[J]. 北京邮电大学学报,2009,32(S):102－105.

[15]Sottara D,Mello P,Proctor M. A Configurable Rete—OO Engine for Reasoning with Different Types of Imperfect Information[J]. IEEE Transaction on knowledge and data enginering,2010,22(11):1535－1548.

第 7 章　信息工程与数据设计

　　尽管软件的操作需求总是在不断地发生变化,但是系统的数据却往往相对稳定。因此,从数据的视角上来看,信息工程与基于数据的设计就是在对系统进行分析与规划的基础上,发现数据的结构以及数据之间的关系,并利用这些关系进行逻辑与物理建模。一方面试图形成整个系统的完整逻辑结构框架;另一方面通过底层的数据存储,为实现数据分析与挖掘奠定基础。本章主要介绍 Zachman 模型中的“What 模型”在软件系统开发设计过程中的具体方法,即在信息工程概念的基础上,从数据结构出发,分析了数据库设计的方法、范式和原则,并针对数据仓库与数据立方等数据分析技术进行了介绍。

7.1　信息工程法

7.1.1　信息工程的基本概念与特点

　　信息工程是指以计算机技术和通信技术为主要手段的信息网络、信息应用系统建设以及信息资源开发所形成的工程化知识体系。James Martin 在《总体数据规划方法论》(*Strategic Data - Planning Methodologies*)一书中指出,信息工程是“在一个企业和企业的主要部门中,关于信息系统规划、分析、设计和建造的一套相互关联的、环环相扣的正规化、自动化技术集合的应用”。通过利用了多种信息系统规划方法,在总结信息系统的成功与失败的基础上,Martin 提出了一套 IT 规划理论和总体数据规划方法,并形成了一整套自顶向下规划(Top - Down Planning)和自底向上设计(Bottom - Up Design)的信息系统建设方法论,其中主要包括了建立企业模型、主题数据模型、主题数据库内容和结构的确定以及制定数据库的开发策略等工作。美国著名学者约翰·柯林斯在该书所写的序言中指出:“信息工程作为一个学科要比软件工程更为广泛,它包括了建立基于当代数据库系统的计算机化企业所必需的所有相关学科。”在实践过程中,信息工程吸取了结构化软件设计中的精华,并具有以下几个方面的核心特征:

　　(1)数据是现代信息系统处理的核心,无论何种数据处理总是围绕着数据进行的,因此在分析一个大型系统时,数据往往是分析的重点。

(2)数据是稳定的,处理是多变的。企业的目标及组织机构都在变化之中,因而处理也是多变的,任何企业都不可能在激烈的市场竞争中保持一成不变,但不管如何变,企业的基本数据却是比较稳定的,除了少量地增加新的数据类型外,大部分数据类型都不变,变化的只是这些数据实体的属性值。因此,必须建立稳定的数据结构,才能保持信息处理的灵活性与正确性,以适应总体机构和管理的多变性。

(3)全面进行总体数据规划是系统建设的根本所在。信息战略规划是信息系统开发策略的需要,是事关系统整体性和一致性的关键性问题,也是合理制定整个系统实施计划的前提。只有进行全面的规划论证,才能有机地处理好系统开发中不同部分之间存在的关系。

(4)开展全面的业务综合分析是解决好数据与处理,信息与业务以及不同业务实体之间关系的唯一途径,也是做好总体数据规划的重要内容。

(5)按照"自上而下规划"和"自下而上设计"相结合的方法,充分利用 CASE 工具是进行系统建设的必要条件,没有自动化的软件开发辅助工具和平台的支撑,就难以体现运用上述方法的效果,也难以保证软件的质量和工期。

(6)实践是最好的系统分析与设计方法,最终的用户通过参加系统开发的具体工作,才能够清楚信息化建设的目标与作用,并建成有效的应用系统。因此,只有系统设计人员与业务人员的密切配合,才能真正完成一个优质的信息工程的建设工作。

信息工程方法的主要特点是以数据分析为主,处理为辅,处理围绕数据进行,因此需要着重刻画数据之间的关系以及对数据的总体规划,并将数据提升到一个新的高度来进行研究。信息工程方法一般可以按照自顶向下的方式进行企业的战略规划和业务分析,在此基础上开展数据实体、属性以及实体与实体之间关系的分析。整个信息工程方法的信息实体结构图如 7.1 所示。

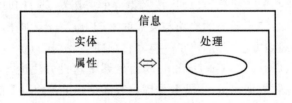

图 7.1　信息工程法的信息实体结构图

信息工程方法作为一种自顶向下的规划方法,它从抽象到具体,从业务到数据,使得系统具有良好的可扩展性,并能够适应企业管理的变化;另外,信息工程方法通过分层抽象的方式,使企业能够通过对一个系统的数据优先级进行调整和优化,避免了设计中存在的重大失误,因此,它也被认为是开发大型企业信息系统的有效方法之一。但是,该方法同时也存在一些不足:一方面它虽然强调了信息资源的地位,但是对信息资源尚缺乏一种合理描述与管理上的理论模型;另一方面,与结构化方法一样,在信息工程方法中数据与处理相分离,但没有很好地实现数据结构与操作方法的有效集成,在这一点上,面向对象方法进行了针对性的有效改进。

7.1.2　信息工程的战略数据规划方法

信息工程是一种面向数据的系统分析方法,它强调了高层的构思与规划,以系统整体的数据规划作为先导,在软件系统信息结构的基础上,建立稳定的数据模型。其中,信息工程的战略数据规划方法在不同级别人员的共同参与的基础上,形成对现行业务数据以及历史数据的分析能力,并通过企业的总体数据模型来指导子系统的开发与接口设计以及应用的实施,整个过程如图 7.2 所示。

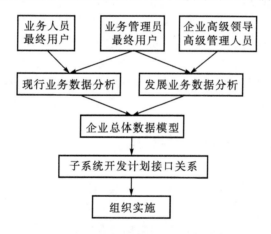

图 7.2　信息工程的战略数据规划方法的总体过程示意图

从图 7.2 中可见,建立企业总体数据模型是信息工程的核心目标,完成该目标不仅需要信息系统的方法论和完备的工具集,同时也需要建立一个完善的信息工程开发环境和分析设计模式,并有效地支持信息工程完整生命周期的实施,包括信息战略规划、业务领域分析、企业模型与业务系统设计、系统的实施与运行等关键节点。在整个周期中,每一个阶段的分析结果对于整个信息工程的应用与实现都具有重要的作用。

首先,在信息战略规划阶段,通过业务流程的设计来评估和分析企业的信息需求,建立企业总体信息结构、业务系统结构以及技术结构,在此基础上形成整体的信息战略规划。然后通过任务分解,制定信息战略规划的工作计划,并对信息结构的定义、当前环境、系统业务结构以及信息战略规划报告等方面的内容进行评估。

其次,在业务领域分析阶段,主要是通过对业务过程、数据和资料进行收集与分类,其中主要针对业务流程与活动、有关组织结构、有关业务数据、现有系统的环境和当前技术环境相关的资料等进行收集与分析,为建立模型奠定基础。

第三,在企业模型与业务系统设计阶段,主要完成以下四个方面的工作:一是识别企业组织的信息结构,即针对企业文档等信息来源,通过组织机构图、组织手册、组织文件等的信息输入,处理后,输出的信息包括组织层次图和组织单元信息表等内容。二是确定企业的任务、目标和关键成功因素等相关的信息,其中主要的信息来源包括通过审查的书面文档及相关资料,组织层次图、业务计划、年终报告和备忘录等输入信息,以及企业任务说明、组织单元目标和关键成功因素表、企业目标/组织单元目标矩阵等输出信息。三是确定信息需求分析过程中存在的相关信息,其中包括书面文件和组织层次图等输入信息,以及信息需求列表、信息需求/组织矩阵、性能度量/组织矩阵等输出信息。四是建立企业模型,在上述工作的基础上,结合组织层次图、企业年度报告、已有企业模型,以及主题图表和功能层次图等信息共同组成初始的企业模型,从而对系统中存在的实体以及实体之间的联系进行分析。基于上述工作,可以进行进一步的实体分析与实体联系,形成数据字典,并将信息工程不同阶段所产生的各种规划与设计模型进行标准化建模,为数据库的建立与应用奠定基础。

7.2　数据结构与数据库设计方法

随着技术的不断发展,数据库设计方法与理论也在不断地发展,一般认为,数据库设计是指对于一个给定的应用环境,提供一个确定最优数据模型与处理模式的逻辑设计,以及一个确定数据库存储结构与存取方法的物理设计,并建立起既能反映现实世界信息间关系,同时也能够满足用户数据与加工处理要求的数据存取结构。特别是近年来,数据的范围、规模和复杂性都日益增加,大量的多媒体文档、图像、时间序列、过程的或"主动"的数据以及空间数据等的加入也使得数据库系统的设计越来越复杂。为了更有效地理解和开展数据库设计,本章在介绍 New Orleans 传统数据库设计框架的基础上,针对所提出的基于四个阶段的数据库分析与设计方法以及目前比较流行的基于关系规范的 E-R 方法展开分析,并从中总结出针对企业级数据库设计模式中存在的具有普遍指导意义的设计过程与方法。

7.2.1　数据结构与线性表

计算机科学的核心是研究如何利用计算机来进行信息表示和处理,信息的表示与组织方式直接决定了信息处理程序的效率和质量。所有能够被计算机处理的信息符号均称为数据(Data),它是客观事物的符号化表示,数据的基本单位称为数据元素(Data Element),而每一个数据元素均可由若干个数据项(Data Item)组成,数据项是数据的不可分割的最小单位,是对客观事物某一方面特性的数据描述。将性质相同的数据元素集合抽象后形成一个数据对象(Data Object),它是数据的一个子集,如字符集合 C={'A','B',…}。随着信息类型与范围的不断拓展,应用程序的规模越来越大,结构也越来越复杂,所以数据本身的结构特征以及数据之间关系特征的描述与表示也显得越来越重要,并且数据结构的好坏已直接影响到了算法的选择和效率。

　　数据结构(Data Structure)是一种计算机存储和组织数据对象的方式,包括了相互之间存在着一定关系(联系)的数据元素集合以及该集合中数据元素之间的关系组成的集合。记为

$$Data\_Structure = (D,R) \tag{7.1}$$

其中,D 是数据元素的集合,R 是该集合中所有数据元素之间的关系的有限集合,并且数据元素之间的相互联系(关系)可以是元素之间代表某种含义的自然关系,也可以是为处理问题方便而人为定义的关系。这种自然或人为定义的"关系"称为数据元素之间的逻辑关系,相应的结构被称为逻辑结构。一般地,数据元素之间的逻辑结构主要包括以下四种基本类型(如图 7.3 所示):

　　(a)集合:结构中的数据元素除了"同属于一个集合"外,没有其他关系。

　　(b)线性结构:结构中的数据元素之间存在一对一的关系。

　　(c)树型结构:结构中的数据元素之间存在一对多的关系。

　　(d)图状结构或网状结构:结构中的数据元素之间存在多对多的关系。

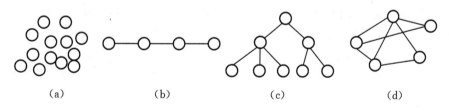

图 7.3　数据元素之间的逻辑结构的四种基本类型

　　每一种数据结构都包含不同的数据逻辑结构与特征,例如,在实际应用中,线性表都是以栈、队列、字符串、数组等特殊线性表的形式来使用的。由于这些不同的线性表的表示方式都具有各自的特性,因此,掌握这些特殊线性表的特性,对于数据运算的可靠性和提高操作效率都是至关重要的。

示例 7.1：学生信息查询系统中的数据结构

设有一个学生信息记录薄，它记录了 N 个学生的姓名、班级、年龄和性别以及其相应的电话号码，假定按如下形式安排：(a_1,b_1,c_1,d_1,e_1)，(a_2,b_2,c_2,d_2,e_2) …(a_n,b_n,c_n,d_n,e_n)，其中 $a_i,b_i,c_i,d_i,e_i(i=1,2,\cdots,n)$ 分别表学生的姓名、班级、年龄、性别以及其相应的电话号码。其结构如表 7.1 所示。

表 7.1　学生信息记录的数据结构示意

姓名	班级	年龄	性别	联系电话
张天明	软件 1501	23	男	13572239918
王杰仁	软件 1501	22	男	13755231922
…	…	…	…	…
王志强	软件 1501	23	男	13372929138
李远达	软件 1501	22	男	13262639918

本例所描述的数据结构是一个表格，也是一个典型的线性表问题，即包含有 n 个节点（n≥0）组成的有限序列。在实现对学生信息的查找过程中，在所有的数据对象集合中，有且仅有一个开始节点没有前驱但却有一个后继节点，同时，有且仅有一个终端节点没有后继但有一个前驱节点，其他的节点都有且仅有一个前驱和一个后继节点，从而使得学生信息的查询与遍历的过程呈现为一种线性过程。在这一个过程中可以发现，与数据逻辑结构相对应的还应该有一个物理存储结构以及针对物理存储单元上的一个操作序列。而 Robert L. Kruse 在《数据结构与程序设计》一书中，将一个数据结构的设计过程分成抽象层、数据结构层和实现层。其中，抽象层反映了数据的逻辑结构，数据结构层则表达了一个数据逻辑结构在计算机内的存储细节，而实现层则表示了对数据结构的运算与操作实现方法，即数据结构包括了数据逻辑结构、数据存储结构和数据运算结构三种结构类型。

在此认识的基础上，人们对数据结构进一步进行了形式化的定义，指出数据结构是针对存在某种关系的数据元素集合以及元素之间的关系集合上的一组操作，即可记为

$$\text{Data\_Structure} = (D,R,O) \tag{7.2}$$

其中，O 是施加在数据集合 D 以及数据关系 R 上的一组操作。

另外，在示例 7.1 中所采用的数据表格，所对应的线性表结构也是数据库中存储数据最常用的一种数据结构与方法，因此，了解数据库设计的基本方法应该需要从数据结构开始。即：从数据的逻辑结构出发，分析数据库中所包括的各种数据元素以及数据元素之间存在的关系，从而建立起整个数据库系统的底层数据结构。在此基础上，研究和实现这种数据逻辑结构在计算机系统中的物理存储结构与方

式。图 7.4 则反映了一般情况下不同逻辑结构所对应的物理存储结构的映射关系,其中,线性表和树常可以采用顺序存储结构或链式存储结构,而图往往采用一种复合存储结构。

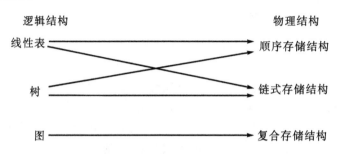

图 7.4　数据逻辑结构与物理存储结构之间的映射关系示意图

随后针对数据存储单元的检索、维护(CRUD 操作)、索引等相关操作与运算展开进一步的研究。在对数据对象进行操作的过程中,存在一个与数据结构密切相关的概念——数据类型(Data Type),它是指一个值的集合和定义在该值集上的一组操作的总称,同时,它决定了如何将代表这些值的位存储到计算机的内存中。因此,针对不同数据类型的数据对象以及对象的值,可以进行如建立(Create)、消除(Destroy)、删除(Delete)、插入(Insert)、访问(Access)、修改(Modify)、排序(Sort)、查找(Search)等不同的操作运算,来实现对整个数据结构的操作与管理。

结合上述的分析,为了更有效地表示数据结构及定义在该数据模型上的一组操作,抽象数据类型(Abstract Data Type,ADT)成了对数据结构的一种公共的抽象机制。其形式化定义如下:

ADT <抽象数据类型名>{
　　数据对象:<数据对象的定义> //其中数据对象和数据关系的定义用伪
　　　　　　　　　　　　　　　　码描述
　　数据关系:< 数据关系的定义>
　　基本操作:<基本操作的定义>
} ADT <抽象数据类型名>
//基本操作的定义是:
<基本操作名>(<参数表>)
　　初始条件:<初始条件描述>
　　// 初始条件:描述操作执行之前数据结构和参数应满足的条件;若不满
　　　　足,则操作失败,返回相应的出错信息
　　操作结果:<操作结果描述>

　　// 操作结果:描述操作正常完成之后,数据结构的变化状况和应返回的
结果

7.2.2　数据库特征与数据模型

　　数据库(Database)是按照数据结构来组织、存储和管理数据的仓库,也是一种
特殊的数据结构应用实例。它是从文件管理系统逐步发展起来的,一方面实现了
数据结构以及数据对象集合与应用程序代码之间的解耦,并可以独立地实现对数
据对象以及数据值的统一操作管理与控制。另一方面,数据库的设计与应用过程
也充分地体现出了数据结构的基本特征,即需要对数据库中的数据以及数据关系
进行定义(DDL,数据定义语言),并在数据存储的基础上,实现对数据的操作
(DML,数据操纵语言)。因此,整个数据库系统的应用也包括了以下几个关键的
特征:

　　(1)系统数据实体以及数据实体间逻辑关系的定义,这也反映了系统的逻辑视
图,即通过对数据以及数据间的联系和组织方式等逻辑结构分析,来实现对业务数
据的建模,所建立的数据模型主要应用于系统开发的数据库设计阶段。目前常见
的数据模型包括基于图论的层次结构模型、网状结构模型、基于关系理论的关系结
构模型以及基于对象的对象结构模型等。

　　(2)数据与数据关系的物理实现,即数据的逻辑结构在计算机中的具体物理实
现形式,也称之为数据的存储结构。它通过对数据模型中有关的数据类型、约束、
索引等机制的统一定义,来实现数据模型的物理构建。

　　(3)在数据物理结构的基础上,针对数据以及数据之间关系模型进行操作,结
合数据结构中所定义的各类操作,也可以清楚看出来,在数据库中所执行的 SQL
(Structured Query Language)语言提供了对表的的四类操作机制,其中包括了查
询(Query)、操纵(Manipulation)、定义(Definition)和控制(Control),即在对数据
结构操作的理解基础上,实现了对数据库的特定操作。

　　综上可见,数据库所具有的三个方面的特征与数据结构中的特征具有非常高
的相似性。作为一种特殊的数据结构应用示例,数据库也应该满足数据结构的基
本特征,因此,了解数据结构应该是深入学习数据库分析与设计的一个关键视角和
基础。而在数据库系统的分析与设计过程中,建立合理的系统数据模型则是其中
的一个核心的任务,而数据模型是一个可用于描述数据库结构的概念集合,它提供
了为获得数据抽象所必须的工具集。传统的数据库模型主要包括以下几种类型:

　　(1)层次结构模型。其本质上是一种有根节点的定向有序树,即也是一个无回
路的连通图。它把数据按自然的层次关系组织起来,以反映数据之间的隶属关系。
结构中的节点代表数据记录,连线描述位于不同节点数据间的从属关系(一对多的

关系）。由树的定义知，一棵树有且仅有一个无双亲节点的根节点；其余节点有且仅有一个双亲节点，它们可分为 m(m≥0)个互不相交的有限集，其中每一个集合本身又是一棵树，将其称为子树。数据层次结构模型如图 7.5 所示。

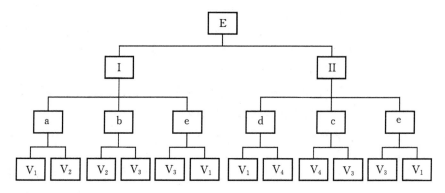

图 7.5　数据层次结构模型示意图

（2）网状结构模型。网状结构模型即利用网络结构表示实体类型以及实体之间联系的有向图结构模型，图中的节点代表数据记录，连线描述不同节点数据间的联系。它具有两个重要特征：允许一个以上的节点无父节点，即多个根节点的存在；同时，一个节点可以有多于一个的父节点。这也意味着节点数据之间没有明确的从属关系，一个节点可与其他多个节点建立联系，即节点之间的联系是任意的，任何两个节点之间都能发生联系，可表示多对多的关系，因此，任何一个节点的变化将会引起整个网络节点的变化。例如，在社会化网络软件应用的过程中，针对一个复杂网络均可以采用网络数据结构来进行表示。网状结构模型的示意结构如图7.6 所示。

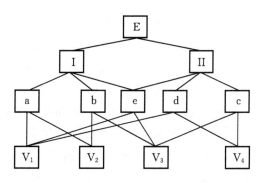

图 7.6　网状结构模型的示意图

（3）关系结构模型。关系结构模型即关系表结构，一些复杂的数据结构可以归结为简单的二元关系（即二维表）。表具有固定的列数和任意的行数，在数学上称为"关系"。二维表是同类实体的各种属性的集合，每个实体对应于表中的一行，在关系中称为元组，相当于通常的一个记录；表中的列表示属性，称为域，相当于通常记录中的一个数据项。若二维表中有 n 个域，则每一行称为一个 n 元组，这样的关系也称为 n 度（元）关系。表的行对应于对象的实例，各个表的行列交点就用来存储简单值。满足一定条件的规范化关系的集合，就构成了关系模型，如图 7.7 所示。另外，若干个关系表可以构成一个完整的数据库，且通过对建立在一个或多个关系表中的数据分类、合并、连接或选取等运算和操作，来实现数据的管理。

E	I
E	II

I	a	b	e
II	e	c	d

a	V_1	V_2
b	V_2	V_3
c	V_3	V_1
d	V_1	V_4
e	V_3	V_4

图 7.7　关系数据模型的结构示意图

由于关系模型在严格的数学基础上可以简单、灵活地表示各种实体及其关系，其数据描述具有较强的一致性和独立性，因此，目前的关系数据库已成为了主流的数据库应用与设计模型。下面章节中将对关系数据库中的建模方法进行分析与介绍。

7.2.3　传统数据库设计的主要方法

数据库设计方法的一个基本特征就是通过建立起抽象数据模型来隐藏数据存储的细节，并针对数据类型、数据间的关系以及对施加在数据上的约束等要素提供不同层次的数据抽象能力的过程。由于在关系数据库中，数据模型的结构和数据依赖都蕴含着关系数据的丰富语义，设计时往往将逻辑结构、物理结构、存储参数、存取性能等一起考虑，并通过模型化技术，即对数据和处理进行模型化后，利用数据模型以及数据语义来准确地反映现实需求。如何更有效地将数据语义与数据模型相结合来反映实际业务，不同的数据库设计方法提出了不同的概念模型与执行策略，下面针对目前主要的几种数据库设计方法进行介绍与分析。

1. New Orleans DBD 框架

1978 年 10 月，有 30 多个欧美各国的主要数据库专家在美国新奥尔良市

(New Orleans)专门开会讨论数据库设计问题,会上比较一致地认为数据库设计生命期(New Orleans DBD 框架)包括了公司需求分析(分析用户要求)、信息分析和定义(建立概念性数据模型)、设计实现(逻辑设计)和物理数据库设计(物理设计)四个重要的阶段。其中,前两个阶段是面向"问题"领域,而后两个阶段主要是面向"解空间"域。

需求分析(Requirement Analysis)阶段主要收集来自用户和不同级别管理者的有关数据库设计的信息或者元数据(Meta-data),并通过获取公司的约束条件下的相关资料、企业决策的信息需求、信息处理的要求和数据应用模式,以及可能发生的事件和频率、优先级、约束规则、存取数据量的规模及在运行过程中的限制等因素,对公司需求进行分析,了解信息存在的基本情况以及核心的应用目标。

在信息分析与定义(Information Analysis and Definition)阶段,将需求获取阶段获得的需求信息进行分析,利用模型来表示信息与处理的相关要求,从而分析和综合使用者及管理者的不同视图,推导出一个整体化全局的企业业务逻辑视图,并且得用完整的数据概念模式进行定义和描述。

实施设计(Implementation Design)阶段则选择了一种特定的 DBMS,并将概念数据模型与处理模型作为输入,构造出 DBMS 能接受的逻辑模式、子模式和相应的程序框架。同时,实现设计中,根据系统的完整性、一致性、可恢复性、安全性和有效性等实际的问题,进行优化和处理。

物理数据库设计(Physical Database Design)阶段主要是关于数据库中的数据如何实现在物理存储器上的存放以及存取操作的相关设计,并对所产生的物理模式进行性能优化。其中主要包括磁盘存储结构的决定、算法选择、查询处理优化以及系统的实现方法(自由空间、块/缓冲、存储管理、设备分配、安全性以及完整性等)。此外,还包括了数据库维护过程中在有关数据重新组织、逻辑结构重新构造等相关结构的设计。

2. E-R 方法

E-R 模型(Entity-Relationship Model,ERM)采用了现实世界是由实体和联系组成,并结合了现实世界中一些重要的语义信息,对现有的数据模型进行了统一的表示。该模型主要包括实体、关系和属性三个要素,并通过模型驱动的设计模式(MDA 模式),即先采用与平台无关的业务逻辑建模,形成一种面向问题域的企业模式。在此基础上,进一步将企业逻辑模式变换为某个具体的 DBMS 上可以进行有效存储组织、存取操作的数据模式。一般地,E-R 模型方法的基本操作包括:首先确定实体类型和确定联系类型,并建立 E-R 图模型,在此基础上确定实体的属性,将 E-R 图转变成某个 DBMS 可接受的逻辑数据模型,从而设计完成整体的数据格式。如果加上逻辑设计阶段之前的需求分析以及其后的物理设计和实现,则组成了一个完整的数据库设计生命周期,如图 7.8 所示。

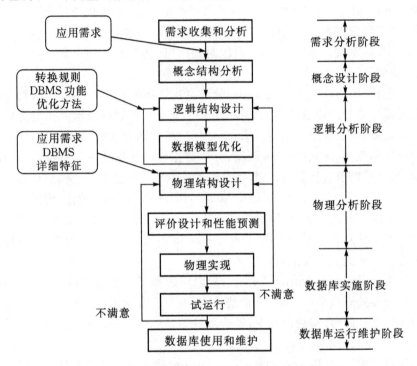

图 7.8　完整的数据库设计生命周期各个阶段示意

　　因此,这种基于 MDA 的设计方式,使得用户在使用 E-R 模型时无需考虑数据在 DBMS 中如何实现,在优化系统性能时,只需修改用户模式即可。所以不熟悉 DBMS 甚至不熟悉计算机技术的用户也能接受这种模型,同时,利用一些相应的 CASE 工具,可以作为数据库设计者、DBA 及用户讨论数据库设计方案的一种有效的方法与工具。

3. 基于 3NF 的数据库设计方法

　　这是一种结构化方法,它将数据库的设计分解为企业模式设计、数据库逻辑模型设计、数据库的物理模式设计与评价优化三个阶段。其中,在企业模式设计过程中,主要通过研究应用环境,并设定环境中所使用的各种资料、确定每一种报表里所包含的数据元素,分析和决定数据元素之间存在的关系,确保对每一组数据元素可定义可以完整地表达出企业的业务模式结构与实际数据要求。

　　在数据库逻辑模式设计阶段,则根据上面所得到的企业模式,选择采用关系数据模型推导出相应数据表与事务处理所使用的外模式(逻辑设计)。而在数据库的物理模式及评价优化阶段,则对数据的物理存储结构与性能进行分析,形成对应的内模式,并对内模式进行性能的评估与优化。

4. 析取法(Extraction)

该方法从所有已知的处理过程(如事务、查询、报表等)中析取尽可能多的结构特性,如实体、相互关系、约束等,并以完备的、一致的以及无冗余的方法来描述数据,并把这个规则应用到相应的处理过程中,以获得一个概念模式或者一个子模式(如视图和外模式)。该方法主要包括以下三个核心的工作:静态结构(静态)特性设计,包括系统中的实体、属性、关系、域和约束的设计;动态行为特性设计,包括数据库的 CRUD 等数据操作;物理设计,即针对 DBMS 环境实现的模式以及在此基础上进行的完整设计视图。

7.3　基于 E-R 模型的数据库建模原则与范式

尽管目前针对不同数据类型提出了大量的创新的数据结构模型,如对象模型、文本数据模型、空间数据模型等新模型,但是基于关系模型的关系数据库仍然是整个软件系统的主流。如何结合实际的业务过程进行抽象建模,通过外模式与内模式等相关设计,形成一个合理、高效、良构和可扩展的数据库底层设计,并在此基础上,开发和实现一个有效的数据库管理系统则是一个重要的设计目标。本节则在 E-R 模型的基本概念基础上,针对数据库设计的基本范式与原则进行描述,并对满足规范的数据库结构的设计提供有效的支持与指导。

7.3.1　E-R 模型的基本概念

E-R 模型是建立在基于关系模型基础上的一种数据分析模型,它反映了业务实体以及实体之间的逻辑关系,每个实体的逻辑结构可以采用一张扁平的二维表来表示。而二维表是建立在集合代数基础上的一个严格的数学概念,可以从集合论的角度来表示关系数据之间的逻辑结构。为了更好地理解 E-R 模型的设计优化过程,首先对 ER 模型中的基本概念进行定义。

定义 7.1　域(Domain):域是一组具有相同数据类型的值的集合,在关系表中的域也就是属性的取值范围。

定义 7.2　笛卡尔积(Cartesian Product):给定一组域 $D_1, D_2, \cdots, D_n$,这些域中可以有相同的域。其中,$D_1, D_2, \cdots, D_n$ 的笛卡尔积为 $D_1 \times D_2 \times \cdots \times D_n = \{(d_1, d_2, \cdots, d_n) \mid d_i \in D_i, i=1,2,\cdots,n\}$。其中每一个元素称为一个 n 元组(n-tuple)或简称元组(Tuple)。元素中的每一个值 d_i 叫做一个分量(Component)。

定义 7.3　关系(Relation):$D_1 \times D_2 \times \cdots \times D_n$ 的子集叫做在域 $D_1, D_2, \cdots, D_n$

上的关系,表示为 R(D_1,D_2,$\cdots$,D_n)。R 表示关系的名字,n 是关系的目或度(Degree)。关系中的每个元素是关系中的元组。

当 n=1 时,称该关系为单元关系(Unary Relation)或一元关系;

当 n=2 时,称该关系为二元关系(Binary Relation)。

可见,关系是笛卡尔积的有限子集,所以关系也是一个二维表。表的每行对应一个元组,表的每列对应一个域,且每一个列有唯一的识别名字,即为属性(Attribute),n 元关系必有 n 个属性。若关系中的某一个属性组能唯一地标识整个元组,则称该属性组为候选键(Candidate Key);若一个关系有多个候选键,则可以选定其中一个为主键(Primary Key)。

定义 7.4　关系模式(Relation Schema):关系模式是对关系的具体描述,它可以形式化地表示为 R(U,D,DOM,F)。其中 R 为关系名,U 为组成关系 R 的属性构成的集合,D 为属性集合 U 中属性的来源域,DOM 为属性向域的映象集合,F 为属性间数据的依赖关系集合。一般地,属性集合 U 中属性的来源域 D 和属性到域的映射 DOM 对模式的影响不大,则关系模式可简化为一个三元组:R(U,F)。

因此,在实际应用中,关系模式也可以描述为:关系名(属性 1,属性 2,$\cdots$,属性 n)。但是,关系数据库存储的不仅是实际应用中关系属性所包含的具体数据,而且也可以将数据之间的语义信息通过数据依赖等约束也存储在关系表中。数据依赖是指一个关系内部属性与属性之间的一种约束,这种约束关系是通过属性值的匹配或相等与否而建立的数据之间的相关联系,体现了数据的内语义。数据依赖有很多类型,其中最重要的是函数依赖(Functional Dependency,FD)和多值依赖(Multivalued Dependency,MVD)。

定义 7.5　函数依赖(Functional Dependency,FD):设 R(U)是属性集 U 上的关系模式,X 和 Y 是 U 的子集,若对于 R(U)的任意一个可能的关系 r,且 r 中不可能存在两个元组在 X 上的属性值相等,而在 Y 上的属性值不等,则称 X 函数确定 Y 或 Y 函数依赖于 X,记作 X→Y。例如,姓名→年龄这个函数依赖只有在该班级没有同名人的条件下才成立,班级中若是有同名人,则年龄就不再函数依赖于姓名。这种函数依赖关系只能根据具体的语义来进行确定。

定义 7.6　多值依赖(Multivalued Dependency,MVD):在 R(U)的任一关系 r 中,如果存在元组 t,s 使得 t[X]=s[X],那么就必然存在元组 w,v$\in$r(w,v 可以与 s,t 相同),使得 w[X]=v[X]=t[X],而 w[Y]=t[Y],w[Z]=s[Z],v[Y]=s[Y],v[Z]=t[Z](即交换 s,t 元组的 Y 值所得的两个新元组必在 r 中),则 Y 多值依赖于 X,记为 X→Y。其中 X,Y 是 U 的子集,Z=U-X-Y。

定义 7.7　主键(PK):设 K 为 R(U,F)中的属性或属性组合,若 K $\xrightarrow{F}$ U(U

完全函数依赖于 K),则 K 为 R 的候选键(Candidate Key);若候选键多于一个,则选定其中的一个为主键(Primary Key)。

定义 7.8 外键(FK):关系模式 R 中属性或属性组 X 并非 R 的键,但 X 是另一个关系模式的键,则称 X 是 R 的外部键(Foreign Key),也称外键。

定义 7.9 包含依赖:设 R(U)是属性集 U 上的关系模式,X,Y 是 U 的子集,如果 X⊆Y,即 X 是 Y 的子集,则称 X 包含依赖于 Y。

上述概念是数据库设计的基础,特别是需要了解到数据关系是一组数据域组成的笛卡尔积的子集,在关系中不仅包括所有的属性,同时也包括了相应的约束集合。而属性之间依赖与约束将不同的属性在整个关系元组的重要性和作用进行了区分和定义。例如,由于其他的属性完全依赖于主键,因此它是元组中最为重要的一个属性;而关系表之间的联系则是通过外键在一定的约束条件下来实现的。因此,上述概念为进一步了解数据库的设计提供了基础。

7.3.2 关系数据库设计范式

关系数据库是以关系模型为基础的数据库,它包含了一组关系,并通过将这组实体及其属性之间的关系模式定义成了数据库的模式,从而实现了数据的存储与处理应用。但是,如何来评估所设计的数据库模式是否达到了某种优化的级别,同时,如何有效地组织数据库的数据则成为一个新的挑战,因此,Codd 等人提出了规范化的概念与数据优化策略。简单讲,规范化是对数据库数据进行有效组织的过程,它包括两个主要目的——消除冗余数据和确保数据的依赖性处于有效状态,从而达到减少数据库和表的空间消耗,并确保数据存储的一致性和逻辑性。数据库设计范式目前已成为了数据库设计过程中必须要了解与遵行的标准,它不仅包括了对数据库设计的 5 个不同级别的规范性约束,同时也提供了一个数据库设计的优化路线。下面针对这些范式进行定义和描述。

定义 7.10 第一范式(1NF):如果一关系模式,它的每一个分量都是不可分的数据项,则此关系模式为 1NF。

在第一范式中,数据表中的域均是原子的、不可再分的,也就是人们常说的"不能出现表中套表的现象"。其本质上是希望在数据库设计过程中,要求属性具有原子性,不可再分解,从而保证每一个表均为关系表,这也是关系数据库建立的基础。

定义 7.11 第二范式(2NF):若关系模式 R∈1NF,且每个非主属性完全函数依赖于主键,则 R∈2NF。

在第二范式中,通过元组中不同属性之间的依赖关系,确立了主键在元组中的唯一性和绝对的地位,即利用对主键的查询可以更为快速地找到相应的记录中的其他属性的数据值,这种对记录的唯一性约束,为简化数据的操作提供了一种机制,而这种机制在主键索引的策略下,直接提高了数据检索和查询的效率。另外,当设计过程中的一个关系模式 R 不满足 2NF 时,可能会产生插入异常、删除异常、修改复杂等多种类型的问题,而这些问题的解决办法在于充分利用关系的投影分解技术来实现 2NF 的设计目标。

定义 7.12　第三范式(3NF):若关系模式 $R(U,F)\in 2NF$,且不存在非主属性之间的传递依赖,则 $R\in 3NF$。

第三范式中,在满足 2NF 的基础上,进一步放宽了约束,希望对那些非主键的普通属性之间的依赖关系进行描述和定义,并通过对传递依赖性的消除,在本质上消除了元组中不同属性之间存在的冗余,即任何属性不能由其他的属性直接派生出来,保证了属性的独立性,从而使数据得到精减,并降低了对数据存储空间的需求。但是,在某些特定的条件下,为了避免数据库中存在大量数据条件下,信息查询的执行运算效率低下,或者保持系统的健壮性,往往也会采用数据冗余的方式来提升执行效率。因此,根据不同系统在数据执行过程中对"时间"或"空间"的需求不同,第三范式并不一定必须满足。但是,一旦不满足 3NF,其中的数据模型中一定会存在着冗余。

定义 7.13　BCNF 范式:关系模式 $R(U,F)\in 1NF$,若 $X\rightarrow Y$,且 Y 不包含于 X 时,X 必含有键,则 $R(U,F)$ 属于 BCNF。即在关系模式 $R(U,F)$ 中,若每一个决定因素都包含键,则 $R(U,F)$ 属于 BCNF。由此可以得到一个满足 BCNF 的关系模式包括以下结论:

(1)所有非主属性对每一个键都是完全函数依赖。

(2)所有的主属性对每一个不包含它的键,也是完全函数依赖。

(3)没有任何属性完全函数依赖于非键的任何一组属性。

在关系数据库中,规范化的基本思想是逐步消除数据依赖中不合适的部分,使模式中的各关系模式达到某种分离,即通过一一映射的模式设计原则,让一个关系来描述一个概念、一个实体或者实体间的一种联系,若多于一个概念就把它"分离"出去,从而实现概念的单一化与规范化。这一点与面向对象中存在的"单一职责"的策略具有异曲同工的效果,从而避免了非主属性的部分函数依赖给数据库设计所带来的危害,并通过 1NF,2NF,3NF 和 BCNF 等范式的提出,逐步解决了关系模式中存在插入、删除异常、修改复杂以及数据冗余等不足。不同范式之间存在的关系如图 7.9 所示。

但是,由于第一范式的概念限制了系统对复杂对象的表示,从而使关系数据库对非传统的应用领域束手无策。为了使关系数据库适应现实的需求,有人提出用 NF2(Non-First-Normal-Form)模型,这种模型允许关系作为属性值,即关系存在着嵌套。但是,这种方式的引入将对关系数据理论、数据模型以及数据存储等

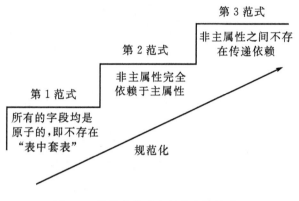

图 7.9　数据库范式之间存在的关系

带来巨大的挑战。在面对海量的文本数据的查询与检索过程中,人们在对这些问题进行进一步的分析与优化的基础上,针对大型的网络文件数据的处理提出了一些新的数据模型,其中基于 Map - Reduce 的键-值对的方式为解决非结构化的复杂数据对象存取的难题提供了新的解决机制。

7.3.3　关系数据库设计的基本原则

　　由于不同的设计师对业务的理解存在差异,因此在数据库的设计过程中所建立的数据模型也会存在差异,这也使得数据库设计在标准性与统一性上出现了一些问题。为了保证并设计出一个具有良好结构和扩展性的数据库,必须要考虑在整个数据库的设计过程中,数据模型结构是否清晰、数据关联是否简洁、实体复杂度是否适中、属性的分配是否合理和是否存在低级的数据冗余等方面。但是综合分析可以发现,数据库的设计过程中,最为核心的原则包括以下几个方面。

原则一　数据库结构的设计保持“目标原则”

　　数据库设计的核心就是需要解决企业业务管理过程中的实际问题,是希望形成报表来进行针对性的“分析”,还是希望满足系统在日常管理中的“操作”? 不同的类型会对数据库的设计带来不同的要求与目标。对于事务操作和处理类型的应用系统设计,即联机事务操作(OLTP),强调了利用规范性的设计来满足对数据库表中数据的增、查、改、删操作(Creating/Reading/Updating/Deleting, CRUD),因此,为了保持数据在执行操作后的一致性,必须要保证数据表之间保持着规范性的要求,从而实现对数据的操作进行约束以及对数据的完整性进行设计;而对于分析型的应用系统设计,强调了利用“只读”的数据进行分析、报表以及趋势预测,即联机分析操作(OLAP,详见7.5节),通过分析实现更快地数据查询与分析。例如,图7.10中显示了像 Names 和 Address 形成的简单规范化的表,这种表结构严谨而规则;而右边则是通过应用不规范化结构来创建一个扁平的表结构,这一个结构可以形成多维的空间,有利于数据的统计与分析。

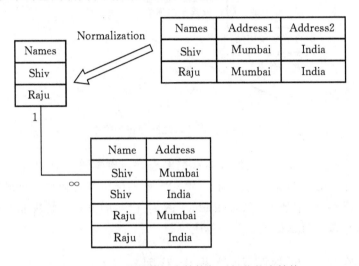

图 7.10　规范的数据表结构与不规范的表结构

原则二　数据库结构的设计保持"简单原则"

本质上,该原则反映了数据库设计范式中的第一范式,即保持所有的表结构中的字段是原子的,不可以再分的,从而保证在数据结构的设计中,保持了基本的关系表的结构。另外在图7.10中右上角的表结构,由于采用了非范式的处理,可以形成多个具有相同数据类型与结构语义的地址信息,这种利用多个字段来直接反映出数据结构中存在的某种复杂与重复性。因此,"简单原则"一方面保证系统数据结构满足关系数据库的基础要求;另一方面,避免将具有相同逻辑含义的字段信息重复使用,从而避免造成整个数据库设计中事实上的冗余。其中较为有效的方法则是将这些重复的具有相同语义的字段信息进行抽象,形成一个独立的表结构,并可以建立起两表之间的引用关系。其中,将会涉及到主键与外键的设计,主键是实体的高度抽象,而外键的关联表示实体之间的一种连接。这在整个数据库的设计中占有重要地位。通过这种深层次的逻辑分解,使数据表结构更加精简,并且查询的执行效率更加高效。

原则三　数据库结构的设计保持"高效原则"

在数据库的设计过程中,如何针对数据表中存在的大量数据进行高效的查询和检索一直是设计过程中需要考虑的关键性问题。数据库本身提供了两种机制来保障数据查询的效率:一是采用主键的方式将整个数据库中的每一条记录信息进行唯一性处理,在此基础上,可以利用主键信息,简化表内与关联表之间数据查询过程中的操作复杂度,从而提高执行效率。二是采用索引的机制,对每一个关键的或者读写频繁的字段进行加注索引(Index);而索引是对数据库表中一列或多列的值进行排序的一种结构,它包含了键值(即定义索引时指定的字段值)与逻辑指针(即指向数据页或者另一索引页)2 个基本信息,并利用 B 树或者 B+树的方式来构建索引结构。在数据库查询过程中,索引可以避免数据库全表扫描,且仅通过利用指针扫描少量索引页和数据页来实现特定数据的快速定位、查询和快速访问。因此,对索引机制的理解是保持数据库性能设计的一项关键技术。

一般地,索引主要包括唯一索引、主键索引和聚集索引三种类型。其中,唯一索引是不允许其中任何两行具有相同索引值的索引,从而防止在数据库的表中添加重复键值的新数据。而主键索引是唯一索引的一种特例,该索引要求主键中的每个值都唯一,当在查询中使用主键索引时,也可以保证实现对数据的快速访问。而聚集索引使得表中行的物理顺序与键值的逻辑(索引)顺序相同,从而大大提高查询的速度。利用 SQL 语言创建一个索引的结构如下所示:

```
CREATE [UNIQUE][CLUSTERED | NONCLUSTERED] INDEX index_
name ON { table | view } ( column[ASC|DESC][,...n] )
[WITH < index_option > [ ,...n]]
[ON filegroup]
<index_option >::=
    { PAD_INDEX |
            FILLFACTOR = fillfactor|
            IGNORE_DUP_KEY|
            DROP_EXISTING|
            STATISTICS_NORECOMPUTE|
            SORT_IN_TEMPDB
    }
```

随着计算机辅助设计(CASE)工具的不断发展与成熟,索引的创建方式也可以通过工具来实现快速配置,但是理解其中的核心机制,特别是对数据结构中的 B

树的理解,将会对设计一个具有较高数据库的执行效率的应用提供保障。

原则四　数据库结构的设计保持"无冗余原则"

在原则一中也提到了一种数据的结构冗余,即在表结构中,存在着相似语义的字段,例如地址 1,地址 2,地址 3 等字段,这些字段信息具有相同的含义,由于不同的实体对象在数据记录中可能具有的地址信息存在一定的弹性,从而造成一些字段存在空值而体现出了结构的冗余。此外,在数据库的设计中,还希望尽可能地避免字段之间由于存在某种函数依赖而产生数据值之间的冗余,即满足数据库第三范式的设计要求。例如图 7.11 所示的示例中,在学生表中,针对学生的总成绩、总课程与平均课程成绩这些字段之间存在着一定的函数依赖关系,则在整个系统的设计中存在着冗余,即通过总成绩与总课程之间的关系,可以计算出平均课程成绩的值,因此,不满足第三范式的基本要求。常规的数据库设计会将这些冗余的字段去掉,从而保持精简的数据结构以及数据存储的大小。

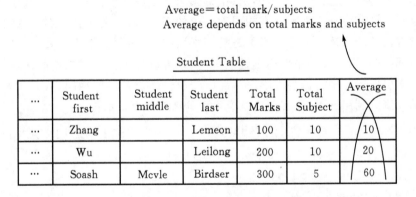

图 7.11　数据表中存在不满足第三范式的数据冗余

但是,在某些对性能要求更高的环境下,为了避免在查询过程中进行计算而导致性能的下降,有时这种派生出来的字段也会在设计中采用,这点充分体现出设计者在设计数据库的过程应该具有的规范性与灵活性相结合,设计的目标就是让所设计的数据结构能够更好地在实际环境下被充分使用。这也是设计过程中"时间"与"空间"设计的一种平衡(trade - off),即以系统性能与效率为优先目标,还是以数据存储资源的利用为优先目标,并根据实际需求,最终达成一个设计的最佳优化目标。

因此,在设计中对第三范式的扩充表现为:不应将"第三范式中的避免冗余"当作一条绝对的规则去遵循,对数据表中字段的无冗余或少冗余设计需要根据实际需求,有时通过多个表之间的连接操作进行数据查询时,往往也会极大地降低数据库的性能,因此,利用冗余的方式可以有效提高系统的性能。例如图 7.11 中所采用的非范化方式,避免了两张表之间的连接(JION)操作,从而达到提高系统性能的目的。

原则五　数据库结构的设计保持"数据一致性原则"

在数据库的实际设计过程中存在的不当的设计,将造成数据库中数据重复与不统一等问题,这种不一致的数据在系统的实际应用和分析过程中,将产生混乱与脏数据。例如在图 7.12 所示的数据表中,针对不同的"Standard(标准)"字段中的值,存在着"5th Standard"和"Fifth standard"等不同的值,如果没有一个统一的输入规则,则大量不一致的输入数据将会导致系统无法实现对数据本身的分析。"数据的一致性原则"就是为了避免这种情况出现而提出的一个设计原则。

Roll No.	Standard	Student name	Syllabus	Total Marks	Total Subject	Average
1	5th Standard	Wu Feilong	Physics/ Maths	100	10	10
2	Fifth Standard	Soash Mcvle Birdser	Physics/ Maths	200	10	20
3	6th Standard	Zhang Lemeon	Physics/ History	300	5	60
4	Sixth Standard	Wang Thiek	Physics/ History	200	5	40

图 7.12　数据表中存在不一致数据的示例

针对这个问题,利用"数据的一致性原则",可以采用以下两种方式将被枚举的数据值进行统一的配置管理。其中,第一种方式可以建立一张独立的数据表将这些数据完整地进行迁移,从而形成表之间的关联,并利用表中外键的引用来实现数据的操作;第二种方式则是将这些数据迁移到一个统一的数据字典表中进行管理,使得数据输入机制从普通的用户通过界面直接输入转变为用户通过选择操作来实现数据输入,从而保证了数据的一致性。由此可见,第二种方式是第一种方式的一种改进,即通过对整个系统中存在的配置表进行抽象,形成一个公共的数据字典来实现对系统中存在的各类基础性数据的统一配置和管理,避免了整个系统中存在大量的数据配置表造成数据管理的混乱。其中第一种改进设计如图 7.13 所示。

Student Table

Roll No.	Standard	Student first	Student middle	Student last	……
1	1	Shivprasad	Harisingh	Koirala	……
2	1	Raju	Harisingh	Koirala	……
3	2	Suresh	Harisingh	Bist	……

Standards Table

ID	Description
1	5th standard
2	6th standard

图 7.13　数据表中存在不一致数据的优化改进设计结构示意

原则六　数据库结构的设计保持"灵活且可扩展原则"

在数据库的设计过程中,随着需求的不断变化,如何能够保证所设计的系统数据结构在业务需求变化过程中,避免由于数据库设计的大幅度调整而造成的系统和代码的大量重复修改,这也是每一个设计者所追求的目标之一。"灵活且可扩展"的设计原则就是希望在系统设计过程中通过抽象与隔离机制,来实现对一些业务实体的封装,从而达到将数据的变化封装在特定的且可控的范围之内。例如,图7.14 中反映了教师的信息、教师的论文以及出版教材等工作成果的一些信息。

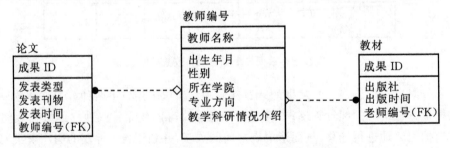

图 7.14　普通的数据表结构的应用示例

随着业务的变化,需要将教师参考与主持的科研项目也纳入教师评估管理的范畴,这时可能就会对原来存在着依赖关系的表结构进行调整,但这些调整可能带来的后果是:数据结构的变化导致了代码也发生相应的变化,这种改动可能导致引入更多的 BUG。因此,如何采用一种抽象隔离的机制,将可能出现的变化封装在有限的范围之内,对设计提出了新的要求。图 7.15 通过对各种成果进行抽象的基础上,建立起了这种灵活且可扩展的数据库设计机制。

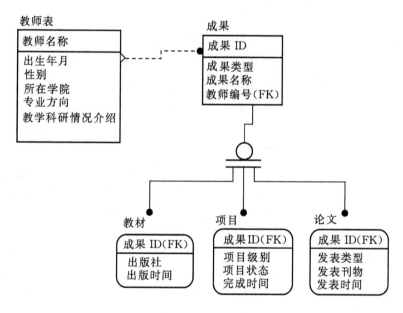

图 7.15　灵活且可扩展设计原则的应用示例

　　通过建立一张抽象的成果表,将可能存在的各种类型的成果统一地封闭在有限的范围内,一旦系统的业务需求发生新的变更,一方面可以通过抽象的成果表与具体的成果实例表之间建立关系,实现灵活地增加新业务以适应需求的动态变化;另一方面,成果表也将各种具体的成果类型进行了封装和隔离,教师表与其他成果表之间存在的业务逻辑以及代码,不会因为新的需求变化而产生额外的影响,从而实现了在业务扩展的过程中,对系统所带来的代价最小。

　　这种对数据表进行抽象并建立起的一种设计结构,非常类似于对象设计过程中所强调的“开-闭原则”,即在保证对系统业务需求变化开放的基础上,同时,保证将业务变化封装在局部的范围之内,使得变化对系统带来的影响最小化。其本质是通过“抽象”来建立起一种有效的数据封装与隔离机制。

　　通过上述 6 个基本的数据库设计原则,可以看到数据库的范式是整个系统进行设计的基础,在此基础上,保证所设计的系统数据库的结构尽可能地简单、高效、无冗余或少冗余,一致性以及灵活且可扩展。这对于数据库的设计者也存在着较高的要求,特别是需要在业务需求的分析基础上,建立起抽象的逻辑思维能力,灵活运用相应的设计原则,来保证软件系统的数据库底层设计具有更好的实际应用价值与可扩展性。下一节将在一个实例分析的基础上，逐步分析和设计相应系统的数据库结构。

7.3.4　关系数据库设计原则的应用实践

设计是一种"遗憾"的艺术，当设计者在特定的时间、需求与环境下开始对一个系统进行分析设计时，往往会受到许多不同环境和情况的限制和约束；同时，对于同样的需求，不同的设计者由于知识背景、工作阅历以及特长喜好等的差异，所设计出来的系统结构也会存在着不同。因此，软件系统的设计作为一种创意设计，其本身往往无标准答案，只要能够有效地覆盖系统业务需求的范围和功能，其设计就是基本可行的。但是，要达到优秀且实用的设计，则需要在深入了解数据库的基础理论与 SQL 语言的执行与解析方法的基础上，针对数据库结构设计的清晰程度、关联的简洁性以及实体个数属性的抽取个数等方面进行描述和优化，最终在数据库范式以及基本设计原则的基础上，完成最终的软件设计。

一般地，数据库的概念设计在遵循上节所述的原则基础上，还需要考虑到所设计的数据库结构的可理解性、完整性、性能等方面的要求，使所设计的数据结构易于被用户与开发人员理解，且保证数据库中所存储数据的一致性、可用性与易于开发人员操作与扩展。因此，从具体的设计和操作的角度上来看，数据库对象要有统一的前缀名，并尽量只存储单一实体类型的数据，以保持实体表的独立性。同时，在数据库范式设计的要求下，保证每一个数据表中的记录应该具有一个唯一的主键来标识，同时，数据表中不应该存在有重复的或者空的列，同时也要避免在数据表中存在重复的记录值。

随着电子商务的大量普及，结合实际的电子商务中的订单管理的应用需求，对其中的业务进行简化后，形成了一个简化的应用场景。下面针对这一个应用场景的需求，结合上述的原则来考虑和设计整个系统的数据库底层结构。

应用场景：

某企业希望针对其商品的销售过程与销售订单采用软件系统来进行统一的管理，而传统的订单管理过程中主要采用了纸制的报表文件来管理，其中定义了订单的编号、订单下达的日期、发货日期、交货日期、客户号、客户姓名、客户地址、客户邮编，同时，一个订单中可能会包含多个不同的产品，而产品的信息主要包括产品号、产品名称、颜色、单位、数据，每一个产品的购买总价。另外，对于一个订单而言，由整体的税费、运输费和所有购买产品总价以及整个订单所包含的总费用等信息组成，通过上述的信息，形成的文件结构如图 7.16 所示。请问你做为一个系统设计者，应该如何考虑和设计该系统的数据？

订单号	订单日期	发货日期		交货日期	
客户号	客户姓名	客户地址		客户邮编	
产品号	产品名称	颜色	单价	数量	总价
1					
2					
3					
4					
税费	运输费	产品总价		总费用	

图 7.16　产品销售订单结构示例

在针对这个具体应用场景和需求进行分析与建模的过程中,可以采用以下的基本建模步骤:

第一步:快速地识别和定义业务主题与设计目标,按照主题将用户视图分组并定义为不同的实体单元,从而建立系统的概念数据模型。在本例中,核心的业务目标是针对客户下达的订单进行管理和跟踪,并可以动态掌握订单的进展和完成情况,而订单中包括了订单、客户、产品等实体信息,这些实体之间存在着一定的业务关联。通过初步的分析可以知道,目前的订单的报表结构不满足数据库设计的范式要求。因此,需要按照范式的设计要求进行进一步规范化处理。

第二步:数据结构规范化,按照业务的需要进一步分析实体属性,规范化数据结构产生基本表及表间关系,建立系统的完整逻辑数据模型。在此过程中,按照数据库的范式要求逐步进行分析与优化。

首先将图 7.16 中的产品订单数据信息报表中的字段内容进行梳理,形成如图 7.17(a)所示的非范式的数据表,在此结构中,由于一张订单有可能订购多个产品,所以存在着表中套表现象,即产品字段可以细分,不符合第一范式的基本要求;而利用数据结构规范化方法将表中所嵌套的表(有关产品信息的表)抽出来,形成一张独立的订购产品表(如图 7.17(b)),从而保证系统数据库设计中存在的表结构满足第一范式的要求。此外,针对订购产品表进一步分析,由于第二范式要求对于非主关键字属性完全函数依赖于主键,但是产品名称和产品颜色只依赖于产品号,而不依赖于订单号,所以不满足第二范式,通过规范的方法将该表进行分解,建立第三个实体表结构"产品",整体的结构如图 7.17(c)所示。同理,针对订单表也可以发现,客户号、客户姓名、客户地址和客户邮编也不完全依赖于订单号,也不满足第二范式的要求,因此也需求通过规范化处理的方式来分解订单表。分解后的结果如图 7.17(d)所示,此时系统中的所有表结构均满足了第二范式的基本要求。

根据第三范式针对非主属性之间相互独立的要求,即任何非主属性间不存在函数依赖(或传递依赖)关系,消除能由任何其他非键字段进行标识或依赖的数据元素。检查系统的所有表结构(图 7.17(d))中的每个非键数据元素,可以发现:在订单表中,税费、运输费、产品总价以及总费用之间存在着一定的函数依赖,其中产品总价可以通过订购产品表的每一个订单中所有产品的总价进行计算,而总费用则可以利用税费、运输费以及产品总价组合进行计算,因此,这些字段之间存在着函数依赖。即由于不满足第三范式的要求而导致系统数据结构存在着一定的冗余,最简单的方式则是将冗余的字段去除以保持系统数据结构设计有效性与精简性。

在本例中,对于产品总价的冗余信息处理则体现出了设计师对系统性能的需求与把握。由于产品总价可以通过遍历订购产品表中的一些字段信息进行计算后来获得,这也使得查询不同的订单总价时,如果不采用冗余处理机制,就需要连接订单表与订购产品表,此过程将带来系统性能的开销,导致查询性能的下降。

另外,在订购产品表中,如果存在产品的单价信息与数量信息,则总价字段也是一个冗余信息,特别是产品单价这一个字段的处理存在着两种特殊的语义环境:一是每一种产品具有统一的价格时,产品单价信息应该完全依赖于产品号,即它属于产品实体中的一个固有属性,因此该字段应放在产品表;另一种则是根据产品的销售数量的大小,产品会有不同的价格时,该字段应该隶属于订购产品表。因此,数据库的设计过程中需要对数据的语义特征进行详细分析,同时,第三范式也可以协助设计者进一步理解和优化数据表以及数据表内数据的组织方式。因此,在采用第三范式进行冗余字段的取舍时,也需要设计者同时兼顾系统的访问性能。

在不同的数据库设计范式要求下,我们可以将非范式的数据库结构通过增加不同的约束,逐步转化为一个良构的数据库设计,从而有效地保证了数据库数据结构的简单、高效、无冗余或小冗余的基本特征。

第三步:数据元素规范化,即对数据表中元素进行的一致性处理。例如,采用图 7.17(d)所示设计中,产品表内的产品颜色字段在实现过程中将会采用与用户输入相应的数据,一旦不同的用户对颜色的理解与输入信息的偏好存在差异时,如"红色"、"Red"或"红",往往会直接带来数据的不一致,而在系统中这种不一致的数据将会产生系统数据分析过程中的"脏"数据,因此,为了保证数据在输入过程中的一致性,可以将颜色这一个字段的值信息存储在系统统一的数据字典之中,也可以形成一个独立的颜色表,通过系统在使用之前的统一配置,来保证用户输入该信息的一致性。同理,在本例中,税费、运输费、地址等字段信息,可以根据业务的实际背景与需求,对这些字段进行一致性处理,从而使得本例中的系统结构变得更加复杂。整个系统的设计可以采用图 7.18(a)和(b)两种情况,可见,保持数据一致性往往也可能会增加实现过程中的复杂度。

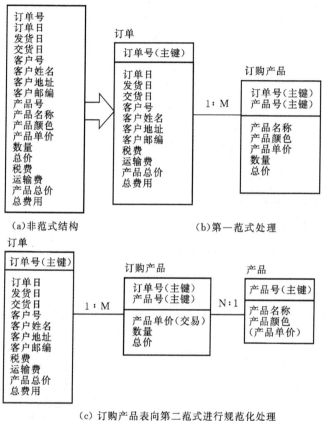

（a)非范式结构　　　　　　　　　　　　　（b)第一范式处理

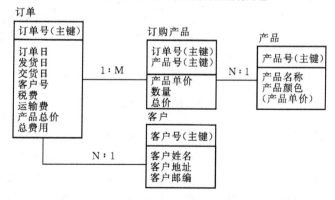

（c) 订购产品表向第二范式进行规范化处理

（d)订单表向第二范式进行规范化处理

图 7.17　对数据结构进行规范化处理的过程示意

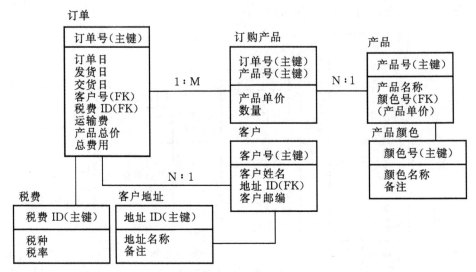

（a）利用常规表分解的方式来处理数据一致性

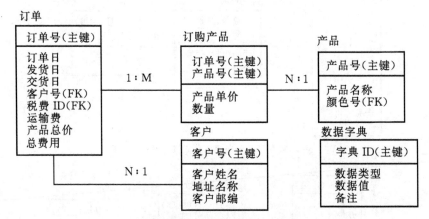

（b）利用数据字典来处理数据一致性问题示意

图 7.18　两种处理数据一致性问题示意图

　　第四步：系统数据结构的可扩展性设计，即能够适应在一定条件下随业务需求变化而保持系统设计结构稳定的设计。在整个系统的设计过程中，假设随着业务扩展的需要，对客户进行一次的细分，其中包括了普通个人客户以及企业单位客户两类，同时，对于不同类型的客户下的订单将采用不同的审核或者物流过程，这时，就需要对客户表进行处理，支持这种业务的变化并实现系统的可扩展性，扩展的本质就是建立抽象来隔离和封装变化。因此，本示例中，在建立个人客户表与机构客户表的基础上,通过一个抽象的客户表,并利用该表来封装具体的客户信息来实现可扩展性,具体的实现方式请参考 7.3.3 中可扩展设计原则的实现方式。同理,随着业务的扩展,也需要不断增加不同类型的产品进行销售,例如日用品、电器、艺术品等不同的类型,且每一种类型的产品也都具有不同的业务操作能力,在这种情况下也可以采用相同的方式对系统进行扩展实现。通过这种可扩展的结构设计,尽管获得了系统的可扩展性支持,但必须说明的一点是,这种通过抽象来实现可扩展的设计方式也会带来系统的负作用,即系统的编程复杂性提高且可能会导致性能下降。因此,优秀的设计者在系统设计过程中必须考虑到未来的扩展性,但同时也要避免过度设计带来的负作用。

7.4 数据模型的设计全生命周期过程与数据完整性

7.4.1 数据模型的设计全生命周期过程

在上一节中,针对一个简化的订单管理业务场景进行了数据分析与建模,同时,也体现出了数据库设计的基本原则与实际应用方法。但是,在一个真实的复杂业务环境下,如何能够有效地针对系统的复杂业务过程进行逐步细化分析,其中整个分析设计全生命周期过程中都有哪些关键的阶段,每一个阶段中最为关键的技术与分析方法有哪些,这也是设计者必须掌握的知识。在传统的基于结构化的设计设计过程中,针对系统中的数据与处理操作,提出了采用需求分析、概念结构设计、逻辑结构设计、物理设计、数据库实施以及数据库运行和维护六个阶段的设计过程,每一个阶段中关键的设计内容如图 7.19 所示。本章关注于系统中存在的静态数据结构的建模,即数据库建模,而关于系统中数据的动态行为模型将会在下一章中进行详细的描述和介绍。

下面将对上述 6 个阶段中存在的关键任务进行分析和介绍。

1. 数据需求分析阶段

设计一个性能良好的数据库系统,首先需要明确的是应用系统的基本需求、边界和目标,通过对用户需求以及需要建模的对象信息进行收集和整理,例如对某个组织、部门、企业的业务管理与操作流程等信息进行归纳与整理,在充分了解原有手工操作或已有计算机系统的工作情况和工作流程的基础上,定义系统的数据字典和数据流图,明确系统的业务逻辑与功能,并产生系统需求说明书。该需求分析说明书的准确性与质量的好坏,将直接影响到所构建数据库系统的质量、性能与可扩展性。

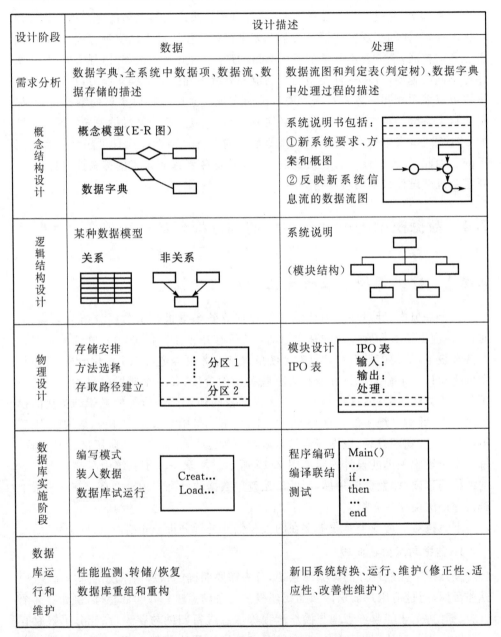

图 7.19　数据与处理的设计阶段和关键内容示意图

　　在需求分析过程中,调查、收集和分析用户的信息需求、处理需求、安全性与完整性要求是重点。用户信息需求是指用户需要通过数据库系统所获得的信息内容,由用户的信息需求可以分析和推导出数据需求,即在数据库中应该存储哪些数据以及数据之间存在着什么样的关系。处理需求是指用户要求完成什么处理功能和对某种处理要求的响应时间,以及采用的是批处理还是联机实时处理。一旦明确了用户的处理需求,将有利于后期应用程序模块的设计。在调查过程中,根据不同的业务环境与具体问题,可采用不同的调查方法,如业务咨询、问卷调查、查阅档案以及用户访谈等,但无论采用哪种方法,都需要有用户的积极参与和配合。收集用户需求的过程本质上是数据库设计者对各类管理活动进行调查研究的过程,调查和收集用户需求的具体做法一般可以包括以下三个步骤:

第一步,可以借助于企业架构模型(EA),了解和分析企业组织机构的情况,调查该组织由哪些部门组成,每一个部门的核心职责与关键角色是什么,为分析信息流程做好准备;此过程可以借鉴和参考本书第 3 章的相关知识内容,特别是可以采用 ARIS 的 House Model 或者是 CBM 等模型来展开企业架构的分析。

第二步,了解各部门的业务活动情况,调查各部门的输入和输出的数据,以及如何加工处理这些数据。其中包括输出什么信息,输出到什么部门,输出的格式以及表单等。在调查活动的同时,还要注意对各种资料的收集,如票证、单据、报表、档案、计划、合同等,要特别注意这些报表之间的关系以及各数据项的含义。例如,在图 7.20 中提供了一个中国邮政汇款单,一些单位可以利用这种汇款单来处理异地违反交通法规的罚款交纳。在需要开发一个相应的软件系统时,通过对此类实际的、结构化的业务单据分析可以极大地帮助设计师对实际业务数据信息结构以及关系进行理解与设计。

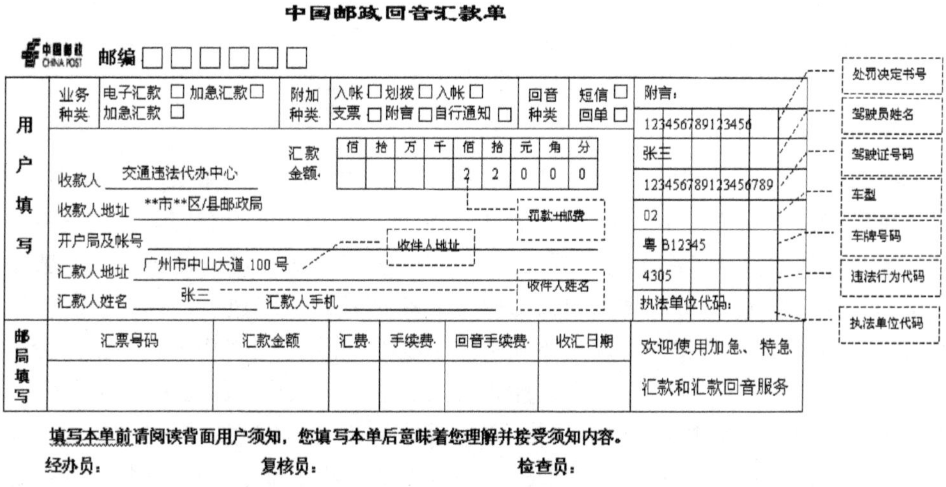

图 7.20　中国邮政汇款单的信息结构示意图

第三步,根据角色与业务过程,确定系统的边界,并确定出哪些功能由系统完成,哪些活动由人工完成,从而分析并细化出系统中明确的功能边界。边界的确定是需求分析阶段中最为关键的目标之一,特别是在实际环境下,用户缺少软件设计的专业知识,而软件设计师往往不熟悉领域。因此,很难一次性地准确定义出需求中所包含的所有处理过程和业务信息,需要设计师在采用自顶向下、逐层分解的方式分析系统的同时,也可以充分利用实际用户的专业知识,特别是针对那些缺少现成的模式、业务模糊的系统需求,利用原型化方法来协助设计与开发是一个非常普遍的选择,通过一个比较简单的、易于改进的原型系统,通过用户之间的交互确认来反复协商和细化用户的实际需求与目标。

2. 概念设计阶段

概念设计阶段通过与客户交流进一步理解需求,来实现对用户需求的综合、归纳以及实体抽象,形成一个系统的数据概念模型。该模型关注于业务中存在的核心实体以及关键属性,而暂不关注太多实现细节。很多设计师在这一阶段对具体的表结构、索引、约束、存储过程开始进行了设计,但实际上该阶段主要的任务是从数据需求分析中梳理出系统的实体与属性的关联模型,即实体关系图(E-R 图)。另外,若两个实体之间存在多对多的关系,则在设计与实现中应消除这种关系,即增加一个关系实体使原来的多对多关系转化成为了两个一对多关系,从而在本质上消除了表中存在的不满足第二范式的现象。

在概念结构的设计阶段已经开始进入数据库完整性设计的实质阶段,常会利用一些建模的 CASE 工具来辅助进行设计,包括 MS Visio,EA,PowerDesigner 和 ERWin 等。此阶段的实体关系在逻辑结构设计阶段将进一步转化为实体完整性约束和参照完整性约束,并完成数据结构设计的主要工作。

3. 逻辑设计阶段

在逻辑设计阶段,就是将概念结构转换为某个 DBMS 所支持的数据模型,并对关系模型进行规范化和优化。整个工作包括两个方面:一方面,在确定数据库的数据定义范围和数据组织形式的基础上,对实体进行细化并可以转化成现实数据库中的具体表结构,这种实体表结构与中间表和临时表不同,它具有原子性、原始性、演绎性和稳定性的特征。即实体表中的字段不可再分,且表中的记录是原始数据(基础数据)的记录,一旦存入数据库则会通过数据持久化来保持较长的时间,并且表中的数据可以派生出其他的数据,这也是实体表与中间表或临时表之间的差异。另一方面,当实体表中的所有非关键字属性都依赖于整个关键字时,都应确保关键字的唯一性,特别是避免出现更新异常。实体表及其字段之间的关系应尽量满足第三范式,减少数据冗余并确保数据的准确性,提高数据库的性能。但是,满足第三范式的数据库设计,并不一定是最好的设计。有时为了提高数据库的运行效率,常常需要降低范式标准:适当增加冗余,达到以空间换时间的目的。

通过将概念模型转换为某个 DBMS 所支持的逻辑数据模型,以及具体的表和其他数据库对象,包括主键、外键、属性列、索引、约束甚至是视图以及存储过程等,并根据业务与性能要求对其进行优化,使得所设计出来数据表结构具有较好的可用性,这体现在进行数据查询时是否需要关联多张表或者是否需要使用复杂的 SQL 技巧;另外,在满足数据库范式的约束下,表和表之间的关联尽量采用弱关联而不建议采用强关联,这样的设计有利于实现系统表结构以及表中的字段的调整和扩展重构。

一般地,在逻辑设计阶段对所设计的数据结构的好坏往往也存在着一些简单的评价标准。例如,在保证同等数据操作功能的前提下,一个数据库中所涉及的数据表个数越少越好,这是因为通过对业务的抽象精减掉了大量多余的实体;而一个表中组合主键字段个数越少越好,一方面是因为避免由于主键建立的额外的索引而浪费不必要的存储空间,另一方面,一旦这些主键作为其他表的外键,也可以减化相应的连接操作,降低程序调用传值过程中业务参数值暴露所造成系统的安全隐患。因此,越来越多的企业级应用中,大量采用代理主键的方式来设计数据表,避免了业务主键可能给系统带来的负面影响。

在逻辑结构设计阶段结束时,作为数据库模式一部分的完整性设计也就基本完成了。每种业务规则都可能有多种实现方式,应该结合上述的一些评价标准来选择对数据库性能影响最小的一种方式,有时也需要通过实际测试来最终决定。

4. 物理设计阶段

在数据库物理设计阶段,对已经确定的逻辑数据结构,利用具体的数据库管理系统(DBMS)所提供的方法和技术,以较优的数据存储结构、数据存取路径、合理的数据存储空间分配以及数据的存取方法,设计出一个高效、可用的物理数据结构。

随着 CASE 技术和工具的不断成熟,一旦设计好一个合理的逻辑数据结构后,通过这些工具可以针对不同的数据库自动生成 SQL DDL 执行代码,同时,针对所有表的主键和外键,以及频繁查询的字段建立索引,以提高系统整体的检索效率,也可以快速可视化地设计约束和触发器来保证系统的完整性约束。例如,利用 Check 方法来实现域的完整性,也可以设计主键(PK)、外键(FK)和数据表一级的触发器来实现参照完整性,也可以通过存储过程和触发器来定义业务规则,实现用户定义的完整性要求。

许多情况下,设计师也可以根据业务需要设计相应的存储过程,利用数据库自身的机制来保证数据的一致性和性能,但是存储过程也往往会受到数据库版本、开发部署环境以及数据库迁移的影响。特别是随着"对象/关系映射"机制的普及,目前在面向对象的编程环境下越来越少的程序员通过存储过程来实现对数据库的操作。

5. 实施与运行阶段

数据库实施与运行维护阶段,程序员运用特定 DBMS 提供的数据库语言以及系统的编程语言,根据逻辑模型和物理模型创建数据库,开发应用软件系统实现数据入库运行的同时,在保证数据库完整性的基础上,实现数据的共享性、独立性、有效性以及数据的可演变性。在数据库系统的实施和运行过程中,如何保证和提高数据库系统的运行效率也是一个重要的挑战,一般常用的办法是在数据库物理设计时,降低范式并增加冗余,少用触发器且多用存储过程来处理。当数据库运行的记录条数超过千万条以上的规模时,一方面需要尽量减少对数据的直接遍历或是连接操作;另一方面,可以采用水平分割的方式,以主键的特定值或时间戳为界线,将数据表分割为两个以上的表,来提高数据查询和操作过程中的执行效率,但这种方式也会增加系统开发过程中的复杂度。此外,通过对数据库管理系统进行各种系统参数的优化,如设置缓存、算法优化或增加并行处理的能力来实现系统查询优化。

另外,为了更好地保证系统在运行的过程中,对数据的分析处理以及可视化报表的应用,在实施和运行的过程中常常会设计一些中间表、临时表或者视图。其中,中间表是存放统计数据的表,它是为数据仓库、输出报表或查询结果而专门设计的,有时甚至没有设计主键与外键;临时表是程序员个人所设计的,有时可以动态创建并用于存放临时的数据记录;而视图是数据库设计中的一个重要的机制,它与实体表、中间表和临时表不同,视图是一种虚表,其数据主要依赖于数据源的实体表而存在,它不仅为程序员提供了一个操作数据库数据的窗口,另外也是实现用户数据保密的一种手段。特别是针对某些与企业核心信息管理相关的系统而言,完成物理设计之后,甚至建立一个与基本数据表个数与结构相同的视图,来避免由于误操作而导致的数据安全隐患。

6. 数据库运行维护阶段

数据库的运行维护阶段的核心工作就是在数据库系统运行过程中对其进行评价、调整和修改,在系统调整和改进的过程中,往往需要从数据库系统级优化、数据库设计级优化和程序实现级优化三个方面来考查评价,并且针对不同类型的问题需要进行相应的调整和修改,从而在保证系统正常运行的基础上,不断提高数据库的运行效率。

另外,在数据库的维护过程中,需要尽量避免不断"打补丁"式的维护。特别是不断对数据库进行增删改的操作,使得数据库的规范结构被随意破坏,使得数据库中的基本表、代码表、中间表和临时表变得杂乱无章，导致企业信息系统无法维护而瘫痪。

7.4.2　数据库完整性的设计

数据库完整性（Database Integrity）是指数据库中数据的正确性、有效性和相容性，它可以由各种各样的完整性约束来保证，特别是系统在进行更新、插入或删除等操作时都要检查数据的完整性，核实其约束条件，即关系模型的完整性规则，因此可以说数据库完整性设计就是数据库完整性约束的设计。其中，关系模型中有三类完整性约束：实体完整性、参照完整性和用户定义完整性（也称域完整性）。实体完整性和参照完整性约束条件称为关系的两个不变性。关系数据库的完整性规则是数据库设计的重要内容。在绝大部分关系型数据库管理系统（RDBMS）中，只要用户定义了表的结构，并选定了主键、外键和参照表后，RDBMS 都可以自动实现其完整性约束规则。

（1）实体完整性（Entity Integrity）。实体完整性指表中行的完整性，即每个关系（表）有且仅有一个明确的主键，主要用于保证操作的数据记录非空（NOT NULL）、唯一且不重复。

实体完整性规则的形式化表达：若属性 A 是基本关系 R 的主属性，则属性 A 不能取空值，其中空值（NULL）是指暂时"没有存放的值"、"不知道"或"无意义"的值。主键是实体数据记录的唯一性标识，若主属性取空值，一方面不满足第二范式的要求，即记录中其他的属性值不能完全依赖于"空值"；另一方面，关系表中就会存在不可标识的实体数据，这与实体的定义矛盾，但是对于表中的其他非主属性可以取空值（NULL），该规则也被称为实体完整性规则。例如在学籍关系表中，主键"学号"不能存在空值，否则将无法实现对学籍表中的数据记录的操作和查询。

（2）参照完整性（Referential Integrity）。参照完整性属于表间规则，在关系数据库中，关系之间的联系通过父表中的主键，同时也作为子表中的外键的这个公共属性来实现。在对其中一个基础表进行更新、插入或删除记录时，如果不能同时改变其子表的相应数据，就会影响数据的完整性。例如，删除父表的某一行记录后，子表的相应记录未删除，这将导致这些记录成为孤立记录，并造成数据的不一致和脏数据的出现。因此，参照完整性体现在两个方面：实现了表与表之间在更新、插入或删除表间数据时的完整性；另外，外键的取值必须是父表主键的有效值，或是"空"值。

参照完整性规则的形式化表达：若属性组 F 是关系模式 R1 的主键，同时 F 也是关系模式 R2 的外键，则在 R2 的关系中，F 的取值只允许两种可能：空值或等于 R1 关系中某个主键值。其中，R1 称为"被参照关系"模式，R2 称为"参照关系"模式。另外,在实际应用中,外键不一定与对应的主键同名,可以根据业务需要采用不同的别称,但是数据值之间必须满足参照完整性。例如:在学籍关系表中主键"学号"在选课关系表中作为外键,当删除了学号为"100001"学生信息时,如果不能同时删除选课表中存在的该学生的选课记录,则会造成数据的不一致。

（3）用户定义完整性（User-defined Integrity）。用户定义完整性是指数据库表中的每一个字段（列）必须满足某种特定的数据类型或约束,其中约束包括了取值范围、字段的类型、字段的有效规则以及精度等约束,是由确定关系结构时所定义的字段的属性决定的等规定。例如,学生百分制成绩的取值范围在 0～100 之间,学生的性别只有"男"或"女"2 种,5 岁＜学生年龄＜30 岁,教师工资＞0 元等。在关系表中的 CHECK,FOREIGN KEY 约束和 DEFAULT,NOT NULL 定义都属于域完整性的范畴。

数据库完整性约束可以通过 DBMS 或应用程序来实现,基于 DBMS 的完整性约束作为模式的一部分存入数据库中。数据库设计人员不仅需要负责基于 DBMS 的数据库完整性约束的设计与实现,还要负责对应用软件实现的数据库完整性约束进行审核。通过 DBMS 实现的数据库完整性按照数据库设计步骤进行设计,而由应用软件实现的数据库完整性则纳入应用软件设计。一般地,在实施数据库完整性设计的时候,需要把握以下一些基本原则:

（1）根据数据库完整性约束的类型确定其实现的系统层次和方式,并提前考虑对系统性能的影响。一般情况下,静态约束应尽量包含在数据库模式中,而动态约束由应用程序实现。

（2）实体完整性约束、参照完整性约束是关系数据库最重要的完整性约束,在不影响系统关键性能的前提下需尽量应用。要根据业务规则对数据库完整性进行细致的测试,以尽早排除隐含的完整性约束间的冲突和对性能的影响。

（3）在需求分析阶段就必须制定完整性约束的命名规范,尽量使用有意义的英文单词、缩写词、表名、列名及下划线等组合,使其具有较高的可读性,且易于识别和记忆,如 CKC_EMP_REAL_INCOME_EMPLOYEE,PK_EMPLOYEE,CKT_EMPLOYEE。如果使用 CASE 工具来设计,一般有缺省的规则,可在此基础上修改使用。

（4）多级触发的触发器的控制容易发生错误,应尽量少用,如果必须使用,最好可以使用 Before 型语句级触发器。

由此可见,一个好的数据库完整性设计首先需要在需求分析阶段确定要通过数据库完整性约束实现的业务规则,在充分了解特定 DBMS 提供的完整性控制机制的基础上,依据整个系统的体系结构和性能要求,遵照数据库设计方法和应用软件设计方法,合理选择每个业务规则的实现方式;最后通过测试排除隐含的约束冲突和性能问题,从而实现和保证数据库系统的完整性约束与数据的一致性要求。

7.5　数据仓库与数据立方

随着数据库技术的不断发展,大数据量的、尤其是海量数据的应用系统越来越多,也越来越成熟。人们对数据库的要求,已经开始由最初对于数据只是进行简单的查询和统计等要求上升为希望能够通过对原始数据进行深加工,从而从数据库中挖掘出有价值的信息来支持决策分析。如何有效利用已有的数据并发挥其核心的价值已成为人们关注的问题,也正是在这样的背景下,1991 年 Inmon 提出数据仓库并获得了广泛的关注,其主要功能仍是对组织联机事务处理(OLTP)业务系统中所累积的大量数据资料进行分析和加工处理,进而支持如决策支持系统(DSS)或商务智能系统(BI)。因此,数据仓库是在数据库已经大量存在的情况下,为了进一步挖掘数据资源、提供决策分析与支持的需要而产生的一项以问题与分析为导向的技术,它具有面向主题、集成、不可更新和随时间不断变化的特点,通过对这些特点的深入分析,我们可以更进一步来了解数据仓库的构建机制和模型的设计方法,从而利用数据仓库来对业务决策过程提供数据分析和应用支持。

7.5.1　数据仓库的概念与特征

许多学者从不同的角度对数据仓库给出了定义,但是被广泛关注和认同的定义是 1991 年,数据仓库之父 W. H. Inmon 在其著作《建立数据仓库》(*Building the Datawarehouse*)一书中所提出的:数据仓库是一个面向主题的(Subject Oriented)、集成的(Integrated)、相对稳定的(Non - Volatile)、反映历史变化(Time Variant)的数据集合,多应用于企业或组织的管理决策支持(Decision Making Support)和数据报表的分析,并帮助决策者能够快速有效地在海量的历史数据中,找出有价值的信息或知识,以适应在环境不断变化的条件下进行决策制定,实现商业智能(BI)的一个过程。由此可见,数据仓库的特征包括以下几个方面:

(1)数据仓库是面向主题的。与传统数据库的面向事务处理(如增加、删除、修改和查询)等操作任务不同,数据仓库则是从企业全局出发,按照一定的主题来进行数据的组织。主题是一个抽象概念,反映了在较高层次上对企业信息系统中的数据综合、归类并进行分析利用的抽象,即用户对数据分析的期望与决策的关注点和所涉及的分析对象,每一个主题对应一个宏观的分析领域,并利用该领域中存储在不同数据库中的所有业务历史数据进行分析,提供查询与信息汇总分析的功能。因此,面向主题的数据组织方式是在较高层次上对分析对象的数据进行一个完整、一致的描述,能全面、统一地刻画分析对象所涉及到的企业各项数据以及数据之间的联系,并实现数据的综合分析与决策。

(2)数据仓库是集成的。数据仓库中的数据是在对不同来源的数据库中的数据进行抽取、清洗、装载、查询、展现的基础上经过系统整理加工与汇总集成而得到的,因此,数据质量的好坏将对分析决策起到较大的影响。特别是数据源中的数据可能会存在以下问题:①统一数据中存在的不一致,如字段的同名异义、异名同义、单位不统一、字长不一致等;②系统中存在的数据缺失或者冗余;③需要对数据进行综合或汇总计算等。通过对上述问题的分析,在数据集成与应用之前,通过数据清洗、过滤、统一汇总和加工集成后进入数据仓库,从而保证数据的质量以及数据分析结果的质量。

(3)数据仓库是历史的、不可更新的。数据仓库的数据反映的是一段相当长的时间内历史数据的内容,是不同时间点的数据库快照的集合,以及基于这些快照进行统计、综合和重组的导出数据,而不是事务型的数据。另外,数据仓库主要从不同的数据源中抽取所需要的原数据,并在这些原数据的基础上,通过对数据进行查询与组合操作来实现企业的决策分析。因此,一旦某个数据进入数据仓库之后,所涉及的数据操作主要是数据查询,一般情况下并不进行修改和删除操作,这些数据将被长期保留并为数据仓库提供相应的查询分析之用。

(4)数据仓库是随时间而变化的。数据仓库中的数据通常包含历史信息,系统记录了企业从过去某一时点(如开始应用数据仓库的时点)到目前的各个阶段的时间序列信息,也会随时间变化不断增加新的数据内容并追加到数据仓库之中。例如,数据仓库的分析数据常分为日、周、月、季、年等,其中以日为周期的数据处理效率要求最高,要求 24h 甚至 12h 内进行数据的动态更新,也就是要不断地生成事务处理数据库的快照,经过统一集成后增加到数据仓库中去,从而保持数据仓库信息的时效性与动态性。此外,数据仓库的数据也有存储期限,即也会随着时间的变化不断删去旧的数据内容,从而对企业的业务发展问题的发现和未来趋势分析提供正确的决策依据。

综上所述,数据仓库的特点决定了它可以解决目前企业决策支持过程中开展数据分析所存在的问题。通过建立数据仓库,可以为信息分析提供全面、统一的数据源,进而改善决策的效果与效率。

7.5.2　数据仓库与传统数据库设计及应用之间的差异

与传统数据库面向业务操作和注重实时性的事务处理不同,数据仓库更关注于如何利用数据为管理人员的分析决策提供支持和帮助。由于事务性计算和分析型计算属于不同类型的计算,对数据结构的设计、信息模型表示方式以及对计算机处理能力的要求也存在着许多差异。随着数据存储技术的不断进步,业务数据量的不断增加以及存储海量数据的成本不断下降,极大地推动了数据仓库的蓬勃发展。但是,数据仓库并不仅仅是一种可以购买的商品,它更像是一个对历史数据进行集成、加工计算和分析的过程。因此,数据仓库与传统数据库之间存在如表 7.2所示的一些差异。

表 7.2　数据仓库与传统数据库之间的特征差异

比较项目	数据库	数据仓库
总体特征	围绕高效的事务处理展开	以提供决策支持为目标
储存内容	以当前数据为主	主要是历史的、存档的、归纳的数据
面向用户	普通业务处理人员	高级决策管理人员
功能目标	面向业务操作,注重实时性	面向主题,注重分析功能
汇总情况	原始数据,不做汇总	多层次汇总,数据细节有损失
数据结构	数据结构化程度高,适合运算操作	数据结构化程度适中
视图情况	视图简单,内容详细	多维视图,概括性强
使用频率	很高	较低
操作方法	数据库主键上的散列/索引	大量的扫描
访问特征	读取、写入并重	以读取为主,较少写入
数据规模	较小(100MB~1GB)	很大(10GB 以上)
数据访问量	每次事务处理访问数据较少	每次分析处理访问大量数据
相应要求	要求很高的实时性	实时性要求不高

从表 7.2可见,数据库是依照既定的数据结构与数据模型组织起来并存放在二级存储器中的数据集合,而数据仓库则是在多个数据库的基础上,研究如何将大规模复杂的数据更有效地组织到一个集成的公共数据平台上,通过星型模型和雪花模型等主题模型方式对数据进行建模和组织,并为用户提供各种业务决策和知识获取的技术。因此,二者之间存在的主要区别在于:数据库利用关系数据模型来进行 OLTP 设计,偏重于数据的操作;而数据仓库则针对海量的历史数据进行主题模型设计,着重于主题信息的组织与分析。由于目标的不同,其设计模式也存在极大的差异:数据库在设计中需要满足简单、高效、无冗余以及灵活且可扩展的特性和范式的基本要求,侧重于数据的逻辑结构设计;而数据仓库则从问题域出发,试图找出待分析的主题度量下存在的问题以及问题产生的原因(维度)。这些差异不仅反映了两者在应用目标之间的差异,同时也反映出了其中在设计上存在的不同。

数据仓库主要包括这样几个部分:源数据、ETL 工具、数据仓库数据库、多维数据集、OLAP 服务器以及前端应用展示工具和元数据。通过对其中各部件的功能进行分析,数据仓库在逻辑上大致分为四个层次:数据获取层、数据存储与管理层、数据分析建模层、数据应用层。数据源是组成数据仓库的基础,是整个系统的数据来源,也是数据获取层需要管理的核心任务。数据源一般包括两个部分:内部信息和外部信息。外部信息一般包括所适用的法律法规的信息,外部市场环境的相关信息,相关竞争企业的信息,以及统计整理得到的其他相关的外部数据和文档等;而内部信息一般包括企业内部数据库中的业务数据,例如办公自动化(OA)系统中的各类数据和文档等。

作为数据仓库的核心层,数据存储与管理层主要将数据源中提取的数据转化成需要建立数据仓库的结构和内部格式,再经过数据清洗,组建成定义好的仓库模型,最终完成数据的加载,其中如何存储数据并进行数据管理是构建数据仓库系统的重中之重。数据存储层所存储的数据一般包括以下三类:一是由外部数据源经过 ETL 加载到数据仓库中的数据,这些基础性的数据均以原始的信息粒度进行存放,为数据分析提供基础;二是数据仓库的元数据,它是数据仓库的数据字典,用于记录数据仓库系统的定义、数据仓库中的数据进行转换所依据的规则、数据加载所要求的频率以及进行业务数据存储的各种语义和规则信息等;三是由各种分析主题而构建的数据集市数据,这些数据经过了一定的综合和计算,属于综合数据。另外,在管理方面,数据仓库还包括对于数据安全的确保、数据的归档和备份,以及后期的数据恢复和维护等工作,这些功能基本上与现行的 DBMS 是一致的。

数据分析与建模层,通过建立 OLAP 服务器,来实现对多维数据的数据建模,并经过加工和处理,为用户提供合理的数据分析能力。一般地,OLAP 服务器也包含三种类型,即 ROLAP,MOLAP 和 HOLAP。其中,ROLAP 主要是将基本数据和聚合数据存放在 RDBMS 中;MOLAP 则是将数据存放在多维数据库中;HOLAP 则是前面两者的综合体,它的基本数据跟 ROLAP 一样,存放在 RDBMS 中,而聚合数据则跟 MOLAP 一样存放在多维数据库中。

数据应用层的主要功能就是利用前端工具来展示各类数据的分析结果,这些工具包括报表工具、查询工具、挖掘工具和分析工具。其中,分析工具主要是应用于 OLAP 服务器,而报表工具和挖掘工具不仅可以应用于 OLAP 服务器,同时还可以针对数据仓库进行数据分析。数据仓库的四层体系结构如图 7.21 所示。

从图 7.21 可见,根据数据仓库所管理的数据类型和它们所解决的企业问题范围,数据获取/管理层所包含的外部实体主要有:构成数据仓库的事务数据库或其他外部数据源;从数据库中提取数据并将数据进行清洗、净化、转化和装载放到数据仓库中的 ETL 过程,通过该过程经常将数据转换成数据仓库的数据结构和内部格式,并确保数据的质量;此外,根据需要对数据进行汇总的程序,这些数据汇总随着通过内部资源以及外部资源的数据输入而被存储到数据仓库中。数据仓库的数据存储层中所包含的外部实体主要有元数据以及存储了细节数据和汇总数据的数据仓库中的内部数据库。而在数据分析/应用层中所包含的外部实体主要有用户的需求以及根据需求建立的数据分析模型,并可以针对数据模型进行分析的 OLAP 和数据挖掘工具。数据仓库本身就是为了用户决策分析而存在的,没有了用户需求,数据仓库也就没有存在的意义了。

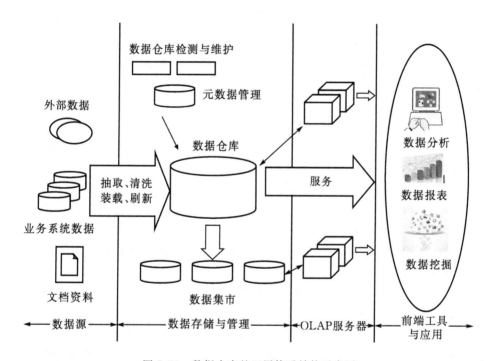

图 7.21　数据仓库的四层体系结构示意图

另外,数据仓库常可以分为以下三种类型:操作型数据库(ODS)、数据仓库(DW)和数据集市(DM)。其中,操作型数据库来源于企业中的事务性操作管理系统,如利用 POS 机产生的前端数据或者是 MIS 系统产生的管理数据等,这些数据一方面能够用来统计和辅助决策,另一方面也是数据仓库中的最重要的原始数据。数据仓库则是存储着大量细节数据和许多冗余数据的常规数据仓库,它可为企业多个部门的生产经营或策略提供和制定相应的决策信息。数据集市则是一种轻量级的数据仓库,主要是按照企业中个别部门的需求根据历史数据的累计进行存储和建模,它仅针对企业中特定的部门,并应用于特定的数据处理范围之内。因此,决定数据市场的关键问题不是其数据容量,而是围绕着组织来将独立的数据市场进行有效的集成,图 7.21 中所示数据仓库的体系结构同样适用于数据集市。

数据仓库面向着企业的问题域,它并不十分在意数据操作细节,而关注于如何利用数据来实现和达到对业务问题的发现与分析,并能够指导决策。因此,如何结合数据的特征来实现对业务问题的建模与设计,这成为了数据仓库应用过程中的一个关键。下一节将对数据仓库中存在的数据模型设计进行进一步的介绍。

7.5.3　数据仓库的设计原则与步骤

E. F. Codd 提出了数据仓库设计的 12 条准则,特别是随着 OLAP 的发展,人们又进一步提出了更为简洁的 5 条准则,即所谓的 FASMI(Fast Analysis of Shared Multidimensional Information)准则。

(1)快速性(Fast):指采用各种技术提高对数据仓库以及 OLAP 系统最终用户的响应速度。

(2)可分析性(Analysis):指数据仓库与 OLAP 系统必须能够对数据模型进行逻辑分析。

(3)共享性(Shared):指多个用户可以共享同一个数据仓库中的数据。

(4)多维性(Multi - dimensional):是数据仓库和 OLAP 系统中最本质的特征,必须向用户呈现一致的多维视图。

(5)信息性(Information):指数据仓库和 OLAP 系统提供能够进行业务决策支持的数据信息。

在上述原则中,信息性是数据仓库的设计目标,即整个数据仓库需要围绕着核心业务领域中的问题来展开,通过对业务主题进行分析和概念模型的设计,最终为实现数据的应用价值提供基础。另外,多维性与共享性是数据仓库设计的一个基本的逻辑要求,即数据的多维特征与共享特征需要在数据仓库的逻辑模型的设计中充分体现出,其中表现的形式是以数据的逻辑分析模型来呈现。快速性准则是在数据仓库进行物理模型的设计过程中必需考虑的一个核心要素,通过快速分析的能力支持,保证了数据仓库的有效性与实用性。

因此,围绕上述的基本原则,数据仓库设计往往需要经过三个阶段,即主题概念模型设计阶段、逻辑模型设计阶段和物理模型设计阶段。主题概念模型是主、客观之间的桥梁,它是用于为一定的目标设计系统、收集信息而服务的概念性工具。逻辑模型描述了数据仓库的主题逻辑实现,即每个主题所对应的关系表的关系模式的定义。而物理模型就是逻辑模型在数据仓库中的实现,如物理存取方式、数据存储结构、数据存放位置以及存储分配等。通过这三个阶段,实现了从用户需求的概念分析和数据建模到具体的数据分析的物理实现全过程。整个模型抽象过程与现实业务之间的关系如图 7.22 所示。

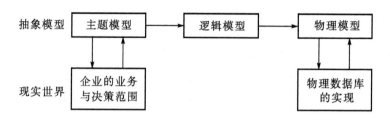

图 7.22　数据仓库设计步骤以及与实际业务之间存在的关系示意图

其中,每一个步骤中主要的工作包括:

阶段 1:主题概念模型设计

主题概念模型的设计成果是在原有的数据库的基础上建立一个较为稳固的主题概念模型。由于数据仓库是对原有数据库系统中的数据进行集成和重组而形成的数据集合,所以数据仓库的主题概念模型设计,首先是在针对需求与业务问题的收集和分析基础上,对原有数据库系统加以分析理解,设计相应的主题,分析原有的数据库系统中"有什么"、"怎样组织的"以及"数据是如何分布的"等,进而考虑应当如何建立数据仓库系统的概念模型。一方面,通过原有的数据库的设计文档以及数据字典中的数据库关系模式,可以对企业现有的数据库中的内容有一个完整而清楚的认识;另一方面,数据仓库的概念模型是面向企业全局建立的,它为集成来自各个面向应用的数据库的数据提供了统一的概念视图。进行概念模型设计所要完成的主要工作是界定系统的边界和确定主要的主题域及相应的内容。

阶段 2:逻辑模型设计

数据仓库的设计是针对数据仓库的总体结构中的统一事实与统一维度信息进行建模和设计的一个逐步求精的过程。进行系统逻辑模型设计需要完成的工作包括:①对概念模型设计时确定的主题域进行分析,选择首先要实施的主题域。②决定数据仓库的粒度划分层次,粒度层次划分适当与否直接影响到数据仓库中的数据量和所适合的查询类型。③确定数据分割策略,选择适当的数据分割的标准,一般要考虑以下几方面因素:数据量、数据分析型处理的实际情况、简单易行性以及粒度划分策略等。④对选定的当前实施的主题进行模式划分,并设计多个表之间的关系模式。⑤定义记录系统,选择最完整、最及时、最准确、最接近外部实体源的数据作为记录系统,同时这些数据所在的表的关系模式最接近于构成主题的多个表的关系模式,这些模式可以采用星型结构模式或者数据立方体的方式来进行表示。

阶段 3：物理模型设计

物理模型设计是对数据仓库中的物理存储，即关系数据库中的事实维度链表的设计，这一步所做的工作是确定数据的存储结构、索引策略、数据存放位置及存储分配。确定数据仓库实现的物理模型，要求设计人员必须做到以下几方面：要全面了解所选用的数据库管理系统，特别是存储结构和存取方法；了解数据环境、数据的使用频度、使用方式、数据规模以及响应时间要求等，这些是对时间和空间效率进行平衡和优化的重要依据；了解外部存储设备的特性，如分块原则，块大小的规定，设备的 I/O 特性等。

7.5.4　多维数据模型的分类与设计

1. 多维数据模型的分类

关系数据库的设计常采用实体-关系数据模型，由实体和它们之间的关系集合组成，适用于联机事务的处理操作。然而，由于数据仓库需要简明的、面向主题的、便于联机数据分析的数据模式，因此，根据实际的业务主题问题设计，数据仓库的模型设计常采用多维数据（Multi – Dimension）模型。多维数据模型从数据的多维本质角度来观察和存储数据，便于进行数据的分析和决策，它类似于将数据存放在一个 n 维数组中，而不像关系数据库那样以记录形式存放，从而在一定的条件下提高了数据处理速度和查询效率。但是，以多维数据模型为核心的多维数据库存在缺陷，主要体现在：随着分析空间维数的增加或者向现存维中添加新数据，导致多维数据模型所需要存储的数据规模显著增加；二是在多维数据模型中，无论是否含有数据都以数据单元的方式存储，从而可造成大量的空的存储单元，造成分析数据的稀疏。

目前，针对多维数据模型的研究主要包含两个方面：一是如何在关系数据模型的基础上构建多维数据模型，使其能针对主题进行合理的决策分析；二是如何设计一个好的多维数据模型的结构，使之能够完整地表达多维语义以适应多维数据的分析，多维数据模型设计的好坏将直接关系到数据仓库的成败。一个好的多维数据模型不仅包括一个海量且不含冗余数据的中心表（即事实表），同时还包含一组小的附属表（即维表），从而可以形成数据立方体模型、星型模型、雪花模型以及星云模型等形式。多维数据模型的分类设计模式如图 7.23 所示。

其中，数据立方体模型（Data Cube）是多维数据库的基本结构与逻辑设计基础，是由一个或多个数据立方体组成的，且立方体模型包含超立方结构和多立方结构两种结构。超立方体结构是指采用彼此垂直的三个或更多的维来描述一个对象,数据的测量值发生在维的交叉点上,数据空间的各个部分都有相同的维属性。而在多立方体中,将大的数据结构分解成多个多维结构,这些多维结构是大数据集的子集,面向某一特定应用对维进行分割,即将超立方结构变为子立方结构。

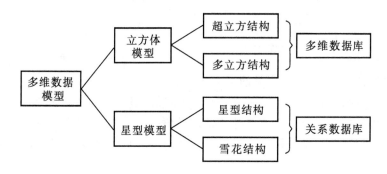

图 7.23　多维数据模型的分类结构示意图

星型模型则是以维度表(Dimension)与中间事实表(Fact)关联,并围绕在其周围便于进行分析统计,形式上看起来像一个星星,因此称之为星型结构。它是在关系数据库的基础上,通过维表和事实表之间的链接来实现多维模型的模拟。星型模型常可分为以下五种形式:简单星型模式、星系模式、星座模式、二级维表和雪花模式等。

2. 数据立方体模型的概念、操作设计

下面对这些模型形式化定义如下:

定义 7.14　数据立方:数据立方是多维数据库的基本存储结构,并在多维数据库基础上定义的所有数据操作的基本单位,一般可以用四元组$<D,M,A,f>$来分别表示立方体的特征,即:

(1)D 表示 n 维空间组成的集合,即 $D=\{d_i|\ 0<i\leqslant n\}$,且每一个维度 d_i 均包含了一组属性特征所构成的集合 $A_i=\{a_1,a_2,\cdots,a_t\}$,这种集合关系同时也将可以通过一个一对多的映射 $f:D\rightarrow A$ 来表示每个维度中存在的属性集合的对应关系,并且不同的维度所对应的属性集合互不相交。

(2)M 表示 k 个度量空间组成的集合,即 $M=\{m_1,m_2,\cdots,m_k\}$,且维度集合 D 与度量集合 M 是不相交的。

因此,在典型的数据仓库应用中,一般存在着一个或多个用来表示感兴趣的主题事件或核心对象的事实数据集合,即事实表;同时,事实表与多个相关的维度表以及属性表关联,从而为这些关键的度量属性特征提供分析支持。下面结合表7.3 所示的一个示例,说明数据立方体的定义过程。

表 7.3　商品销售的数据关系表

TID	Store	Product	Date	Sale
1	S3	P1	D1	60
2	S1	P3	D1	80
3	S1	P2	D3	40

表 7-3 中 TID 表示一个具体交易的编号,表中的元组反映了商品销售过程中的基本属性,并且在一个交易的事务中,包含商店(store)、产品类型(Product)、具体销售的时间(Date)以及销售量(Sale)之间的关联关系。其中,当转化为一个以商品销售为核心的数据立方体时,则销售量表示为一个度量事实表,从而建立的其他维度特征则可用来分析这些特征对商品销售量所带的影响,即可表示为 Sales(Store,Product,Date)。

在该商品销售数据的多维数据立方体模型中,具有以下一些特征:

(1)用户关心的是销售额这个度量特征与其他维度特征之间存在的变化关系,即 M={Sale|每一个交易中的销售量};用户可以通过对商店、商品和时间三个不同的维度来分析交易过程的销售额的情况,例如"商品 P1 在某商店的总销售量是多少?""哪一个季度或者月,对于商品 P2 存在销售低谷?"等,从而建立起销售主题的概念模型。

(2)对所有的维度特征中存在的属性特征进行进一步的分析,例如,时间维的属性包括日、月、季和年,商品维的属性包括品牌名、商品名、商店号,而商店维则是用商店名、所在城市、省和地区来描述。因此,对销售立方体而言,A={商店名,城市,省,国家,商品号,商品名,品牌名,日,月,季,年}。

(3)在前面解释的每一个维,用特定的属性来描述。对"销售"立方体而言,映射 f 为

f(商店) = {商店名,城市,省,国家}

f(商品) = {商品号,商品名,品牌名}

f(时间) = {日,月,季,年}

同时上述的三个属性集合之间不存在交集,因此,"销售"立方体满足定义7.14 的要求,且所建立的数据立方体模型如图 7.24 所示,其中每一个维度属性表示了它的相应坐标,而在数据立方体中存在的空间点的坐标则表示数据立方中相应的销售量值。

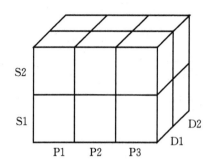

图 7.24　销售数据立方模型示意图

建立了数据立方模型后,为进一步需要对"销售"立方中的数据展开多维分析,就需求针对数据立方中的数据特征进行分析,形成相应的数据操作方法,其中主要的方法包括数据的聚集操作、立方的投影操作、搜索操作等。具体的定义如下:

定义 7.15　聚集操作(Group - by):设 $R(d_1, d_2, \cdots, d_m, M)$ 是一个多维数据集合,R 上的聚集操作可定义为一个三元组 Group - by(R, a, F),其中 a 为聚集属性集合,并表示为 $a = \{d_i, \cdots, d_j\} \subseteq \{d_1, d_2, \cdots, d_m\}$,且 $1 \leqslant i \leqslant j \leqslant m$,F 则是定义在 M 的幂集合上的聚集函数。

定义 7.16　CUBE 操作(Cube - by): 设 $R(d_1, d_2, \cdots, d_m)$ 是一个多维数据集合,R 上的 Cube - by 操作可定义为一个三元组 Cube - by(R, B, F),其中,$B \subseteq \{d_1, \cdots, d_m\}$ 为 Cube 操作的属性集合,F 是定义在 M 幂集合上的聚集函数。

数据立方算子 Cube - by 是对传统的 Group - by 操作的多维扩展,但不支持基于维表数据的中间粒度级别上的聚集。例如,我们可能要么按日将数据进行分解,要么完全聚集时间,但是我们不能单独使用 Cube - by 操作符按周、月或年来聚集。对于含 n 个属性的 Cube - by 算子,要计算 2^n 个不同的 Group - by。而每一个 Group - by 也被称作是一个数据小方(Cuboid),例如(Store, Date)对应的方体可以记作 Cuboid(Store, Date, Sale)。

聚集函数与聚集计算是数据立方计算过程中的一个关键策略,但是当需要将所有的聚集(即全聚集)都计算出来时,其代价往往也是巨大的。全聚集的数目非常容易超过初始化节点的数目(即事实表中的数据),并且存储的数据量也会显著膨胀,从而限制了对所有源层次上的数据分析能力。另外,它的更新维护也需要花费很长时间,所以计算聚集时应在聚集所占用的空间、CPU 处理时间以及数据立方查询处理时间之间进行相应的权衡。因此,在数据立方体的操作处理过程中,往往也是针对多维数据进行聚集和查询操作,如切片(Slice)、切块(Dice)、上卷(Roll - up)、下钻(Drill - down)及旋转(Pivot)等操作,来分析数据中聚集与分解过程所包含的数据语义信息,这些相关操作将在下一节进行具体介绍。本节中所介绍的数据立方体的典型查询操作主要可分为点查询(Point Query)、区域查询(Range Query)和冰山查询(Iceberg Query)三类。下面以表 7.3 商品销售的数据关系表为例,具体分析这三种查询操作的具体应用方式。

点查询是最为常见的一种查询方式,它通常在数据立方体中进行上卷和下钻时使用。例如:

查询 1(查询返回商店 Sl 在日期 Dl 的销售额):

SELECT Store,Date,SUM(Sale) FROM SALES
WHERE (Store=S1) AND (Date=D1)

区域查询(Range Query)一般是在查询元组的操作上不局限于一个具体的维度值,而是在一个维值区间范围上进行聚集计算。例如:

查询 2(查询商店 Sl 中销售的 P3 和 P2 两种产品的营业额):

SELECT Store,Product,SUM(Sale) FROM SALES
WHERE (Store=S1) AND ((Product=P3) OR (Product =P2))
GROUP BY Product

根据上例可见,一个范围查询可以分解成一组点查询,因此,对查询 2 进一步进行扩充可以完成针对多个不同的商店所具有的多个产品的营业额分析,即:

查询 3(查询商店 Sl 或 S2 中销售的 P2 和 P3 两种产品的营业额):

SELECT Store,Product,SUM(Sale) FROM SALES
WHERE ((Store=S1) OR (Store=S2)) AND ((Product =P3) OR (Product=P2))
GROUP BY Store,Product

当范围查询中所有维区间都压缩成一点时,其范围查询就变成了点查询,因此,点查询是范围查询中的一个特例。另外,冰山查询(Iceberg Query)将得到聚集值大于用户特定的取值限定范围的所有元组。例如:

查询 4(查询维 Store,Product 和 Date 及它们的组合能够满足销售额超过 8000 的情况):

SELECT Store,Product,Date,SUM(Sale) FROM SALES
CUBE BY Store,Product,Date

HAVING SUM（Sale）＞＝8000

另外，设计一个良好的数据立方体往往需要考虑以下三个方面：如何设计并构建一个良好的立方体存储结构，如何提高立方体查询和响应的效率以及如何以最小的代价保证数据立方体得到及时且有效的更新与维护，从而保证数据立方体在查询和实现过程中的数据的真实性、有效性与合理性。由于构建数据立方体的存储结构是基础，只有拥有良好的数据结构，才能有效提高数据查询和响应效率，这也是数据立方设计的核心与基础；而对数据查询和响应效率的提高是立方体设计和优化的重要任务和目标之一。为了提高查询响应效率，常使用的操作方式包括预计算、数据冗余和区域查询优化等技术。其中，预计算技术是提高查询效率最有效的手段，它将所有要查询的数据预先计算出来，并保存到物理磁盘上，在查询时，无需再次计算而从保存的结果中直接读取出来响应查询即可。这种方式本质上是将数据立方体中的所有元组视图进行全部物化，从而将大大缩短系统查询响应的时间。在这一点上与数据立方和传统数据库中对第三范式的设计要求相反，即通过增加数据冗余的方式来避免过多地使用数据集合之间的 JOIN 连接操作，从而提升数据查询的效率。区域查询优化是一种预计算技术，即通过改变立方体中数据的保存方式来降低查询所需的计算时间。

为了更有效地提升立方体的执行效率，如果从数据立方体结构的视角下来了解立方体的计算规则与执行顺序，则可以更好地把握其本质特征。一般地，数据立方体从结构的角度可以将计算方法分为两类：自上而下（Top－down）和自下而上（Bottom－up），其中两者之间最主要的区别在于数据立方体的计算顺序的不同。

自上而下（Top－Down）的算法采用压缩的稀疏数组结构来计算基本方体，通过 n 维方体计算所有 n－1 维方体。为了节省内存空间的使用，数据结构分割成许多块，当某块中的数据需要使用时才将其导入。例如，对一个四维基本关系表，A，B，C 和 D 是维的名称，该算法处理过程如图 7.25 所示。其中，数据小立方体 ACD 的计算结果能用来计算下一层的数据小方体 AB 或 AC，甚至可以计算数据小立方体 A。这种共享计算的方法可在多个维上同时进行聚集操作。但是，Top－Down 算法只有在维数不多的时候才是有效的，随着维数的增加和数据稀疏性的增高，这种方法使中间数据值的计算变得十分复杂，甚至无法将数据直接导入到内存直接使用。

而自下而上的算法（Bottom－Up）开始于底端的方体，然后自下而上来计算到基本方体，其算法处理过程如图 7.26 所示。Bottom－Up 算法能很好地采用剪枝方法，例如，在数据小方体 A 中元组 C 的聚集值小于置信度，则元组 C 的孩子元组（如 AC，ACD）的聚集值不可能大于最小置信度。因此，元组 C 的孩子元组能被删除剪掉,从而提高了查询的效率。另外,本算法不能像 Top－bottom 算法那样,通过父方体视图来帮助其子方体的计算。

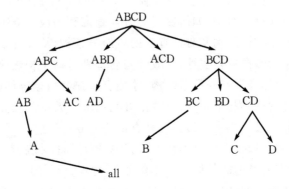

图 7.25　数据立方的 Top－Down 算法

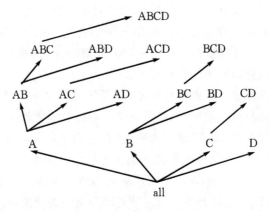

图 7.26　Bottom－Up 算法示意

3. 星形数据模型

多维数据集合也可以视为一个多维属性空间,包括了 N＋K 个属性,其中 N 个属性用来存"维度特征",其他的 K 个属性则用来存"测量特征"。这种基于关联模式的数据建模方式被称为多维数据模型,这也是构建数据仓库中的核心数据模式,并且多维数据模型往往也可以通过星形模式、雪花模式或事实星云模式等三种模式来进行主题建模和表示。其中,星形模式是最常见的模型,它在数据仓库中包括了一个大的中心事实表,其中包含了大批数据并且不含冗余;同时也包括了一组附属的维度表,且维度表围绕在中心事实表的的周围,其数据结构形成了一个星形模型,如图 7.27 所示。

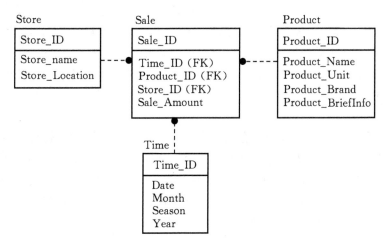

图 7.27　星形模型的数据结构

　　雪花模式是星形模式的一个变形,其中某些维度表被规范化,因而把数据进一步分解到附加的表中,从而形成的数据结构模式图类似于雪花的形状,因此称为雪花模式。例如对图 7.27 进行进一步的数据特征分解,形成如图 7.28 所示的雪花模型。

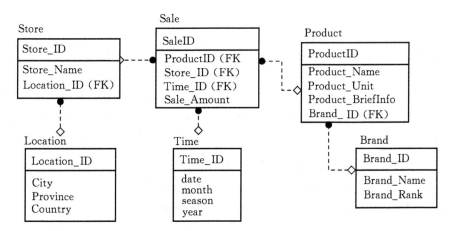

图 7.28　雪花模型的数据结构示意图

　　从上述两个示例中可见,雪花模式和星形模式最主要的区别在于:雪花模式的维表更加具有规范化的形式,以便减少数据的冗余,另外这种表也易于维护,并可以有效减少数据存储的空间。然而,与事实表相比,这种空间的节省也可以忽略;此外,由于执行查询需要更多的连接操作,雪花结构可能降低浏览的效率,因此,系统的性能可能会受到较大的影响。因此,尽管雪花模式减少了冗余,但是在数据仓库设计中,雪花模式不如星形模式流行。星形模式针对复杂应用的情况下,可能会需要多个事实表来共享维表,从而形成了多个星形结构的聚集,因此也称作星系模式或事实星座模式。这种模型的复杂度更高,只有在特殊的复杂业务环境下才会有一些具体的应用,但由于执行效率与系统性能的限制与影响,实际应用过程中也较少使用。

　　因此,尽管多维数据模型中存在着数据立方与星形模型的结构分类,但是,其本质上,均是将一些数据集合中存在的规律性特征抽取出来,为进一步分析数据内部的信息与知识价值提供一种统一的机制。另外,在实际的应用中,往往也可以将两者结合来进行实现,即应用数据立方建立可视化的数据多维度模型,而利用星形数据结构来实现数据的快速查询,从而将两种不同数据模型的优点进行有效的融合与集成。

7.5.5　OLAP

　　OLAP(Online Analytics Process)是指通过数据聚集技术以及多维数据分析技术来针对数据仓库进行联机分析与处理,并为业务管理人员提供针对复杂的决策分析支持的一种软件技术与分析工具。这种软件分析工具在数据仓库建立之后,为不同的用户从多个层次、多个角度、多个侧面去对数据仓库中的数据进行观察提供了支持,从而可以根据管理人员和普通业务人员对复杂查询和数据分析处理的具体需求,通过对多维数据集中的数据进行钻取、旋转、切片和切块等操作,实现针对数据仓库中的海量数据进行快速、准确和灵活的处理,并以一种相对比较直观的、易理解的形式将查询的结果反馈给业务决策人员,从而为业务决策者制定决策提供迅速、准确的信息。因此,简单来说,OLAP 即对数据仓库中存储的数据进行分析和处理,然后使用可视化工具将结果反馈给用户进行评价的一个软件工具。

1. OLTP 与 OLAP 两种数据处理方法的区别

　　随着数据库中存储的数据量的不断增加,基于传统 SQL 操作的 OLTP 已无法满足不同用户对数据库查询和决策分析的需求,因此,关系数据库之父 E. F. Codd 于 1993 年首次提出了联机分析处理(OLAP)的概念。由于 OLAP 技术以数据仓库为平台,针对某个特定的主题进行联机数据访问、处理和分析,对信息(维数据)的多种可能的观察形式进行快速、稳定、一致和交互性的存取,从而为管理决策人员提供数据深入观察与分析的支持。由于 OLTP 和 OLAP 两种数据处理方式有各自适用的领域,并不存在优劣,因此对软件设计者而言,把握其中的关键特征是一项重要工作。OLTP 常应用于企业的日常事务处理,特别是针对数据库的查询、修改、添加、删除操作,适合对企业的数据操作业务进行管理;而 OLAP 则主要是针对企业业务数据进行整体的分析,从海量数据中挖掘有价值的信息。

因此,与 OLTP 相比,OLAP 适用的场景与业务领域主要集中在这两方面:一是基于数据仓库的海量数据,通过 OLAP 针对多维数据进行的立方优化与查询优化来建立视图、优化维度属性结构并为各个维度建立索引,从而实现海量数据的高效查询与分析;二是其数据的组织形式是多层次、多视角、多维模型的,因此 OLAP 也具有更多的数据展现方式,例如,人们平时观察一个事物不会只从一个方面去看,而是从多个角度、多个层面来发现这个事物的特性。OLAP 正是将多维数据模型以及多维分析的思维模式运用到了数据组织与分析上,如帮助企业管理人员分析一个产品的销售情况时,可以按时间、按地区、按产品等多个维度来全方面的观察数据,实现数据的汇总与细分,并满足不同用户的业务需求。OLTP 与 OLAP 两者之间的数据处理方式的比较如表 7.4 所示。

表 7.4　OLTP 和 OLAP 两种数据处理方式的比较示意

处理方式 对比角度	OLTP	OLAP
用户	基层业务人员	主要是高层决策人员
功能	重点在于基础的、日常的业务处理	重点在于数据分析和决策支持
实时性	较高	不高
DB 设计	面向应用	面向主题
数据特点	当前的、二维的、分立的、 最新的、细节的	历史的、多维的、集成的、聚集的、统一的
数据量	一般不是很大	很大
工作偏向	简单的事务	复杂的查询

2. OLAP 基本原理和概念

Codd 定义了业务管理与分析人员可利用 OLAP 进行处理的 4 种方法。其中,无条件分析又称绝对模型分析,它通过比较历史数据或行为来描述过去发生的事实,是对过去所发生的事情进行的静态分析。评释性分析又称为解释模型分析,它主要还是针对静态数据进行分析,分析人员利用系统已有的多层次的数据聚合方法来分层细化,找出事实发生的原因。完整性分析又称为思考模型分析,它较前两类更进一步,旨在说明在一维或多维上引入一组具体变量或参数后将会发生什么情况,属于一种动态分析。公式化分析也是动态性最高的一类分析模型,它涉及多维度的变化。根据 Codd 的观点,公式化分析模型目前还不存在,它是 OLAP 联机分析处理的最终目标,上述 4 种 OLAP 的处理方式与特征如表 7.5 所示。

表 7.5　四种 OLAP 联机分析处理类型

OLAP 分析类型	特征
无条件分析	静态的,受数据库设计限制的历史的数据视图
评释性分析	分层细化,以便判断发生了什么
完整性分析	单变量的改变
公式性分析	多变量的改变

为了更好地理解 OLAP 的操作执行过程,本节对 OLAP 所涉及的几个关键概念进行定义和描述,其中:

定义 7.17　度量(Measure):度量是从现实数据中针对其实际含义而抽象出来的一个稳定存在的、用于描述数据量化的概念指标。例如:"人数"、"单价"、"销售量"等都是一种度量,而"1000"则是度量的一个值,如表示人数为 1000,每个度量都有一定的取值范围。

定义 7.18　维(Dimention):维是人们观察数据的特定角度,是考虑问题时的一类属性,属性集合构成一个维。例如,企业常常关心产品销售数据随着时间推移而产生的变化情况,这是从时间的角度来观察产品的销售,所以时间就是一个维度(时间维)。企业也时常关心自己的产品在不同地区的销售分布情况,这是从地理分布的角度观察产品的销售,所以地理分布也是一个维(地理维)。定义维时,要同分析问题相关。

定义 7.19　维的粒度(Dimention Level):维的粒度是利用不同聚集操作(如 Groupby 或者 Cubeby 操作),对数据特征属性的粒度特征进行定义和描述的数据信息聚合的程度。数据属性维一般具有多粒度层次的特征,例如时间维包括日期、月份、季度、年等不同粒度层次;而城市、地区、国家等构成了地理空间维的多个粒度。

定义 7.20　维成员(Dimention Member):维成员即数据维的取值。如果一个维是多粒度层次的,该维的维成员就是在不同维粒度层次的取值组合。例如,时间维具有日期、月份、年这三个粒度层次,分别在三个层次上各取一个值,就可以得到时间维的一个维成员,即"某年某月某日"。

定义 7.21　多维数组(Multi - Dimention Array):多维数组即多维数据集合,是数据的属性维和度量指标的一种组合表示,即一个多维数组可以表示为(维 1,维 2,…,维 n,变量)。根据定义 7.14,这种多维数组也是一个多维数据立方体,例如(时间,地区,产品,销售额)。针对多维数组的一次取值,形成一个数据单元,而每一个具体的数据单元也称为事实,如(2014 年 1 月,上海,笔记本电脑,

＄100000)。

3. OLAP 的基本操作

操作一:数据切片和切块(Slice and Dice)

在一个多维数据立方体中,选择其中的一个任意二维子集的操作叫做切片,即在多维数据立方体(维 1,维 2,…,维 n,变量)中,选择其中的两个维形成(维 i,维 j,变量)结构模型,该模型是数据立方体在维 i 和维 j 两个维度上的一个二维子集,称这个二维子集为多维数据立方体在维 i 和维 j 上的一个切片。例如,在多维数据立方体(产品型号,时间,商店,销售额)中选择产品型号维和时间维,而在商店维中选取某一个成员(如"北京店"),则可以得到多维数据立方体(产品型号,时间,商店,销售额)在产品型号维和时间维度上的切片,表示为在北京店中,所有型号的产品在不同的时间变化范围内的销售额情况。

另外,在多维数据立方体中选择一个三维子集的操作称为切块。即在多维数据立方体(维 1,维 2,…,维 n,变量)中,选择维 i、维 j 和维 r 三个维度,并在这三个维度上选取某一区间或任意维成员,而其余的维仅取一个维成员值,则得到多维数据立方体在维 i、维 j 和维 r 上的一个三维子集,并称之为多维数据立方体在维 i、维 j 和维 r 上的一个切块,表示为(维 i,维 j,维 r,变量)。

操作二:数据钻取(Drill)

维度的粒度层次反映了数据的聚合程度,维度粒度层次越高,数据的聚合度也就越高,细节数据越少,数据量也就越少;维度的粒度层次越低,则代表的数据聚合程度越低,细节数据越多,数据量也就越大。数据钻取就是从不同的维度层次上来观察多维数据,如果从维度层次较高的粒度向层次较低的粒度来观察数据,则称为下钻(Drill Down),即数据粒度越来越细,越来越向实际的采样值逼近。反之,从维度的低层次向高层次来观察数据,则称为上钻(Roll - up,也称上卷),即数据粒度越来越宏观,数据的聚合度越来越高。例如,针对一个数据立方体(产品,时间,地区,销售额),其中针对不同时间维的粒度层次下(日,月,季度,年),进行数据钻取操作(见图 7.29(a)),可以得到在不同时间粒度层次下有关产品的销售情况的分析。同理,也可以针对不同地区维粒度层次下(城市,省,区域),进行数据钻取操作(见图 7.29(b)),从而得到在不同地区的销售额情况分析。

图 7.29 中,可以通过不同的维度进行钻取,从而可以获取对已存的业务数据更多角度与不同层次的分析结果。在上例中,可以发现不同的产品在第二季度时的销售额均为最低,为了更好地提高销售收入,可以在这一个时间段内增加产品营销推广,从而为进一步促进产品的销售提供分析与决策支持。

产品	销售额(万元)
	2014 年
产品 1	35600
产品 2	46320
产品 3	28370

Drill-down →

← Drill-up

产品	销售额(万元)			
	第一季度	第二季度	第三季度	第四季度
产品 1	7800	5200	9780	12820
产品 2	13500	6760	11760	14300
产品 3	6900	5280	7960	8230

(a)针对时间维度下的产品与销售额情况的数据钻取操作

产品	销售额(万元)
	西北区
产品 1	4632
产品 2	3560
产品 3	2837

Drill-down →

← Drill-up

产品	销售额(万元)			
	陕西	甘肃	宁夏	新疆
产品 1	1430	676	1176	1350
产品 2	1282	520	978	780
产品 3	823	528	796	690

(b)针对地区维度下的产品与销售额情况的数据钻取操作

图 7.29　不同维度层次下的销售额情况的数据钻取操作示意图

操作三:数据旋转操作(Rotate)

　　数据旋转是改变维度的位置关系,使最终用户可以从其他视角来观察多维数据。其中,数据旋转操作可能包含了交换行和列,或是把某一个行维转移到列维中,或是把页面中显示的一个维和页面外的维进行交换,令其成为新的行或列中的一个等。例如,对于数据立方(产品,时间,地区,销售额),可以旋转数据维,来实现对不同维度条件下的销售额的情况进行分析,其中图 7.30(a)表示了一种维度的变换示意,图 7.30(b)则进一步表示了在数据的旋转操作后,数据也发生了相应的旋转与调整。

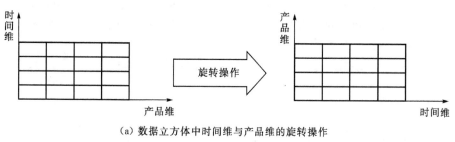

(a) 数据立方体中时间维与产品维的旋转操作

地区	西安				武汉			
时间	第一季度	第二季度	第三季度	第四季度	第一季度	第二季度	第三季度	第四季度
产品 1	780	520	978	1282	880	920	878	982
产品 2	1350	676	1176	1430	1250	576	976	1230
产品 3	690	528	796	823	790	828	996	923

旋转操作　　　　　　　　　　　　　　　　　　　　旋转操作

地区		西安	武汉
时间	产品	销售额	销售额
第一季度	产品 1	780	880
	产品 2	1350	1250
	产品 3	690	790
第二季度	产品 1	520	920
	产品 2	676	576
	产品 3	528	828
第三季度	产品 1	978	878
	产品 2	1176	976
	产品 3	796	996
第四季度	产品 1	1282	982
	产品 2	1430	1230
	产品 3	823	923

(b) 数据立方体中时间维与产品维的旋转操作结果

图 7.30　多维数据条件下的旋转操作示意

4. OLAP 的可视化展现方式

为了更好地、直观地表达 OLAP 数据分析的结果,目前主流的 OLAP 工具如
IBM OLAP Server,Oracle Express Server,Microsoft Analysis Services,Sybase

Warehouse Analyzer,SAS MDDB,Sagent Design Analysis 等,均提供了可视化展示功能,这些功能以数字化仪表盘(Dashboard)、多维报表以及各种统计图表的形式来展示数据分析结果,如图 7.31 所示。

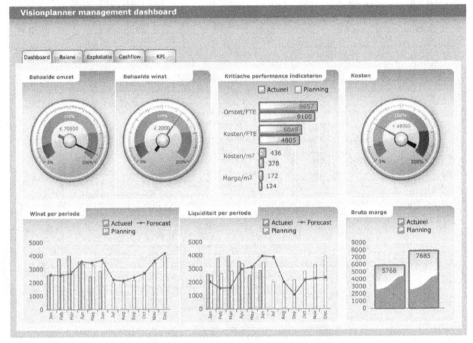

图 7.31　数字化仪表盘(Dashboard)的应用示例

从图 7.29 可以看出,OLAP 的核心功能是将数据仓库中建立的各种主题模型,通过一系列指标的方式体现出来,从而实现对数据的多角度、多指标的可视化分析与展示。

5. OLAP 分类

OLAP 有多种实现的方法,根据存储数据的方式不同往往可以分为 ROLAP,MOLAP 和 HOLAP 等三种,下面针对这三种类型的 OLAP 的处理机制进行介绍。

1)MOLAP (Multi-Dimensional OLAP)

MOLAP 表示基于多维数据模型的 OLAP 实现(Multi-dimensional OLAP),它以多维数据组织方式为核心,利用多维数据库(MDDB)以 n 维数组的方式来存储 OLAP 分析所需要的数据并以多维视图的方式来展示。多维数据在存储时可通过数据立方体(Cube)结构进行优化,并经过抽取、清洗、转换等步骤后将分散在企业内部的不同的 OLTP 数据库中的数据提交给多维数据库,最大程度

地满足决策支持或多维环境下特定查询和报表操作过程中的性能需求。MOLAP
结构将数据存入多维数据库,并根据数据维的特征操作来实现数据的预处理,从而
把结果按一定的层次结构存入到多维数据库中,这就是 OLAP 中著名的"空间换
时间"技术。其优点在于能迅速响应决策分析人员的分析请求,并快速返回分析
结果。

因此,OLAP 服务器主要是通过多维数据库结构以及存储器中的预处理数据
完成分析操作,所以响应速度较快。但是,由于这些预处理是预先定义好的,所以
MOLAP 结构灵活性较弱,主要表现在以下几方面:①很难支持维数的动态变化。
每增加一维会使多维数据库的规模急剧增加,所需的预处理时间也会大大增加。
②对数据变化的适应能力也较差。当数据或计算频繁变化时,其重复计算量相当
大,有时还需重新构建多维数据库。③处理大量细节数据的能力差。由于预处理
的结果也要存入数据仓库,因此,数据预处理的程度决定了数据仓库的大小。由于
MOLAP 的预处理能力较强,也同时限制了处理大量细节数据的能力。

2)ROLAP (Relational OLAP)

ROLAP 即关系型 OLAP,它是基于关系数据库的 OLAP 实现(Relational
OLAP),是对传统数据库进行扩充后以实现对数据仓库的联机分析处理。RO-
LAP 的底层数据库是关系型数据库(RDB),而不是多维数据库。因此,ROLAP 将
多维数据库的多维结构划分为两类表:一类是事实表(Fact Table),用来存储数据
和维关键字,并记录维度交点处的度量信息;另一类是维表(Dimension Table),即
对每个维至少使用一个表来存放维的层次、成员类别等维的描述信息;维表用以记
录维度属性,如产品维表(产品 ID,产品名称)、时间维表(时间 ID,时间)。此外,维
表和事实表通过主关键字和外关键字联系在一起,形成了星型模式(Star Model)。
对于层次复杂的维,为避免冗余数据占用过大的存储空间,可以使用多个表来描
述,这种星型模式的扩展称为雪花模式(Snowflake Model)。

ROLAP 一般采用星型或雪花模型来表达多维数据视图,通过使用维表和事
实表以及它们之间的关联关系,就可以恢复出多维数据立方体,进而表达多维数据
视图。在 ROLAP 结构中可以实时地从数据源中获得最新的数据更新,保持数据
的实时性,并且用户可以动态定义数据统计或计算方式,保证了数据分析的灵活
性,但数据的预处理程度较低,导致了运算效率比较低,用户等待处理与响应的时
间比较长。

MOLAP 与 ROLAP 的结构差异导致了其不同的优缺点,使得分析人员在设
计 OLAP 结构时必须考虑如何能够有效地结合这两种结构的优点来解决具体的
应用问题。因此,结合两者优点的一个混合结构模型 HOLAP 成为新设计与应用
方向。

3）HOLAP（Hybrid OLAP）

HOLAP 即混合型 OLAP，它不是 MOLAP 与 ROLAP 结构的简单组合，而是这两种结构技术优点的有机结合，性能介于两者之间，技术复杂度高于两者，能满足用户各种复杂的分析请求。一般实现 HOLAP 系统的方法有三种：

（1）HOLAP 系统同时提供 MDDB 和 RDB，让开发人员在业务实现过程中选择。采用这种方法，开发人员可以选择把信息存放在 MDDB 或 RDB 中，但不能同时存在 MDDB 和 RDB 中。

（2）HOLAP 系统利用开发人员定义的一个静态结构的多维模型来暂存运行时检索出的数据。当客户端提交一个分析请求时，系统先检查这个多维结构缓存中是否有相应分析所需的数据。如果有，则直接抽取；如果没有，则把分析请求转化为 SQL 语句，检索 RDB 并把相应的数据载入多维结构缓存中。

（3）HOLAP 系统用一个多维数据库存储高级别的综合数据，同时用 RDB 存储细节数据。这种方法如今被认为是实现 HOLAP 系统较理想的方法。它结合了 MOLAP 和 ROLAP 的优点。在该方法中，客户端用户提交一个分析请求，由系统透明地从 MDDB 中提取综合数据或从 RDB 中提取细节数据。

7.6　本章小结

数据是计算处理的一个基本的对象和基本结构，对于一个软件系统的设计而言，了解了数据结构的特征，就可以针对一个系统的底层数据模型与结构有一个总体轮廓性的把握。从某一角度来看，所设计软件系统的 E-R 模型就是这个系统的底层数据结构，其中数据的关系以及施加在数据上的操作构成了一个完整系统的框架。

在数据库的设计过程中，核心的目标是追求数据库操作过程中的数据一致性、完整性、高效性以及灵活和可扩展性。为了保证这些目标的达成，通过设计过程上的规范性要求（3 个基本范式）来实现。但是，这样的结构设计却无法满足在大量的数据集下，针对问题的分析时所带来的数据聚合操作过程的分析与展示，因此，我们又一次扩展 OLTP 中的传统 E-R 模型，并建立了一个面向主题的数据立方体与星型数据模型，通过这些模型为我们展示出一个新的数据价值呈现的维度。而数据不断地快速增长与变化，也在不断地对传统模型提出新的需求与挑战，大数据时代的到来，预示着数据科学的诞生，同时也需要对现有的数据模型进行进一步扩充，从而实现更高层度下的数据增值。

7.7　思考问题

（1）结合信息工程中的概念与特点，请分析一下信息工程的战略数据规则方法与过程。

（2）请分析线表结构与二维数据表结构的异同，并结合数据结构中的要素与特点，分析数据库的要素与关键点。

（3）数据库的特征与数据建模的原则有哪些，这些原则对指导数据库的设计有什么作用？请结合你在软件开发项目中的具体实践来展开相应的分析。

（4）关系数据库的设计范式有哪些，这些设计范式是如何来指导系统进行建模与分析设计的？请举例进行分析与说明。

（5）请分析数据库的完整性设计的作用，并请举例来分析和说明。

（6）请说明数据仓库、数据集市、数据立方以及数据库之间的异同。

（7）请阅读参考文献与相关网络资源，针对 OLAP 技术的实现方法以及目前 OLAP 最新发展趋势进行分析，并完成一个研究综述与分析报告。

（8）大数据的特征是什么，它与传统的关系数据库以及数据立方中所存储的数据存在什么异同？并请对大数据的实现方法进行研究综述。

参考文献与扩展阅读

[1]Chen P S. The Entity－Relationship Model，Toward a Unified View of Data [J]. ACM Trans on Database System，1976，1(1)：9－36.

[2](美)西尔伯沙茨，等. 数据库系统概念[M]. 杨冬青，等，译. 6 版. 北京：机械工业出版社，2012.

[3](英)戴特. 数据库设计与关系理论[M]. 卢涛，译. 北京：机械工业出版社，2013.

[4]李春葆，李石君，李筱驰. 数据仓库与数据挖掘实践[M]. 北京：电子工业出版社，2014.

[5]韩家炜(Han,J.)(美)，等著，数据挖掘：概念与技术[M]. 范明，等，译. 3 版. 北京：机械工业出版社，2012.

[6]朱阅岸，张延松，周烜，等. 一个基于三元组存储的列式 OLAP 查询执行引擎[J]. 软件学报，2014，25(4)：753－767.

[7]李鑫，李凡，边杏宾，等. E－R 模型的回答集编程表示[J]. 计算机研究与发展，2010，47(1)：164－173.

[8]王珊，王会举，覃雄派，等. 架构大数据：挑战、现状与展望[J]. 计算机学报，

2011,34(10):1742 - 1752.

[9]张延松,焦敏,王占伟,等. 海量数据分析的 One - size - fits - all OLAP 技术[J]. 计算机学报,2011,34(10):1936 - 1946.

[10]孟尧. ER 模型与关系模型的转换研究[J]. 信息工程大学学报,2012,13(1):124 - 128.

[11]王宏志,樊文飞. 复杂数据上的实体识别技术研究[J]. 计算机学报,2011,(10):1843 - 1852.

[12]王元卓,靳小龙,程学旗. 网络大数据:现状与展望[J]. 计算机学报,2013,36(6):1125 - 1137.

[13]孟小峰,慈祥. 大数据管理:概念、技术与挑战[J]. 计算机研究与发展,2013,50(1):146 - 169.

[14]韩晶. 大数据服务若干关键技术研究[D]. 北京:北京邮电大学,2013.

[15]Nature. Big Data [EB/OL]. 〔2014 - 12 - 20〕. http://www. nature. com/news/specials/bigdata/index. html.

[16]林子雨,赖永炫,林琛,等. 云数据库研究[J]. 软件学报,2012,23(05):1148 -1166.

第 8 章　流程分析与建模

牛津大学的 Martyn Ould 教授指出流程是指为了达成一个目标,而将组织有机地协同在一起完成相关活动的一个过程,它可以通过一系列的活动、变化或者功能操作最终生成一个结果。随着信息全球化、网络化以及个性化的发展,在高度分布且复杂的市场环境中,企业的业务功能与需求都在发生着快速的变化,使得企业的业务流程也不断地发生动态变化,尤其是目前软件系统往往针对稳定不变的业务和静态的业务流程设计,如何在快速且实时创新、敏捷面向客户需求变化的环境下,保证软件工程的稳定性与可扩展性成为目前研究的关键点。因此,本章将通过数据流图的分析与设计来反映结构化设计的核心思想,并进一步利用 BPM 与 BPMN 的流程设计来扩展数据流程建模的应用场景,在此基础上,通过利用 Petri Net 来实现流程的验证,最后对流程设计在工程中的实际应用以及目前大数据条件下的数据流分析方法进行相关的介绍。

8.1　数据流图(DFD)与数据流设计

数据流是一种重要的经典软件分析与设计方法,它反映了软件系统的业务逻辑与数据流转,是系统分析和设计的重要指导方法,其中心问题是把功能逐层分解为多个子功能,并在功能分解的同时进行相应的数据分析与分解。随着软件组件化与 WEB 服务技术的发展,数据流程的分析不仅仅是软件设计中的一个关键策略,同时也是大规模应用软件集成的一种方法,并成为了下一代软件开发的核心技术之一。

8.1.1　数据流图的设计思想

结构化方法是以系统的功能模型为核心,采用自顶向下、逐层分解的策略,对业务功能及其关系建立相应的处理模型。其中,系统分析的基本对象为业务功能,而业务功能中包含着大量的处理流程,这些数据及数据存储包含于处理过程之中,每一个存储的数据均是以数据的特征属性来进行表示,结构化分析的基本要素以及要素之间的层次嵌套关系如图 8.1 所示。

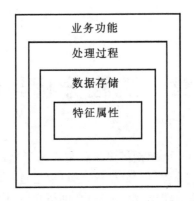

图 8.1　结构化分析的基本要素层次结构

从图 8.1 中可以看出结构化方法的特点是以功能为核心,数据作为功能的辅助要素,通过数据的处理过程体现一个功能的具体实现,因此,结构化方法存在着以下局限。

(1)结构化方法是通过业务功能的视角来全局化分析具体业务的实现过程,即将全局范围内的数据流作为中心来分析业务处理过程,同时在处理过程中体现出数据结构、数据存储以及数据的核心属性。但是,在具体的复杂业务系统中,一方面数据流无法直接定义和反映出具体的问题域;另一方面,数据流也无法有效地验证和分析结果的正确性。因此,利用结构化方法来分析系统,往往无法彻底地将用户的实际需求准确地定义与描述出来。

(2)结构化分析方法缺少一个统一模型将分析、设计以及模型与源代码之间的映射有机地组织起来的一种策略。不同阶段文档的表示体系不一致,导致模型之间的映射与转换并不能通过可靠的规则实现,而且由于存在着人为的随意性,容易形成模型分析与设计的偏差,从而对软件的开发质量带来直接的影响。

(3)结构化方法对需求变化的适应能力比较弱,软件系统的结构往往会依赖于业务功能,而业务功能随着业务环境的变化会随时发生较大的变化。当功能发生变化时将直接导致系统中存在的多个数据结构、数据处理过程的变化,特别是一旦用户角色也发生变化,整个系统的边界也会发生相应变化,这将导致整个系统的结构化设计不仅难于维护,同时也难以复用大量已有的设计模型。

总之,结构化分析和设计技术是围绕"系统功能"来构造系统的,其主要缺点在于缺少功能与数据的映射与集成。由于系统功能存在着极大的易变性,直接影响到数据之间关系以及数据结构的稳定性和适应性,因此,在结构化分析过程中,如何体现出数据在被操作的过程中所体现出来的功能特点,成为了核心的研究焦点。下面我们将针对数据流模型来探讨关于流程模型的建立、应用、验证以及设计的方法。

8.1.2　DFD 的建模与应用

数据流图(Data Flow Diagram,DFD)是一种最常用的结构化分析建模方法和可视化工具,它从数据角度来描述系统的信息流或数据流从输入移动到输出全过程中所经历的一系列"变换",以及数据的传递、加工与存储等操作,并通过高度抽象性和概括性的图形化方式来表达复杂系统中的内在逻辑功能以及数据在系统内部的逻辑流向和逻辑变换过程。它既提供了功能建模机制,也提供了信息建模机制。由于数据流图中可以在任何抽象层次上描述信息在软件模块间流动和在模块中被处理的逻辑状态,因此数据流图也常常用来分析、设计和表示软件系统。一方面便于用户表达系统的功能需求、数据需求、系统建模、模型内要素以及模型之间的业务联系;另一方面有利于系统的分析人员与开发人员理解现行的系统内在逻辑以及系统的整体架构。

数据流图存在着四种基本组成要素,即数据实体、数据处理、数据存储和数据流。基本的图形化符号表示如图 8.2 所示。

图 8.2　数据流图建模元素图形化示意

数据实体也称外部实体,它常用方框来表示数据流图中要处理数据的输入来源或处理结果的去处。这些外部实体是数据流图中的业务流转与数据流动的核心驱动引擎,在实际情况中可能是人员、组织或者是其他的软硬件系统等实体,整个系统中数据的流动反映出了这些外部实体对数据的实际操作需求,因此,每个系统中外部实体的多少在一定的条件下直接反映出了系统的边界、规模大小以及复杂程度,它们作为系统与系统外部环境的接口界面,是整个系统建模与设计的关键。

数据处理(加工)也称数据的处理逻辑,描述了系统对信息进行处理的逻辑功能。数据处理反映了对特定结构的数据以及数据内容所施加操作的过程,即将输入的数据按照一定的规则和条件(算法与约束)进行加工处理,并输出加工处理后的数据,从而体现出了一个具体的业务功能。一般的数据处理可以采用圆、椭圆或者圆弧角的矩形来表示。另外,由于数据处理的抽象粒度存在差异,因此,可以采用抽象和分层的方式来表示不同粒度下的功能。

数据存储是数据在逻辑意义上的可持久化的存储单元,即系统信息处理功能所需要的、不考虑存储物理介质和技术手段的数据存储环节。一方面,可以支持数据从数据处理环节流向数据存储单元进行逻辑持久化保存;另一方面,也可以从数据存储中获取数据,并将这些数据加载到数据处理中,通过对数据的处理可以进一步实现对数据的操作。同时,外部实体也可以通过数据存储来实现数据结果的获取和查询。一般地,常可以采用双杆或者右方开口的矩形框来表示数据的存储。

　　数据流是将 DFD 中各种要素有机组织起来形成一个逻辑过程的重要工具,也是描述系统信息处理功能有关的各类信息的载体。它可以用箭头描述,箭头方向表示一组固定数据项的流动方向、逻辑判断及其含义,是数据在系统内传输的语义通道。另外,同一数据流图上不能有同名的数据流,如果有两个以上的数据流指向一个加工,或是从一个加工中输出两个以上的数据流,这些数据流之间往往存在一定的关系。

　　此外,一些文献为数据流图增加了一些特殊符号,来表示数据流之间的与、或等逻辑操作(见图 8.3)。例如,"＋"表示"与"操作,即同时输入/出;"＊"表示"或"操作,即至少一项输入/出;"⊕"表示"异或"操作,即非同时输入/出。通过这些逻辑操作,可以对数据流之间的关系进行设计,从而丰富了数据流模型中的逻辑判断语义,使模型具有更高的实用性。

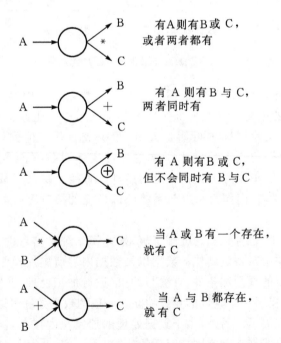

图 8.3　数据流图中不同的数据流之间存在的逻辑关系示意

　　利用上述 DFD 模型的要素，Yourdon 和 DeMarco 设计了一个将数据流与控制流进行统一集成的数据流模型（即 Yourdon/DeMarco DFD Model），如图 8.4 所示。其中，图中的实线表示的是数据流，点状虚线表示控制流，这种 DFD 模型适用于实时系统的分析和设计过程。

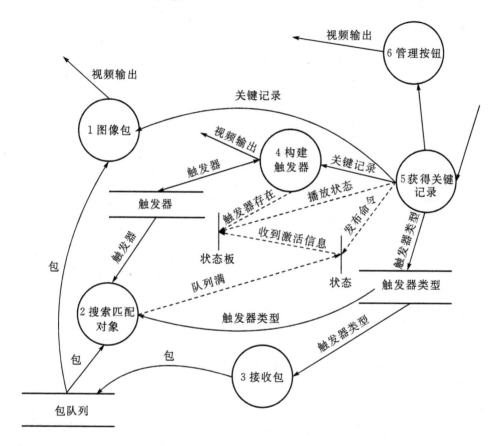

图 8.4　Yourdon/DeMarco DFD 模型示意图

　　另外，Gane 和 Sarson 提出了一个简化的 DFD 模型，只考虑系统的业务逻辑以及系统中的数据流和数据处理之间的关系，如图 8.5 所示。这种模型可以适用于以业务管理与流程控制为核心的企业管理系统，因此也成为了系统分析与设计过程中最常用的建模方法与工具。一般地，传统 DFD 模型也就是指 Gane/Sarson DFD 模型。本章相关的 DFD 模型如果没有专门的描述，均指 Gane/Sarson DFD 模型。

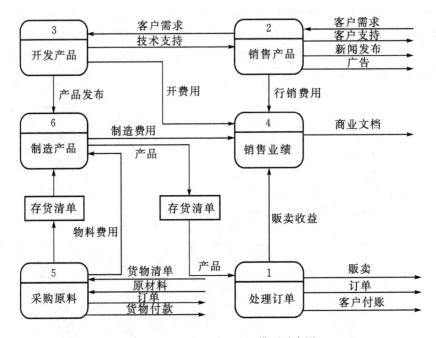

图 8.5　Gane/Sarson DFD 模型示意图

8.1.3　DFD 的建模过程与设计原则

企业软件系统所涉及的业务流程与业务关系错综复杂，数据加工处理可能成百上千，如何利用 DFD 模型来描述整个系统完整的业务与逻辑功能，"自顶向下，逐步求精"的原则为我们绘制数据流图提供了一条清晰的思路和标准化的步骤。

在初始阶段，由于只对业务的宏观情况有一些认识和了解，而对细节把握不清晰，因此，在此阶段中建立起一个上下文图（也称之为关联图），利用上下文来确定出整个系统中存在的关键的外部实体以及外部实体的基本职责。通过这个模型可以有效地确定出系统的边界，从而进一步为系统分析提供了坚实的基础。图 8.6 是一个系统上下文图模型的示例，该模型将整个系统当做一个独立的数据处理过程，通过对模型的分析，可以清晰地确定出系统的外部实体、实体职责、实体间关系以及系统的规模与边界。因此，在系统分析工具中，往往会把上下文图作为其系统分析的首选工具。

在上下文图中，将整个系统作为 DFD 模型中的一个数据处理要素，其中具体的业务流程与处理机制均被抽象和封装到这一个数据处理单元中，并没有显示出其内部的实现细节，如何进一步细化将是 DFD 后续模型中必须完成的关键任务。

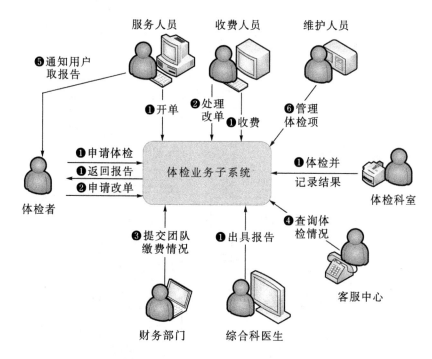

图 8.6　系统上下文图模型的应用示例

在 DFD 模型的后续阶段中,通过对模型的进一步细化,逐步分解形成分层的 DFD 模型,并展示出系统如何被分解成不同的子系统,每个子系统能够处理一个或多个来自外部实体的数据流,这些子系统共同作用,为系统提供完整的功能支撑。其中,第一层模型也称为顶层图,它可用于展示系统中主要的、粗粒度的一些数据处理(即职责),也反映出了整个系统中的功能层次结构与约束关系;而其他的层次模型均是上一层模型的进一步分解与细化。整个 DFD 模型的建模过程与模型中数据处理的层次化逻辑关系如图 8.7 所示。

通过图 8.7,可以发现在 DFD 模型不断被分解和细化的过程中,一直贯穿着 "自外向内,自顶向下,逐层细化,完善求精" 的设计理念和思想。一方面,这种设计风格也非常符合人们对客观事物的认识习惯,通过这种层次化的渐近式设计,最终可以不断认知到系统实现的细节;另一方面,DFD 的这种设计思想已经成为了软件工程领域中的一种基本的思想,特别是对后来的面向对象的设计与模型的建立提供了大量的参考模型基础。除了这个基本原则之外,在 DFD 的设计之中还有以下一些基本原则:

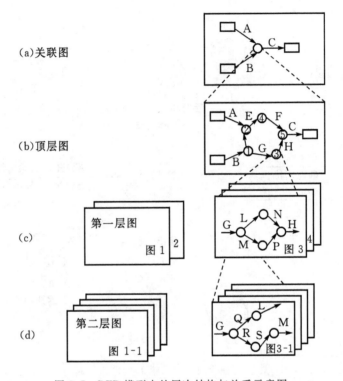

(a)关联图
(b)顶层图
(c)
(d)

图 8.7　DFD 模型中的层次结构与关系示意图

(1)保持数据守恒原则,即每个数据加工必须既有输入数据流,又有输出数据流,并且一个数据加工的所有输出数据流的数据必须能够从该数据加工的输入数据流中直接获得,或者该数据加工能够自已产生数据。

(2)保持数据抽象原则,即隐藏数据加工的细节,在 DFD 模型图中只需画出数据加工和数据加工之间的关系即可,所有的实现细节也可以通过数据字典来进行定义。

(3)保持数据一致性原则,即在不同层次的图中描述的数据加工处理、数据存储以及数据流应该保持一致性。

(4)保持数据的模型与解释相合并的原则,即利用 DFD 模型来进行数据流程的定义与业务描述,而利用数据字典对系统中的操作细节进行定义,从而实现对业务过程中的数据流与数据结构信息操作定义的结合。

另外,在系统的分析与设计过程中,数据流图只能给出系统逻辑功能的一个总框架,而缺乏详细、具体的内容,为了更好地解释和说明数据流图中的各种要素,需要对这些系统中的数据结构、数据流、数据操作进行详细的定义,因此,数据字典起到了重要的作用。

数据字典是数据流图上所有成分的定义和解释的文字集合,并包含了 DFD 模型中各个要素的详细信息。因此,数据字典的作用就是给数据流图上每个要素、问题以及操作加以定义和说明。特别是系统分析人员可以把不便在数据流图上注明,但在系统分析时应该获取的数据,以及对系统开发、运行与维护所需要使用的数据统一地进行定义。例如,数据流与数据加工发生频率、出现的时间、高峰期与低谷期、数据加工的优先次序、加工周期及安全保密、数据结构、处理算法等方面的信息,需要根据系统开发、维护和运行的需要来加以定义与说明。因此,数据字典中各种成分的定义必须明确、易理解、且唯一,以便于查询检索、维护和统计分析。

8.1.4 DFD 数据流与数据字典应用示例

本节提供一个 DFD 数据流与数据字典的应用示例,主要针对高校的学生与教师以及系办人员对学生的学籍情况进行管理,并对学生的成绩与注册的管理提供了数据处理的相关信息。其中,系统中关键的需求包括:

(1)学生可以进行注册申请、注册证件、查看新生名单、注册统计,并获得相关的通知等功能。

(2)教师可以对学生的学籍资格进行管理,其中具体包括课表与成绩,学籍资格变动通知,课表安排等功能。

(3)教师可以进行教学活动安排,同时完成课程后进行考试,并将成绩单进行统一管理;其中,成绩管理的主要功能包括修课名册,教学安排,学生成绩,修课情况与成绩统计。

(4)系办人员可以对学生的学籍情况以及奖励情况进行管理;其中,奖励管理包括奖励统计、奖励凭证、奖励通知等。

根据上述的一些功能需求,利用 DFD 来建立系统的整体模型,系统的上下文图如图 8.8 所示。

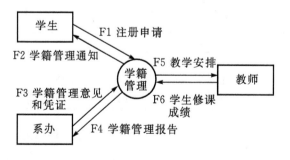

图 8.8 学籍管理系统的上下文图

将表示整个系统的数据处理功能进一步进行细化,将外部实体的职责进行分解可以获得学籍管理的系统顶层图模型,如图 8.9 所示。

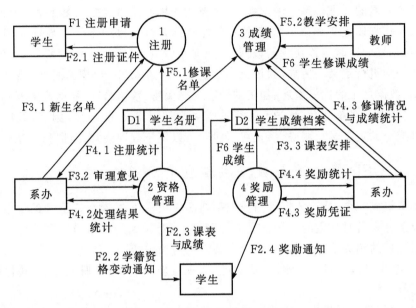

图 8.9　学籍管理系统的顶层图模型

上述两个层次的 DFD 模型提供了整个系统要素的层次结构与关系，为了更好地刻画系统中每一个要素的具体功能实现与约束细节，则可以通过定义数据字典来实现。例如，利用数据字典来对外部实体、数据处理、数据存储以及数据流进行统一的描述和定义，下面图 8.10 中分别表示对不同 DFD 模型要素的定义和实现的结果。而在具体的项目实践过程中，这种模型可以针对系统中所有的模型要素进行详细的定义与说明。

数据流			
系统名:学籍管理		编号:	
条目名:学生成绩通知		别名:成绩通知单	
来源:成绩管理		去处:学生	
数据流结构: 　　学生成绩通知:{学号＋学生姓名＋{课程名称＋成绩}该省本学期所修 　　课程＋(补考课程名称＋补考时间＋补考地点)}所有在册学生			
简要说明: 　　学生成绩通知在每个学期期末考试结束后一周至下学期开学前一周内发 给所有本期在校学生。			
修改记录:	编写	张 XX	日期	20XX 年 5 月 10 日
	审核	李 XX	日期	20XX 年 5 月 10 日

(a)DFD 模型中利用数据字典的对数据流的定义与描述

系统名:学籍管理	编号:			
条目名:成绩管理	别名:成绩通知单			
输入:学生修课、课程名称、学生成绩	输出:教学安排、学生成绩通知单、学生修课情况与成绩统			
加工逻辑: 1. 从学生名册中获取修同一课程的学生名单; 2. 计每门课程的修课人数并报送机关; 3. 从系机关获取课程安排数据,包括各门课的上课时间、地点; 4. 形成教学安排,包括各门课程的修课学生名单、上课地点,通知任课老师; 5. 接受任课老师的学生成绩数据,并登录在学生成绩档案中; 6. 统计成绩,计算每门课成绩优良、及格、不及格,缺考人数,报送系机关; 7. 向学生发出学生成绩通知,并附补考安排。				
简要说明: 　　课程安排由系里的教学管理人员直接向学生公布。				
修改记录:	编写	张 XX	日期	20XX 年 5 月 10 日
	审核	李 XX	日期	20XX 年 5 月 10 日

(b)DFD 模型中利用数据字典的对数据处理的定义与描述

图 8.10　基于 DFD 模型的数据字典定义与描述示意

　　通过对数据字典的定义,可以对 DFD 模型中的每一个构成要素进行详细的定义和说明,并将 DFD 模型以及数字字典相结合,为分析与设计一个完整的系统提供有效的指导。

8.1.5　DFD 与数据模型的同步

　　一个软件系统在结构化设计过程中核心要考虑数据以及数据上所施加的操作,其中 E - R 模型与 DFD 模型分别代表了同一个系统的不同视图,即数据与流程,图 7.19 也反映了在使用这两个模型进行系统的分析与设计过程中,存在的一些相关性。特别是流程模型是通过对数据施加相应的操作而实现这些视图之间的关联的,因此,为了确保整个系统规格说明的一致性和完整性,需要对数据模型和过程模型进行同步设计,其中数据-过程的 CRUD 操作矩阵是一种常用的描述方法。为保证系统的完整性,每个实体均具有以下四种操作,即创建操作(Creat)。读写操作(Read)、更新操作(Update)和删除操作(Delete)。这些数据与流程通过一组操作形成了数据-流程的操作控制矩阵,实现了流程与数据之间的关联,如图 8.11 所示。

　　另外,DFD 模型以数据加工与处理为核心来描述业务过程,并通过四个核心组成要素的组织来达成对一个系统的业务过程以及操作行为的统一描述,因此,

DFD 模型具有较强的通用性与描述能力。在系统建模过程中，它不仅可以将 IDEF 模型、增强型功能流块图模型（Enhanced Functional Flow Block Diagram，EFFBD）、系统遗留的 DFD 模型、问题分析图模型（Problem Analysis Diagram，PAD）以及 BPM 模型作为模型的输入来源，同时，也可以将 DFD 模型的结果向其他模型进行映射与转化，特别是可以向面向对象的用例图模型（Use Case Diagram，UCD）进行转化，从而建立起来一个从数据流到业务流，从数据加工和处理与数据存储到面向对象的类结构，从结构化的设计向面向流程的契约式设计过渡。DFD 模型与其他相关模型之间的映射与转化关系如图 8.12 所示。

Entity . Attribute	Process Customer Application	Process Customer Credit Application	Process Customer Change of Address	Process Internal Customer Credit Change	Process New Customer Order	Process Customer Order Cancellation	Process Customer Change to Outstanding Order	Process Internal Change to Customer Order	Process New Product Addition	Process Product Withdrawal from Market	Process Product Price Change	Process Change to Product Specification	Process Product Inventory Adjustment
Customer	C	C			R	R	R	R					
.Customer Number	C	C			R		R	R					
.Customer Name	C	C	U		R		R	R					
.Customer Address	C	C	U		RU		RU	RU					
.Customer Credit Rating		C		U	R		R	R					
.Customer Balance Due					RU	U	RU	RU					
Order					C	D	RU	RU					
.Order Number					C		R	R					
.Order Date					C		U	U					
.Order Amount					C		U	U					
Ordered Product					C	D	CRUD	CRUD		RU			
.Quantity Ordered					C		CRUD	CRUD					
.Ordered Item Unit Price					C		CRUD	CRUD					
Product					R	R	R	R	C	D	RU	RU	RU
.Product Number					R	R	R	R	C			R	
.Product Name					R		R	R	C			RU	
Product Description					R		R	R	C			RU	
.Product Unit of Measure					R		R	R	C		RU	RU	
.Product Current Unit Price					R		R	R			U		
.Product Quantity on Hand					RU	U	RU	RU					RU

C = create　　　　R = read　　　　U = update　　　　D = delete

图 8.11　数据-流程的 CRUD 操作控制矩阵

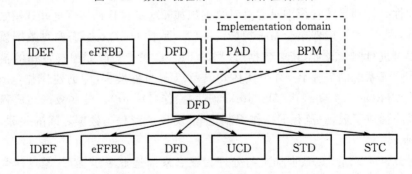

图 8.12　DFD 模型与其他模型之间的相互转化与映射关系

8.2　BPM 设计与 BPMN 设计方法

20 世纪 90 年代,Michael Hammer 和 James Champy 发表的《企业再造》(*Reengineering the Corporation*)引发了人们对业务流程价值的再思考。业务流程是为了实现企业某个特定目标而进行的一系列逻辑上相关的活动集合。通过业务流程的再造,不仅可以大量优化企业的业务管理过程,同时,对于软件的开发与设计而言也带来了众多全新的挑战。即:如何适应在业务流程不断变化的环境下,软件架构以及软件系统可以进行动态的按需调整,实现软件开发过程的自动化,这已成为了新一代软件工程领域中一个重要的发展与研究方向。特别是随着计算机技术以及软件工程技术的发展,在程序不断解耦的过程中,也在不断地进行抽象,我们希望所开发的软件系统可以具有更好的灵活性与机动性。这不仅要求程序代码在降低耦合度、加强互操作、建立高层的制导的基础上,增加业务的可描述性,同时还要求结合实际的业务流程的动态变化,通过流程编排的方式来加强软件模块的接口标准化与表示方式的标准化。因此,从这个角度上来看,BPM 不仅是一个业务管理的模型,同时也是下一代软件开发的核心技术基础,软件开发技术的变迁与技术升级如图 8.13 所示。

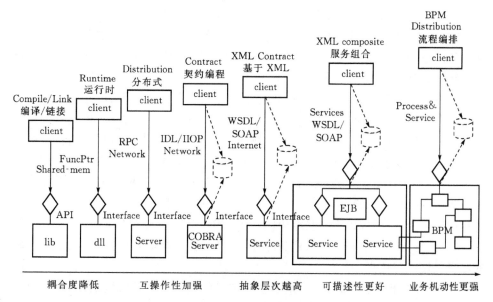

图 8.13　软件开发技术的变迁与技术升级

　　因此,本节在 BPM 以及 BPMN 的基本概念、操作方法以及核心的结构模型和元模型的构建基础上,分析了 BPMN 建模与设计过程中的相应操作环节与步骤,为深入理解 BMP 奠定初步的概念基础。

8.2.1　BPM 的基本概念与核心要素分析

　　业务流程由一系列相关的结构化的活动或任务组成,这些活动按照特定的规则、约束与流程,为用户提供特定的服务。在传统的结构化设计时代,数据结构与数据操作通过数据流来体现,这使得数据与应用之间通过流程将数据结构与数据操作耦合到了一起;而另一方面,在面向企业的应用系统的设计过程中,业务流程与用户权限、操作功能的耦合也反应出了整个软件系统中存在的巨大隐患,一旦业务流程发生变化,将对整个系统的架构以及功能带来颠覆式的影响。

　　BPM(Business Process Management)是一种将业务流程与功能操作解耦的方法和技术,是基于业务流程建模和企业应用集成技术的一种新型软件系统开发方法。BPM 以流程为中心,集成各种信息资源,通过对业务流程的建模、分析、设计与开发,实现人与人之间、人与系统之间以及系统与系统之间的信息流通及整合,使业务流程实现自动化,特别是对于涉及多个系统之间的流程以及所有的步骤实现自动化。在此基础上,软件开发人员可以十分容易地进行沟通并理解业务内容,辅助流程设计、开发及演化,提高了流程效率和软件的质量。

　　BPM 以客户的业务流程为设计核心,并在通过业务的职能域划分建立起的高层业务模型基础上,通过对业务流程的细化以及业务活动的分解,实现业务的执行与控制。同时,通过流程的规范、优化和再造等操作来实现业务流程中活动的增值,以及在企业不同的组织之间、业务过程的协同。在企业组织、过程及目标等不同的视图下,结合 BPM 的完整生命周期过程以及分析策略与方法,形成一个多维度的业务流程管理模型,其中主要包括视图维、BPM 生命周期维以及分析方法维,这些不同的维度形成了一个多维的分析空间,如图 8.14 所示。同时,通过这些不同维度视角下的 BPM 建模,也可以获得对于一个 BPM 模型的完整分析方法。

　　其中,针对 BPM 全生命周期的实现过程与关键阶段中的操作,可以对相应的过程进行整合后,形成以下一些相应的具体操作。其中主要包括:

　　(1)流程设计与建模。即从业务管理的视角,利用建模工具来实现对业务流程的可视化设计与建模。

　　(2)流程分析与仿真。BPM 系统根据定义的流程模型,通过流程引擎工具的参数配置,来对流程的运行状态进行仿真与监控。

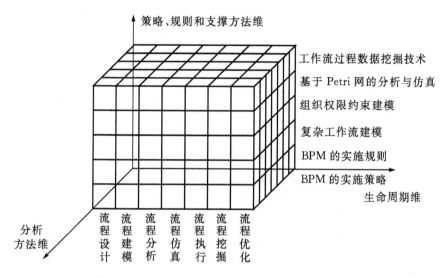

图 8.14　BPM 业务流程多维度和多视角分析示意图

（3）流程的执行与集成。通过可视化的流程管理工具来实时监控业务流程的执行情况，并且能够对业务流程执行过程中出现的意外情况进行及时处理。同时，通过统一接口的方式来自动实现业务过程与业务操作的集成，例如采用 EDI 或者是 Web Service 的接口定义。

（4）流程挖掘。通过流程中的各种参数进行配置，并通过数据挖掘方式来实现对流程的挖掘。

（5）流程优化。对业务流程的执行的结果进行挖掘、统计、分析，并根据分析的结果，对业务流程的执行过程进行模拟和优化。

上述模型、过程及操作为实现一个完整的 BPM 管理系统奠定了基础。

8.2.2　BPM 核心结构模型与元模型

BPM 多维度模型的实现反映了对业务流程的设计与管理控制的核心要求，其中流程建模是整个 BPM 的核心，本书第 3 章中曾介绍了一些企业架构模型，特别是 ARIS 模型与 Zachaman 模型，这些模型都是从不同的视角来审视系统本身。对于 BPM 模型，从结构分析的视角将 BPM 的建模的要素分解为行为视角、功能视角、组织关系视角、数据信息视角以及业务过程上下文视角这五个视角，并通过这些视角来实现对业务流程的建模与分析。这五个视角组成的 BPM 的结构模型如图 8.15 所示。

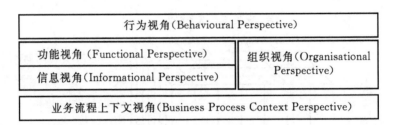

图 8.15　BPM 结构模型中的核心视角

其中,流程上下文视角(Business Process Context Perspective)主要强调了对业务过程本身的建模,ISO9000 曾将业务流程定义为一组将输入转化为输出的相互关联或相互作用的活动。尽管业务流程的定义不同,但主要包含七个基本要素:经营目标(Goal)、活动(Activity)、参与人(Participant)、业务规则(Business Rule)、应用代理(Application Agent)、业务对象(Business Object)以及信息/知识资源。通过业务过程中的上下文环境与语义模型对业务流程之间的逻辑约束与关系进行定义,特别是通过对企业核心目标的确定,不仅可以设计出流程的目标,同时也为业务过程的控制与设计提供了分析与度量的指标;通过对业务过程的目标与评价指标的设计,对业务流程的划分与流程之间的语义关联提供逻辑建模的基础与依据。基于业务流程上下文视角下的流程语义模型如图 8.16 所示。

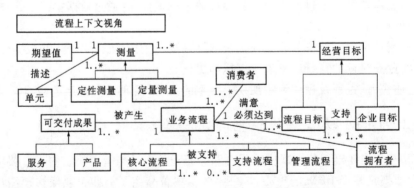

图 8.16　BPM 模型下的业务流程上下文语义模型示意图

另外,BPM 的组织视角(Organisational Perspective)反映出了在整个业务流程的设计过程中,对于用户类型、角色及用户权限之间关系的设定,通过组织视角为业务流程的执行与控制提供了对象支撑及交互模式的定义,相关的工作与第 4 章中的 RBAC 模型存在着一定的相关性。而信息视角(Functional Perspective)是指在业务流程中,对于不同流程中所体现出来的信息数据结构进行的描述,即数据表单在整个业务流程的执行过程中如何实现数据交互、流转与数据的持久化存储,对于数据信息的操作则通过一系列的功能来得到反映。功能视角(Functional Perspective)也是用户视角,反映了用户可以实现的具体业务职责,它包括了一组数据操作与操作过程,并通过对业务流程的执行体现出了相应的功能。通过对这三个视角下 BPM 的核心功能的分析,针对其中的核心实体单元进行抽象与设计,形了一个 BPM 系统的核心实体之间的框架模型,整个模型如图 8.17 所示。

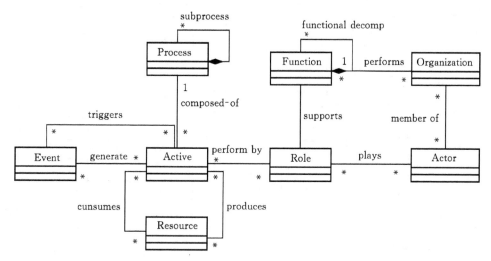

图 8.17　BPM 模型的核心实体之间的抽象框架模型示意图

该模型反映了 BPM 业务流程的核心实体要素以及实体要素之间的关系。其中,主要的实体包括流程(Process),每一个流程包含了一组子流程,且每一个流程均包括了一组活动(Activity),每一个活动均可以触发一系列的事件(Event);同时,每一个活动也会通过一定角色(Role)的参与来使用特定的资源(Resource),而每一个角色均包括了一组特定的功能(Function),且每一个功能均反映了相关组织机构的职责;同时,每一个组织机构均由一组成员(Actor)构成,且每一个成员均隶属于特定的角色,并通过角色来实现功能任务的分配。

另外,在 BPM 的结构模型中,行为视角(Behavioural Perspective)反映了流程中的交互过程与交互行为,通过对流程的交互操作,实现了跨组织部门之间、跨操作权限之间以及跨业务之间的数据共享与互操作,特别是可以通过行为视角来描述和反映系统的动态行为以及操作能力。因此,结合 BPM 核心结构模型中存在的这 5 个核心视角以及上述的上下文语义与实体框架模型,利用 UML 来设计和描述一个完整的 BPM 管理系统的整体结构元模型,如图 8.18 所示。

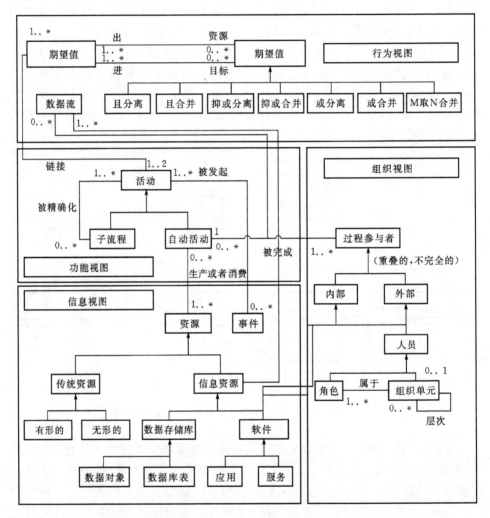

图 8.18　完整的 BPM 的整体结构元模型

　　通过 BPM 的整体结构元模型,为实际的 BPM 应用系统的分析设计提供了一个基本的指导框架,并定义了 BPM 系统的核心概念以及用于创建领域模型的核心构建元素。特别是在企业应用集成 EAI(Enterprise Application Integration)以及面向服务的架构 SOA(Service - Oriented Architecture)技术的发展与推动下,流程设计与契约式编程又重新成为了"随需应变模式"下大型软件系统设计与开发的关键,但为了保证业务流程模型在分析与沟通过程中的交换标准与规范,需要建立相应的过程语言标准来进行统一的定义。其中,BPMN(Business Process Modeling Notation)模型规范是一种广泛应用于企业业务流程定义的重要规范标准，它由 BPMI(Business Process Management Initiative)国际标准组织制定，继承了诸如 YAWL、XPDL(XML Process Definition Language)、UML 等传统建模语言的表达能力，同时还扩展了流程图（Flow Chart）与泳道（Swim Lane）等支持多进程的建模符号，使得模型之间的元素可以任意集成与连接。下面我们对 BPMN 模型以及相应的应用进行介绍。

8.2.3　BPMN2.0 规范中的模型要素

BPMN 是一种业务流程建模标注规范，也是 OMG（Object Management Group，对象管理组织）认可的行业标准。其开发目标不仅能够处理复杂业务流程的建模，而且还需要为用户提供一种易于理解的可视化模型。因此，BPMN 在特定的基础设施的保证下，将流程建模的要素进行分类，并通过建立一个基于图形元素分类集的业务流程图(Business Process Diagram，BPD)，为不同的用户提供业务流程的开发服务，特别是可以通过可视化的方式对业务进行流程定义和编排。此外，通过对特定要素的语义扩展来实现业务流程之间的协作与实现。整个 BPMN规范的核心要素如图 8.19 所示。

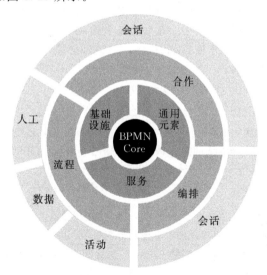

图 8.19　BPMN 的核心要素与要素之间关系模型

其中，BPMN2.0 规范中定义了五类通用元素，分别是连接对象（Objects）、事件（Events）、活动（Activities）、网关（Getways）和泳道（Swimlanes）。这五种元素形成业务流程图元素的一个子集，且基本建模元素通过顺序流（sqence Flow）和消息流(Message Flow)进行连接,并通过泳池和泳道两种方法来使基本建模元素分组。事件表示在流程中发生的某种情况,常可以分为三种类型:起始事件、结束事件和中间事件,例如定时器事件(Timer Event)、异常事件(Exception Event)和消息事件(Message Event)等。活动代表了一项工作,它既可以是原子任务,也可以是复合的。活动包括任务(Task)、子流程(Sub - Process)等,任务是一个原子的工作,而子流程则是一系列任务、网关、事件的集合。网关可以控制序列流是否通过,包括并行网关(Parallel Gateway)和异或网关(Exclusive Gateway)等;而泳道表示一个组织或者参与者。因此,BPMN 提供了连接业务流程设计和流程实现的标准化模型工具,同时,通过异常处理机制确保基于 XML 描述的可执行业务流程(例如 BPEL4WS)能够有一套可视化的面向业务的标注符号。BPMN2.0 规范中的元素可视化表示与描述如表 8.1 所示,而利用 Edraw7.6 建模软件系统,对 BPMN 中每一个元素的可视化模型表示如图 8.20 所示。

表 8.1　BPMN2.0 规范中的元素可视化表示与描述

元素	描述	符号
事件(Event)	事件是在业务过程中"发生"的某些事情。这些事件通常有一个原因(触发器)或者产生某些影响(结果)。事件是一个开放的圆,以便内部标记不同的触发器或结果,有三种不同的事件,给予什么时候影响流:开始,中间,结束	○
活动(Activity)	活动是用来描述公司执行工作的广泛术语,活动可以是自动的或者非自动的,作为一个流程模型的活动的类型有流程(Process)、子流程(Sub - Process)、任务(Task)。任务和子过程用圆角矩形表示,流程没有边界或者包含在泳池里	▭
通道(Gateway)	通道用于控制顺序流的分支和合并,因而它决定了分支、分叉、融合和加入的路径,内部的标记用于指示控制的行为	◇
顺序流动(Sequence Flow)	顺序流用于表示在一个流程中活动执行的顺序	⟶
消息流(Message Flow)	消息流用来表示两个实体之间发送和接收消息的流。在 BPMN 中,两个单独的泳池用来表示两个实体(参与方)	⤑
关联(Association)	关联用来与流对象关联信息,文字和非流对象图形能用来关联流对象	⇢
池(Pool)	一个池是一个"泳道"和一个图形容器,用于划分一系列的活动与其他池相区分,通常在 B2B 的上下文情形中	
泳道(Lane)	泳道是在一个池中的子部分,用来扩展池的整个长度,是垂直或水平方向。泳道用来组织和分类活动集	

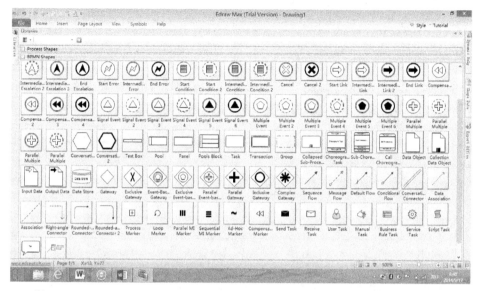

图 8.20　BPMN2.0 规范中定义的五类通用元素的核心子集（来自于 Edraw V7.6）

BPMN2.0 规范定义了三种类型的子模型图，分别是协作图（Collaboration Diagrams）、编排图（Choreography Diagrams）和业务流程图（Business Process Diagrams）。其中，协作图用以描述两个或两个以上的参与者之间的流程信息交互过程，每一个参与者使用泳道来表示其作用域，每个泳道都包含一个带有起始和终止节点的业务流程，这些流程描述了不同参与者的任务职责，不同参与者通过消息流进行交互。而编排图定义了消息在不同参与者间传递的顺序，因而它只出现在泳道之外，编排图中的参与者都需要明确自己什么时候发出消息，什么时候接收消息。业务流程图描述了一个组织内部各个活动间的关系，它包含三种子类型：私有不可执行流程、私有可执行流程和公共流程。这些流程通过隐私的保护，实现了对组织内部活动之间的权限控制。这些子模型的过程示意如图 8.21 所示。

8.2.4　BPMN 建模与设计的步骤

完成业务流程一体化建模与设计的关键在于能否通过流程建模，包括流程概念建模、流程仿真建模、流程执行建模，并且通过与系统的组织建模、资源建模、功能建模和数据建模等不同维度视角的建模方法的有机结合，达成业务流程可执行与可编排的目标。从技术角度来看，利用计算机技术来实现过程建模与设计，并利用该过程中的描述方式与流程之间的互操作机制来实现流程的编排与快速合成，成为了下一代软件开发技术中的关键。其中，如何有效地通过 BPMN 建模来反映

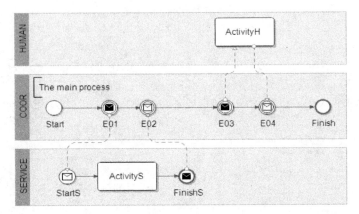

(a) BPMN2.0 规范中的协作图(Collaboration Diagrams)示意图

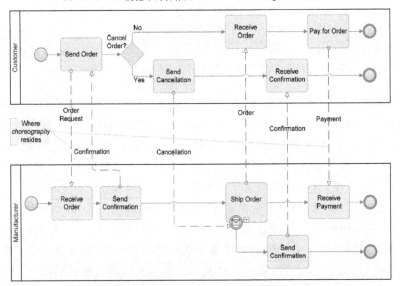

(b) BPMN2.0 规范中的编排图(Choreography Diagrams)示意图

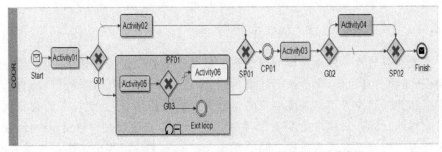

(c) BPMN2.0 规范中的业务流程图(Business Process Diagrams)示意图

图 8.21　BPMN2.0 规范中定义的子模型示意图

和设计出动态可执行的业务过程所对应的功能,则是一个核心。图 8.22 反映在业务流程设计、分析以及执行的全生命周期的过程中,建模对象在整个过程中存在的关系。本节对 BPMN 建模过程中存在核心环节及主要步骤进行介绍。

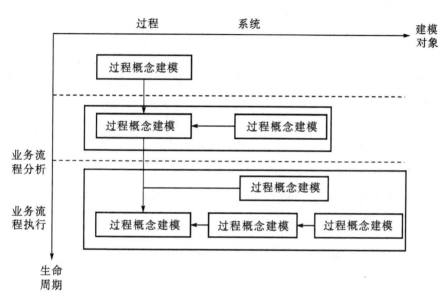

图 8.22　业务流程设计生命周期与建模对象之间的逻辑关系示图

第一步:业务流程概念建模。在利用 DFD 的上下文模型分析系统的主要实体及边界的基础上,利用建模语言来可视化地构建和定义业务流程逻辑结构与过程,并反映业务流程和业务活动的组成与时序逻辑关系,以及每个业务活动所完成的相应功能。其中,选用合适的建模语言对实现业务流程一体化建模具有关键作用,它不仅可以通过可视化的方式来实现业务流程逻辑的定义,同时,通过对每个流程符号的语义描述与定义,实现机器自动的模型理解,最终为业务流程的自动化执行提供语义基础。图 8.23 表示了业务流程概念建模阶段所具有的相关操作与联系。

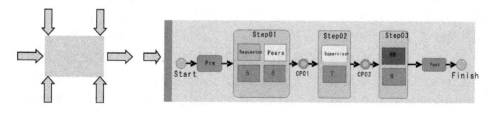

图 8.23　业务流程的概念建模阶段

第二步:业务流程的仿真建模。在业务流程概念模型的基础上,对业务流程的触发规则、流程分支的选择概率、业务活动的执行时间、固定成本等属性信息进行定义,并通过业务流程仿真建模来验证和分析业务流程模型的性能与合理性。其中,结合系统业务需求为业务流程概念模型中的每个业务活动分配所需的资源,并设置该业务活动所需要的执行时间、固定成本以及所需要的物质和人力等资源要素,通过活动与事件的触发来实现对业务流程的仿真处理,优化与验证流程执行过程中对资源要素的需求程度,并不断细化业务流程的概念模型,实现执行过程中不同的活动或事件对资源要素的操作与控制需求,使业务流程模型与实际的业务过程相吻合。图 8.24 表示了业务流程建模后的参数配置过程与仿真应用结果,通过这种处理方式可以有效地验证业务流程执行的效果。

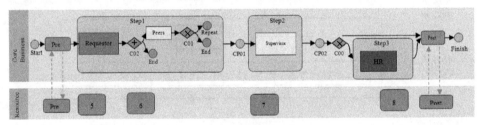

图 8.24　业务流程的仿真建模阶段

第三步:业务流程执行建模。在流程仿真模型的基础上,设置流程模型的可扩展变量、活动执行者、活动功能、输入/输出等参数信息,最终实现系统中核心业务流程的执行。另外,结合组织模型、数据模型和功能模型,将业务活动的具体实现与功能模型中的业务组件绑定,通过模型化的逻辑组织与编排,利用与其他相应的流程执行语言(如 BPEL4WS)映射机制来定义与描述整个系统,并通过动态调整与快速配置来实现整体的业务活动与过程,最终实现流程的执行。图 8.25 反映了业务流程的执行建模阶段所具有的相关操作与联系。

通过上述三个核心步骤对 BPM 整个生命周期中存在的业务过程进行设计、建模、验证、优化与实现操作。这种设计方法与传统的以信息为中心、自上而下的软件设计与开发过程相比,更强调以流程为核心,将需求分析、系统设计、软件实现与实施通过流程融合为一体,对流程的可视化建模来反映系统的变化特征以及快速组建的需求,不断地验证与调整业务流程模型,保持"软件随需应变"。这种基于流程的设计理念,在面向服务的 SOA 体系架构的应用与实现中得到了充分的应用体现。但是,由于 BPMN 元素之间连接的业务流关系可能导致不期望的语义,这给业务流程的建模与分析带来了一些新的挑战,特别是如何对流程的报告模型进行可靠性与有效性的验证。其中,Petri Net 作为一种经典的流程验证方法与技术,对业务流程的建模与执行提供了一个有效的支撑。

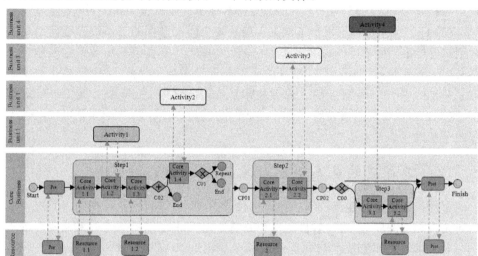

图 8.25　业务流程的执行建模阶段

8.3　流程设计应用:工作流与工作流引擎设计

工作流是流程模型中的一个实际特例,在工作流的设计与实现过程中,需要解决的核心问题是:为了实现某个业务目标,在多个不同权限的参与者之间,利用计算机系统按某种预定规则来自动地传递文档、信息或者任务。因此,对流程中的任务在什么样的权限与资源条件下,以什么样的逻辑或者规则连接起来,并采用合理的模型来表示和计算成为了设计与应用的关键。下面针对工作流的基本概念、概念元模型以及工作流引擎的功能设计与实现方法进行介绍。

8.3.1　工作流发展简介

自从 Fritz Nordsieck 1968 年首次提出了利用信息技术来实现工作流程自动化的想法后,宾夕法尼亚大学沃顿学院开发的原型系统 SCOOP,施乐帕洛阿尔托研究中心开发的 Office Talk 系统,代表着以群件技术为基础的工作流技术研究与应用的开始。1990 年后,越来越多的原型系统被开发完成后,人们从工作流模型、体系结构、事务、适应性、异常、安全、正确性验证、资源管理、开发过程等各方面对工作流技术进行深入的研究。随着技术与应用模式的逐渐成熟,工作流技术被广泛地应用于电信业、软件工程、制造业、金融业、银行业、科学试验、卫生保健领域、航运业和办公自动化等诸多领域。为了更好地保证不同的工作流软件之间的相互调用与接口规范,1993 年 8 月,工作流技术标准化的工业组织工作流管理联盟(WFMC)成立,并发布了用于工作流管理系统之间互操作的工作流参考模型与一系列工业标准。随着 SOA 和 Web 服务技术的兴起,流程模型从业务过程建模工具转向了跨平台的"随需应变"系统的开发与设计基础。目前,多个标准化组织制定了各自的基于 Web 服务的工作流技术标准,如 XLANG,WSFL 及 BPEL 规范等,这对工作流管理系统在跨平台环境下的功能性、可靠性、健壮性及可扩展性上提出了新挑战。

8.3.2　工作流的基本概念与元模型

工作流本质上是业务流程的计算机化或自动化,即利用业务规则将系统中的各种资源相互关联,并通过软件程序控制与处理后,形成整个业务过程自动化处理的一种技术。工作流技术与规范的国际标准化组织 WFMC 对工作流的定义是:一类能够完全或者部分自动化执行的业务过程,它根据一系列过程规则,使得文档、信息或任务能够在不同的执行者之间传递与执行。简单地说,工作流就是一系列相互衔接、自动进行的业务活动或任务,通过将工作活动分解成定义良好的任务、角色、规则和过程来进行执行和监控,以达到提高业务过程处理效率的目的。

业务过程(Business Process)是指企业或机构将具有相互依赖关系的过程和活动集合进行组织为实现某一特定业务目标或决策功能的过程。过程模型描述了现实世界中业务过程结构与实现的一种模板,每个独立的业务过程实例以及具体的活动均可以依据过程模型创建出来。而工作流面向业务过程,是针对工作中具有固定流程的活动提出的概念,反映出了业务过程实例以及活动实例的自动化,通过工作项与外部应用程序的支持,实现整个的业务过程。这与传统的面向功能的管理技术之间存在着显著的差别。业务过程与工作流之间的关系如图 8.26 所示。

其中,过程定义即过程模型,是一种能够被计算机解释的业务流程的形式化描述,可以用来支持自动或半自动的业务运行过程。业务过程从结构上通常被细分为一些子过程和活动。过程定义中还包括运行过程中所涉及的各种数据参数,例如过程的开始和终止条件、活动间的转移条件、各个活动的控制流和数据流关系以及参与流程执行的组织成员信息,有些过程还包括流程执行过程中被调用的应用及数据资源。而活动(Activity)则是流程执行过程中的最小执行单元,每一个活动均在特定的约束条件下,通过不同的角色来执行相应的操作并调用相关的资源,实现最终任务和目标的过程。

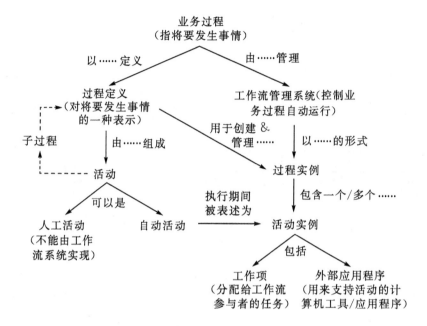

图 8.26   业务过程与工作流之间的关系

　　过程实例（Process Instance）是过程模型定义的实例在计算机中的一次运行过程，每一个实例都是一个独立的，各自具有内部状态的线程，它是由工作流管理系统（WFMS）解释流程定义文件而生产的。相关数据（Workflow Relevant Data）是由工作流管理系统来控制过程实例的状态和执行数据，同时也是实例运行过程中必要的数据集合，它一般为全局变量，由控制数据和参考数据构成。而环境数据（System & Environmental Data）一般为参与者或各活动执行中应用程序所处理的数据，如被处理的文档、应用数据库中的记录等。在工作流实例运行的过程中，工作流管理系统负责传递活动实例之间的数据与信息，协调过程实例中的活动实例的执行顺序，并监控业务过程实例的整个执行过程。

　　为了更好地实现应用逻辑与过程逻辑的抽象与分离，在工作流核心要素之间逻辑关系定义的基础上，实现通过对业务过程模型的参数配置与修改来达成业务过程的具体实现是工作流系统设计的核心目标。工作流管理联盟（WFMC）在针对工作流内实体元素定义的基础上，提出了一个工作流过程元模型，该元模型描述了过程定义所需要的公共数据以及过程模型中的上层抽象实体，抽象了目标、活动、人、操作、约束和信息等实体要素，整个工作流元模型如图 8.27 所示。

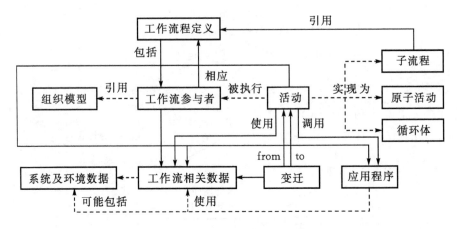

图 8.27　工作流过程定义的元模型

该元模型反映了工作流建模的一个基本思路与过程。首先通过过程定义与建模为过程中所有相关实体提供上下文信息,并详细说明组成工作流的主要元素,包括活动、相关数据及转移等多种实体的定义或声明。

其次,需要确定出工作流中的参与者对象。工作流参与者并不必须指定某个特定的人,而是可以指定某种特定的角色,在流程实例化时,对参与者的指定往往需要与组织模型进行交互。而组织模型包括了组织实体以及实体间的相互关系,其中包含了角色以及用户的模型。在工作流执行时,可以通过查询组织模型库,为活动指定具体的参与者,从而提高工作流的灵活性及描述能力。

第三,根据不同参与者角色对象的业务权限与职责,进行工作任务与目标的分解,形成一系列相应的活动。每个活动均为工作流过程定义的一部分逻辑的、自制的单元工作,每一个活动均由一个特定的角色或参与者对象进行执行,且活动可以进一步分解为子流程、原子活动与相应的循环体结构,并包含了需要由应用程序或相关资源来执行与处理的任务,从而保证了活动的执行。同时,每一个活动可以调用其他的应用程序,或者被其他程序调用。

第四,业务过程的逻辑跳转可以通过两个不同活动之间的变迁来实现,在满足业务规则的条件下,可以有条件地或者无条件地实现不同活动之间的变迁,其中也包括活动的启动触发条件和终止条件等,这些转换条件取决于业务过程中的业务规则和操作顺序的定义。

最后,所有的活动不仅依赖于工作流的相关信息与数据的定义,同时也会涉及到系统及环境相关的数据,这些数据模型为活动的执行提供了基础支撑条件。

综上所述,整个工作流元模型反映出业务过程中 4 种核心要素的实现方式,即业务过程的结构定义(包括存在哪些活动、任务及资源)、组织角色定义(包括人或者计算机应用系统)、操作定义(活动间的执行条件、变迁规则及交互信息,即控制流与信息流定义)、流程执行评估定义(对执行过程进行定义和监控)。通过这 4 种核心要素建模,为工作流引擎的设计与建模奠定了重要的基础。

8.3.3　工作流引擎与工作流参考模型

工作流引擎是工作流管理系统的核心和中枢,通过对工作流的业务过程要素建模,并将模型定义与具体的流程实现进行解耦,实现工作流引擎与系统功能之间松耦合的交互设计。因此,工作流引擎在工作流元模型的设计基础上,根据角色、任务分工和约束条件来抽象出工作流的信息路由、内容等级设置,并通过实现流程的节点管理、流向管理、流程样例管理功能,为流程实例提供了有效的执行环境。一般地,工作流引擎除了包含模型解析、实例生成、资源分配等功能外,还包括以下3 个方面的作用:

(1)流程实例的状态转换。工作流管理系统是一个以业务过程为中心、数据驱动的执行系统。在一个工作流实例的生存期内,通过状态机变迁模型来实现工作流节点或者信息对象的状态变迁与业务过程的控制,而工作流引擎的核心任务就是按照预先定义的规则来控制实例不同的节点或者信息对象之间的状态变迁和转换,最终实现对整个业务过程的逻辑抽象与控制。

(2)流程实例的路由导航与控制。每个工作流实例对应着一条实际的业务过程,对流程的定义反映了流程的流转规则,工作流引擎通过模型解析和规则计算,确定后续的执行步骤,并保证流程可以按照预定义的规则进行流转。

(3)任务分发调度器。工作流引擎根据任务目标,按照流程定义的规则进行任务的分配,并在规定的范围内,通过调度算法来实现任务的高效分配与执行,促进任务的快速流转,提高实际任务的办理效率和质量。

为了实现上述的核心功能,工作流引擎在运转过程中也需要与许多实体对象进行交互,此对象可以分为静态对象与动态对象,例如,工作流引擎通过与工作流模板的交互来控制实例并按照既定规则运行。静态对象是指整个引擎没有运行时就存在的对象,且这些对象不会随系统的状态而发生改变,例如流程模板、活动模板等建模阶段确定的静态实体对象。而动态对象是指在流程运行时才生成的对象,当流程结束时这些对象则随之消失,例如流程实例、活动实例和工作项实例等,这些对象之间存在的逻辑关系如图 8.28 所示。

其中,流程实例是指在流程运行时依据流程模板生成的具体的可实例化的过程。每一种业务过程都只有一个流程模板,但却可以有多个流程实例,一个流程实例就是流程模板的一次运行。例如,一个请假申请流程在工作流引擎中对应着唯一的一个请假流程模板,不同的用户发起请假申请时,引擎便依据请假流程模板来创建不同的流程实例。为了区分这些流程实例,每个流程实例必须具备唯一的 ID。为了标定流程实例是依据哪个模板创建的,还必须为流程实例标记所属的模板,因此一个流程实例可以形式化表示为 WorkFlow_Instance＝＜ID, Name, ID _Flow, State＞。其中,ID 标识了唯一一流程实例,Name 反映了流程实例的名字,ID_Flow 反映了该流程是哪个流程模板创建的,State 代表流程实例的状态。

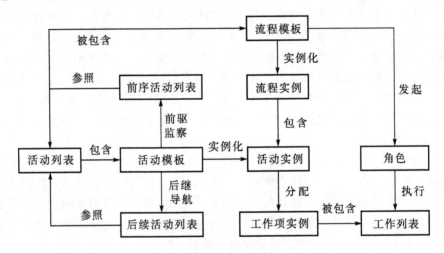

图 8.28　工作流引擎中实体对象之间的关系模型

　　活动实例和活动模板的关系类似于流程实例和流程模板之间的关系,活动实例与活动模板最大的区别在于活动实例是一个动态概念,它具有状态,且进行了必要数据的初始化。一个活动实例可以形式化表示为

Activity_lnstance＝＜ID, Name, ID_Activity, ID FlowInstance, State＞
其中 ID 标识唯一的一个活动实例,Name 表示一个活动实例的具体名称,ID_Activity 表示创建活动实例所依据的活动模板的 ID,ID_FlowInstance 表示该活动实例所属的流程实例,State 表示活动实例的状态。

　　工作项实例即工作项,是在活动实例执行过程中动态创建的。每一个工作项对应着一个具体的任务,包含了许多任务的具体执行信息。一个工作项实例可以形式化的定义为

WorkItem＝＜ID, Name, Performer, State, URL, ID_Activityinstance＞
其中,ID 标识了唯一的工作项,Name 表示该工作项的名字,Performer 是工作项的操作者,URL 是该工作项关联的处理界面地址,ID_Activityinstance 标识该工作项所属活动实例。

　　这些静态和动态对象之间的关系,如同面向对象中的类和对象之间的关系。

每一个模板就是一个静态类,而每一个具体的实例就像类所创建的对象。每一个类可以创建多个对象,这些对象之间却又各不相同且互不干扰。运行完毕后又自动将这些动态对象进行回收,从而保证了工作流引擎的效率。另外,工作流引擎的数据库主要存储实体模型和流程实例,包括模型的基本结构表、流程实例表和其组成部分表以及相关数据表和其他权限表,而组织机构与人员角色表可以利用第三方的应用系统来提供相应的接口并进行数据的集成与调用。工作流引擎的核心实体结构的数据库 E-R 模型如图 8.29 所示,其中,定义了弧、库以及令牌(token)

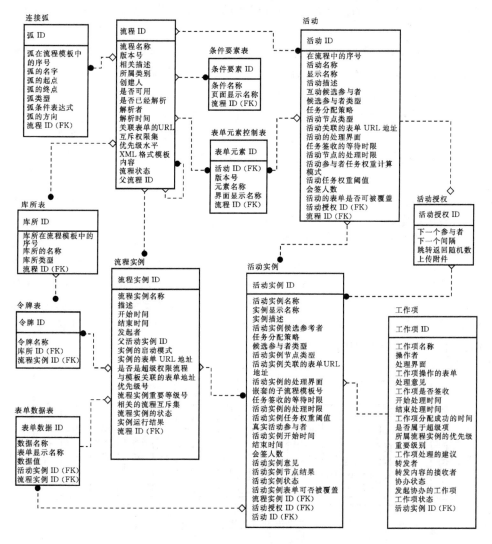

图 8.29　工作流引擎的核心实体与实体关系的 E-R 模型设计示意

的实体信息,这些核心实体来自于 Petri 网模型(详细见 8.4 节),并利用 Petri 网对流程模板以及流程实例进行数据的跟踪,从而可以实现对整个流程与实体状态的动态验证。另外,流程模板与流程实例之间、流程与活动之间以及活动模板与活动实例之间的映射关系反映出了流程的核心数据结构。在图 8.29 所示的 E-R 模型中,存在大量的字段与实体信息不满足第 7 章所定义的优化的 E-R 模型的要求,因此,在本模型的初步示意的基础上,读者可以进一步对工作流引擎的核心数据结构进行处理和优化。一方面,针对现有的 E-R 模型进行扩展;另一方面,在增加每一个活动节点的执行操作时,针对活动资源、用户角色以及相关权限的操作进行设计。

因此,工作流引擎是一个复合多种业务操作与功能的复杂系统。根据工作流引擎的数据结构与实体关系,结合工作流元模型的特征与需求,一个合格的工作流引擎至少应能提供以下几个方面的核心功能:

(1)流程解析:对流程中所定义的规则进行解析。

(2)状态控制:对流程实例的创建、激活、挂起以及终止等状态进行控制。

(3)转换与操作控制:对流程所包含的活动实例之间的转换与操作进行定义与控制。

(4)数据管理:对工作流所包含的数据进行管理,实现数据流的传递。

(5)接口定义:提供与用户交互、外部程序连接的数据操作接口。

(6)流程监控:提供工作流实例的执行情况进行仿真、监控和管理。

综上所述,一个工作流引擎应该包含的功能模块有解析器(Parser)、流程管理器(Process Manager)、任务分配器(Task Assigner)、执行器(Execution)、异常处理器(Error Manager)、路由导航控制器(Router)和调度管理工具(Scheduling Management)等。通过这些功能有机地组织,形成一个完整的工作流引擎,整个工作流引擎的功能结构如图 8.30 所示。

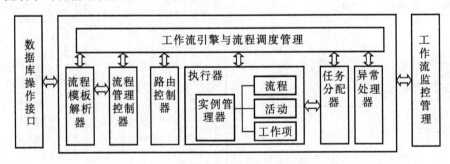

图 8.30　工作流引擎的核心功能模块示意图

为了更好地支持不同工作流产品在不同结构层次上的集成与协同操作,在工作流引擎的基础上,需要针对流程操作的不同组件来制定一套标准的接口和数据交换格式,通过这些标准接口的具体实现来支持不同流程产品之间的互操作。为此,WFMC 于 1995 年提出了工作流管理系统的体系结构参考模型(Workflow Reference Model)。该模型提供了一个工作流技术的规范术语表,为工作流系统的体系结构以及关键软件部件提供了公共的功能描述与组件间交互的基础,并在工作流引擎的基础上,提供了过程定义工具、客户端应用、外部应用程序调用、管理监控工具以及其他工作流引擎工具的交互接口,来实现流程之间的互操作与信息共享和交换。整个参考模型如图 8.31 所示。

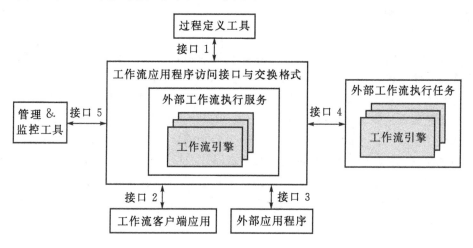

图 8.31 工作流参考模型标识的基本部件和接口

其中,工作流执行服务是工作流管理系统中的核心部件,它通过工作流引擎为流程实例提供运行环境并解释执行流程实例,实现了流程以及流程实例的创建、管理和执行。同时,通过应用程序访问的数据交换格式与程序交互的接口规范,实现不同工作流之间的信息交换与互操作,从而实现流程之间的业务协同。

在接口 1 中主要定义了工作流建模工具与工作流执行服务之间的信息交换机制。流程定义工具是流程定义与建模的可视化工具,它通过图形化建模的方式显示出复杂的工作流程以及所包含的操作与约束,并通过标准的数据交换格式与 API 来实现与工作流引擎之间的互操作。

在接口 2 中主要定义了工作流客户端应用与工作流执行服务之间的信息交换与互操作机制。本质上,该接口实现了工作流的核心机制与具体业务操作过程的解耦,客户端应用通过调用相应的 API 接口,来调用工作流引擎并实现与工作流执行服务之间的互操作。

　　在接口 3 中主要定义了被工作流执行服务调用的其他应用程序的接口：与接口二不同，本接口主要为了工作流执行服务与工作流引擎来调用其他的应用程序而提供了一种互操作机制，通过调用不同的系统，实现工作流执行服务与相应系统之间的交互。

　　在接口 4 中主要定义了不同的工作流系统之间的交互操作接口，即为了协作完成一个跨业务的流程实例过程，针对不同的工作流执行服务实现交互操作。

　　在接口 5 中主要定义了工作流执行服务与工作流系统管理和监控之间的操作接口：由于管理监控工具主要实现对组织机构、角色和用户等数据的维护管理以及流程执行状态的监控，因此，通过该接口可以实现管理监控工具在工作流执行服务时相关数据的调用与预警操作。

　　综上所述，在工作流参考模型中，接口 1 与接口 5 是一个工作流系统实现的基础，反映了工作流引擎的核心输入与输出机制；接口 2、接口 3 与接口 4 则反映出工作流系统中的核心功能与应用方式。通过对不同接口的定义，形成了一个可以快速集成与应用的完整工作流系统。另外，特别需要指出以下两点：一是接口 4 反映出了跨工作流系统之间的互操作与协同，在 SOA 的机制下，可以通过流程的编排来快速实现流程之间的组合；二是在整个参考模型中的所定义的接口均是指一个概念接口，并没有包括具体的实现细节，其核心目标就在于告诉具体实现工作流系统的设计与开发人员，在一个工作流的实现过程中应包含的核心机制与抽象的设计理念，并保证根据具体业务来实现的工作流系统应该具有相应的扩展能力与互操作机制。

8.3.4　工作流管理系统框架与应用

　　在工作流引擎的基础上，工作流管理系统将工作流执行服务从用户操作界面和数据服务中分离出来，将业务逻辑组件集中到工作流引擎中，并通过对一个或多个工作流引擎的定义与实现，来完成与工作流执行者（人、应用）交互，推动工作流实例的执行过程，并监控工作流的运行状态。工作流管理系统可以通过对工作流进行变更、监控和调度等操作，并通过工作流参考模型的 6 个模块与 5 个接口，实现了一个简化的工作流管理系统。工作流管理系统中的主要功能可以通过以下三个核心阶段来实现：

　　（1）模型建立阶段。针对企业实际运营管理过程，定义、模拟并建立相应的工作流活动模型，以及针对业务活动和活动与活动之间的关系来建模，因此，在活动的执行逻辑设计过程中，也需要考虑到权限的规定，甚至需要引用组织角色模型。

　　（2）模型实例化阶段。为每个流程节点设定相应的执行参数与约束条件，并分配相应的资源，如生产资源、人力资源和应用资源等，控制整个流程的执行。因此，通过设定流程的执行模板，该阶段同样需要引用组织角色模型，以便按照模板的定义将任务分配给相应的操作人,甚至根据流程的定义,与外部应用程序实现相互调用。

(3)模型的执行阶段。在流程定义的基础上,完成人机交互和应用程序之间的互操作,通过用户权限来获取任务列表,并对执行和处理的情况进行监控跟踪。此外,通过活动的逻辑控制来实现路由计算,使得每一个活动结束后,在一定的约束控制下,执行后续的任务。

因此,工作流管理系统在流程定义工具、工作流引擎、用户任务列表处理器和用户界面等模块的基础上,通过对业务流程的创建、调度、处理、监控和记录分析,实现对业务流程的有效管理。WFMC 提出了一个工作流管理系统的实现框架结构,如图 8.32 所示。

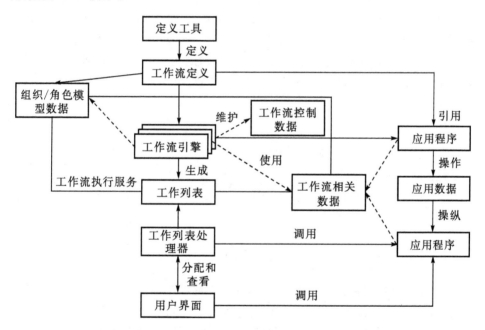

图 8.32　基于 WFMC 的工作流管理系统的实现框架模型

在 WFMC 定义的工作管理系统的实现框架模型下,大量实际应用的工作流管理系统被设计开发并应用于实际业务管理过程中。按照产品的集成化程度和独立性,可以将已有工作流产品分为三个层次。

(1)嵌入式工作流引擎:一种基于微内核的工作流引擎,仅包含路由和任务分配等最基本的工作流引擎功能,并以接口或函数包的形式为应用系统提供工作流功能支持。这类引擎包括大量的开源工具,如 Firework 开源引擎、JBPM 开源引擎和 Drools 引擎等。

(2)独立服务式工作流引擎:一种可以独立运行的服务式引擎,通过远程调用

引擎提供的服务来实现工作流管理功能。具有代表性的引擎包括 Flowportal,
Bingosoft Procez One 等工作流引擎。

（3）平台式工作流引擎：这类工作流产品已经不单是工作流引擎，还集成了许
多必要的应用开发工具，是一个集成化的基于工作流的应用开发平台。具有代表
性的产品有起步软件 X5 工作流平台、奥哲科技 H3 工作流引擎和 Skelta
BPM. NET 工作流引擎等平台引擎。

下面针对在实际开发过程中常用到的 Firework 开源的工作流引擎进行初步
的介绍。Fireflow 是一个基于 Java 的工作流套件，由模型、引擎、设计器（包含模
拟器）三部分组成。其中，模型部分规定了流程定义文件的各种元素及其相互关
系，例如流程（Workflow Process）、活动（Activity）、转移（Transition）、开始节点
（StartNode）、结束节点（EndNode）、同步器（Synchronizer）。业务流程或工作流均
可以使用一个流程图来描述一系列需要执行步骤的逻辑顺序，从而可有效描述各
种不同任务条件下的复杂组合（见图 8.33）。其中，模型部分的实现在 org－fire-
flow－model. jar 中。

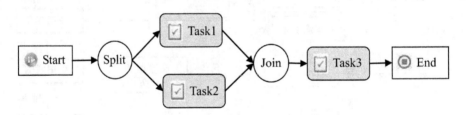

图 8.33　流程定义与可视化表示

引擎读取流程定义文件并解释执行，通过流程实例（ProcessInstance）、任务实
例（TaskInstance）、工单（WorkItem）、事件等实现一组对象与相关的 API 供外部
系统调用，并通过最终用户使用流程来指定、执行和监控这些业务流程与状态。引
擎部分的核心实现在 org－fireflow－engine. jar 中，且该流程框架作为一个 Java
组件，可以很容易地嵌入到任何的 Java 应用中，或者能够在一个服务器环境下独
立运行。设计器编辑并输出流程的定义文件，通过模拟器在设计时模拟流程的执
行，从而检查流程定义的正确性。Firework 工作流引擎的操作界面示意如图 8.34
所示。

另外，随着基于 SOA 和 Web 服务技术的发展，以及市场需求的不断变化，未
来的工作流技术和研究热点正向以下几个方向快速发展。

（1）分布式多引擎交互的工作流。提供一个支持企业异构计算环境下的开放
系统，使用户能够透明地应用由不同环境、不同平台组成的异构计算资源，并充分

发挥多引擎的效果使得处理效率更高,突破单引擎集中控制的性能瓶颈。

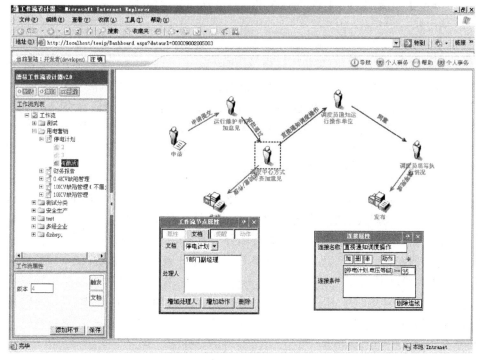

图 8.34　Firework 工作流引擎的操作界面示意图

(2) 基于移动网络的的工作流技术。在基于 Web 的工作流管理系统的基础上,研究如何实现对移动环境与设备的支持,并利用网构软件、底层协议、分布式应用以及移动定位跟踪等技术来实现工作流中各种活动与任务的处理与及时的执行。

(3)异常处理和错误恢复问题。工作流管理系统不仅要在正常情况能够发挥作用,更重要的是能够灵活地处理各种异常与错误的事件,并且在工作流的某个节点发生错误时能够保证整个系统健壮性,而不会导致系统崩溃并能够快速地恢复。

(4)过程建模理论与建模方法。研究如何利用形式化的方法来清晰、准确地表示实际的业务过程,并通过柔性建模的方法来提高引擎的灵活性与可集成性,扩展并支持基于事务的工作流模型,从根本上提高工作流管理系统的正确性、可靠性、可扩展性与集成性,这些研究领域也得到了广泛的关注与重视。

(5) 模型验证和模型仿真方法。从理论上研究如何验证所建立的过程模型是否存在死锁问题,并研究如何评价所建立的模型的性能和优化模型的方法。该领域的研究工作,也是下一节介绍的主要内容。

8.4　Petri 网与工作流原语之间的映射与验证

Petri 网的基本理论目前已经广泛地应用于计算机科学的各个领域，如分布式数据库、网络协议、计算机的建模与分析、线路设计、人工智能、形式语义、并行编程、生成管理、工作流技术方面等。在建模过程中，Petri 网通过图形的方式对工作流进行可视化定义描述与分析验证，从而可以实现对模型性能的研究和分析。本节在 Petri 网基本概念的基础上，针对基于 Petri 网的流程验证方法进行介绍。

8.4.1　Petri 网的基本概念

自 Carl Adam Petri 在 1962 年的博士论文中首次利出了 Petri 网的概念以来，Petri 网已成为人们公认的一种最有效的形式化软件开发方法，特别是在面向对象的编程环境下用来模拟和分析具有并行和分支业务的系统控制与验证方法。在上世纪 80 年代初，大量的工程实验人员将 Petri 网用于离散事件系统(DES)，以分析系统在事件驱动的条件下通过异步的(asynchronous)，可能包括顺序的和并行的操作，以及涉及冲突(Conflicts)、互斥及非确定的条件下的事件处理。Petri 网通过可视化的图形表示与严格的形式化定义相结合，对系统事件驱动系统建模以及并发特性的分析与描述提供了有效的模型与语义分析工具。

一般地，Petri 网包含四个核心要素——库所(Place)、变迁(Translation)、有向弧(Arc)和令牌(Token)，并通过这四个要素组成一个有向的网络图，这些有向的网络图结构如图 8.35 所示。

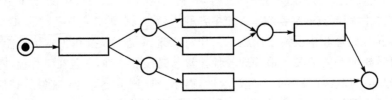

图 8.35　Pertri 网的结构示意图

其中，库所可以使用圆来标识，用于描述系统的局部状态、条件或状况，例如，计算机和通信系统的队列、缓冲、资源等。变迁使用矩形来标识，用来描述促使系统状态发生改变的事件，例如，计算机和通信系统的信息处理、发送、资源的存取等。有向弧表示库所和变迁之间的转化关系，它可以从库所节点指向变迁节点，或者从变迁节点指向库所节点；有向弧使用两种方法来规定局部状态和事件之间的关系，引述事件能够发生的局部状态，由事件所引发的局部状态的转换。在 Petri

网中,相同类型的节点之间不能直接进行连接,一个变迁有一定数量的输入和输出
库所,分别代表事件的前置条件和后置条件。同时,每一个库所的是否被激活的状
态也可以由令牌(Token)来表示。在 Petri 网中可以用库所中存在的黑点来表示
库所的激活状态,如果每个库所均具有相应的状态,在该库所中的令牌则表示该库
所处于被激活状态。当一个令牌出现在某个库所中时,条件为真;否则,为假。根
据 Petri 网中的状态变迁,反映出整个系统的运行状态。

　　Petri 网的形式化定义如下:

　　Petri 网是指这样的三元组 N=(P,T,F),当且仅当:

(1)P∩T=∅;

(2) P∪T≠∅;

(3)F⊆P× T∪T× P;

(4) dom(F)∪cod(F)= P∪T。

　　其中,dom(F)={x| ∃y:(x,y)∈F},cod(F)={y| ∃x:(x,y)∈F},分别为 F
的定义域和值域。有限非空集 P={p_1,p_2,…,p_m}和 T={t_1,t_2,…,t_n}分别称为 N
的库所集和变迁集,F 为流关系;库所和变迁又分别称为 P -元素和 T -元素,X=
P∪T称为 N 的元素集。

　　例如,在一个消息处理的调度引擎中,系统消息在调度引擎的控制下,不断地
加入到整个引擎中的消息对列中,同时,调度引擎控制着处理器来对消息进行处
理,因此,处理器具有空闲和繁忙两种工作状态,并且这两种状态是随着处理器的
操作过程可以动态地转换。利用 Petri 网对上述消息调度的过程进行建模,如图
8.36 所示。

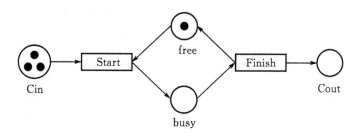

图 8.36　消息调度引擎的 Pertri 网模拟示意图

　　其中,整个消息调度引擎包括 Cin,free,busy 和 Cout 四个库所。Cin 表示消
息对列,负责不断接收系统中传送过来的消息事件,每一个消息事件均可以采用一
个 Cin 中的令牌来表示。当处理机空闲时,则 free 库所中也存在相应的令牌做为
信号量,从而通过 Start 变迁激活 busy 库所,并将令牌传递到该库所,表示该库所

被激活并处于执行状态,同时,free 库所失去了令牌而变成等待状态,且 Cin 中的令牌数减 1,即处理了一条消息队列中的消息。当处理机完成对消息的处理后,则通过变迁 Finish 将令牌传递到 Cout 库所进行输出,同时,也再次激活 free 库所,从而形成了一个迭代的消息处理过程。因此,利用 Petri 网可以有效地对消息调度与处理过程进行建模。

8.4.2　基于 Petri 网的工作流原语与实现

流程建模是以计算机定义的方式来实现针对业务流程以及相关活动的定义和模型化过程,一旦设计了含有错误的业务流程投入到应用实际中,将会给业务生产带来严重的影响。因此,一个完整的工作流模型,不仅应该具备定义流程所必需的特征和要素,同时还需要具有对流程中的异常与错误进行识别与验证的能力。这就要求在流程的设计上,建立的工作流模型一方面拥有完善的工作流概念定义、丰富语义的表达能力和可扩展能力,让用户能根据实际的需求来定制与配制工作流的参数属性与特征;另一方面,通过对工作流在语义上的动态描述和设计,来表示出业务流程中的数据流与控制流中存在的顺序组件、分支组件、条件选择组件、有限循环组件、任务分配调度、时间安排和约束条件等动态逻辑语义。因此,评判工作流模型性能的三个要素如下:

(1)富语义的描述与定义能力:包含完整定义的概念模型,可以直接描述对象的特征与约束条件。

(2)最小化:模型中不应出现重叠的概念和定义,每一个要素都可以按需配置。

(3)形式化:模型能够以统一的、形式化的方法来描述客观对象。

特别是随着业务规模与业务复杂程度的不断增加,工作流管理系统也越来越复杂,同时,由于业务过程所处的外部环境也在频繁改变,很难在建立模型时能够有效地预测到流程实例在实际执行过程可能发生的所有状况,也无法包含业务过程中所有可能的新需求。因此,在流程建模与流程执行实例之间可能会存在着差异,甚至会偏离实际的业务过程。为了避免人为因素所导致的流程设计与开发过程中所出现的问题,利用形式化的方法来进行系统建模、分析和模型验证则成为了人们关注的焦点。

Petri 网在动态行为分析上具有可达性(Reachability)、有界性(Boundedness)、活性(Liveness)和可覆盖性(Coverability)等特征;同时,在静态结构方面包括了强连接、自由选择等特征。这些特征使得 Petri 网不仅可以面向状态来描述节点在不同时态条件下的逻辑依赖关系,同时也可以面向事件并利用通信协议来同步事件之间的交互行为。特别是在业务建模过程中,由于语义实体与活动描述存在着二义性,流程模型建立后也无法立即投入运行,需要一个反复迭代和优化的过程。因此,利用 Petri

网来实现对模型的分析、验证和优化,以确保流程模型能够真实反映相应的业务过程,这为软件系统的开发和设计提供了一个有效的机制,如图 8.37 所示。

图 8.37　利用 Petri 网模拟分析和验证工作流的示意图

为了提供对工作流中每一个工作任务节点的模拟和验证,在 Petri 网定义的基础上,Van der Aalst 进一步提出了工作流网(WF – Net)的概念。工作流网的形式化定义如下:

工作流网(WF – Net)是一种特殊的 Petri 网,当且仅当:

(1)存在一个源库所 p0∈P,且其前继库所$^*p_0 = \varnothing$;同时,也存在一个汇结库所 $p_n∈P$,且其后续库所 $p_n{}^* = \varnothing$。

(2)每一个节点 $x∈P∪T$ 都位于从 p_0 到 p_n 的某一条路径上。

其中,WF – Net 网中只有一个输入库所和一个输出库所。利用 WF – Net 网处理的业务流程在进入工作流管理系统时被创建,一旦通过工作流管理系统处理完毕后就立即被删除,即 WF – Net 网可以定义一个工作流程的执行生命周期。工作流网中的任意一个节点均在整个流程之中,避免了潜在的死节点和无法结束的悬挂节点。因此,工作流网具有以下两个特征:

特征 1:工作流开始执行时,仅有起始库所 p_0 存在令牌并具备点火条件;而在工作流执行结束时,也只有在汇结库所 p_n 中具有令牌,且系统中其他的库所均为空状态,即意味着流程具有可达性。

特征 2:当且仅当每个变迁从初始状态都能够到达该变迁的就绪状态时,则该节点为可执行节点;而当令牌通过对每一个节点的遍历后,能够达到最终的汇结库所 p_n 时,则意味着整个流程可执行;

因此,利用工作流网不仅具有严格的数学表达式和丰富的表达能力,可以有效地分析和模拟业务流程中每一个任务与活动在执行过程中的状态,而且完全支持 WFMC 规定的六种工作流原语,实现工作流原语向 Petri 网的映射,该映射关系如图 8.38 所示。

其中,基于图 8.39 所定义的工作流原语以及工作流网的流程路由方式,主要包括了顺序、并发、聚合、选择和循环等过程逻辑组件,这些逻辑组件的定义与操作包括:

(1)顺序组件:用来定义一系列按固定顺序串行执行的活动,它由一条不含分支的通路构成,如图 8.39 所示。其中 A,B,C 表示三个串行的活动(或者变迁),且

B 必须在 A 执行完毕后才能执行,C 必须在 B 执行完毕后才能执行。库所 p_2 定义了活动 A 与活动 B 之间的因果关系,库所 p_3 定义了 B 与 C 之间的因果关系,因此,在工作流原语向 Petri 网的映射关系中,利用到了因果关系。

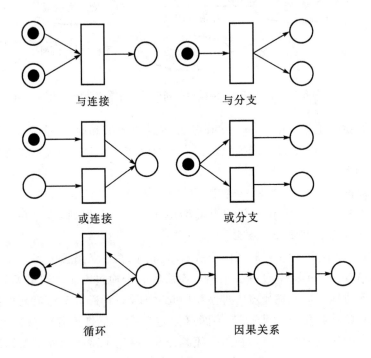

图 8.38　工作流原语向 Petri 网的映射关系示意图

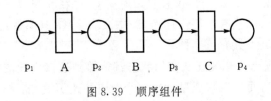

p_1　A　p_2　B　p_3　C　p_4

图 8.39　顺序组件

（2）并行组件:用于定义没有严格执行顺序的、可同时进行的分支活动,如图 8.40 所示。其中,活动 A 的执行使得库所 p_1 中的令牌转移到库所 p_2 与 p_3 中,因而活动 B 与活动 C 同时被激活,而且由于分别处于两个互不相关的流程中,二者之间没有任何相互制约的关系,所以活动 B 与活动 C 能够以任意的顺序执行。在 B 与 C 分别执行完毕后,活动 D 用来同步这两个流程支路,以保证 B 与 C 都被完成之后才继续向前推进流程。其中,采用了工作流原语向 Petri 网映射关系中的"与分支"和"与连接"。同时也称这两种关系为"并发"和"聚合"。所以,用工作流网建模,解决了流程的并发性和聚合性的特征。

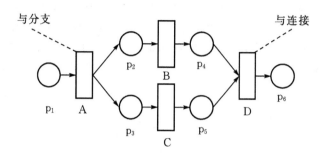

图 8.40 并行组件

(3)条件选择组件:用来定义彼此之间具有相互制约与排斥关系的分支活动,这类分支活动往往根据具体的执行情况来从中进行"多选一"或"多选多"的操作,如图 8.41 所示。其中,活动 B 和活动 C 是互斥的,通过条件选择,库所 p_2 只能经过活动 B 或 C 到达库所 p_3。在该组件中,采用了工作流原语向 Petri 网的映射关系中的"或分支"和"或连接"。

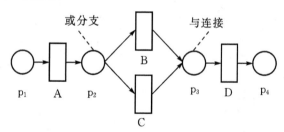

图 8.41 条件选择组件

(4)循环组件:用来定义需要重复执行多次的活动,如图 8.42 所示。其中,B 是被反复执行的活动,而 C 是一个控制与判断任务,用来检验 B 的执行结果,以决定是否将令牌转移到 p_4 中,还是转移回 p_2。如果令牌被转移到 p_4,则 B 不再被执行;如果令牌被转移回 p_2,则 B 被重复执行,从而保证了流程在执行过程中的可控性与执行的完备性。

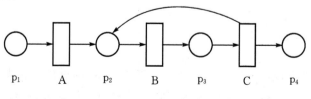

图 8.42 循环组件

因此,利用 Petri 网、工作流网的路由理论以及工作流原语对业务过程进行描述和定义,可以对实际业务流程的建模需求进行分析建模与仿真验证,从而实现工作流过程中的元模型以及相应的属性和实际业务过程进行定义与模拟。例如,通过工作流网的路由理论,建立和分析一个实际的业务过程如图 8.43 所示。

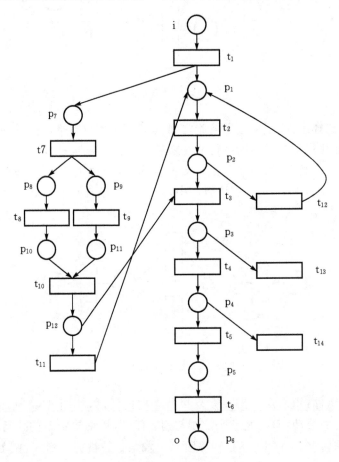

图 8.43　利用工作流网对一个业务流程进行建模的示意图

8.5　本章小结

传统的数据流设计方法以"自顶向下,逐步求精"的设计思想来实现整个系统的设计,这种软件工程中的核心思想与理念,为软件系统的分析与设计奠定的坚实的基础,不仅成为结构化设计的关键,同时也深刻地影响了面对对象的交互行为的设计。特别是在 Web 应用快速发展的今天,在 SOA 架构下实现企业之间的业务流程衔接与系统之间快速的集成与应用,基于 BPMN 及 BPEL 等新一代的流程描述语言对流程的快速实现进行了定义和描述,从而将流程设计与系统的开发模式有机地进行了融合,并提供了"随需应变"的软件集成与开发方法,这些工作为流程的实现奠定了标准与规范的设计基础。在此基础上,针对实际过程中业务流程设计的具体应用——工作流引擎的设计与应用以及基于 Petri 网验证与优化的应用方式——进行了定义与解释说明,从而希望大家对数据流相关应用进行关注并进一步分析与思考。特别需要说明的是,在目前大数据技术不断冲击和改变业务决策的基础上,关于实时数据流的处理与挖掘技术正在成为新的研究热点与方向,如何实时地处理与解决海量业务数据在流动过程中的决策与判断,实现数据的在线挖掘与实时的价值增值,已成为数据流技术的新的需求与挑战。

8.6　思考问题

(1)结合第 7 章 IDEF1 模型中提出的流程建模方法,针对一个具体的案例,利用 DFD 图中的经典设计思想对系统进行流程的分析与设计。

(2)请阅读 DFD 相关的文献资料,对 DFD 模型存在的优点与缺陷进行分析;在此基础上,查询并总结对 DFD 模型进行相应的改进方法以及目前的进展,并完成相应的调研分析报告。

(3)根据图 8.6 与图 8.7,并结合其他网络资源,请利用 DFD 模型试对一个体验业务管理子系统进行业务分析与建模,特别注意每一个外部的职责以及对职责的任务分解。

(4)根据 BPMN2.0 规范,针对 BPM 中存在的基本概念与核心要素进行分析,请尝试独立进行模型的分析与设计,并将设计结果与图 8.17～图 8.19 中的模型进行比较分析,完成研究与分析报告。

(5)针对工作流引擎的组成要素与一些特征,请分析工作流引擎的元模型是如何组织系统工作与设计的。

(6)阅读网络中相关的资料与工具特征,分析工作流引擎的特征与执行实施的方法,并完成一个相应的工作流引擎分析与设计方案。

(7)阅读有关 SOA 相关的文献资源,分析 BPEL4WS 规范的实现方法与策略,对比 BPEL 与传统的工作流引擎之间存在的差异,并完成一个分析与实践研究报告。

参考文献与扩展阅读

[1] (英)萨默维尔. 软件工程[M]. 程成,等,译. 9 版. 北京:机械工业出版社,2011.

[2] 张海藩,吕云翔. 软件工程[M]. 4 版. 北京:人民邮电出版社,2013.

[3] 秦晓. 数据流图的形式规范[J]. 软件学报,1994,5(5):39-45.

[4] 吴恭顺,温晓华,朱育雄. 数据流图自动生成系统-DFD-AUTO[J]. 暨南大学学报:自然科学与医学版,1992,13(3):95-102.

[5] 江东明,薛锦云. 基于 BPMN 的 Web 服务并发交互机制[J]. 计算机科学,2014,41(8):50-54.

[6] 冯晓宁,李麒星,王卓. 一种基于 BPMN 的业务流程图到 BPEL 的映射方法[J]. 计算机研究与发展,2013,50(Suppl.):44-52.

[7] OASIS Web Services Business Process Excution Languge, Web Services Business Process Execution Languge V2.0[EB/OL]. [2015-01-06]. http://docs.oasis-open.org/wsbpel/2.0/cs01/wsbpelv2.0-cs01.pdf.

[8] 江东明,薛锦云. 基于 BPMN 的 Web 服务并发交互机制[J]. 计算机科学,2014,41(8):50-54.

[9] 罗海滨,范玉顺,吴澄. 工作流技术综述[J]. 软件学报,2000,11(70):899-907.

[10] 韩锐,刘英博,闻立杰,等. 工作流管理系统中一种概率性分析和调整时间约束的方法[J]. 计算机研究与发展,2010,47(1):157-163.

[11] 韩伟伦,张红延. 业务流程建模标注可配置建模技术[J]. 计算机集成制造系统,2013,19(8):1928-1934.

[12] 何清法,李国杰,焦丽梅,等. 基于关系结构的轻量级工作流引擎[J]. 计算机研究与发展,2001,38(2):129-137.

[13] 张凝. 基于工作流引擎的电子政务系统的设计与实现[D]. 上海:上海交通大学,2012.

[14] 刘磊. 基于 Petri 网的工作流模型化方法及其应用研究[D]. 杭州:浙江理工大学,2013.

[15] 汤宪飞,蒋昌俊,丁志军,等. 基于 Petri 网的语义 Web 服务自动组合方法[J]. 软件学报,2007,18(12):2991-3000.

第9章　面向对象的分析与建模

　　面向对象方法是一种运用对象、类、继承、封装、聚合、关联、多态性和消息通信等概念来构造系统的软件开发方法。其基本思想是从现实世界中客观存在的事物（即对象）出发，运用人类思维的方式来构造系统。其基本观点包括：①客观世界是由对象组成的，任何客观的事物或实体都是对象，复杂对象可以由一组简单对象组成；②具有相同数据和操作的对象可以形成一个类，对象是类的一个具体的实例，一个类可以产生多个具体的对象；③类可以派生出子类，形成层次结构，子类继承父类的全部特性（数据和操作），又可以有自己的新特性；④对象之间通过消息传递相互联系，类具有封装性，它的数据与操作对于外界是不可见的，外界只能通过消息请求进行某些操作，得到所需要的服务。可以说："面向对象＝对象＋类＋继承＋通信"，如果一个计算机软件系统采用这些概念来建立模型并予以实现，那它就是面向对象的。

9.1　面向对象概念与基础

　　《大英百科全书》辞典中的"分类学理论"指出，人类在认识和理解现实世界的过程中会普遍运用3个构造法则：①区分对象及其属性，如区分一辆汽车和汽车的颜色。②区分对象整体及其组成部分，如区分一辆汽车和汽车引擎。③不同对象类的形成及区分，如区分所有汽车类和所有动物类。面向对象的概念和方法正是建立在这3个常用法则的基础上的。类作为面向对象中的重要抽象机制，代表一组具有共性的对象，它的一系列抽象能力正是建立在分类学理论之上的，下面对面向对象的基本概念进行简要介绍和说明。

9.1.1　对象与类

　　大千世界，大到宏观宇宙，小到微观粒子都可以成为我们观察和分析的对象，这些对象是由客观世界的实体及它们之间的相互关系构成的。我们把客观世界的实体称之为问题空间（问题域）的对象。软件开发的过程就是人们使用各种计算机语言将人们关心的现实世界映射到计算机世界的过程，因此，我们把计算机领域中的实体称之为解空间(求解域)的对象。由于问题空间对象的行为是极其丰富的，而在解空间中往往需要对问题空间对象的行为进行限制、约束和简化，并通过程序员定义的程序代码来实现对解空间对象的定义。问题空间和解空间的对象具有统一性，即它们包含相同的属性特征，同时也会具有一定的差异性。

因此，从问题域视角出发，在应用领域中有意义的、与所要解决的问题有关系的任何事物都可以作为对象，它既可以是具体的物理实体或者人为的概念，也可以是任何有明确边界和意义的东西。而从求解域视角出发，通过数据封装来将一组数据和与这组数据有关操作组装在一起，形成一个实体，这个实体就是对象。由于数据具有存储持久化与操作变更性两个特点，这也形成了对象的静态与动态的操作行为，静态特征反映了对象基本属性以及对象的结构特征，而动态特征则反映了对象与对象之间的交互行为。因此可见，由于在软件系统的分析、设计与开发实现的过程中，不同角色对对象的定义理解与认知存在着不同的差异，这往往也是引起业务需求描述与程序开发现实之间不一致的根源之一。

而类则是一组对象的抽象，它将该组对象所具有的共同特征(包括静态的存储结构特征与操作特征)抽象出来，并由该类对象所共享。具体而言，类可以通过一组属性和一组方法来实现对象的外部特性和内部实现方法的描述。对象是类的一个具体化实例，程序员只需定义一个类，就可以在软件执行过程中得到若干个实例对象，尽管同一个类的所有对象具有相同的性质，即其外部特性和内部实现在表现形式上都是相同的；但它们可以有不同的内部状态，这些对象并非完全一模一样的。特别是每一个实例对象的内部状态只能由其自身来修改，其他对象则无法改变它。从而在系统代码结构上可以形成一个具有特定功能的模块和一种代码的重用与共享机制。

另外，类本身也可以通过进一步的抽象形成抽象类，抽象类是一种特殊的类，它不能直接建立类的实例，而是将相关的类按照一定的抽象层次组织在一起，提供一个公共的根，其他子类从这个抽象的基类中派生出来。抽象类刻画了公共行为的特性并将这些特性"遗传"给了它的子类。通常，一个抽象类只描述与这个类有关的操作接口，或是这些操作的部分实现，完整的实现被留给一个或几个具体的子类。另外，在有些情况下，抽象类描述了这个类的完整实现，但只有将这个类和其他的类组合为一个新的类时它才有用。由于一个抽象类包含了操作接口但没有具体实现，它为一个特定的选择器集合定义了具体的方法，并且这些方法往往服从某种语义，所以通过抽象类通常可以用来定义和实现一种协议或概念。其中，协议是指该对象所能接受的消息，即在对象内部每一个消息对应一个响应方法，而每一个方法的实施对应着相应数据的运算。面向对象的语言是以对象协议或规格说明来作为对象的外界面，它可以显式地将对象的定义和对象的实现相分离，这也是面向对象系统的一大特色。

9.1.2　消息和方法

在面向对象的设计方法中,对象和消息传递分别是表现事物及事物之间相互联系的基础。在现实的业务环境下,各类业务实体之间往往也是采用消息的方式来实现相互之间的联系。而在程序的解空间中,对象之间为了保持相互通信,则通过对象内在的一些操作方法定义,并通过不同对象内部方法的调用来实现消息的传递。因此,对象的方法是对象内在的一种行为能力,而对象的消息机制在保证了对象的独立性与完整性的同时,又有利于实现对象之间的解耦与交互。

对象之间的联系往往会通过传递消息来实现,发送消息的对象称为发送者,接收消息的对象称为接收者。消息中只包括发送者的要求,告诉接收者需要完成哪些工作,但并不指示怎么实现,消息完全由接收者解释,接收者独立决定采用什么方式完成所需的处理,一个对象能够接收不同形式、不同内容的多个消息;相同形式的消息可以发送给不同的对象;不同的对象对于形式相同的消息也可以做出不同的解释或不同的反应。对于所传递的消息,对象可以返回相应的应答信息,但这种返回并不是必须的,这些方面与传统的子程序调用/返回有着明显的不同。

因此,面向对象程序的运行过程通常包括以下三个步骤:①根据需要定义并创建对象;②当程序需要处理信息或响应来自用户的输入时,要从一个对象传递消息到另一对象(或从用户到对象),对象内部执行后,返回一个相应的消息(注:也可以不返回,视情况而定);③若不再需要该对象时,删除它并回收它所占用的资源。由于面向对象的软件设计方法放弃了传统开发语言中控制结构的概念,一切控制结构的功能都可以通过对象中的方法及对象间的消息传递来实现,因此使得程序代码的结构具有更好的可封装性与可视化能力。

9.1.3　封装性与可见性

封装是面向对象方法的一个重要原则,把对象的全部属性和操作集成到一起,形成不可分割的独立单位,并尽可能地隐蔽对象的内部实现细节,只通过有限的对外接口与外部发生联系。类中的方法是指允许作用于该类对象上的各类操作,这种对象、类、消息和方法的程序设计范式的基本点在于对象的封装性和继承性。通过封装能将对象的定义和对象的实现分开,通过继承能体现类与类之间的关系,以及由此而带来的动态聚束和实体的多态性,从而构成了面向对象的基本特征。

对程序进行封装的目的在于将对象的使用者和对象的设计者分开,使用者不必知道行为实现的细节,只须用设计者提供的消息来访问该对象,这为程序实现关

注点分离提供了一个基础的实现方法,良好的封装体现在:

(1)一个边界,所有对象的内部程序代码执行范围被限定在特定的边界内;

(2)一个接口,这个接口描述这个对象和其他对象之间的相互作用;

(3)受保护的内部实现,这个实现给出了对象所提供功能的细节,只能通过这个对象的类所提供的方法进行访问。

程序的封装也具有不同的粒度,其中最基本的单位是对象,更大粒度的单位包括组件、模块以及框架等。通过类或对象的封装,类所包含的每一个实例对象均可以形成一个单独的封装,或称为一个组件;一个或多个类的封装可以形成组件或模块。这样可以把模块的定义与模块的实现相分离,从而使得采用面向对象技术所开发设计的软件的可维护性大为改善,这也是软件技术所追求的核心目标之一。

另外,与封装性密切相关的一个术语就是程序的可见性,它是指一个对象的属性和操作允许被外部对象访问的程度。尽管封装对改进软件开发的效率与质量具有重要的意义,但是,如果过分强调严格的封装,那么对象的任何属性都不允许被外部直接访问,这就失去价值和意义。因此,一些面向对象编程语言允许对象有不同程度的可见性,可以由程序员指定哪些属性和操作对外可见,哪些属性和操作对外不可见。尽管增加可见性在一定程度上降低了封装所带来的好处,但是通过可见性增加了程序的开放性。

9.1.4 继承性

对于类的抽象可以形成类的层次结构,这种层次结构的一个重要特点就是继承性,继承性是自动地共享类、子类和对象中方法和数据的机制,通过该机制子类可以直接继承父类的所有公共属性与方法,即特殊类可拥有其一般类的全部属性和操作(特殊类又可称为一般类的子类)。同时这种类的继承还具有传递性与扩展性,即一个类不仅能够继承层次结构中所有父类的公共描述,还可以通过对自身的特征定义来实现对父类的扩展。因此,面向对象方法中常常通过继承来实现代码的重用,来避免类和对象中数据和方法出现大量的不必要的重复。由此可见,继承性是从可用成分构造软件系统的最有效的特性,它不仅支持系统的可重用性,还可促进系统的可扩展性,是面向对象技术能够提高软件开发效率的一个重要原因。例如,针对 UML 提供的图模型,抽象出 UML 图的基类(UML 图),进一步细分可以形成两种相同抽象层次的类结构(静态图、动态图),两者均是将公共属性和方法抽象后形成的抽象类,如图 9.1 所示。

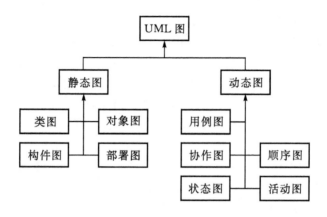

图 9.1　类的层次结构与继承示意图

类的继承具有的主要优点如下：

(1)减少代码冗余。在编写子类时,不需要重复编写父类中已有的公共属性和方法,提高了代码的可读性、可修改性以及可维护性,有效地减少了维护代码所带来的开销。

(2)子类定义更加简洁。如果不使用继承,描述子类时需要包含所有属性和操作。而使用继承,子类只需要包含它和父类的区别,代码量明显减少。

(3)可以快速重用和扩展已经测试的代码。使用继承,对于已经测试的代码,可以不加修改地重用和扩展,避免对已有代码的重复测试,从而提高了工作效率。

类和继承是适应人们一般思维方式的一种描述方法,在类的层次结构中,一个类可以有多个子类,也可以有多个父类。一个类可以直接继承多个类,这种继承方式称之为多重继承。限制一个类只能继承一个类,这种继承方式称之为单重继承或简单继承,单重继承可以用树状结构表示。多重继承是单继承的扩展,通过多重继承,一个类能够从多个父类中实现公共属性与方法的继承,需要利用网状结构来表示。需要注意的是,并不是所有编程语言支持多重继承。

9.1.5　多态性

所谓多态是指一个名字可能包含多种不同语义,最先出现在生物学领域,指同一种族的生物体具有不同的特性。在面向对象的程序设计理论中,多态性是指同一操作作用于不同类的实例,将产生不同的执行结果,即不同类的对象收到相同的消息时,会得到不同的结果。一般地,多态性可以认为是对类和对象进行抽象的逆操作,这是面向对象设计方法在具体程序实现过程中的一个基石,也是面向对象程序设计的重要特征之一。

多态性包含编译时的多态性(静态多态性)、运行时的多态性(动态多态性)两大类。静态多态性是指定义在一个类中的同名函数,根据参数表(类型以及个数)区别语义,并通过静态编译实现,例如在一个类中定义的不同参数的构造函数。而动态多态性是指定义在同一个类层次中的不同类中的重载函数,它们一般具有相同的函数名,因此要根据指针指向的对象来区分语义,并通过动态编译实现,此种情况下,类的成员函数的行为能根据调用它的对象类型自动作出选择,而且选择是发生在程序运行时,这就是程序的动态多态性。

在面向对象的设计中,通过多态机制可以将类中存在的方法,在实例化对象的过程中根据具体需求形成多个不同对象的行为。也就是说,一般类中所定义的属性或操作被特殊类继承之后,特殊类可以具有不同的数据类型或展现出不同的行为。例如,交通工具类拥有一个"Start"操作,在实例化后,该操作可以是自行车对象的行为、可以是飞机对象的行为、也可以是火车对象的行为等等。因此,在面向对象的实现过程中,消息可以根据不同的需要被送到父类对象以及它所指定的实例化子类对象上来完成相应的操作。抽象、封装与多态这三个特征为面向对象程序设计与模型和模式设计奠定了基础。因为这些工作不需要涉及到对象的具体数据结构和类型,而只是着重于保证系统整体逻辑的合理性,因此为原型系统的架构的设计以及开发提供了有效的支持。

9.1.6　关联与聚束

关联关系是类与类之间的链接,使一个类可以知道另外一个类所具有的属性和方法。而组合(Composition)与聚合(Aggregation)都是类与类之间关联关系的特例。组合关系与聚合关系相比,类之间具有更强的关联关系。当使用组合关系时,对象会实例化它所含的对象;而使用聚合时,对象则不会实例化它所包含的对象,且被聚合的对象还可以被别的对象关联。

组合关系通过对现有对象进行拼装产生新的、更复杂的功能,以表示整体与个体的关系。如汽车类、轮胎类与引擎类之间的关系就是整体与个体的关系。组合关系要求代表整体的对象负责维护代表部分对象的生命周期,部分对象和整体对象具有相同的生命周期。组合关系不能共享,代表部分的对象在每个时刻只能与一个整体对象产生组合关系。

聚合关系也是表示一个对象由多个对象组成,但它与组合关系还是有所区别。使用组合时,所有的内部对象(如轮胎、引擎等)都是由主对象(汽车)所拥有的,它们组合形成了一个单一的汽车组合。如果我们破坏了汽车,那么轮胎、引擎等也同时受到了破坏。而聚合关系是一种松散的对象关联,它们之间不具有相同的生命周期,对象之间具有相对的独立性。例如,将汽车类与车主类进行关联后,一个人可能拥有多辆车,这时可以将车主类与汽车类进行聚合,但是此时,关于汽车类的行为特征可与车主类无关。

目标代码经过编译连接成为可运行的程序的过程就是将执行代码进行聚束的过程,传统程序设计语言设计的程序是在运行之前进行聚束,我们称之为静态聚束。面向对象程序设计语言却常常在程序运行时才实现聚束,我们称之为动态聚束。在面向对象系统中,动态聚束特征与多态性和继承性特征密切相关。

9.2　面向对象方法与 UML 组成

9.2.1　面向对象方法演化与处理原则

从 20 世纪 80 年代中后期开始,先后有数十种关于面向对象分析与设计的方法学问世,它们共同倡导在处理复杂问题时能够具有如下的基本操作原则:①将所研究的系统在不同层次上抽象为一些“对象”,对象之间通过“消息”方式建立联系;②为用户提供对象外部特性描述,隐蔽对象内部的实现细节;③下一层次的对象可自动继承上一层次对象的某些特性;④在处理复杂问题时,能够将各个对象之间的共性和异性作为问题进行归纳或演绎的依据。下面是一些代表性的方法。

1. Booch 方法

Booch 是面向对象方法最早的倡导者之一,他提出了面向对象软件工程的概念。Booch 方法所采用的主要概念包括类和对象、类和对象的属性及操作、类以及对象之间的关系。该方法主要包括四个步骤:①在一个给定的抽象级上标识出类和对象;②标识出这些类和对象的语义;③标识出这些类和对象之间的关系;④重复以上三个步骤,直到分析和设计结束。分析和设计的结果模型可以从逻辑观点和物理观点两个方面来看。逻辑观点主要指系统的模块和进程结构,物理观点主要指系统的状态转换图和时间图。该方法提供了丰富的图形技术和文档技术,可用来灵活地进行分析和设计。Booch 方法是一种由外向内的方法,从外面开始逐步标识类和对象,但缺乏确定每个类和对象操作的技术。Booch 是第一个使用类图、类分类图、类模板和对象图来描述面向对象设计(Object-Oriented Design,OOD)的人。他把类图和对象图作为两种不同的模型图,并主张在分析和设计中同时使用类图和对象图。

2. Coad 和 Yourdon 方法

Coad 和 Yourdon 在 1990 年提出一种循序渐进的面向对象的系统分析和系统设计方法。他们所强调的面向对象分析(Object-Oriented Analysis,OOA)与 OOD

采用完全一致的概念和表示法,形成了一种清晰的系统模型。系统分析包括五个步骤:①确定类和对象,通过对问题域和系统责任的分析来发现系统需要设立的类和对象;②识别结构,确定类及对象间的结构关系,如一般-特殊结构、整体-部分结构;③定义主题,将关系密切的类及对象组织在一起作为一个主题,当类的数量少于 7±2 时此步骤可以忽略;④定义属性,定义类及对象的属性和实例连接;⑤定义服务,定义类及对象的服务和消息连接。系统设计包括四个步骤:①设计问题域,基于 OOA 的结果,根据现实条件进行必要的补充和调整;②设计人机交互部分,此部分由新定义的关于人机界面的类及对象组成,根据实际 GUI 系统和用户对 UI 的要求进行设计;③设计任务管理部分,定义系统中需要并发执行的各个任务,每个任务用一个任务模板表示;④设计数据管理部分,根据实际的数据管理系统进行设计实现,包括复杂对象的存储与检索。该方法包含一套图示的框架结构,由类、实例、继承、对象间的通信等基本成分,确定对象的方法是启发式的,但对于对象的动态特性缺乏系统的考虑。

3. ESA 的 HOOD 方法

此方法是欧洲航天局(ESA)开发的,经过 HOOD 小组的进一步完善于 1989 年推出。HOOD 软件用 Ada 语言编写。HOOD 的分析和设计包括四个步骤:定义问题、详细描述非形式化的解决策略、策略的形式化、解决的形式化。其中策略的形式化又分为五个步骤:标识对象、标识操作、组装对象的操作、图形描述、调整设计策略。每个层次上的各个对象归档在 HOOD 的章节中,每个 HOOD 章节都是上述步骤的子部分,系统具有层次结构,所以文档也有层次结构,HOOD 是完全面向 Ada 的,这样做的好处是使系统开发者不需要学习更多的语法和语义,该方法给出了基本设计步骤,但是没有给出找到合适对象的方法。事实上,HOOD 不能有力地支持层次结构,特别是继承结构。

4. Rumbaugh 方法

此方法是由 Rumbaugh 等人于 1991 年提出了面向对象建模技术(Object Modeling Technique,OMT)。该方法建议面向对象软件开发过程由分析、系统设计、对象设计以及实现四个步骤构成。该方法在实体-关系模型的基础上扩展了类、继承和行为。这种技术又被 Blala 和 Premerlani 以及 Rumbaugh 扩展并应用于数据库的设计。该方法主要分为三个步骤:①给出类及它们之间关系描述的系统静态结构-对象模型;②用对象事件、状态和响应来刻画对象的时序性质,得到动态模型;③按对象的操作刻画出如何由输入得到输出的功能模型。分析和设计的结果是对象关系图、数据流图、事件、状态和响应图。但 OMT 方法中的功能模型却是结构化方法的产物,对于面向对象的开发来讲起到了负面作用。

　　为了更好地支持面向对象的分析与设计方法,业界广泛提出建立一个统一表示范式的需求,并要求能够提供以下支持:①从系统设计者的角度来看,希望支持对各种系统问题域的描述,对系统内各组成部分功能和数据的描述,以及对系统对外接口的描述有统一的表示范式。②从系统分析者与系统实现者的角度来看,希望用于系统分析的表示范式和用于系统设计的表示范式应尽可能一致。③从用户(对系统提出需求)和系统设计者(满足用户需求)来看,希望能相互理解,能逐步且同步地明确需求和实现系统,尽量少用基于瀑布模型的设计流程。

　　因此,Booch、Rumbaugh 和 Jacobson 于 1995 年开始联手合作,对不同面向对象设计方法中的核心精华进行提取并形成了 UML(如图 9.2 所示),目前 UML 已发展到了 UML2.4.1,并且已经成为面向对象建模的实际标准。无论用户采用哪种建模语言和过程指导,使用对其进行支持的建模工具都能从中获得如下好处:①可以建立有效、一致的模型;②可以节省开发时间、降低开发风险,有助于减少枯燥、繁琐的重复性工作;③提供存储和管理有关信息的机制;④有助于编制、生成及修改各种文档;⑤有助于生成程序代码;⑥对需求变化有较强的适应性,易于系统维护;⑦易于复用和协作开发,提高生产率。

图 9.2　Booch,Rumbaugh 和 Jacobson 联合创建了 UML

9.2.2　UML 的组成

　　描述一个复杂的系统并不是一件简单的事情,在理想状态下,人们希望能够将整个系统所有逻辑和实现信息体现在一张完整的设计图中,并能够让所有人准确无误地理解。但在现实世界中,这种理想是无法实现的,因为没有一个架构师能够使用一张设计图准确且无二义地定义出整个系统,以满足不同角色用户的实际需求。本书在第 3 章介绍了有关 ARIS 的 House 模型以及企业架构的 Zachman 模型,通过不同的视角或维度来刻画一个系统的特征也正是我们理解和认识系统复杂性的一种方法。Philippe Kruchten 在 *IEEE Software* 上发表了题为 *The 4+1 View Model of Architecture* 的论文并提出了"4+1"视图的软件体系结构,引起了 UML 组织以及业界的极大关注,并最终被 RUP 采纳成为构造 UML 的整体框架。从而使人们学习和认识 UML 的视角一下提升到了软件体系结构的层面,从软件体系结构的组成学派的视角来看,UML 的组成结构直接奠定了 UML 的知识体系结构,因此,为了更好地了解 UML,我们首先需要从 UML 的整体组成结构来进行介绍。

　　一般地,UML 组成结构包括以下四个部分:构造块(包括事物构造块和关系构造块)、UML 规则、公共机制以及 UML 体系结构。前三个部分是对 UML 中存在的各个要素的抽象,UML 体系结构将其他三个组成构件有机地组织起来,形成一个完整的体系。结构关系如图 9.3 所示。

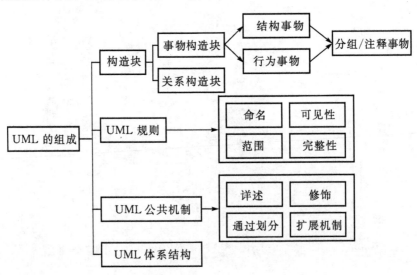

图 9.3　UML 的组成要素与结构示意图

1. 事物构造块

　　事物构造块是 UML 模型中最具有代表性的抽象机制,它将问题域中的各类实体对象抽象成具体的事物,这些事物包括了以下 4 类。

（1）结构事物，即 UML 中的名词，是模型的静态部分，用来描述概念或物理元素，又可分为类（Class）和对象（Object）、接口（Interface）、主动类（Activeclass）、用例（Usecase）、协作（Collaboration）、构件（Component）和节点（Node）等，这些结构型事物为构建 UML 的各种图模型提供了核心的实体基础。

（2）行为事物，即 UML 中的动词，是模型中的动态部分，是一种跨越时间或空间的交互（Interaction）行为或状态变迁（State Machine）行为，其中，交互作用是由在特定上下文中为完成特定目的而在对象间交换的信息集组成的行为。交互作用包括许多其他元素，如消息、动作序列（由消息激活的行为）和连接（对象间的连接）。而状态机行为规定了对象在其生命周期内为执行相应事件而经历的状态序列，以及对事件的响应方式。状态机也包括许多其他元素，如状态、跃迁、事件和活动。

（3）分组事物，即 UML 中的容器，用来组织模型，使模型更加具有层次化与结构化特征。在一个中大型的软件系统设计中，通常会包含大量的类，因此就会存在大量的结构事物、行为事物，为了更加有效地对其进行整合，生成或简或繁、或宏观或微观的模型，就需要对其进行分组。在 UML 中，提供了"包（Package）"来实现容器与更大粒度的封装。

（4）注释事物，即 UML 中的解释部分，和代码中的注释语句一样，是用来对模型中的其他构造块进行解释说明的部分。该事物块可以进一步地完善 UML 的其他事物块。

2. 关系构造块

UML 的关系构造块用于表示模型元素之间相互连接的关系，常见关系包括关联、聚合、组合、继承（泛化）、依赖和实现等，这些关系可以建立不同事物构造块之间的联系。其中，依赖（Dependency）关系可用来表示两个元素或元素集之间的关系，依赖元素称为源元素，被依赖的元素称作目标元素。当目标元素改变时，源元素也要做相应的改变。关联（Association）关系：表示两个类之间存在某种语义上的联系，它是一种结构关系，规定了一种事物的对象可以与另一种事物的对象相连。泛化（Generalization）关系：描述了一般事物与该事物的特殊种类之间的关系，即父元素与子元素之间的关系。子元素继承父元素所具有的结构和行为，通常子元素还要添加新的结构和行为或者修改父元素的行为。实现（Realization）关系：是分类器之间的语义关系，一个分类器规定合同，另一个分类器保证实现这个合同。大多数情况下，实现关系被用来规定接口和实现接口的类或组件之间的关系。这些关系可以用图 9.4 所示结构来表示。

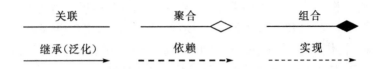

图 9.4　UML 模型中的主要关系构造块

3. UML 规则

UML 规则用来定义和支配基本构造块之间如何协作,其中包括命名、范围、可见性、完整性以及执行。其中,命名就是为事物、关系和 UML 的图模型起名字,每一个名字都是一个标识符;范围的作用域与类相似,包括所有者作用域(Owner Scope)和目标作用域(Target Scope)两种类型;可见性则是类和对象在封装性的同时,提供了一种外部可见的机制,其中 UML 在类的可见性中定义了公共可见性(Public)、保护可见性(Protected)、私有可见性(Private)和包(Package)的可见性。这些可见性的规则表示如表 9.1 所示。

表 9.1　UML 的可见性规则定义与表示方法

可见性	规　则	标准表示	Rose 属性	Rose 方法
public	任一元素,若能访问包容器就可以访问它	＋		
protected	只有包容器中的元素或包容器后代才能够看到它	♯		
private	只有包容器中的元素才能够看到它	－		
package	只有声明在同一包中的元素才能够看到该元素	～		

4. UML 公共机制

UML 公共机制是指整个 UML 模型内的公共机制和扩展机制,其中包括规格描述、修饰、通用划分以及扩展机制等。其中规格描述是指在利用 UML 进行图型化模型表示时,每个模型内元素后都有相对应的规格描述,来对构造块中的事物语法和语义进行详细的文字描述。这种方式一方面实现了可视化模型与文字视图的分离,提高了系统分析与设计的效率,另一方面该方法借鉴了 DFD 模型中的数据字典保证了模块与实际业务之间的一致性和完整性。例如,在系统的用例建模过程中,图形可视化视图与文字规格描述视图两者有机结合构造成一个完整的可实现的业务模型,如图 9.5 所示。

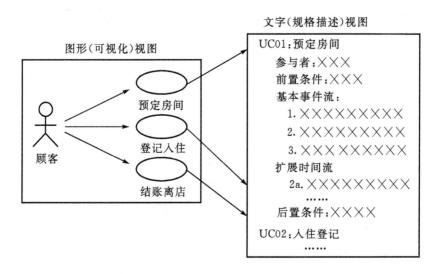

图 9.5　用例建模过程中图形视图与文字描述视图之间的统一

UML 修饰是为了更好表示这些细节而提供的特定的符号,例如对类定义了不同级别的可视性符号、采用斜体字来表示一个抽象类、定义一个类的版型等,如图 9.6 所示。其中,版型(stereotype)也是一种构造类型,它用于建模过程之中,并需要定义一些针对特定领域或系统的构造块,从而可以区分不同的类或对象所属的领域。

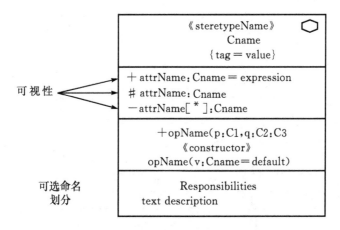

图 9.6　UML 在类的描述中定义的修饰示意图

UML 通用划分是在 UML 的规范定义中对不同的构造事物块进行了划分,例如,对类与对象进行划分,类是对象的一种抽象,而对象反过来是一个类的具体化实例。对接口与实现进行划分,即接口是一种声明和契约,也是服务的入口,而实现则是负责对接口所提供的契约进行实现的一种方法,其中接口与实现之间的关系如图 9.7 所示。

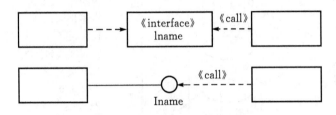

图 9.7　接口与实现之间通用划分示意图

UML 的标记值(Tagged Value)是用来为事物添加新特性的一种方法,它可采用形如"{标记信息}"的字符串来表示,如图 9.8 所示。

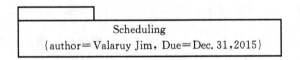

图 9.8　UML 标记值的定义示范

UML 的约束(Constraint)是用来增加新语义或改变已存在规则的一种机制,它常可以采用自由文本注释或者是利用对象约束语言(Object Constraint Language,OCL)表示。一般地,约束的表示方式与标记值的表示方法类似,都是采用花括号与字符串表示,但约束不能放到元素中,而是放在其他的地方。约束的实现与表示方式如图 9.9 所示。

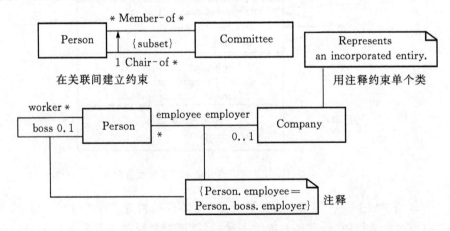

图 9.9　UML 中约束的表示方法示意

5. UML 体系结构视图

在 UML 的构造事物块、规则以及扩展机制的保证下，UML 已初步形成了一个具有内在结构和语义的框架，但是如何将面向对象的完整逻辑与实际业务过程组织起来，并从多个视角对系统进行分析与理解，来最终达成系统的实现目标则成为了 UML 必须要考虑的关键问题。因此，不同的学派从不同的角度提出了 UML 体系结构的概念与实现方法，并建立了不同的可视化模型试图对系统的特定的维度进行分析，在此基础上，Kurthten 提出了"4＋1"视图的软件体系结构模型来将不同图模型整合到一个完整的系统体系结构之中，成为 UML 内在的核心实现机制，该体系结构模型如图 9.10 所示。

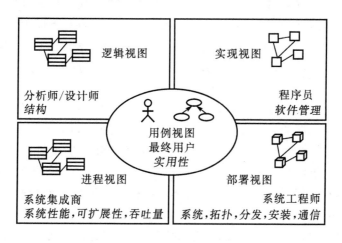

图 9.10　UML 的"4＋1"视图的体系结构

（1）用例视图（Use－Case View）从外部角色的视角来描述了系统的功能性需求。角色与系统进行交互，它可以是一个用户，也可以是另外一个系统。用例是对系统功能需求的概括描述，系统的使用被描述为用例视图中的多个用例。用例视图一方面可以作为与系统的业务需求人员建立交流工具，另一方面，用例相应的模型以及事件流的定义描述，为系统的设计与开发人员提供了一个交互的平台。作为承上启下的核心视图，用例图也是 UML 的核心驱动机制（"＋1"的实质含义），即通过用例驱动或用户需求来驱动整个系统的建模与软件的设计与开发过程。因此，用例视图在系统需求分析时起着重要的作用，系统开发的最终目标就是要与用例视图中的描述相一致。

（2）逻辑视图（Logical View）使用系统的静态结构和动态行为来展示系统内部功能的实现方式，反映系统的概念性设计，因而要求逻辑视图能够剖析和展示系统的内部结构与交互过程。系统的静态结构通过类图和对象图反映，而动态行为则可以使用交互图和活动图进行描述。

（3）实现视图（Implementation View）从系统的物理实现视角展示系统代码的组织和执行方式，以及系统内的主要功能模块及其之间的交互方式，为开发人员提供了软件的静态组织结构和系统硬件的物理结构。

（4）进程视图（Process View）从系统处理性能的视角来展示系统中并发执行与同步的情况。通过对系统的可伸缩性、吞吐量和基本时间性能等基本要素的描述，来分析系统并发与同步设计的特性。进程视图将系统划分为进程和处理器，通过这种方式除了需要分析和设计系统如何有效利用资源来并行地执行和处理线程之间的通信和同步外，还需要考虑来自外界的异步事件。一般地，进程视图可以包括动态模型（如状态机、交互图、活动图等）和实现模型（如交互图和部署图等）。

（5）部署视图（Deployment View）从系统软件与硬件相互映射的视角来反映了系统部署的物理架构与分布式应用特性。其中，节点表示系统应用所涉及到的物理资源，如服务器与其他物理设备，这些节点相互连接起来就可以分析和展示在物理架构中系统部署的方式与特征。

"4＋1"视图的体系结构为 UML 建立不同维度模型提供了一个全局整合的体系结构，为了从不同的维度详细地定义整个系统，UML 共定义了 14 种不同的模型用来实现对系统的刻画与建模。其中主要包括了用例图、类图、对象图、组件图、复合结构图、部署图、包图、活动图、状态机图、时序图、通信图、交互纵览图以及时间图等模型，这些模型在"4＋1"视图的体系结构下有机组织起来来完成对系统的整体描述。本章的核心内容将针对这些模型的特征以及如何利用这些特征来实现对整个系统的分析与设计。从而实现系统功能、内容逻辑、性能以及部署方式上的统一优化。其中，UML 定义的 14 个模型的主要功能如表 9.2 所示。

表 9.2　UML 定义的 14 种模型图与功能列表

图名	功能	备注
类图	描述类、类的特性以及类之间的关系	UML 1 原有
对象图	描述一个时间点上系统中各个对象的一个快照	UML 1 非正式图
复合结构图	描述类的运行时刻的分解	UML 2.0 新增
构件图	描述构件的结构与连接	UML 1 原有
部署图	描述在各个节点上的部署	UML 1 原有
包图	描述编译时的层次结构	UML 中非正式图
概要图	描述 UML 的轻量级扩展	UM2.2 新增
用例图	描述用户与系统如何交互	UML 1 原有

图名	功能	备注
活动图	描述过程行为与并行行为	UML 1 原有
状态机图	描述事件如何改变对象生命周期	UML 1 原有
时序图	描述对象之间的交互,重点在强调顺序	UML 1 原有
通信图	描述对象之间的交互,重点在于连接	UML 1 中的协作图
定时器图	描述对象之间的交互,重点在于定时	UML 2.0 新增
交互纵览图	是一种时序图与活动图的混合	UML 2.0 新增

其中,类图(Class Diagram)用于描述系统中的对象类型以及它们之间的各种静态关系(如关联、依赖、聚合等),可以展示类的特征(属性和操作)以及对象连接方式的约束。类图作为大多数建模的概念基础被广泛使用。类图在系统的整个生命周期都是有效的。

对象图(Object Diagram)也称为实例图,是某个运行时刻对象在系统中的快照,展示的是类的实例。由于对象存在生命周期,因此对象图只能在系统某一时间段存在。对象图对于展示连接在一起的对象很有用。

复合结构图(Composite Structure Diagram)用来描述结构化类元及其内部结构的定义。内部结构由部件及其相互连接构成。复合结构图非常适合展示组件及组件如何分解为部件,因此复合结构图主要在组件图中使用。结构化的类元不仅可以表示组件,还可以表示一个类,同时,类元也可以实现递归嵌套。复合结构图在设计时非常有用,能够将类分解为组成部分,并对它们运行时刻的协作进行建模。

组件图(Component Diagram)也称为构件图,用于表达架构的逻辑分层和划分方式,展现了组件之间的相互依赖关系。组件之间通过定义良好的接口进行协作,提高了相应功能的构建与执行效率。当把系统分解成组件并要展示它们通过接口的相互关系时,可以使用组件图,当把组件分解为更低级别的结构时,也可使用组件图。

部署图(Deployment Diagram)用于展示系统的物理布局、工件在节点上的分布情况,反映哪个软件运行在哪个硬件上。在部署图中,工件表示一部分软件设计的实现,可以是可执行的软件代码、源文件、文档等。节点表示驻留软件的环境,节点分为设备和执行环境。节点之间可以通过消息和信号进行通信。

包图(Package Diagram)用于展示包与包之间的依赖关系。包是一种分组构造,用于组织其他元素形成更高级别的单元。每个包代表一个命名空间,每个类在拥有它的包里的名称必须唯一。包可以具有层次结构,顶层包分解为子包,子包又可以进一步分解,直到层级的底部只有类。一个包中可以包含类和子包。对于大规模系统,使用包图非常有用,能够获得系统主要元素之间的依赖关系。包图代表编译时的分组机制,而对象运行时的分组则由复合结构图来描述。

概要图(Profile Diagram)通过定义定制化的版型、标记值以及约束来对 UML 进行轻量级扩展。概要允许针对不同平台或领域进行改编。概要机制不是一级扩展机制,不允许修改已有的元模型或创建一个新的元模型,它只允许根据不同的平台对已有的元模型或领域进行定制。

活动图(Activity Diagram)用于描述过程逻辑、业务流程以及工作流,关注被执行的活动以及谁(或什么)负责执行这些活动。活动图包括动作节点、控制节点及对象节点 3 个元素。控制节点包括初始与终止节点、判断与合并节点、分叉与结合节点。在活动图中,动作是行为的基本单元,活动可以包含多个动作。活动图在很多时候用于代替流程图,它与流程图的最大区别在于活动图支持并行行为。

用例图(Use Case Diagram)从用户角度描述系统功能,给出每个功能的操作者(actor),利用基本关联将操作者和用例联系在一起,从而展示哪个操作者使用哪个用例。操作者是与系统交互的实体,可以是人或其他系统,他们位于系统之外。用例是捕获系统功能需求的技能,表示操作者希望系统为他们做什么。用例图用于需求分析阶段,是系统开发者和用户反复讨论的结果,表明了开发者和用户对需求规格达成的共识。它描述了待开发系统的功能需求,将系统看作黑盒,从外部执行者的角度来理解系统。它驱动了需求分析之后各阶段的开发工作,不仅在开发过程中保证了系统所有功能的实现,而且可用于检验所开发的系统,从而影响到开发工作的各个阶段和 UML 的其他模型图。

状态机图(State Machine Diagram)描述了类的对象所有可能的状态以及事件发生时状态的跃迁条件。状态机图通常是对类图的补充,在实际应用中并不需要为所有的类画状态图,仅为那些有多个状态且其行为受外界环境影响并发生改变的类画状态图。状态机图将行为表示为一系列的状态转换,由事件触发,并与可能发生的动作相关联。该图通常用于描述单个对象的行为,但也可用于描述更大元素的行为。状态机图与活动图有密切关系,不同的是状态图关注对象状态以及状态之间的转换,不关心活动的流程。状态机图也可用于展示整个系统中与事件次序相关的行为。在分析阶段,可利用状态机图描述系统的动态行为,而在设计阶段,可利用状态机图描述单个类或几个协作类的动态行为。状态图适合于描述跨越多个用例的对象的行为,而不太适合描述涉及多个对象协作的行为。

时序图(Sequence Diagram)也称为序列图、时序图,用于展现对象之间的交互,这些对象是按时间顺序排列的。时序图捕捉单个场景的行为,显示参与交互的对象及对象之间传递的消息。时序图描述了对象间的动态合作关系,它强调对象之间消息发送的时间顺序,同时显示对象之间的交互。时序图适合用于展示单个用例内多个对象的行为,但无法精确定义行为。

通信图(Communication Diagram)在 UML2.0 之前称为协作图,关注对象在参与具体交互时,对象之间如何链接以及传递什么消息。作为交互图的一种,通信图强调交互的各种参与者之间的数据链接。通信图允许自由放置参与者,通过链接展示参与者之间的关系,并使用编号来展示消息序列。当强调参与者之间的链接时,使用通信图,而强调调用顺序时,则适合使用时序图。

时间图(Timing Diagram)也是一种交互图,用于展示元素状态随时间的变化。时间图的焦点是时间约束,针对单个对象或者一束对象更加有用。时间图中的主要模型元素包括生命线、消息、状态或条件时间线,注释元素包括对时间段及时间点的约束、位于图边框上的计时标尺。在时间图中,约束用于说明约束或限制状态改变的条件。

交互纵览图(Interaction Overview Diagram)是活动图和交互图(时序图、通信图、时间图)的结合,目的是对交互图元素之间的控制流进行概述。交互纵览图可以看作活动图的变体,它将活动节点进行细化,用一些小的时序图来表示活动节点内部的对象控制流。交互纵览图在草图中更加适用,先通过活动图对业务流程进行建模,然后对于一些关键的、复杂度并不高的活动节点进行细化,用时序图来表示对象间的控制流。其主要元素是框、控制流元素及交互图元素。交互纵览图通常由一个框围绕,但如果上下文背景很清楚,则可以省略框。交互纵览图中的控制流由活动图元素的组合来实现,提供可选路径和并行路径。交互纵览图包含交互和交互使用两种元素,用于提供交互图信息。

9.2.3　基于 UML 的面向对象设计与开发过程

从系统的需求出发,如何通过一系列的分析与设计,最终通过代码实现来达成系统的功能目标则是软件系统分析与设计的核心目标。为此 UML 的创始人在 UML 的体系结构的基础上进一步提出了一个面向对象的统一开发过程——RUP(Rational Unified Process),该过程主要是通过迭代的方式来并行化地执行系统的开发。其中 RUP 将软件开发的生命周期分解为初始阶段(Inception)、细化阶段(Elaboration)、构造阶段(Construction)和交付阶段(Transition)这四个顺序执行的阶段,其中每个阶段结束于一个主要的里程碑事件(Major Milestones)。每个阶段本质上是两个里程碑之间的时间跨度,通过评估来确定本阶段的目标是否达成。同时,在 RUP 过程中,诸如业务分析、需求定义、系统设计、实现与测试等软件工程中定义的系统分析设计的各种任务不仅可以并行地执行,而且通过对每个阶段进一步划分子阶段,并通过子里程碑的设定来设计与构建系统实现过程中的交互与确认,从而可有效地提高系统分析与设计的质量与效率。基于迭代式的 RUP 统一开发过程如图 9.11 所示。

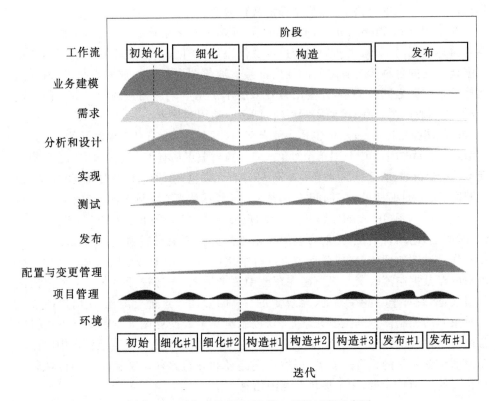

图 9.11　面向对象的 RUP 统一开发过程示意图

　　但是,RUP 的整个过程还是过于抽象,不利于有效地理解 UML 中的每一个具体的模型在整个开发与设计过程中的主要作用。因此,UML 提供了一个系统开发与设计的基本实现路线图,通过该实现的路线,我们可以清晰地理解 UML 模型驱动的真实含义。下面结合一些过程图来对 UML 的开发实现路线图进行介绍。

　　系统分析与设计的核心目标就是从问题域空间中用户的业务需求出发,通过一个设计过程来得到相应的应用软件代码,这个过程可以用图 9.12 来进行表示。图中让我们思考的关键问题在于中间这个连接业务需求与实现代码的过程是什么以及如何能够有效地利用 UML 提供的相应模型来实现这目标。

　　在 UML 模型化过程中,第一步需要考虑软件需求完成之后如何对需求的内容进行明确化和模型化的准确定义,UML 提供了两个基本模型来对需求进行分析,一个是用例模型,另一个是领域模型。用例模型与 DFD 模型中的上下文图相关,它可以用来描述系统外部实体(即角色)在操作和利用系统时所具有的职责与操作能力,同时,也可以进一步地对系统的功能以及功能的实现方法与过程进行定义。通过用例的建模,可以准确且无二义地描述出系统外部实体与系统之间的交

互方式以及系统内部功能与处理之间的逻辑关系。而领域模型借助于类的定义和
描述方法,对业务过程中通用的、公共的实体进行初步建模,有助于系统分析人员
更加有效地理解系统实体对属性的封装以及实体之间关系的定义,为进一步分析
系统的行为和设计实现奠定了基础。

图 9.12　基于 UML 的系统分析与设计问题的提出

从另外一个视角来看,设计的核心目标是生成满足需求的代码,而在 UML 的
体系下,代码的实现是利用整个系统中的类结构来完成的,通过对类的定义以及类
之间关系的定义,形成整个系统完整的静态结构视图。在此基础之上,利用一些
CASE 工具,如 Rational Rose,smartUML 等,所设计的类结构可以通过正向引擎
自动地转化成为相应的代码框架。那么,目前的一个关键问题是如何通过需求细
化形成的用例模型和领域模型进一步实现向系统整体类结构模型的转化,这个过
程可以进一步用图 9.13 描述。

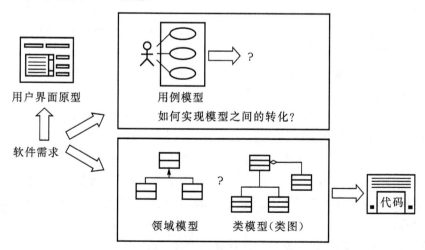

图 9.13　需求与代码相关模型以及中间模型转化过程问题示意

　　由图 9.13 可以看出,对模型之间的实现与转化在本质上已反映在解空间中具体的实现方法上,即 UML 体系结构与相应的处理机制。那么,如何实现模型之间的转化呢? UML 定义了一个"三角"架构:从实现角度上来看 UML 模型主要包括了功能模型、动态模型和静态模型三种核心模型。其中功能模型表示了业务需求,可以利用用例图进行具体的实现。用例中包含的事件流的描述反映了功能的具体实现过程,动态模型通过对用例事件流中具体功能的实现过程识别和细化出不同对象在整个过程中的交互过程,这个过程尽管是针对系统中存在的对象来展开的,但是为系统从具体的对象进一步抽象成类奠定了基础。类是封装了对象中的相关属性和方法的一种抽象,且通过抽象形成的类结构具有更好的一致性与稳定性,因此,UML 进一步定义了静态模型,其采用系统的类结构模型来具体实现。UML的这个面向实现逻辑的体系结构如图 9.14 所示。

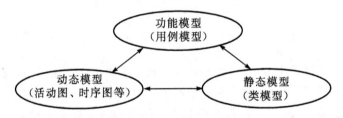

图 9.14　UML 面向实现逻辑的"三角"架构示意图

　　通过图 9.14,我们可以将图 9.13 中的实现过程进行扩展与细化,即采用动态模型进一步细化用例模型中的实现细节,通过活动图、协作图以及时序图等模型对每一个用例事件流中的对象交互的细节进行描述,为进一步抽象出相应的类结构奠定基础。另外,在进一步的系统分析过程中,也可以不断地细化和完善领域的实体类,对一个中等规模的软件系统进行开发设计时,好的领域模型的定义至少会帮助系统分析师识别和定义出整个系统将近三分之一左右的实体类。因此,通过领域模型的细化以及对动态模型中识别出来的对象进行抽象与优化后,可以形成完整的系统的类结构,也就是整个系统的底层、静态的数据结构与方法定义。利用第 12 章中所讲述到的模型驱动的软件体系结构(Model Driven Architecture,MDA),在 CASE 工具的支持下实现模型到代码之间的映射和转化。过程如图 9.15 所示。

　　因此,UML 的实现不是无序地将模型进行组合的过程,而是通过一组核心的实现逻辑来将不同的模型有机地组织到一起,来完成从业务需求分析到系统的设计与建模,并最终实现代码框架的自动化生成的目标,如图 9.16 所示。同时,UML 中的所建立的每一个模型不仅具有自治性,即内部的完整性,并且每一个模型所建立输出的成果,会为下一个模型的建立提供有效的输入来源。因此,掌握

UML 模型应该从 UML 整体模型的内在逻辑以及系统的整体体系结构出发,把握图型背后的核心设计思想与实现机制。下面我们从系统分析与实现过程中的几个关键的视角出发,针对 UML 的核心模型进行进一步的分析与介绍。

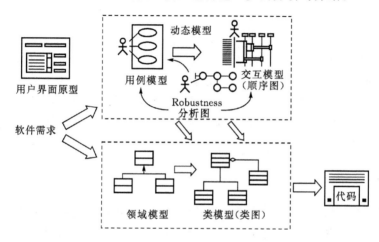

图 9.15　基于 UML 的系统开发与设计实现过程示意图

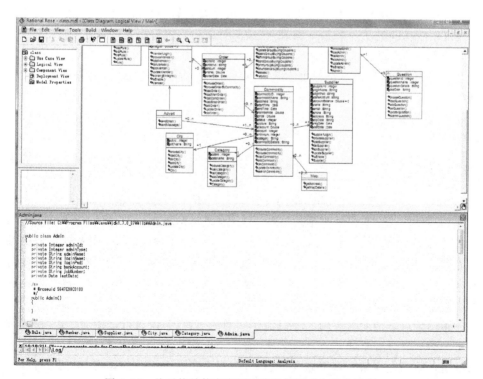

图 9.16　从系统的静态类图到代码框架的自动化映射

9.3　需求功能分析与用例建模

本书在第 2 章中介绍了一些关于需求工程以及需求分析的方法，了解到需求分析的核心工作就是要实现系统边界的定义和确认，而边界定义与确认的核心任务在于如何有效地识别出系统的外部实体或角色，以及深入分析这些角色在整个系统中的职责。在面向对象的分析与设计方法中，通过用例模型来尝试解决业务需求、角色类型、功能描述以及系统边界的定义问题，为整个系统的需求分析提供明确的、无二义的、规范的需求定义和功能描述。本节将针对用例模型以及该模型在需求分析过程中的作用进行介绍。

9.3.1　用例与用例模型

在面向对象的分析方法中，建立需求模型的基本单位是用例（Use Case），用例是指包含有一组事件流或动作序列的功能，而功能所包含的一组事件流则描述了该功能在业务环境下的具体实现过程与交互方法。通过用例建立的系统用例模型也是为建立从业务空间中不同用户对业务的需要到软件系统空间中能够为这些用户提供相应功能的映射桥梁。因此，在面向对象的系统分析与设计过程中，用例模型充分借鉴了在数据流分析建模（DFD）过程中一些思想，例如在 DFD 模型中，利用上下文图（也称关联图或者业务场景图）可以充分地表示出整个业务中存在的角色与每一个角色对应的职责，通过这样的定义，可以有效地协助系统的分析与设计人员来理解系统的目标与边界。而在用例建模中将这思想充分地融入到了系统建模与分析实现的过程之中。对外部实体用角色（Actor，也称参与者或操作者）进行定义和描述，并且通过对不同角色的职责与操作进行定义，反映出系统的业务场景以及功能边界。

因此，一个完整的系统用例模型包含了三个核心要素：角色、用例以及关系，如图 9.17 所示。其中，角色并不是特指某人，而是指系统以外的、能够使用系统或与系统进行交互的实体。因此，角色可能是人，也可能是事物、时间或者是其他的系统等等。同时，由于角色是一个抽象的概念，它并不特指某一个具体的实体或对象，而是通过抽象这些实体或对象而形成一个角色类，在用例模型中，常可以用一个小人来表示，如图 9.17(a)所示。

用例是对包括变量在内的一组动作序列的描述，系统执行这些动作，并产生传递特定参与者可观察的结果，即用例代表了角色的职责，反映了角色想要系统去做的事情。用例在模型中可用椭圆来表示，椭圆下面附上用例的名称，如图 9.17(b)所示。对于用例的命名，通常可以采用动作性的词语描述。

　　关系是指用例图不同实体对象之间存在着的逻辑语义联系,其中,关系包括用例之间的关系、角色之间的关系以及用例和角色之间的关系(如图 9.17(c)所示)。角色之间的关系主要是由于角色实质上也是类,所以它具有与类相同的关系描述,即角色之间根据抽象的层次存在泛化关系。因此,利用角色之间存在的这种泛化关系可以充分地反映出不同的角色之间存在的权限分配与约束限制。例如,在一个企业的人才招聘的管理业务中,有的设计师将用例设计的成果如图 9.18(a)所示,从图中可以看到,在这些模型中关系过于复杂与混乱,因此,可以充分地利用角色之间的泛化关系进行抽象,形成相应的模型如图 9.18(b)所示。其中,经理角色通过泛化继承了普通职员的一些相应职责,从而不仅使得用例图简洁明了,更为重要的是通过角色之间泛化关系的设计为整个系统提供了一个完整的权限访问与控制视图,这也是 UML 设计师们对系统实现在深入思考后的一种直观反映。

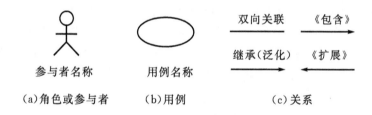

图 9.17　用例图的组成要素示意图

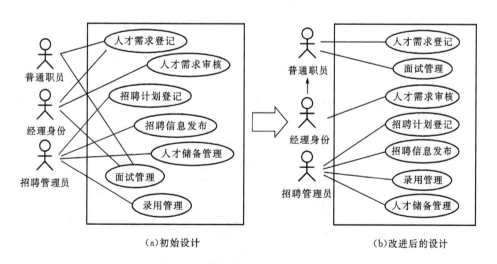

图 9.18　角色之间泛化关系示意图

在用例模型中,用例与角色之间的关系主要是采用关联(或导航),即采用有箭头的线段来表示哪个角色触发消息并启动了用例,箭头代表了关联的方式,即角色可以启动或调用某一个用例来实现相应的功能,或者系统内的一个用例可以调用一个外部的实体角色(如一个外部的软件系统),从而实现相应功能的调用与集成。而无箭头的线段可以表示双向关联,即角色与用例之间可以进行相互调用和操作。但一般情况下,无论用例和角色之间是否存在双向数据交流,关联常常是由角色指向用例,其中相应的关联关系如图 9.19 所示。

图 9.19　角色与用例之间的关联关系示意图

而在用例图中,用例之间的关系则较为复杂,其中主要包括了包含关系(《include》、扩展关系(《extend》)、泛化关系(《generation》)以及依赖关系(《depend》)等,这些关系也充分反映了在整个系统中不同功能之间的关系和约束,从而反映出了 UML 对整个系统在初始分析过程中的一些核心设计思想与理念。

包含关系是一种比较特殊的依赖关系,它比一般的依赖关系多了一层语义。包含关系中,基本用例的行为包含了另外一个用例的行为,或者基本用例中包括了可能在其他的多个用例中都具有的公共行为。而在执行基本用例的过程中,必然会调用并执行被包含的子用例,而这些被包含的子用例往往成为实现基本用例所必须执行的不可或缺的部分。当我们发现已经存在的两个用例之间具有某种相似性时,可以把相似的部分从两个用例中抽象出来单独作为一个用例,该用例被这两个用例同时使用,这个抽象出的用例和另外两个用例形成包含关系。例如,在电子商务系统中,客户要取消一个订单时,他首先需要查看其已有的订单,用例之间的包含关系示意图如图 9.20 所示。

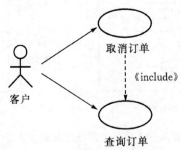

图 9.20　用例之间包含关系示意图

　　包含关系的本质体现在以下两个方面：一是对基本用例的功能进行细化和分解；二是对多个用例中共同存在的公共操作行为进行抽象，而这种抽象不仅反映在代码的重用方式上，还充分体现出了设计师对需求的理解与把握。例如，图9.20 中反映出了两用例之间存在着的包含关系，其中查询订单功能是取消订单功能的一部分，但是为了更好地对代码进行抽象与封装，我们可以将查询订单功能进行抽象并独立实现，而原来的取消订单功能在执行时可以调用查询订单子功能来实现所需要的功能。在包含关系中，箭头的方向从基本用例指向包含用例。

　　另外，在一些书中经常会提到用例之间存在着一种使用关系（《uses》），这种关系是在 UML1.1 版本中进行定义的，而在 UML1.3 版本之后，则采用包含关系来替代了使用关系。

　　扩展关系是指一个基础用例在某些扩展点上扩展并调用另外一个用例，扩展用例依赖于被扩展的基本用例，但在两者之间具相对的独立性，即两个用例中的功能保持着相对的松耦合关系，无论扩展用例是否存在，或者不论其功能是否可以实现，基础用例都包含着一个完整的事件流，反映着相对独立的功能。由于在扩展关系中，基本用例必须声明扩展点，而扩展用例包括了更多的规则限制，因此，扩展用例只能在扩展点上增加新的行为和含义。例如，系统中允许用户对查询的结果进行导出、打印等操作。对于查询而言，能不能导出、打印查询结果都是一样的，导出、打印是不可见的。导出、打印和查询相对独立，而且为查询添加了新行为。可见，这种关系具有很强的灵活性，初步体现出了基于接口或基于契约式编程方法的理念。在扩展关系中，箭头的方向是从扩展用例指向基本用例，这一点与包含关系之间存在差异。例如，图 9.21 展示了网上购物与请求产品目录这两个用例之间的扩展关系，即客户在实现网上购物的功能的同时，也可以通过某一个触发点（如一个菜单或按钮），来调用请求产品目录子用例并实现对相应的扩展功能。

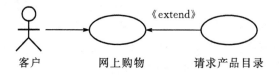

图 9.21　用例的扩展关系示意图

　　一般地，相对于包含关系，扩展关系比较难于理解，有人认为扩展关系可以看作是带有更多规则限制的泛化关系。为了更好地确认扩展用例，需要针对每一个扩展用例中的行为来提问:该步骤会出什么差错? 该步骤有不同的情况吗? 该步骤的工作怎样以不同的方式进行? 把所有的变化情况都标识为扩展。通常基本用例的构造较为容易,而扩展用例需要反复分析与验证。

　　泛化关系代表一般与特殊的关系,子用例将继承父用例的所有结构、行为和关系。父用例通常是抽象的。泛化关系的含义类似于面向对象程序设计中的继承,即子用例可以使用父用例中的一段行为,也可以重载它。不同的是继承往往在实施阶段使用,而泛化则在分析与设计阶段使用。在泛化关系中子用例继承了父用例的行为和含义,子用例也可以增加新的行为和含义或者覆盖父用例中的行为和含义。例如,图 9.22 中展示了一个电商网络平台中,客户购买商品时的支付情况,其中客户可以采用现金支付或信用卡支付,但为了更好地表现用例所具有的通用性功能,避免系统在增加新的支付功能时对其他用例功能产生负面的影响,因而结合公共特征来抽象出一个付费用例,该用例是另外两个用例抽象出来一个泛化的用例。子用例可以通过继承抽象的父用例中的公共功能。

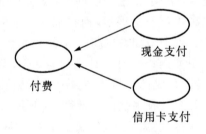

图 9.22　用例之间的泛化关系示意图

　　对于用例之间存在的泛化、包含和扩展关系,可以使用"is a"和"has a"表示。其中,泛化和扩展关系往往表示用例之间是"is a"的关系,而包含关系则用来表示用例之间是"has a"的关系。扩展与泛化相比增加了扩展点的定义,而扩展用例只能在基本用例的扩展点上进行扩展,且在扩展关系中的基本用例是相对独立存在的。而在包含关系中,执行基本用例的时候必须同时执行包含用例,或者说包含用例是基本用例的组成部分。例如,在图 9.23 中,在订货系统中将不同用例之间存在的关系进行整合,形成了相应的用例关系的局部视图。

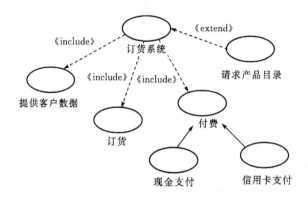

图 9.23　用例的关系视图示例

　　在实际系统需求分析的过程中,往往因为需求分析师抽象能力以及对业务理解能力的差异,所以系统中不同用例之间关系的设计也存在着较大的不同,这些不同将会直接影响到对系统的后续设计。例如,针对一个管理项目的用例,其中可能存在着 3 个子用例,不同的设计师可能会将这个功能实现设计成如图 9.24 中存在的三种不同关系,而且每一种关系背后,都蕴涵着设计师对系统的不同理解。

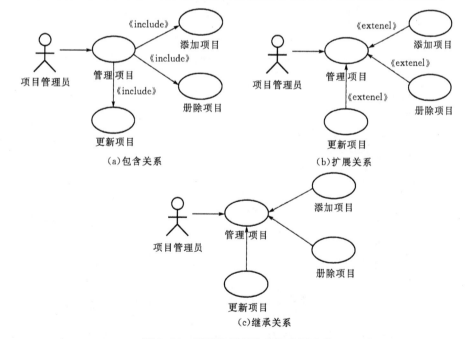

图 9.24　不同的用例关系的应用比较

9.3.2　用例驱动的模型化设计

　　用例图从用户角度来描述系统功能,是用户所能观察到的系统功能的模型图。UML 通过建立一个用例模型来实现了对整个系统的边界的定义与描述。系统边界是指系统内部所有成分和系统之外各种事物之间的分界线,系统边界以内是系统本身所包含的全部对象,而系统边界之外则是可以与系统进行交互的各种事物,如人、设备或者是其他系统等。用例图模型通过建立外部的角色与系统内部的用例之间的交互关系来反映系统的用户需求。并可以通过角色与用例之间以及用例与用例之间的关系来不断细化系统的功能需求。在面向对象的设计方法中,用例图具有重要作用,它不仅可以被用来构建系统的整体需求模型,而且还可以进一步驱动整个系统的设计、实现与测试验证的全过程。因此,许多专业人士称 UML 也是一种用例驱动的模型化设计过程,这个过程如图9.25 所示。

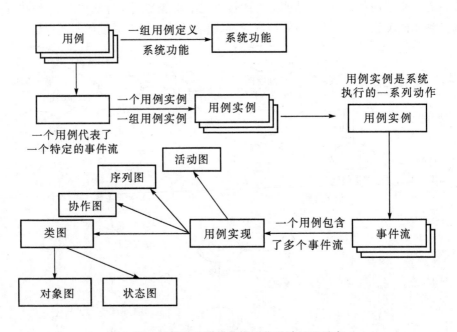

图 9.25　用例驱动的软件模型化设计过程示意

　　图 9.25 反映出 UML 设计的整体过程以及用例驱动的本质含意,即用例模型是连接用户需求描述与具体实现的桥梁。一方面用例图尝试着对用户的业务需求进行客观描述与定义,这种定义不仅可以从系统的功能逻辑结构上进行描

述,同时还可以对每一个功能的实现与操作逻辑进行描述和定义,即需要对用例所包含的事件流进行细化描述;另一方面,用例的实现依赖于对事件流描述和定义的详细程度,通过对事件流的进一步细化与建模,可以通过 UML 模型族中带泳道的活动图来对事件流建模,并初步形成系统中存在的对象以及对象之间的活动交互,并在时序图、协作图的模型基础上得到进一步的对象交互行为的细化,这些模型为进一步实现系统的类结构奠定了基础。用例中对事件流的描述是 UML 模型体系中承上启下的核心环节,但同时也是最容易被忽略的关键环节。

　　UML 组织在对用例进行定义时,明确指出用例包含了两个核心部分,一是用例的可视化模型,二是对每一个用例模型中所包含的事件流的详细定义和描述,这两者相辅相成。前者构建了系统的业务逻辑框架结构,后者定义了具体的实现细节,这也使得在设计过程中通过对不同的关注点进行分离,来快速实现系统的整体设计,同时,UML 也进一步将文字描述方式加入到架构模型之中,并定义成 UML 的公共机制。

　　为了更有效地定义和描述用例,许多设计师对用例的基本结构特征和主要组成要素进行抽象,进而形成了一个描述用例的核心组成要素列表,其中主要包括:用例名称、简要说明与描述、优先级、参与者、前提条件、主要事件流、候选(异常)事件流、扩展点、后置条件等。根据这些参数的定义,可以形成一个用例表来定义和描述相应的用例信息,这种用例表的用处类似于在 DFD 模型中数据字典。表 9.3 展示了一个定义用例的规范示意用例表。

表 9.3　用例要素的定义规范示意

用例编号	[为用例制定一个唯一的编号,通常格式为 UCxx]	
用例名称	[应为一个动词短语,让读者一目了然地知道用例的目标]	
用例概述	[用例的目标,一个概要性的描述]	
范围	[用例的设计范围]	
主参与者	[该用例的主 Actor,在此列出名称,并简要地描述它]	
次要参与者	[该用例的次要 Actor,在此列出名称,并简要地描述它]	
项目相关人利益说明	项目相关人	利益
	[项目相关人员名称]	[从该用例获取的利益]
	……	……

	步骤	活动
前置条件		［即启动该用例所应该满足的条件］
后置条件		［即该用例完成之后，将执行什么动作］
成功保证		［描述当前目标完成后，环境变化情况］
基本事件流	1	［在这里写出触发事件到目标完成以及清除的步骤］
	2	……（其中可以包含子事件流，以子事件流编号来表示）
扩展事件流	1a	［1a 表示是对 1 的扩展，其中应说明条件和活动］
	1b	……（其中可以包含子事件流，以子事件流编号来表示）
子事件流		［对多次重复的事件流可以定义为子事件流，这也是抽取被包含用例的地方］
规则与约束		［对该用例实现时需要考虑的业务规则、非功能需求、设计约束等］

下面通过一个具体的示例来说明如何利用用例图来进行系统功能的分析建模。

9.3.3　用例模型的应用示例分析

业务场景：小王是一个喜爱收藏书籍的人，家里已收藏各类书籍近万册，平时也常有朋友来借书，为了更好地管理好个人的图书资产，小王希望委托你来帮助他开发一个个人图书管理系统，为其管理书籍提供工具支持。该系统的主要功能包括：能够将书籍中的基本信息按不同的类别进行建档和管理，如计算机类或非计算机类，并提供按书名、作者、类别、出版社、出版时间等关键属性进行组合查询的功能。在使用该系统录入新书时系统可以按规则自动地生成书籍编号，并可以修改信息，但是一经创建后就不允许删除。同时，该系统还应该能够提供对书籍的外借情况进行记录的功能，并可以将外借情况列表进行打印。此外，还可以对外借书籍的购买金额、册数等信息按特定的时间间隔进行统计分析。请根据上述系统的需求，使用用例模型来实现系统功能的描述。

首先，使用用例建模分析与定义系统存在哪些角色。通过对角色的定义以及角色职责的描述，可以建立系统外的操作者使用该系统的功能时与系统的交互情况，从而比较确切地定义系统的功能需求与系统的功能边界。因此，以用例为基础进行需求分析时，首先要确定系统的边界，并找出系统边界之外直接和系统进行交互的各类操作者（Actor，也称为角色、参与者）。在本例的需求说明中，可能存在的角色包括两个：小王和他的朋友，但是进一步考虑这两个潜在角色在个人图书管理系统中的相应职责时，可以发现，该系统是一个面向个人使用的工具，只有小王在操作系统过程中体现了管理的职责,而朋友借书与还书的业务过程,只是在该系统中进行一些数据记录,不涉及操作功能。因此,初步判断,该系统只有一个核心角色即管理员,小王就是该角色下的一个具体实例。在此基础上,系统边界就比较容易确定了。

其次,由于用例反映了不同角色的职责,因此,需要根据目标系统的边界定义来确定不同角色所对应的需求与职责,并设计相应的用例。在上述系统的描述过程中,对系统的管理员角色而言存在着两个核心的职责:一是对书籍进行建档管理,二是对书籍进行外借管理。这两个职责体现出了该系统的顶层核心用例。此外,该系统还存在其他功能,例如在书籍建档管理中,还包括了书籍分类、编辑维护、书籍查询等功能,而在书籍外借管理中,包括了外借书籍列表打印以及统计等功能。

第三,根据实际的业务需求情况,可以建立起用例之间的联系,包括角色和用例之间以及用例与用例之间的逻辑关系视图,进而构造系统的完整用例图。根据9.3.1 节相应内容的介绍,用例之间的不同关系反映了设计者对系统的理解与抽象能力。根据上述的实际业务需求,我们可以将个人图书管理系统的用例图设计成如图 9.26 所示的几种类型,其中每一种类型所反映的系统实现均有不同的侧重。

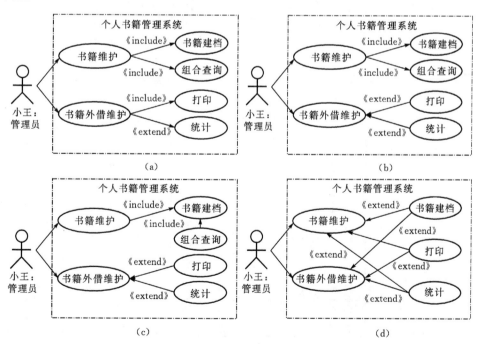

图 9.26 个人图书管理系统的用例设计示意图

最后,对系统中的每一个用例进行详细的描述和定义,特别是对用例中所包含的主要事件流和异常事件流进行定义和描述,完成系统中所包括的用例实现的描述和定义。例如,图9.27显示了在书籍建档管理用例中新增书籍信息子用例所包含事件流的详细描述和过程定义。此外,用例的详细描述也可以采用用例描述表的方式来实现细节的详细描述和定义。

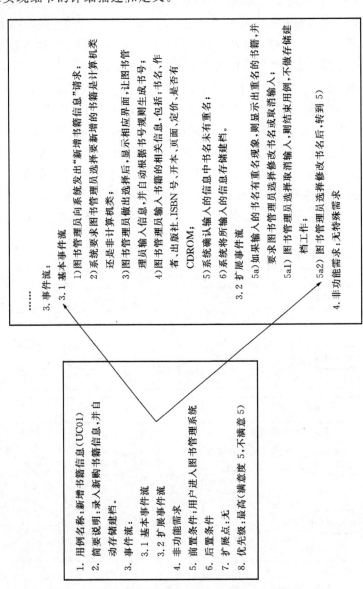

图 9.27　新增书籍子用例中包含事件流的详细描述和定义

该用例采用用例表方式的具体内容描述如表 9.4 所示。

表 9.4　新增书籍信息用例详细描述与定义

用例名称	新增书籍信息用例
主要系统参与者	管理员
其他参与者	无
其他关联人员	朋友
描述	该用例描述一个管理员对书籍进行管理的过程。管理员向系统请求对书籍进行管理,系统默认会显示目前所有书籍的列表,管理员可以选择上架一本新书籍,或者查询符合条件的书籍,并且对该书目信息进行修改或维护
前置条件	管理者必须登录到系统中
触发器	当管理员"书籍维护"时用例会被触发
典型事件过程	1. 管理员向系统发送书籍管理请求 2. 系统默认显示所有的书目 3. 管理员选择上架书籍或查询书籍 4. 系统对书籍上架返回书籍上架结果信息,对书籍查询返回查询结果列表 5. 针对查询结果列表,管理员选择某个书籍 6. 组织者选择修改该书籍或删除该书籍 7. 系统对修改书籍返回修改结果信息,对删除书籍返回删除结果信息
替代事件过程	替代 2:如果没有书籍,则显示空列表 替代 4:对书籍上架,如果书籍上架失败,则显示失败信息;对书籍查询,如果没有符合条件的书籍,则显示失败信息 替代 7:对书籍修改,如果修改书籍信息失败,则显示失败信息;对书籍删除,如果删除书籍失败,则显示失败信息
结论	当用户收到修改书籍信息成功或删除书籍成功信息时,用例结束
后置条件	如果书籍被删除或书籍信息被修改,则通知管理员
业务规则	选择的书籍必须为书籍列表中的书籍
假设	管理员可以在任何时间进行操作

9.4　动态行为分析与建模

UML 中的动态行为分析模型主要是用来描述系统中不同对象之间关系以及

对象之间的信息交互。信息交互指在特定语境条件下,为达成系统目标,在一组对象之间进行消息交换的行为。UML 中对象的动态行为主要可以利用活动图与交互图两种模型来进行定义描述,其中活动图强调了从活动到活动的控制流程,而交互图则强调的是从对象到对象的控制流,如果对活动图进一步细化加入泳道,则可体现出粗粒度对象之间的交互行为,因此,有人曾将活动图描述成系统交互图的基础预备模型。为了更好地结合活动图与交互图的优点,人们将交互图与活动图进行融合并形成了一个交互纵览图。而在交互模型中,UML 定义了 4 种交互图模型,其中,时序图以及通信图主要强调对象之间的操作与信息交互行为,而时间图以及交互纵览图等模型则是对对象交互过程与行为的一种优化。动态行为分析模型在 UML 模型体系中的核心作用如图 9.28 所示。

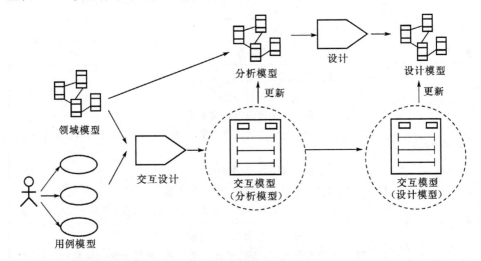

图 9.28　UML 模型体系中的交互模型与其他模型之间的关系示意图

下面针对主要的动态模型的特征与建模方法进行分析。

9.4.1　活动图模型

活动图(Activity Diagram)是 UML 中一种用来对系统动态行为进行建模的常用工具,它用来描述业务用例内部事件流中不同活动之间的动作序列,实现不同活动之间的控制,特别适合于工作流和并发的处理行为,同时可以根据需要来定义参与到活动中的对象及其角色、状态和属性的变化,其本质上是一种用于内部处理活动的流程图。活动图与 UML 中的其他模型图不同,它并不是直接来源于Booch,Rumbaugh 和 Jacobson 三位 UML 设计者的工作,它的核心的技术思想主要来源于 Jim Odell 提出的事件图、SDL 状态建模技术和 Petri 网技术。UML 引入活动图的目的之一是为了分析复杂的用例、包、类或操作,或者用于处理多线程应用;另一目的是用于企业建模或描述工作流。利用活动图实现前一目的是十分有效的,特别是通过对用例中事件流的详细分析,可以不断细化描述用例中潜在的实体对象与对象之间的交互关系,但是在进行企业建模与工作流描述领域,其功能却是十分有限的。

作为 UML 中的一种动态建模技术,活动图不仅提供了业务过程与工作流建模的一种方法,并且图中每一个活动结束后将立即进行下一个活动,可以针对用例中的事件流以及用例中不同对象状态的变化来捕获活动和活动之间的约束关系和操作规则。由于 UML 活动图既可用于描述操作的行为,也可以用来描述用例和对象内部的工作流程,甚至可以对应用程序中的代码逻辑进行实现和建模,因而其应用非常广泛,另外,在活动图建模的过程中,常常需要解释活动图与流程图以及活动图与状态图之间存在的差异。活动图表现形式上与流程图非常相似,但流程图着重于描述处理过程,它的主要控制结构是顺序、分支和循环,不同处理过程之间有严格的顺序和时间关系。而活动图描述的是对象活动的顺序关系所遵循的规则,它着重表现的是系统的行为,而非系统的处理过程。因此,活动图是面向对象的,并能够表示对象间并发活动的情形,而流程图则是面向过程的,无法表现并发机制。

另外,虽然活动图与状态图都是状态机的表现形式,但是两者也存在着本质的区别:活动图着重表现从一个活动到另一个活动的控制流,是内部处理驱动的流程;而状态图着重描述一个对象在外部事件的触发下,从一个状态变迁到另一个状态的过程。下面利用活动图中的基本构成要素以及用例中的典型事件流进行描述。

UML 活动图中包含的基本元素主要有动作状态、活动状态、动作流、分支与合并、分叉与汇合、泳道和对象流等。图 9.29 是一个活动图模型的示例。

其中,图中所涉及到的活动图内具体的要素定义与描述如下。

(1)活动:活动是执行某项任务的状态,这点与工作流中的活动意义相同。活动在 UML 中表示时包括两种状态,即动作状态(Action)和活动状态(Activity)。动作状态用来表达原子的或不可中断的动作或操作,并在此动作完成后通过完成转换转向另一个状态。动作状态通常用于短的操作,如记账、提交报告等。动作状态具有的特点包括:原子性的,即它是构造活动图的最小单位;不可中断性,即动作状态是一个瞬时的行为、不可中断。另外,动作状态与状态图中的状态不同,它不能有入口动作和出口动作,更不能有内部转移,且动作状态之间变迁既可以是动作流也可以是对象流,但是动作状态可以通过前置条件和后置条件来约束动作状态。活动图中的动作可用图 9.30(a)所示的平滑圆角矩形来表示。

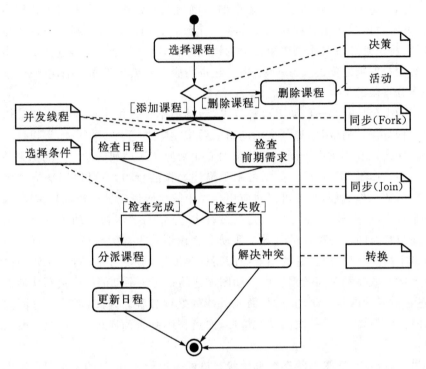

图 9.29　活动图模型中关键要素定义与示意

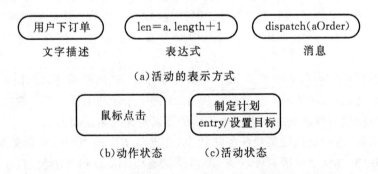

图 9.30　活动的表示方式以及动作状态与活动状态示意

　　而活动状态则表示一个非原子的执行,一个活动状态拥有一组不可中断的动作或者操作,活动本身是可以中断的,但需要耗费一定时间。另外,活动状态可以分解成相应的子活动或者子动作状态,活动状态具有分层能力,即活动状态不仅可以有入口动作和出口动作,而且活动状态的内部活动可以用另外一个活动图来表示,这一点与动作状态不同。因此,动作状态(见图 9.30(b))是活动状态(见图 9.30(c))的一个特例,如果某个活动状态只包括一个动作,那么它就是一个动作状态。在模型细化的过程中,活动状态可以分解为一系列的动作状态和活动状态来组成新的活动图模型。UML 中活动状态和动作状态的图标相同,并且均可以采用文字描述、表达式或者消息封装的方式来表示,其中关键的区别在于活动状态可以在图标中提供入口动作和出口动作等信息。

(2)动作流(Control Flow):动作流也称控制流、转移或者变迁,用来连接活动并表示活动之间的逻辑关系和约束,而无需特定事件的触发。动作之间的转换称之为动作流,活动图的转换用带箭头的直线表示,箭头的方向指向转入的方向,如图 9.31 所示。

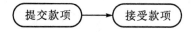

图 9.31　活动之间的动作流示意

(3)控制节点:除了开始节点与结束节点之外,UML 活动图中还包含两种控制节点:选择节点和并发节点。选择节点用菱形来表示有条件判断的分支或合并(Decision and Merge Nodes),而并发节点表示不同控制流的同步关系,有并发分叉和并发汇合两种不同的功能和形式(Fork and Join Nodes)。其中,开始节点可以用一个实心黑色圆点来表示。结束节点可以分为活动终止节点(Activity Final Nodes)和流程终止节点(Flow Final Nodes)。其中,活动终止节点表示整个活动的结束;而流程终止节点表示是子流程的结束,如图 9.32 所示。

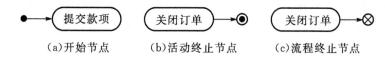

(a)开始节点　　　　　　(b)活动终止节点　　　　　　(c)流程终止节点

图 9.32　活动图的控制节点示意

对象在运行的时候,可能会出现二选一或多选一的活动流,为了对控制流选择进行建模,UML 中引入分支(Decision)与合并(Merge)概念。分支表示控制流根据条件在多个控制流中选择其中一个控制流,而合并表示不同的控制流最终合并在一起,继续执行其他控制流。图 9.33 展示了活动图中分支与合并的使用。

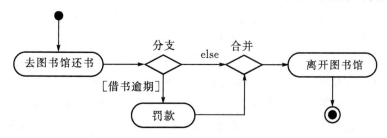

图 9.33　活动图中的分支与合并节点对流程控制的示例图

另外,对象在运行时可能会存在两个或多个并发运行的控制流,为了对并发的控制流建模,UML 中引入了分叉(Fork)与汇合(Join)的概念。分叉用于将动作流分解为两个或多个并发运行的分支,而汇合则用于同步这些并发分支,达到共同完成一项事务的目的。图 9.34 表示了活动图中在并行处理操作的过程中,分叉与汇合节点对流程控制的示例。

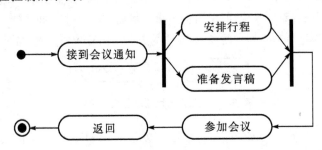

图 9.34　活动图中的并行操作中分叉与汇合节点对流程控制的示例图

(4)泳道(Partition):泳道通过区分负责活动的对象或业务组织单元,来将活动图中的活动划分为若干组,从而明确指出相应的活动分别是由哪些对象来组织的。在包含泳道的活动图中,每个活动只能明确地属于一个泳道。在泳道的上方可以给出泳道的名字或对象的名字,该对象负责泳道内的全部活动。并且泳道没有顺序,不同泳道中的活动既可以顺序进行也可以并发进行,动作流和对象流均允许有穿越泳道的分隔线。例如,图 9.35 提供了一个利用泳道来表示系统中存在的实体以及实体之间的活动交互过程的示例。

从图 9.35 可见,在 UML 的泳道上方表示泳道所对应的对象名,而泳道内所包含的操作由相应的对象负责执行,这些对象也可以包括业务中的角色、组织或者系统的功能实体,从而可以清晰地定义出相应的动作或者执行操作所占用的资源等。

(5)对象流(Object Flows):用来描述活动和活动所创建的(输出)或所使用(输入)的对象之间的关系。活动图中不仅能够表示控制的流转,还可以表示对象之间的消息流转。在 UML 活动图中采用依赖关系将对象与活动联接起来从而表示活动对对象的操作,比如产生或修改一个对象等,在活动中对象流的表示方式如图 9.36 所示。

当利用 UML 中的活动图来描述某个对象时,可以把涉及到的对象放置在活动图中并用一个依赖将其连接到进行创建、修改和撤销的动作状态或者活动状态上,对象的这种使用方法就构成了对象流。对象流是动作状态或者活动状态与对象之间的依赖关系,表示动作使用对象或动作对对象的影响。在 UML 活动图中,对象可以包含多个动作操作来作为活动的输入或者输出,并且一个动作输出的对象也可以作为另一个动作输入的对象,同时,也可以作为活动的参与者来进行交互,并可以使用虚线箭头来表示对象与活动之间的对象流关系。一个系统活动图设计过程中的对象流处理的示例如图 9.37 所示。

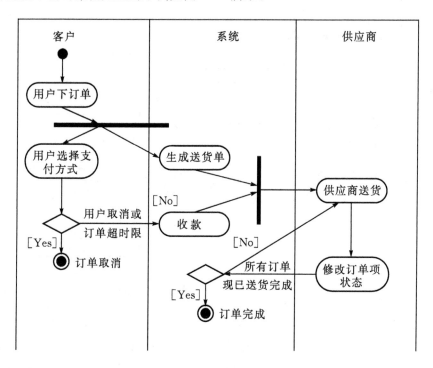

图 9.35　活动图中的泳道图示例

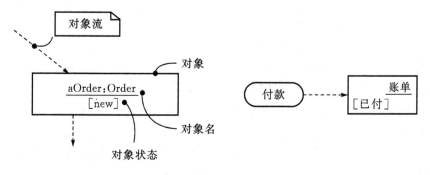

图 9.36　活动图中的对象表示方法与示例

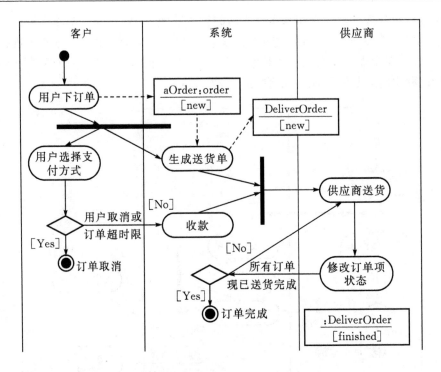

图 9.37　系统活动图中的对象流处理示例

　　在 UML 活动图中,同一个对象可以多次出现,且每一次表示的是对象生命周期中的不同状态。如果箭头是从动作状态出发指向对象,则表示动作对对象施加了一定的影响,所施加的影响包括了创建、修改和撤销等操作。如果箭头从对象指向动作状态,则表示该动作使用对象流所指向的对象。

　　(6)扩展的重用机制:在活动图中,为了更好地表达出一些特定活动之间存在的重复或者循环控制的机制,在 UML2.0 之后的版本规范里提供了一种活动封装与重用的核心机制。即将虚线框与输入与输出的接口相组合,丰富了整个业务过程语义扩展机制。例如图 9.38 中,可以根据订单项目是否送货完毕的判断来对供应商送货与修改订单项状态活动封装,并实现循环的操作。

　　此外,在 UML 活动图中可以根据不同的抽象层次来建模,可以根据实际情况实现功能分解:一个活动可以分解为若干个动作或子活动。这些动作和子活动本身又可以组成一个活动图,从而构造了一个可以实现多层嵌套活动或动作的组合活动图(如图 9.39 所示),将不含内嵌活动或动作的活动图称为简单活动图。

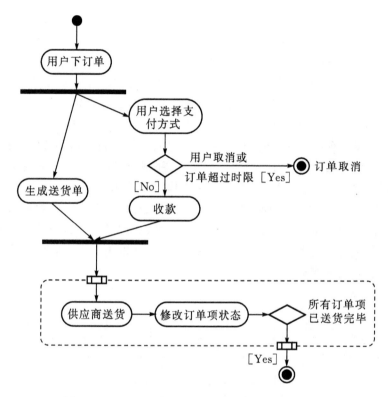

图 9.38　UML 活动图中的重用与循环的扩展机制

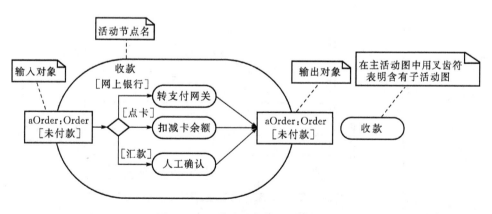

图 9.39　可嵌套的复杂活动图示例

9.4.2　时序图模型

　　时序图(Sequence Diagram)是一种强调以时间顺序为基础的对象之间的交互模型,这些对象之间的交互消息以时间顺序来进行排列,从而为设计师以及程序开发人员提供了一个在时间演化条件下系统控制流与交互特征的可视化模型。因此,有时将时序图看做是对活动图中泳道图的进一步细化。通过对对象以及对象之间交互消息序列的描述,即消息在不同的对象之间进行发送和接收方式来反映系统中相应对象之间的交互行为。一般地,时序图中包含有两个坐标轴:纵坐标轴显示时间,横坐标轴显示对象。每一个对象均可以采用写有对象或类名的矩形框来表示,并且利用对象的生命线来表示对象在发送或接收对象活动的消息执行与处理的机制。而对象之间的通信采用对象生命线之间的水平消息线来表示,消息线的箭头表示消息的类型,如同步、异步或简单。例如,图 9.40 反映了一个时序图模型的的基本组成要素。

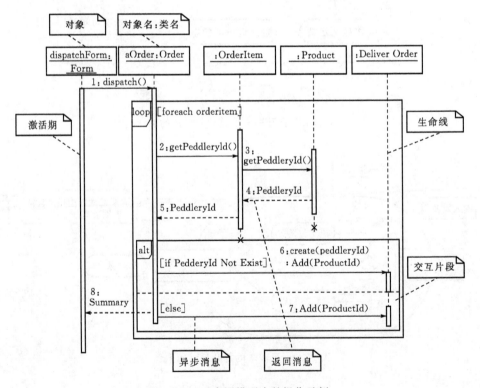

图 9.40　时序图模型中的操作示例

　　时序图分析方法是按照时间的顺序从上到下来查看和分析对象之间的消息交互。为了更好地理解时序图中对象之间的交互问题,需要深入了解时序图中建模的核心要素以及它们的表达方式与交互关系。这些要素主要包括角色(Actor)、对象(Object)、生命线(Lifeline)、控制焦点(Focus of control)、消息(Message)以及交互片断(Interaction Frame)等。

　　其中,系统角色可以是人或其他外部系统等外部实体对象,在时序图中这些角色对象往往是消息的发起者或者是消息的最终接收者。而对象(Object)包括三种命名方式:①同时包括对象名和类名的方式;②匿名对象方式,即只显示类名而不显示对象名;③只显示对象名而不显示类名的方式(不关心类),这三种对象的描述方式也代表了对一个对象的抽象层次与能力,对象名的表示方法主要用于系统的分析过程中,而匿名对象以及对象名及类名的组合表示方式往往出现在系统的概要设计与详细设计阶段。如图 9.41 所示。

图 9.41　UML 时序图模型中对象命名的三种方式示例

　　每个对象的生命线均可以用一条垂直的虚线来表示,它可以表示该对象存在的生命周期。在生命周期之内,对象可以与其他对象通过控制焦点来进行消息的交互,在生命期结束时,用注销符号“X”来表示在相应的时刻下对象生命周期的终结,此时该对象对其他对象发过来的消息不再进行响应,相应的资源也将会被系统回收,对象生命线的特征与交互方式如图 9.42 所示。

图 9.42　对象生命线的特征与交互方式

　　UML 中存在四种消息处理机制，一是同步调用(Procedure Call)，即发送者把消息发送后，等待直到接收者返回控制，可以表示同步操作；二是异步调用(Asynchronous)，即当消息发送后，发送者无需等待返回结果就可以继续操作，常用于并发操作；三是返回操作，即表示消息的返回，一般情况下，过程的同步调用时的返回操作可以采用隐含的方式而不需要直接画出，而异步返回则需要显示出来。此外，UML 在时序图还提供了一种对象消息的自调用方法(Self Call)，即对象发送的消息可以实现递归操作处理，这些消息模式如图 9.43 所示。

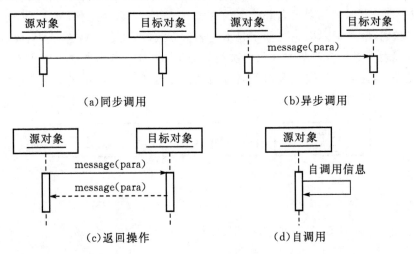

图 9.43　UML 中常见的四种消息处理机制示意图

　　此外，在不同的条件下对象的消息机制还可能存在着一些差异，尤其是在实际的 CASE 应用工具中，例如，Rational Rose 2003 将对象的消息处理机制定义为同步消息与周期性消息两大类，并对同步消息进一步定义了 7 种详细的消息交互方式。其中，Simple 和 Asynchronous 同义，Synchronous 和 Procedure Call 同义。另外，又新增加了 2 个不同的操作，一个是阻止(Balking)，如果接收者无法立即接收时，此操作将使发送者放弃消息；另一个是超时(Time - out)，如果接收者无法在指定时间内接收，此操作将使发送者自动放弃消息。这些消息的具体定义与表示方法如图 9.44 所示。

　　在 UML2.0 之后标准中，为了更好地对抽象逻辑进行合理的封装，时序图加入交互片断来封装系统的逻辑处理片断，包括 ALT(备选)、OPT(可选)、LOOP(循环)、Assert(断言)以及 Break(中断)等。这些片断使得时序图具有更好的程序逻辑表达能力、抽象能力和丰富的语义。其中，ALT 用来表示多条件的分支结构，OPT 表示满足条件则可执行的分支结构，LOOP 则表示该片断可以在一定条件执

行多次,Assert 则表示所描述的行为是执行过程中该时刻下唯一的有效行为;
Break 则是用来定义一个含有监护条件的子片断,如果监护条件为"真"则只执行
子片断的操作,而不执行图中的其他交互操作,如果监护条件为"假",则执行其他
正常的操作。时序图中交互片断的格式定义如图 9.45 所示。

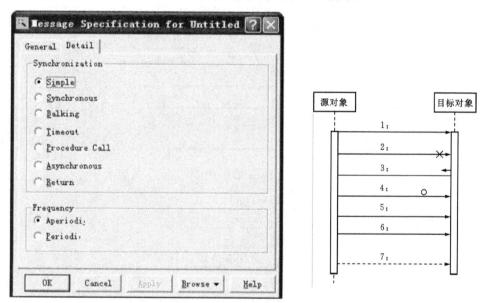

图 9.44　CASE 中定义的消息处理机制与表示方法

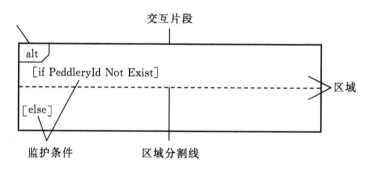

图 9.45　时序图中交互片断的格式定义

9.4.3　交互纵览图模型

交互纵览图(Interaction Overview Diagram)是在 UML2.0 标准中新增加的
一种模型,其目的是将活动图与时序图的优点有机地结合在一起,从而形成一种混

合模型。此模型利用活动图来建立整体的业务逻辑和活动顺序或结构,在此基础上将活动节点进行细化,并利用时序图来表示活动节点内部的对象控制细节。用户订单处理的交互纵览图模型如图 9.46 所示。

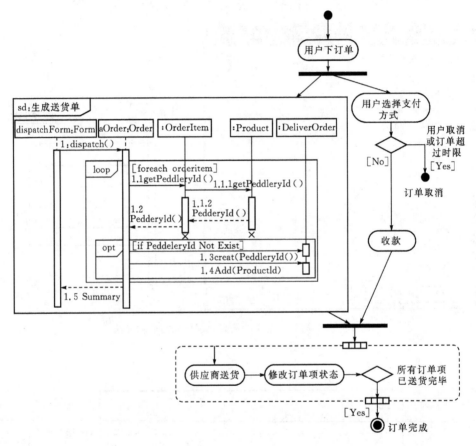

图 9.46　用户订单处理的一个交互纵览图模型示例

9.4.4　通信图与状态机图

在 UML2.0 标准定义的动态模型中,除了上述的动态模型外,通信图、定时图以及状态图也均是从不同角度分析对象特征并进行建模的工具。其中,通信图(Communication Diagram)就是 UML1.0 中定义的协作图,用来描述系统对象或者活动者如何共同协作来实现用例,强调了在不同对象交互过程中的组织行为,为开发人员提供了一个在协作对象组织行为下对象之间交互行为与控制流的一个可视化轨迹,因此本质上与时序图等价,只是在分析对象之间交互的策略和角度略有一些不同:时序图主要强调按照严格的时间序列来组织对象之间的活动,而通信图则是从对象之间访问关系的角度来进行分析,并且通过编号来组织不同对象之间的交互顺序。因此,利用 CASE 工具可以自动地实现通信图与时序图之间的映射。图 9.47 显示了一个订单处理过程中不同对象交互关系的通信图示例,通过上述分析可知,该通信图与图 9.46 中的生成送货单活动中的时序图等价。

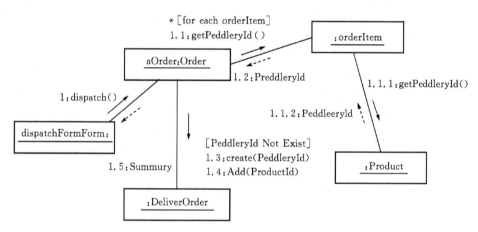

图 9.47　订单处理过程中的不同对象交互关系的通信图示例

　　状态机模型用于描述一个对象在其生命期内的状态变化,状态是指对象生命周期中的某个条件或状况,在生命周期内对象将满足某些条件、执行某些活动或等待某些事件发生。一般地,对象都有状态,并在任何时候都会处于某种状态,而对象所处的不同状态也决定了它将如何响应所检测到的事件或所接收的消息,这些消息事件可以使对象从一个状态向另一个状态进行变迁或转移。由此可见,利用状态机模型不仅可以对复杂的对象进行建模。

　　状态机模型作为计算机领域中的经典模型,有人也称之为图灵机模型,是计算机结构设计以及工作流设计的基础。UML 可以将其引入到对象建模的过程中,实现针对一个对象在全生命周期过程中的事件响应以及事件行为的建模。状态机图与交互模型以及活动图模型之间均存在一些区别:交互模型显示特定交互(一个具体用例)中不同对象之间的交互行为,而活动图也允许针对多个不同对象的活动进行建模,但状态机图却只针对一个特定的对象所包含的动态行为建模,这一点正是状态机模型最本质的特征。在实际的应用过程中,对象均存在多个生命周期或阶段,例如,采购订单、需求记录单、请假单等这些对象在不同的事件驱动下会实现其在不同阶段或不同生命周期间变迁,图 9.48(a)反映了一个对象的状态机变迁模型。

　　一般情况下对象的状态包含三种类型:初始状态、中间状态和终止状态。此外,为了更有效地实现中间状态的抽象能力,UML 状态机模型对中间状态进行扩展,形成了带有嵌套的组合状态,即一个状态可以包括多个不同的子状态,并通过这些状态的嵌套形成了一个完整的状态嵌套结构,如图 9.48(b)所示。另外,在状态机内存在着入口点(Entry)和出口点(Exit)两个外部可见的伪状态,在子状态以及其他状态进行转换的过程中,可以将其作为目标,从而被有效地连接到指定的状态机上,形成完整的状态嵌套。

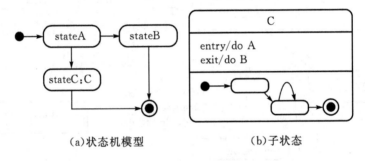

(a)状态机模型　　　　　　　　　　(b)子状态

图 9.48　状态机与嵌套状态模型示意图

　　在状态机模型中,状态转换或变迁也是一个重要的组成要素,它包含了源状态、目标状态、触发事件、监护条件以及动作五个基本要素。通过这五个要素,在一个对象从源状态向目标状态变迁的过程中,当对象处于源状态时通过特定的事件触发其来执行相应的动作,并在满足特定的监护条件时实现其状态的变迁。

9.4.5　动态行为分析示例

　　根据图 9.25 所示的用例与其他模型之间的关系,本节针对 9.3.3 节中的示例,并结合表 9.2 中所描述的泳道图来进一步分析该系统中存在的各种对象及其包含的动态行为。我们希望利用前文所描述和定义的活动图模型以及时序图模型来对该系统进行动态的分析和建模,从而进一步定义和描述系统中对象的相关操作行为。

　　首先,针对系统的用例说明中的事件流进行分析与描述并利用活动图对用例中的事件流进一步建模,实现了系统相应实体对象的细化分解。书籍维护的活动图如图 9.49 所示。

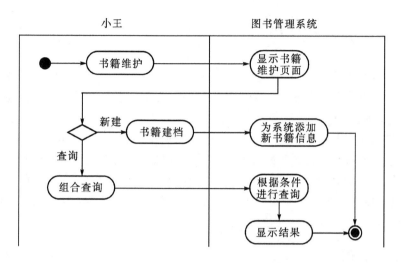

图 9.49　书籍维护用例的活动图示例

　　其次,在泳道图的基础上,对活动中存在的对象进行进一步的细化与分解,并通过消息交互的方式来反映系统中不同对象之间的操作行为。时序图则描述了一个用例场景中参与者和系统之间的交互以及系统内所有涉及的对象类之间的交互逻辑。通过时序图可以让我们清晰地分析出对象之间的交互机制,为类之间的结构定义奠定基础。书籍维护的时序图如图 9.50 所示。

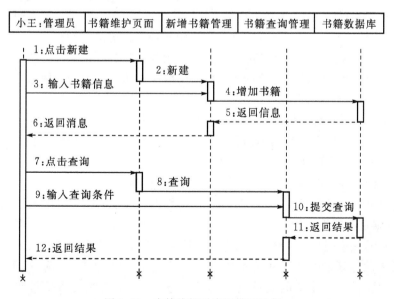

图 9.50　书籍维护时序图模型示例

9.5　静态分析与建模

在面向对象的方法中,类是具有相似结构、行为和关系的一组对象的抽象,它包含属性与方法两个要素。一方面可以通过类和对象所包含的属性来描述客观世界;另一方面也可以通过消息与方法的定义来对客观对象的行为进行模拟。前文所描述的交互模型利用消息将对象之间存在的交互行为进行了定义,本节则着重分析通过对方法与属性进行抽象与封装后形成的类结构在整个系统分析设计过程中的作用。由于在类结构体中包含了与时间无关的实体属性和行为,因此,在 UML 模型中将类模型和对象模型定义为系统的静态分析模型,并广泛地应用于软件产品的静态框架的设计与构建过程中。

9.5.1　类图的基本要素

UML 使用类图来构造系统的静态结构模型,每个类图均可以通过一组类、接口以及它们之间的关系来表示系统的逻辑结构。一般地,类图包括类元、类间关系以及约束三个关键要素,其中,类元是描述事物建模的基本元素,主要包括包(Package)、类(Class)、接口(Interface)和数据类型(Data Type)等,这些要素均是构造类的基本结构。而类与类之间存在着关联(Association)、泛化(Generalization)、依赖(Dependency)、实现(Realization)、聚合(Aggregation)和组合(Composition)等多种关系,每一种关系都存在着特定的语义,这些关系通过类图来表示系统的内在逻辑结构。而约束则定义了类之间实现操作的限制和细节。类图通过将这些要素组织起来形成对系统静态结构的逻辑与物理设计。

在 UML 模型中,类可以用表示类名、属性和操作的三个分隔框组合而成的矩形来表示,如图 9.51 所示。

其中,针对属性定义一般需要采用以下标准格式:

［可见性］属性名［:数据类型］［‘［’多重性［次序］‘］’］［＝初始值］［｛特征｝］;

针对方法定义所采用的标准格式:

［可见性］操作名［(参数列表)］［:返回类型］［｛特性｝］;

其中可见性是指可访问性,多重性是指属性值个数限制,次序是指属性值顺序,特征则是指属性约束。

类间的关系是将不同类进行组织并形成系统完整逻辑视图的关键。类图设计的灵活性与复杂性在类间关系的设计中得到了充分的体现,例如,图 9.52 对类图中存在的一些主要的关系进行建模示意。其中,关联关系是指两个类之间存在着相互的方法调用或消息交互,它提供了不同对象之间语义上相互作用的

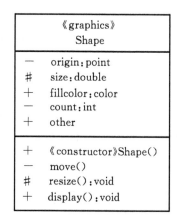

图 9.51　利用 UML 针对 shape 类中属性与方法的可视化定义

连接(如图(a))。依赖关系是指一个类中属性或方法的改变能够影响到另一个
类(如图(b)中的类 A 与类 B,此时称类 A 依赖于类 B)。通过依赖关系将两个存
在耦合关系的类连接起来(如图(b))。聚合关系则是描述整体与部分间的关联
关系,聚合关系中的个体可以属于多个整体(如图(c))。组合关系是一种比聚集
关系更强的关联,包含整体对部分特有的管理职责,个体唯一地属于一个整体
(如图(d))。导航关系表示类之间的关联关系是单向的,用带箭头的实线表示
(如图(e))。实现关系是指一个元素完成另外一个元素的操作功能,例如接口类
及其实现,接口没有属性,只有声明的操作方法(方法没有实现部分),而由实现
类具体定义实现部分(如图(f))。另外,在类图中的实现关系是一种将说明与实
现相关联的描述,一般通过接口说明行为,而具体的实现方法则放在实现类中。
对象通过封装设计而希望达到高内聚与松耦合,为了实现这个目的,类的设计中
可以采用泛化机制来隔离这种依赖,泛化是指一个类是另一个类的抽象或特殊
化,通过子类与父类相关联使得每个子类均可以继承父类中公共属性、操作方法
以及关系,同时,子类也可以在父类的基础上增加所需要的新属性和新行为,实
现了对父类的扩展(如图(g))。这种通过泛化来实现抽象、继承与扩展的技术,
在面向对象的设计中具有特别重要的意义,本书第 10 章所提到的面向对象设计
原则中,依赖倒置原则在本质上就是通过泛化关系来抽象和建立的。自反关联
也称为递归关系,表示类的属性对象类型为该类本身(如图(h))。表 9.5 反映了
类图中各种类元以及不同类之间关系的定义。

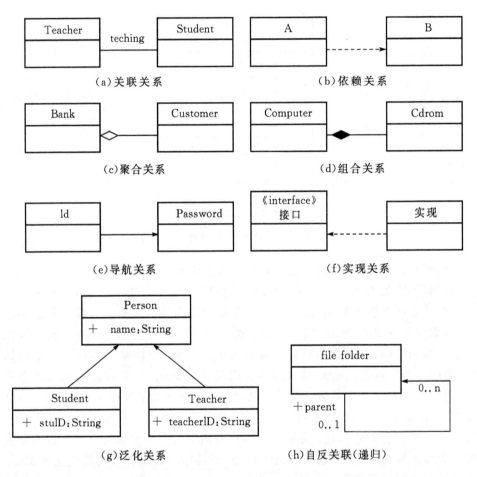

图 9.52　类图模型中存在的各种关系示意

表 9.5　类图中类元及类元间关系

名称	意义
包	组织模型的层次
类	有着相同结构、行为和关系的一组对象的描述符号
接口	刻画行为特征的操作名称集合
数据类型	无身份的一组原始值描述符
关联	不同对象可以相互作用的连接
依赖	行为和实现与影响类的连接

名称	意义
泛化	超类与子类的连接
实现	行为说明与具体实现的连接
聚集	部分与整体的连接
组合	由管理责任的部分与整体的连接

9.5.2　系统静态分析与建模过程

　　系统静态分析与建模本质就是针对用例进行进一步实现的过程,即通过用例的行为来发现对象并抽象成相应的类,随后对每个类的职责以及相关的属性与关系进行分析和描述,在此基础上根据用例的行为对相应的类进行定义,形成系统的分析类结构,整个系统的静态分析与建模过程如图 9.53 所示。

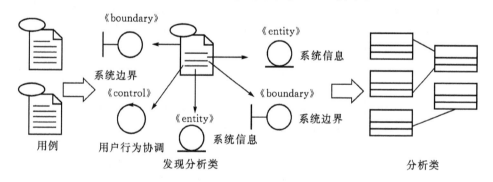

图 9.53　系统静态分析与建模的过程示意图

　　在 UML 的静态分析与建模的过程中,从用例的事件流描述中识别出不同的类并对这些类进行建模是静态分析的关键。通过分析用例事件流描述过程,我们发现可以通过外部实体角色与系统两个对象之间的交互流程来体现整个用例的功能实现。为了更好地分析该交互过程,UML 进一步采用了活动图的方式对用例事件流进行刻画和建模,特别是采用了泳道图将用例描述中"系统"对象进行了进一步的分解,并通过这些细分的对象来详细定义流程实现与活动操作的控制细节。在此基础上,UML 又进一步采用时序图实现对象之间交互行为的描述,这些行为描述在本质上定义了不同对象之间的消息传递以及操作机制,这些定义为从对象中抽象出类提供了基础。在时序图模型的分析过程中,常常将"系统"对象进一步分解成以下三类对象:边界类、控制类以及实体类。这三种类型的对象是进行系统静态结构分析的关键的组成部分。下面将 UML 针对这三种类型类的发现方法进行介绍。

　　边界类是指位于系统与外界的交界处的实体对象的集合,例如系统的窗体、对话框、报表、与外部设备或系统交互的类等。边界类通常可以通过用例来确定,因为活动者必须通过边界类来建立与系统用例之间的交互。边界类可以用图 9.54 所示的方式来表示。

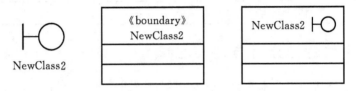

图 9.54　UML 中边界类的表示方式

　　控制类主要是协调其他类工作和控制总体逻辑流程的对象集合。一般地,每一个用例中均包含一个控制类,在用例的实现过程中,通过控制类来向其他类发送消息并协调类之间的交互操作机制。控制类可以用图 9.55 所示的方式来进行表示。

图 9.55　UML 中控制类的表示方式

　　实体类是指能够持久化保存的信息实体,它最终可以与数据库中的表及字段进行相互映射。UML 中实体类可以用图 9.56 所示的方式来进行表示。

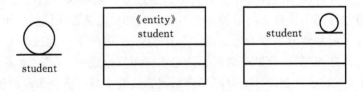

图 9.56　UML 中实体类的表示方式

　　例如,在一个学生选课管理系统中,一方面学生可以通过注册一个课程来实现对课程内容与目录访问,另一方面,整个选课系统可以与课程目录管理系统进行交互,实现课程目录的浏览与访问。

在对学生选课系统的分析设计过程中,首先建立用例模型。在注册课程用例的实现过程中,每一个外部实体角色与系统内用例交互的过程中,均可能发现一个相应的边界类(如图 9.57(a)所示),此时可以初步发现存在两个边界类:Register-ForCoursesForm 类和 CourseCatalogSystem 类。而在注册课程用例中,至少可以发现一个核心的控制类:RegisterController 类(如图 9.57(b)所示),该类提供了该用例中核心业务的操作方法与消息处理机制。进一步分析发现,关于学生、课程以及排课计划表这三个核心的实体是整个系统中最关键且最稳定的实体对象,对这些实体对象进行抽象之后,可以形成相应的实体类:CourseOffering 类,Student 类和 Schedule 类(如图 9.57(c)所示)。通过对用例分析,发现其中可能存在的各种类,根据用例中交互实现的过程来设计和实现整个系统中的整体类结构,如图9.57(d)所示。

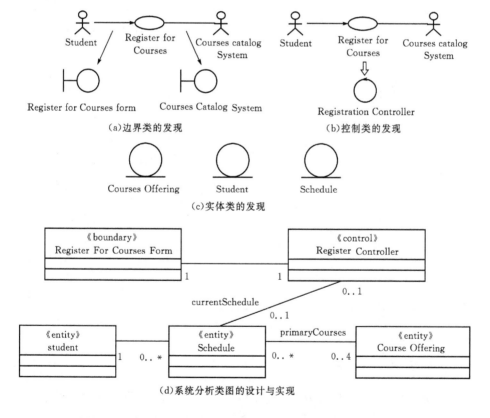

图 9.57　从用例交互过程中发现类并实现整体类设计的过程示意

从上述描述来看 UML 的设计过程,可以发现用例中事件流的描述与定义是分析与设计的核心。在这些分析类的设计过程中还存在两个重要问题。

第一个问题是仅采用上述过程来分析与定义无法有效实现对类的具体定义，所以需要对系统的动态行为进行分析，通过时序图将每个对象中的消息交互方式与操作进行明确的定义，从而实现对类的操作定义以及类之间的操作定义。

而第二个问题是设计的组合爆炸问题。如果对系统中每个用例均采用上述的方法进行分析，尽管可以充分地体现出 UML 设计思路的严谨与逻辑过程，但是对于一个较大的系统而言将会面对巨大的分析工作压力，尤其是针对不同的用例在进行类的发现基础上，还可能会出现一些重复设计，进而需要进行类的归并等相关操作，如图 9.58 所示。因此会引起系统静态结构设计的复杂度大大增加，造成设计类的"组合爆炸"，这个问题也是 UML 在系统分析与设计过程中存在的一个重大缺陷，其直接影响到 UML 设计工具的可用性与实用性，极大地限制了其在更大范围内的推广与应用。

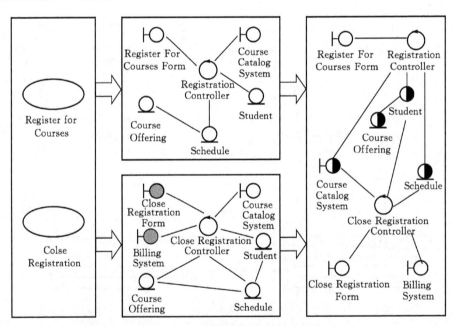

图 9.58　UML 设计过程中的类的归并示意

9.5.3　系统类图建模实例分析

一般地，在 UML 设计过程中所包含的主要步骤有：①分析问题域并确定需求；②识别系统中潜在的类，并确定类的含义和职责；③定义类的属性和操作，并确定类之间的关系；④精化类的属性与类间关系，形成最终的类图。在这个设计过程中，UML 主要采用了渐近式分析法，通过对用例中事件流的不断细化与分析，利用用例图、活动图以及时序图的方式来对系统进行建模实现,并通过归并每一个用例中存在的类,最终实现整个系统的完整类结构的设计,这种方法从严格的实现逻辑上来看是合理的并且有效的,但由于其实现过于复杂而使得其应用受到较大的限制。因此,在实际的系统分析与设计过程中,通常将 UML 与传统的基于 CRC (Class – Responsibility – Collaborator)名词卡片式的分析方法相结合,形成了一个简化的分析方法。本节将结合 9.3.3 节中提到的例子,介绍如何利用 CRC 方法来针对不同的用例模型进行系统静态类结构的设计。

CRC 卡片法是一种传统的面向对象分析建模方法。该方法通过对类名、类的职责和类的协作关系三个要素的识别来完成对系统中类的描述和定义。在整个建模的过程中,一方面通过收集和补充需求规格说明、用例以及相关文档来完善需求信息;另一方面,它通过在一张卡片上集成类名、类的职责、类的协作关系这三个部分来实现对类的定义。在识别系统中潜在的对象和类时,利用 CRC 还可以进一步从陈述中的名词或名词短语中发现潜在的对象类。通过这种经验的角度来分析,常通过利用以下问题来协助我们分析与发现这些类。

(1)业务中执行者扮演什么角色? 这些角色是否可以抽象成类,如管理者、工程师、操作员或企业客户等。这些角色均是由与系统之间具有交互能力的用户对象抽象而成。

(2)是否存在系统必须处理的设备或物体? 作为问题域中的一部分,这些物体有可能成为系统操作的客体对象。

(3)是否有其他系统、组织单位或者用户等外部实体的存在? 这些外部的实体对象产生或消费系统所使用的各类信息。

(4)是否有要储存、转换、分析和处理的信息。

(5)是否存在有模式(pattern)、类库和构件等构造物? 这些构造物可能定义了一组对象或者定义了对象的相关类集合。

在利用上述的过程来识别潜在的对象类时,需要进一步筛选和确定出合理的对象类。因此,在记录有关潜在对象信息的同时,需要对潜在对象所拥有的可标识的操作进行分析,这些操作可以按照某种方式修改对象的属性值。在分析阶段的初期,系统的关注点应该着重于粒度较大的信息对象,这些属性可能在进一步的设计阶段通过不断地分解和细化形成一个新的对象类。

为了筛出备选类,针对 9.3.3 节中所出的需求场景进行分析,本案例的工作目标是为小王开发一个"个人图书管理系统",该系统就是我们研究和建模的核心对象。其中,系统外的实体可能包括"小王"和"朋友"。进一步分析发现整个系统中小王是一个核心的主动对象,对其抽象后可以形成一个潜在的管理员类,但这个类中只存在一个具体的实例对象,即"小王"自已。而"朋友"是这个系统中容易混淆的一个实体,如果"朋友"参与了"个人图书管理系统"的具体使用和操作,那么这个实体对象也将会抽取成为系统中一个关键的主动对象,但是通过对需求分析发现,需求中仅描述到朋友借书的信息可以被系统进行记录和管理,因此整个系统被定义为"个人"图书管理系统,所以朋友这个实体类可以做为一个潜在的实体类,但这个类不是主动类,即不参与和系统之间的交互操作,也不会给其他的类发送触发的消息信息。

进一步分析系统内部,由于存在两个核心用例,即书籍的维护以及书籍外借,这两个用例都围绕着书籍的信息来展开相应操作。因此,可以抽象出"书籍"这个实体类,其中,书名、作者、类别、关键字、出版社、书号等均为"书籍"类中的基本属性。而书号的生成规则则可以作为"书籍"类的构造函数生成指南。另外,书籍目前可以分为"计算机类"和"非计算机类"两大类,这两种类型一方面可以作为"书籍"类中"类别"属性的两个具体的实例值(Value 值),另一方面,如果这两种不同类型的书籍在管理与借阅过程中存在着不同的业务过程和逻辑,则也可以将这两种类型作为两个实体对象类,即"计算机类书籍"和"非计算机类书籍"。这两种实体类与书类之间存在着泛化的关系,即书籍类是这两个具体类的一个抽象类,这种抽象方式最大的好处不仅在于可以重用书籍类中的相关公共属性、方法以及关系,同时,还可以根据业务的差异对原来的书籍类进行扩展。

而在朋友外借书籍的管理过程中,外借可以作为对书籍的一种操作行为。另外,如果当我们把所有的"外借情况记录"作为一个信息结构体来表示书籍与朋友之间存在的关系时,"外借情况记录"也可以看做一个潜在的实体类。

此外,根据前文对系统用例的设计,在系统中还存在着几个关键的子用例,包括编辑、查询、统计和打印等,如果这些子用例与父用例之间均采用包含(《include》)关系来定义(如图 9.26(a)所示),根据 CRC 卡片法,这些操作方法均可以设计成为书籍类或者外借记录类中的操作方法。其中,统计方法可以实现针对不同的特征属性的统计,打印方法可以实现对书籍内容或书籍列表的打印操作,查询方法可以实现对书籍或者是外借记录信息的查询操作。在这样一个需求条件下,系统初步的类结构的设计如图 9.59 所示。

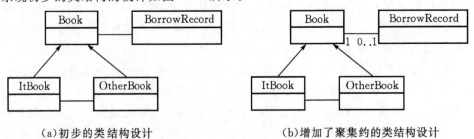

　　(a)初步的类结构设计　　　　　　　(b)增加了聚集约的类结构设计

图 9.59 "个人图书管理系统"中初步的类结构框架设计

　　在上面的设计中,朋友仅作为外借记录类中的一个属性,如果需求中还需要记录朋友的个人相关信息,如年龄、联系方法、地址等信息时,也可以将朋友类抽象出来,并且该类与外借记录类之间存在关联关系。目前,本节暂将朋友做为外借记录类的属性来简化处理,扩展朋友类的设计请读者来思考实现。在此基础上,进一步增加类之间的聚集和约束关系,其中,书籍与外借记录之间存着一种布尔关系,也就是说,系统中的每一本书要么已经被朋友外借了,要么在书库之中。

　　在系统类结构框架的基础上,通过进一步对类的职责进行分析,一方面可以识别出每一个类中包含的基本属性,如在书籍类中存在书名、类别、作者、出版社和价格等属性,而外借情况记录类中包括外借人(即朋友名称)和借阅时间等属性。另一方面,则根据不同类的职责来定义相应的行为与操作方法,其中书籍类的成员方法主要包括新增、修改、查询、统计等。外借情况记录类中具有的职责包括新增、删除以及打印等。根据类的职责分析,整个系统的类结构设计如图 9.60 所示。

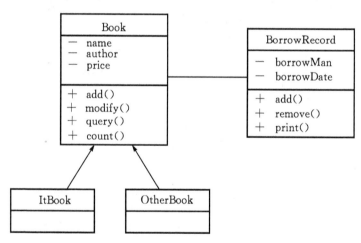

图 9.60　"个人图书管理系统"基于职责的类结构设计

　　另外,在该系统的需求中曾提到对书籍列表以及外借记录列表进行操作要求,而这两种列表分别是书籍对象与外借记录对象的一种集合,我们可以将此列表信息也抽象出来,形成一个类。此时,对应的列表类与相应的实体类之间存在一种聚合关系,为了更好地对这种关系进行抽象,甚至可以将实体类中的方法全部抽取到列表类中,此时,抽象的列表类封装了实体类中的所有成员方法,而实体类封装了所有属性特征,从而实现了实体属性与操作方法之间的隔离,这种抽象也可以看作是将列表类抽象成为对应实体类的一个抽象接口类。这种将操作方法与属性分离的抽象机制随着业务需求的不断变更或扩充体现出一定的优越性,在第 10 章中对

接口隔离等面向对象的设计原则的介绍中也会涉及到相关的内容。相应的系统类
结构的设计如图 9.61 所示。

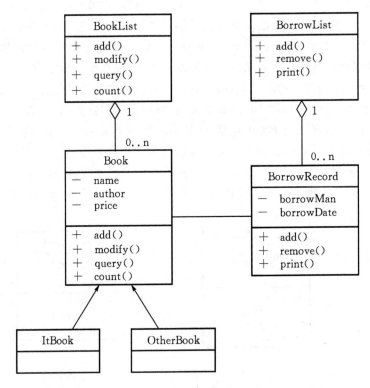

图 9.61　通过抽象列表类与实体类解耦后的系统类结构设计

在以上基础之上进一步分析,当系统的用例设计采用如图 9.26(d)所示的设
计时,查询、统计与打印这三个子用例与父用例之间均采用扩展(《extend》)关系来
进行定义,这表明用例的设计者希望将这三个子用例与原来父用例进行解耦,通过
扩展点来实现相应的功能调用。也就是说,可以将查询器、统计工具、打印工具进
行独立化设计,并将这些工具类设计成一个独立的组件,然后在与系统中其他的类
进行交互的过程中,采用真正意义上的接口设计来实现关联,由于接口只定义了操
作方法,而具体的实现则被封装到相应的工具类中,从而真正意义上实现了基于接
口的编程,进而实现了类之间的解耦。理解了这一点,我们就可以从机制上初步理
解下一章将要介绍的设计模式。

因此,通过以上的设计实践过程,我们可以发现在对系统用例进行设计的阶
段,设计者对用例关系的设计直接反映了设计师对整个系统的整体状况的把握能
力,而这种能力最终可以在类图的设计中得到执行与体现,这也是为什么 UML 的

三位设计者一直在强调用例驱动系统设计的原因之一。另外,请读者参考本节的设计过程进行思考,尝试完成本例采用扩展关系构造的系统静态类图,同时,不断增加条件和语义约束来完善类图设计,并从不同的设计角度来分析和设计系统的动态交互模型以及系统完整的静态类结构,从而完成对整个系统的设计与实现。

9.6　组件、部署分析与建模

如果要对系统进行物理建模,就需要将系统的逻辑设计模型转化为实际事物(如可执行文件、库、文档等)。如何将已开发完成的软件进行合理的部署与应用,这就需要在系统的实现阶段采用组件图和部署图来进行协助,下面将对这些实现模型进行简单介绍。

9.6.1　组件图模型

组件是为了实现系统中一个特定功能而封装的一组接口以及实现类的软件模块,它是系统物理视图中一个基本元素,可以是程序源代码文件、二进制代码文件(如 DLL)以及可执行文件等,在 UML 中可以采用如图 9.62 所示的方式来可视化地描述。

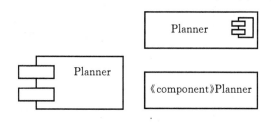

图 9.62　组件模型的基本可视化的表示方法示意图

组件图(Component Diagram)也是一种用于描述系统静态实现的模型,它也可以用来对一组组件以及它们之间的关系进行建模,并提供构建系统所要的高层次架构视图。组件图中通常包括组件、接口和关系,显示组件源码、二进制文件和可执行文件之间的组织和依赖关系。同时,通过组件接口来表示组件的外部可见性与相应的行为。一般地,组件图中不同组件之间存在着两种主要的关系:依赖关系和实现关系。其中,依赖关系是指一个构件如果使用另外一个构件的操作,则可以利用该构件和另外一个构件的接口之间建立依赖关系,特别是当两个构件中的类如果存在泛化关系或者使用关系,都可以采用依赖关系来实现组件之间的关联(如图 9.63(a)所示)。而组件的实现关系与类的实现关系相似,一个组件中的类定义了实现的接口,而另一个组件中包含的类则定义了相应的具体实现。

（a）组件间的依赖关系　　　　　　　　（b）组件间的实现关系

图 9.63　组件之间的关系示意图

　　结合前文提出的"个人图书管理系统"的应用示例,考虑到其中可能包含的主要用例以及对用例的实现,在对系统的核心功能进行静态框架的设计时,也可以采用组件图来实现,对书籍管理以及外借情况记录这两个核心用例进行封装成为两个核心组件,同时,不同的子用例也可以进行进一步的封装。如果是通过用例间的包含关系来进行系统设计时,结合 MVC 模型,将一些功能对应的实现页面封装成相应的组件,并依赖 DBManager 组件来完成对 JDBC 组件的具体实现。整个系统的组件结构图如图 9.64 所示。

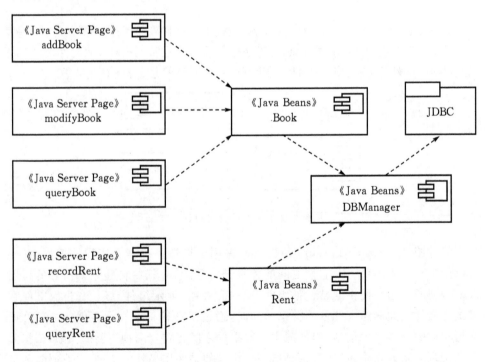

图 9.64　整个系统的组件结构图

9.6.2　部署图模型

部署图是用来显示系统中软件和硬件在运行时的物理架构、配置和部署方式，表示了硬件元素（节点）的构造以及软件元素与这些物理节点之间的映射关系。其中，节点是指存在于运行时的、代表计算资源的物理元素，可以代表一种物理硬件设计或软件元素。一般地，节点包含具有执行程序能力的处理机（Processor）和无计算能力的设备（Device）这两类节点。这些节点的分类示意如图 9.65 所示。

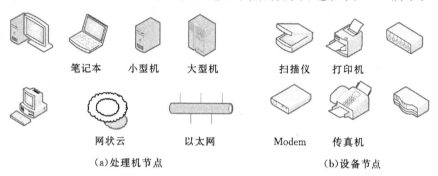

图 9.65　部署图中处理机节点与设备节点的分类示意

部署图则需要对物理节点以及软件程序的分配与部署关系进行定义，并从中得到开发完成软件组件和硬件组件之间的物理关系，以及软件组件在节点上的分布情况，同时，通过节点之间的"约束"来实现不同节点之间的连接语义。对于前文所描述的"个人图书管理系统"，其物理实现过程中的部署模型如图 9.66 所示。

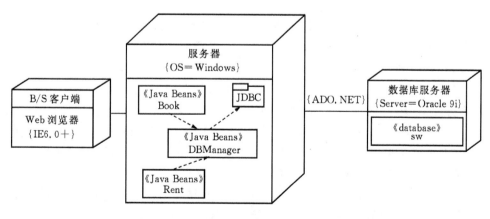

图 9.66　"个人图书管理系统"的部署图示意

9.7　本章小结

　　UML 的最终目标是在尽可能简单的同时能够对软件系统的实际需求建立多视角模型,尽管目前这方面的研究已取得巨大成果,并成为了业界公认的面向对象分析与设计的事实标准,但是目前仍有许多不足并受到工业界以及学术界的批评,其中来自工业界的批评主要认为 UML 过于庞大和复杂,多种模型没有形成一个有效设计流程及相互验证的机制,在没有更为有效的 CASE 软件工具的支持下,用户很难全面、熟练地掌握 UML。而学术界的批评则更多集中在 UML 理论上存在的缺陷和不足,其中特别是在语言体系结构、语法结构、语义表达以及语法验证等方面的问题。与此同时,为了与目前例如大规模、分布式、并发计算等技术问题相适应,UML 也在不断的升级中得到进一步的扩充与精练优化,使其具有更好的表达能力来处理这些概念和技巧。

　　本章主要介绍了面向对象的基本概念,包括对象、类、消息等概念,以及封装性、继承性、多态性等的描述。随后,针对面向对象方法与 UML 的组成要素以及基于 UML 的软件开发过程进行了说明。在此基础上,针对 UML 中的需求功能模型、动态结构模型以及静态结构模型中的关系的图模型进行分析和介绍。在此过程中结合了一个实际的例子,采用不同的 UML 模型进行相应的建模分析与设计,进一步解释了 UML 在系统分析与设计过程中核心思想、方法与操作过程。

9.8　思考问题

　　(1)结合参考文献与网络资源,请对面向对象的分析设计中关于 UML 最新的规范、技术、研究进展以及具体的应用等内容开展相应的调研与分析,并完成 UML 技术的研究与综述报告。

　　(2)UML 也是一种"4+1"软件体系结构,请分析在这个软件体系结构中,如何来实现 UML 的建模与工具开发。

　　(3)根据图 9.26 所设计的本章案例的用例模型,请详细地分析这 4 种设计的含义,并在此基础上,进一步进行分析与设计,完成相应的活动图、时序图以及类图,请比较它们之间存在的差异。

　　(4)面向对象的分析与设计建模过程中需要建立用例模型、静态以及动态模型,并结合 UML 中面向对象的设计与开发过程分析这三个模型之间的关系。

参考文献与扩展阅读

[1] Grady Booch，Robert A. M. ，Michael W. E. ，等著. 面向对象分析与设计 [M]. 3 版. 王海鹏,潘加宇,译. 北京:电子工业出版社,2012.

[2] Michael Blaha, James Rumbaugh 著. UML 面向对象建模与设计[M]. 2 版. 车皓阳,杨眉,译. 北京:人民邮电出版社,2011 年.

[3] 邵维忠,杨芙清著. 面向对象的分析与设计[M]. 北京:清华大学出版社,2013.

[4] Martin Fowler 著. UML 精粹:标准对象建模语言简明指南[M]. 3 版. 潘加宇,译. 北京:电子工业出版社,2012.

[5] Grady Booch, James Rumbaugh, Ivar Jacobson. The Unified Modeling Language User Guide[M]. New Jersey:Addison Wesley, 2005, MA.

[6] Kruchten, P. B. The 4+1 View Model of Architecture[J]. IEEE Software, 1995, 12(6):42~50.

[7] 杨静. UML 模型的语义模型[D]. 贵州大学博士学位论文,2006.

[8] 邵维忠,蒋严冰,麻志毅. UML 现存的问题和发展道路[J]. 计算机研究与发展,2003,40(4):509-516.

[9] 王聪,王智学. UML 活动图的操作语义[J]. 计算机研究与发展,2007,44(10):1801-1807.

[10] 丛新宇,虞慧群. 基于实时 UML 顺序图的物联网交互模型[J]. 计算机科学,2014,41(11):79-87.

[11] 张岩,梅宏. UML 类图中面向非功能属性的描述和检验[J]. 软件学报,2009,20(6):1457-1469.

[12] 邵维忠,梅宏. 统一建模语言 UML 述评[J]. 计算机研究与发展,1999,36(4):385-394.

[13] 王林章,李宣东,郑国梁. 一个基于 UML 协作图的集成测试用例生成方法[J]. 电子学报,2004,32(8):1290-1296.

[14] 胡文生,赵明,杨剑峰,等. 一种基于 UML 用例模型的软件可靠性分配方法[J]. 计算机科学,2012,39(6):461-463.

[15] 李明树,杨秋松,翟健. 软件过程建模方法研究[J]. 软件学报,2009,20(3):524-545.

[16] 赵俊峰,周建涛,邢冠男. UML 活动图到 Petri 网的转换方法及实现研究[J].计算机科学,2014,41(7):143-147.

[17] 李传煌,王伟明,施银燕. 一种 UML 软件架构性能预测方法及其自动化研究[J]. 软件学报,2012,24(7):1512-1528.

第 10 章　面向对象系统的设计原则与设计模式

　　面向对象系统分析与设计的目标就是通过抽象来建立系统的整体框架，并且在保持灵活性与可扩展性的基础上，增强代码的可重用性与可维护性。但在实际的软件设计中，经常出现代码设计过于僵硬和脆弱、重用率低以及耦合度过高等问题，造成软件系统的可维护性较差。Peter Coad 指出一个好的系统设计应该具备可扩展性（extensibility）、灵活性（flexibility）和可插入性（pluggability）等性质。因此，如何改进代码的质量、设计一个优秀的系统是每个系统分析与设计人员希望达到的目标。本章首先对面向对象设计过程中的基本原则进行了介绍，在此基础上，对设计模式进行分析，并对几种常用的典型设计模式进行应用示例说明。

10.1　面向对象设计原则

　　著名建筑师 Christopher Alexander 在《建筑的永恒之道》一书曾指出，一种有效的建筑结构应该满足自由性、整体性、完备性、舒适性、和谐性、可居住性、持久性、开放性、弹性、可变性以及可塑性等，并可以通过某种通用的模式语言来实现。而在软件工程中，人们发现软件架构设计也具有上述特性与要求，即面向对象的设计不仅能够对当前问题进行针对性分析，同时也具有足够的通用性，在不改变软件现有功能的基础上，通过调整程序代码可以改善软件的质量、性能，使其程序的设计和架构更趋于合理，并通过抽象来提高软件对未来业务的扩展和维护能力。在从面向过程到面向对象、从设计原则到设计模式进行研究和抽象的基础上，技术大师们总结了许多设计上的经典法则，但这些原则并不是孤立存在的，而是相互依赖和补充。其中，常用的面向对象设计原则包括单一职责原则、开放封闭原则、里氏替换原则、接口隔离原则和依赖倒置原则，下面对这些原则进行详细分析。

10.1.1　单一职责原则

　　在系统类的设计过程中，有些人（尤其是初学者）使用一个类来实现很多的功能,甚至许多并不相关的功能都放在一个类中来实现,如图 10.1 所示的手机类 CellPhone,包含打电话 call、发送消息 sendMessage、接收消息 receiveMessage、播放电影 playMovie、上网 goInternet 等功能。对于这个 CellPhone 类来讲,各种不相关的功能耦合在一起,如果需要对某些功能进行更改或者增加/删除某些功能,很有可能会造成其他功能不能正常运行。这种方式设计的 CellPhone 类,违背了单一职责原则,在实际的设计中,我们是不希望出现这种情况的。

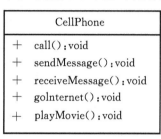

图 10.1 　高度耦合的 CellPhone 类图

　　单一职责原则(Single Responsibility Principle,SRP),是指对于一个类,最好只存在一个引起它变化的原因,如果有多个引起该类变化的原因,则表明该类具有多个职责,应该分离这些多余的职责,并为每个职责创建不同的类。在系统类的设计过程中,如果一个类承担的职责越多,那么该类包含的属性和方法就越多,一方面会导致该类的粒度过大而不适合重用;另一方面由于该类的不同职责之间可能会存在着耦合,从而引起某一职责在实现过程中由于受到其他职责的影响而导致设计过程中存在"臭味",因此,类的职责也被定义为"引起类变化的原因"。SRP 的核心思想是对类的设计要实现低耦合、高内聚,通过提高内聚性来减少引起变化的原因。例如,类 C 有两个不同的职责 R1、R2,当职责 R1 的需求发生变化导致类 C 需要被修改时,可能会使得原本运行正常的职责 R2 发生问题。此时,可以采用单一职责原则,对于职责 R1、R2 分别建立两个类 C1、C2,这样修改 C1 时,不会使得职责 R2 发生变化,反之亦然。例如,在第 9 章基于职责设计了图 9.60 所示的类结构,其中书籍类 Book 的类图如图 10.2(a)所示(注:我们对类图做了小的改动,删除了部分属性,但不影响理解)。

　　通过图 10.2(a),我们发现当前所设计的 Book 类不仅包含有多种属性,而且还具有增加书籍、修改书籍、查询、统计等多种操作方法,其承担的职责过多,且这些职责之间存在紧密耦合关系。因此,经过分解,我们首先将 Book 类的属性与方法分离,Book 类只保留其属性,而 Book 类原有的方法放到了 BookList 类中,如图 10.2(b)所示(个人图书管理系统完整类图请参见第 9 章图 9.61)。

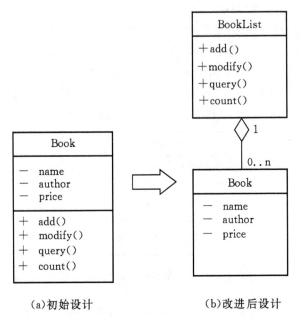

（a）初始设计　　　　　　　　　（b）改进后设计

图 10.2　Book 与 BookList 类图

　　从图 10.2(b)可以看出,现在 Book 类和 BookList 类的职责已经划分得非常清晰,Book 类负责书籍的静态属性方面的工作,而 BookList 类负责对书籍的各类操作。但是,当我们具体来看 BookList 类的时候,发现它还包含有书籍的添加、修改、查询、统计等操作,其中添加和修改操作是对某一本书籍进行的操作,查询是在所有图书中选择出满足用户查询条件的图书,统计可以对单本书的借阅情况、对某类图书的数量或对某段时间内的借阅情况进行统计等。因此,此时的 BookList 类的职责依然过多,可以将其进行进一步的职责分离,书籍的增加与修改操作放在到书籍维护类 BookMaintain 中,查询操作放在书籍查询类 BookQuery 中,统计操作放在书籍统计类 BookStatistics 中,此时的 BookList 类通过 BookMaintain、BookQuery 以及 BookStatistics 的聚合得到,其示例类图如 10.3 所示。

　　经过职责分离之后,尽管扩展了多个类,但是每个类的结构都比较简单,且职责单一,一旦系统需求变更后,导致其中的某些类需要修改时,避免了系统 BUG 的产生与系统"臭味"的传播,从而使系统受到的影响尽量小;另外,这一种设计抽象也为进一步实现基于接口的编程奠定了抽象基础。例如,为了更好地将统计功能封装,形成一个系统的公共机制时,BookStatistics 类很容易抽象出来,并能够通过接口 I_BookStatistics 类一方面实现了与其他类之间的关联导航,另一方面通过接口 I_BookStatistics 类实现了对具体实现方法的封装。

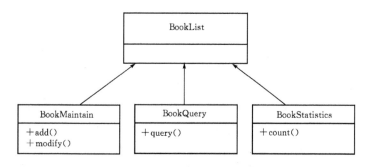

图 10.3　职责分离后的 BookList 类图

　　另外,当统计功能还能够进一步细分为多个子功能,将其变为多个类。此时,我们就会发现一些重要的问题,如一个类的职责到底是什么? 其粒度应该细分到什么程度? 是否会存在过度设计的问题呢? 而这些问题并没有统一的标准答案。对类职责的划分在一定程度上依赖于程序员的抽象能力与经验,同时也与项目的开发周期、规模、需求等因素存在密切关系。一旦出现了类的职责扩散(由于某种原因,职责需要被分割为更细粒度的多个职责),就需要按照职责来拆分类,这会增加系统实现的开销。在实际中,为了平衡单一职责原则与修改带来的开销,我们可以根据类方法的逻辑是否复杂来决定是否进行分割,如果该方法的逻辑并不复杂,则可以直接修改该方法而不需要将该方法拆分为多个方法。更进一步,如果某个类所包含的方法并不是太多,我们也可以增加方法而不需要将该类拆分为多个类。总之,单一职责原则是我们在设计过程中时刻需要注意的,并尽可能地遵守该原则,但在应用该原则时,要能对职责进行合理划分,并注意平衡该职责与修改造成的开销。

　　此外,对于第 9 章所讲述的个人图书管理系统示例,图 9.60 给出的 Borrow-Record 类也存在职责过多问题,请读者根据单一职责原则对其进行分离,设计出职责分明的类图。

　　单一职责原则是实现类高内聚、低耦合的指导方针,在很多代码重构技术中都能发现它的存在。在进行面向对象设计时,该原则最简单但又最难运用,需要设计人员发现类的不同职责并将其分离,而发现类的多重职责需要设计人员具有较强的分析设计能力和相关重构经验。在实际工作中,进行系统类设计时,我们应该考虑明显变化的因素,而不必要绞尽脑汁去寻找所有的变化,以避免出现类爆炸,使得程序的可读性与可维护性下降。在设计时遵循单一职责原则会带来一些好处:①一个类只负责一项职责,能降低类的复杂度;②提高类的可读性及系统的可维护性;③降低变更带来的风险,在软件开发过程中,变更是经常发生的,但通过应用单一职责原则,当修改一个功能时,能显著降低对其他功能的影响。

10.1.2　开放封闭原则

在开发软件项目的过程中,我们经常碰到需求发生变化的情况,需求的变化导致我们设计与实现的变化。对于大型的软件项目,变化总是不可避免的,那么如何对软件进行设计,使得软件能较好地适应这些变化,从而提高项目的稳定性与质量,并能保持一定的灵活性呢? 这就是开放封闭原则所要解决的问题。开放封闭原则(Open Closed Principle,OCP)是指软件实体应该是可扩展的、不可修改的,即对扩展是开放的,而对修改是封闭的。软件实体可以指一个软件模块、一个由多个类组成的局部结构或一个独立的类。该原则作为面向对象设计的基石,符合软件设计所追求的封装变化与降低耦合的目标,是面向对象所有原则的核心。

在面向对象设计中,开放封闭原则为我们提供了指导,但是该原则却是非常抽象且难以理解。在进行设计时,我们怎样做才能实现开放闭合原则? 该原则并未给我们提供具体的实施方法。解决的方法是依赖于抽象,针对抽象编程,而不针对具体编程。因此,在进行系统设计时,我们可以将系统的抽象层作为封闭部分,不允许修改,而系统的实现层作为开放部分,允许扩展。也就是说,通过定义一个抽象设计层,而在实现层来实现各种各样的具体操作。在面向对象编程中,通过抽象类及接口来规定具体类的特征作为抽象层,相对稳定、不需更改,从而满足"对修改关闭";而通过继承和多态从抽象类导出的具体类可以改变系统的行为,实现新的扩展方法,从而满足"对扩展开放"。对实体进行扩展时,不必改动软件的源代码或者二进制代码。

示例:在第 9 章的个人图书管理系统中,需要统计每本图书的借阅情况、各类图书中每本图书的借阅情况,并对这些图书的借阅情况进行排序,从而分析出每本图书的使用价值。为了对图书的借阅次数进行排名,我们可以设计排序类 MySort,并实现了冒泡算法,示意类图如图 10.4(a)所示。但是在进行系统测试时,我们发现有些时候冒泡算法效率太低。于是,我们可以修改 MySort 类,增加快速排序算法,示意类图如图 10.4(b)所示。

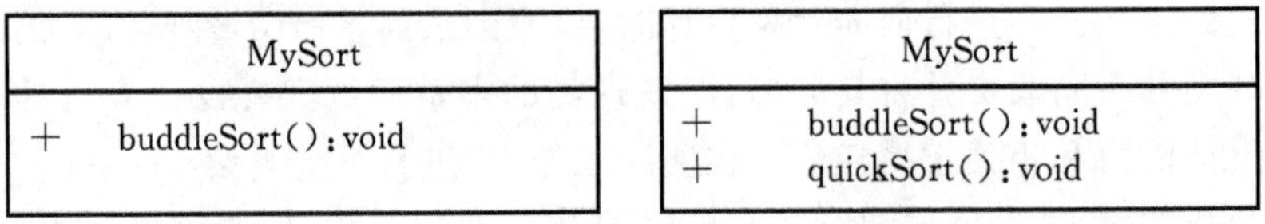

MySort
＋　　buddleSort():void

MySort
＋　　buddleSort():void ＋　　quickSort():void

　　　　(a)初始设计　　　　　　　　　　(b)修改后的设计

图 10.4　排序方法示意类图

　　然而,随着研究和使用的深入,我们发现快速排序算法、冒泡算法都只适合一部分问题,随着需求的变化,还需要增加其他新的排序算法,如插入排序、堆排序等。这样,就需要不断修改 MySort 类,增加新的排序算法,这就违背了开放封闭原则。

　　为了解决这个问题,我们可以把 MySort 类抽象为接口 ISort,把具体排序方法 bubbleSort、quickSort 等抽象出来变为抽象方法 sort。这样,即使以后需要其他新的排序算法,如合并排序算法,只需要从接口 ISort 具体出一个“合并排序”类,从接口抽象方法 sort 中具体出一个“合并排序算法”就可以了。原来的代码不会受到影响,这就是对扩展开放、对修改关闭。示意类图如图 10.5 所示。

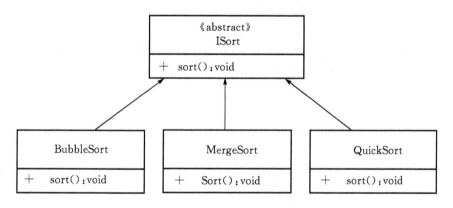

图 10.5　抽象接口后的示意类图

其对应的示意代码如下所示:

```
//排序接口
public interface ISort{
    public void sort( ); //抽象排序方法
}
//合并排序类
public class BubbleSort extends ISort{
    public void sort( ); //冒泡排序算法
}
//快速排序类
public class QuickSort extends ISort{
    public void sort( ); //快速排序算法
}
```

```
//合并排序类
public class MergeSort extends ISort{
    public void sort( )；//合并排序算法
}
```

由于软件的需求总是处于变化状态,为了维持软件内部的封装体系的稳定性,需要利用开放封闭来满足变化的需求。但是,要做到开放封闭并非易事,因为在设计的初始阶段,很难罗列出系统的所有可能行为、并将所有的可变因素进行预计和封装。但是可以采用一定的设计原则与设计模式来尽量满足开放封闭原则。

在软件设计中,遵守开放封闭原则的软件系统具有一些优点：①通过对已有软件系统的扩展,能够提供新的行为来满足软件的新需求,使软件系统具有一定的适应性和灵活性；②已有的软件模块(尤其是最重要的抽象层模块)不能再被修改,使得变化中的软件系统具有一定的稳定性和延续性；③这类系统既满足了可重用性又满足了可维护性。

10.1.3　里氏替换原则

在采用面向对象技术进行软件开发时,经常会采用子类继承父类的方式,而且会经常任意重写父类的方法。如类 A 有一个功能 F1,由于需求的变化需要对功能 F1 进行扩展,扩展后的功能为 F,F 包括原有的功能 F1 及新功能 F2。功能 F 由类 A 的子类 B 来完成,B 在完成功能 F 的同时可能会使得类 A 原有的功能 F1 发生故障。子类任意重写父类方法的设计大大增加了软件出错的几率,针对这个问题,我们需要遵循里氏替换原则。

里氏替换原则(Liskov Substitution Principle,LSP)是指当一个子类的实例能够替换其任何父类的实例时,它们之间才具有 is-a 关系。如果对每一个类型为 C1 的对象 O1,都存在类型为 C2 的对象 O2,使得以 C1 定义的所有程序 P 在所有对象 O1 都换成 O2 时,程序 P 的行为不变化,那么类型 C2 是 C1 的子类型。也就是说,如果一个软件实体使用的是父类,那么也一定适用于子类。反之,则不成立。

里氏替换原则是实现开放封闭原则的重要方式之一,主要着眼于建立在继承基础上的抽象和多态,在程序中尽量使用父类类型来对对象进行定义,而在运行时再确定其子类类型,用子类对象来替换父类对象。实现的方法是面向接口编程,将公共部分抽象为父类接口或抽象类,在子类中通过覆写(override)父类的方法实现以新的方式来支持同样的职责。如果有两个具体类 A 和 B,B 继承于 A,但它们的行为并不完全一致,它们之间的关系就违背了里氏替换原则。此时,可以采用以下两种方案进行重构：①创建一个新的抽象类 C,作为两个具体类的父类,将 A 和 B

共同的行为放到 C 中;②将从 B 到 A 的继承关系改为委派关系。

示例:小张是一家公司的老板,为了激励员工,设立了奖惩制度。不同类别的员工有不同的奖惩制度。对于普通员工,其奖励制度为在基本工资的基础上加上奖金,惩罚制度为基本工资减去罚金。而对于销售类员工,其奖励制度为在基本工资的基础上加上提成,并额外增加 1000 元的奖励,惩罚制度与普通员工相同。假设基本工资、奖金、罚金均为整数。

首先,针对普通员工,小张设计了一个类 A 来计算两个整数的和及差,示意类图如图 10.6(a)所示。其对应的示意代码如下所示:

```
public class A { //普通员工的奖惩计算
    public int add(int x, int y) {
        return x+y; // x 代表基本工资、y 代表奖金
    }
    public int sub(int x, int y) {
        return x-y; //// x 代表基本工资、y 代表罚金
    }
}
```

接着,对于销售类员工,小王设计了类 B,由于销售类员工与普通员工的惩罚制度相同,小王通过类 B 继承类 A 来实现,并修改了奖励方法 add,示意类图如图 10.6(b)所示。

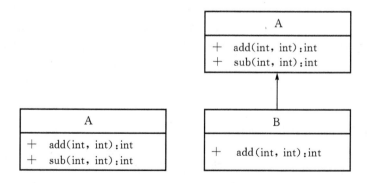

图 10.6　继承关系示意类图

其对应的示意代码如下所示:

```
public class B extends A { //销售类员工的奖惩计算
```

```
    public int add(int x, int y) {
        return x+y+1000; // x 代表基本工资、y 代表奖金
    }
}
```

上面示例中的类 B 继承于类 A,但修改了类 A 中的 add 方法,这违背了里氏替换原则,在应用软件中,使用子类 B 替换父类 A,则其求和功能不正确。示意代码如下:

```
public class Client { //应用软件
    public static void main(String[ ] args) {
        Aa=new A( ); // 实例化一个父类对象
        System. out. println("普通员工奖励为:" + a. add(1000,300));
        Aa=new B( ); // 实例化一个子类对象,
        System. out. println("普通员工奖励为:" + a. add(1000,300));
    }
}
```

运行结果为:

普通员工奖励为:1300

普通员工奖励为:2300

从运行结果可以看到,普通员工奖励应该为 1300,而在用子类 B 的实例进行赋值后,计算的结果变为了 2300,这明显不是我们想要的结果。这是因为子类 B 在继承 A 之后,并没有新写一个方法,而是直接重写了父类 A 的 add 方法,违背了里氏替换原则,在引用父类的地方不能透明地使用子类的对象。为了解决这个问题,我们可以创建一个抽象类 Cal,然后类 A、类 B 都继承于 Cal 即可。示意类图如图 10.7 所示。

其对应的示意代码如下所示:

```
public abstract class Cal { //抽象的奖惩计算
    public abstract int add(int x, int y) ; // 抽象的奖励计算
    public int sub(int x, int y) { // 惩罚计算对所有类型员工计算方法相同
        return x - y; //// x 代表基本工资、y 代表罚金
    }
}
```

```
public class A extends Cal { //研发类员工的奖励计算
    public int add(int x, int y) { //重写父类抽象方法 add
        return x+y; // x 代表基本工资、y 代表奖金
    }
}
public class B extends Cal { //销售类员工的奖励计算
    public int add(int x, int y) { //重写父类抽象方法 add
```

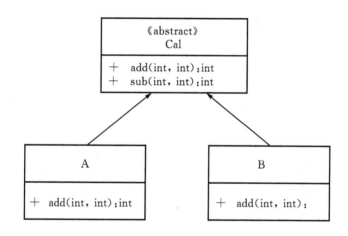

图 10.7　抽象后的示意类图

　　在实际使用里氏替换原则的过程中,子类可以扩展父类的功能,但不能修改父类原有的功能。具体来讲就是子类可以实现父类的抽象方法,但不能覆盖父类的非抽象方法;子类重载父类的方法时,方法的前置条件(即形参)要比父类方法的输入参数更加宽松;子类实现父类的抽象方法时,方法的后置条件(即返回值)要比父类更加严格;子类也可以增加自己特有的方法。如果不遵守里氏替换原则,代码出错的几率会大大增加。

10.1.4　接口隔离原则

　　在进行面向对象开发过程中,设计人员(尤其是初级者)经常会在所设计的接口中集成多个方法,不同的客户程序在实现该接口就必须将其中的所有方法进行实现,而不管该客户程序是否真正需要这些方法。这种方式的设计使得程序臃肿、可维护性差。因此,需要采用接口分离原则来解决这类问题。

　　接口分离原则(Interface Segregation Principle,ISP)是指不能强迫用户去依

赖那些他们不使用的接口。一个类对另外一个类的依赖性应当是建立在最小的接口上的。如果客户端只需要某些方法的话,那么就应当向客户端提供这些需要的方法,而不要提供不需要的方法,"画蛇添足"的做法在软件开发过程中需要严格控制。提供接口意味着向客户端做出承诺,承诺过多会给系统的维护造成不必要的负担。因此,要尽量使用多个小的专门的接口,而不要使用一个大的总接口。

接口体现了对抽象编程的一切好处,可以有效地将细节与抽象隔离开来,接口隔离强调接口的单一性,避免胖接口的出现。胖接口存在非常明显的弊端,导致实现类必须完全实现接口所要求的全部方法、属性等;而在很多时候,实现类并不需要所有的接口定义,不仅在设计上浪费,而且在实施上也会带来问题,对胖接口的修改将导致一连串的客户端程序的修改。通过将胖接口分解为多个特定方法,使客户端仅仅依赖于它们的实际调用的方法,可以解除客户端对不需要方法的依赖。接口分离的手段主要包括:①委托分离,通过增加一个新的类型来委托客户的请求,隔离客户和接口的直接依赖,但是会增加系统的开销;②多重继承分离,通过接口多继承来实现客户的需求,这种方式是比较好的。

使用接口分离原则拆分接口时,首先必须满足单一职责原则,将一组相关的操作定义在一个接口中,且在满足高内聚的前提下,接口中的方法越少越好。可以在进行系统设计时采用定制服务的方式,即为不同的客户端提供宽窄不同的接口,只提供用户需要的行为,而隐藏用户不需要的行为。

示例:小张是一家手机设计公司的员工,公司老板要求手机必须具有多个功能,如打电话、收发信息、上网、看电影等。首先,小张根据需求,设计了一个手机接口 ICellPhone,包含了如上所述的众多功能。其对应的示意代码如下所示:

```
interface ICellPhone { // 手机接口
    public void call( ); //打电话功能
    public void sendMessage( ); //发送短信功能
    public void receiveMessage( ); //接收短信功能
    public void goInternet( ); //上网功能
    public void playMovie( ); //播放电影功能
}
```

接着,小张和同事开发了多个软件来分别实现手机的打电话、收发短信、上网、看电影等功能,示意类图如图 10.8 所示。其中,MyCall 类实现 call 方法,MyMessage 类实现 sendMessage 和 receiveMessage 方法,MyInternet 类实现 goInternet 方法,MyMovie 类实现 playMovie 方法。

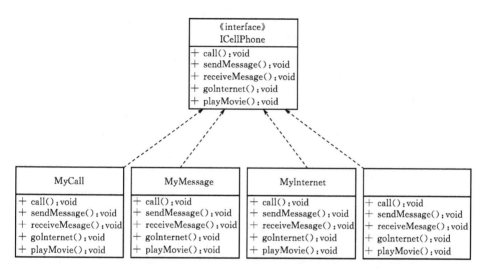

图 10.8　接口实现示意类图

其对应的示意代码如下所示：

```
public class MyCall：ICellPhone { //打电话应用
    public void call( ) { //实现打电话功能
    //打电话
    }
    public void sendMessage( ) { } //实现体为空
    public void receiveMessage( ) { }
    public void goInternet( ) { }
    public void playMovie( ) { }
}
public class MyMessage：ICellPhone { // 收发消息应用
    public void call( ) { }
    public void sendMessage( ) { // 实现发送消息功能
        //发送消息
    }
    public void receiveMessage( ) { // 实现接收消息功能
        //接收消息
    }
    public void goInternet( ) { }
```

```
        public void playMovie( ) { }
}
public class MyInternet：ICellPhone { //上网应用
        public void call( ) { }
        public void sendMessage( ) { }
        public void receiveMessage( ) { }
public void goInternet() { // 实现上网功能
          //上网
        }
        public void playMovie() { }
}
public class MyMovie：ICellPhone { //播放电影应用
        public void call() { }
        public void sendMessage() { }
        public void receiveMessage() { }
        public void goInternet(){ }
        public void playMovie() { //实现电影播放功能
        //播放电影
        }
}
```

　　从上面示例可以看出,每个应用都需要实现接口 ICellPhone 所定义的所有方法,而且很多方法的实现体为空,这使得程序非常臃肿,包含了许多并不需要的代码,而且维护起来也非常麻烦。如果接口 ICellPhone 后来又增加了新的功能,如记事本功能,那么这些应用程序 MyCall、MyMessage、MyInternet、MyMovie 都需要进行修改,增加相应的代码来实现这个功能,否则程序出错。为了解决这个问题,可以使用接口隔离原则,将接口 ICellPhone 分解为多个接口,每个接口只做一类事情。然后应用程序分别针对这些接口进行实现即可。示意类图如图 10.9 所示。

　　其对应的示意代码如下所示:

```
interface ICall { // 打电话接口
        public void call();//打电话功能
}
interface IMessage { //收发消息接口
```

```
    public void sendMessage();//发送短信功能
    public void receiveMessage();//接收短信功能
}
interface IInternet{ //上网接口
    public void goInternet();//上网功能
}
interface IMovie{ // 播放电影接口
    public void playMovie();//播放电影功能
}
```

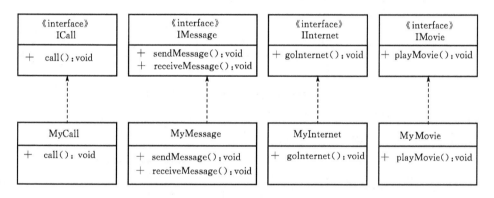

图 10.9　接口隔离后的示意类图

　　将原接口 ICellPhone 分解为 4 个接口 ICall、IMessage、IInternet、IMovie，每个接口只包含必要的功能。这样相应的 4 个应用软件只需要分别实现相应的接口即可，避免了程序臃肿，增加了可维护性。示意代码如下：

```
public class MyCall：ICall{ //打电话应用
    public void call( ){ //实现打电话功能
    //打电话
    }
}
public class MyMessage：IMessage{ // 收发消息应用
    public void sendMessage( ){ // 实现发送消息功能
        //发送消息
    }
    public void receiveMessage( ){ // 实现接收消息功能
```

```
        //接收消息
        }
    }
public class MyInternet：IInternet｛ //上网应用
    public void goInternet()｛ // 实现上网功能
        //上网
        }
    }
public class MyMovie：IMovie｛ //播放电影应用
    public void playMovie()｛ //实现电影播放功能
    //播放电影
    }
}
```

　　如果需求发生变化,手机需要增加记事本功能,我们只需要设计一个 INote-Book 接口,并针对该接口实现一个 MyNoteBook 应用即可,其他的接口与类不需要发生改变。示意类图如图 10.10 所示。

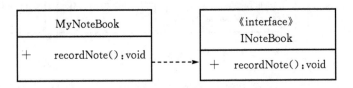

图 10.10　记事本功能接口及应用

　　接口隔离原则为我们在进行系统设计时提供了很好的指导,但在使用接口隔离原则时,需要注意控制接口的粒度,接口太大将违背接口隔离原则,灵活性差,使用起来很不方便,接口太小会导致系统中接口泛滥,不利于维护。接口中仅包含为某一类用户定制的方法即可,不应该强迫客户依赖于那些它们不需要的方法。此外,在依据接口隔离原则进行接口拆分时,需要满足单一职责原则。

10.1.5　依赖倒置原则

　　在结构化设计中,高层抽象模块调用底层模块,底层模块是高层抽象模块的实现,即抽象的模块依赖于相关的具体实现模块,底层模块的实现发生变动时将会严重影响高层抽象模块,显然这是结构化方法的一个重大缺陷。在面向对象编程过程中,也会经常出现这种依赖关系。如:类 A 是底层的功能 F 的实现,类 B 直接依赖类 A。后来由于需求的变化，所需要的功能 F 由类 C 实现，那么，必须要对类 B 的源代码进行修改才能使类 B 需要直接依赖类 C，这会给软件带来很多风险。要解决这个问题，我们需要使用依赖倒置原则。

依赖倒置原则（Dependency Inversion Principle，DIP）是类与类之间的调用规则，核心思想是高层模块不应该依赖低层模块，它们都应该依赖于抽象，抽象不应该依赖细节，细节应该依赖抽象。依赖倒置原则就是通过抽象使得类或模块之间为松耦合关系。这是因为相对于细节的多变性，抽象通常具有较高的稳定性，以抽象为基础构建的软件架构比以细节为基础构建的软件架构要稳定。在进行面向对象设计时，要基于契约进行编程，要依赖于抽象而不要依赖于实现，要针对接口编程而不要针对实现编程。使用接口和抽象类进行变量类型声明、参数类型声明、方法返回类型说明，以及数据类型的转换等。

示例：小张是一家 IT 公司员工，该公司正在为客户开发一个人事管理系统，客户要求用 MySql 数据库来保存相关数据，小张负责与数据库有关的任务。为了便于数据库的访问和操作，小张专门设计了一个类 MySQLProcess 来对 MySql 数据库进行操作，包括数据库打开 openMySql、读取 readMySql、写入 writeMySql、关闭 closeMySql 等操作，示意类图如图 10.11(a) 所示。MySQLProcess 类及客户端的示意代码如下所示：

```
public class MySQLProcess { // 数据处理类,主要用于处理 MySQL 数据库
    public void openMySql( ); //打开 MySql 数据库
    public void readMySql ( ); //读 MySql 数据库
    public void writeMySql ( ); //写 MySql 数据库
    public void closeMySql ( ); //关闭 MySql 数据库
}
public class Client { //客户端程序
    public static void main(String[ ] args) {
        MySQLProcess myProcess = new MySQLProcess( );//产生一个
实例

        myProcess. openMySql( ); // 打开 MySQL 数据库
        myProcess. readMySql( ); // 从 MySQL 数据库中读取数据
        myProcess. writeMySql( ); // 向 MySQL 数据库中写入数据
        myProcess. closeMySql( ); // 关闭 MySQL 数据库

    }

}
```

　　然而,过了一段时间之后,客户嫌安装数据库太麻烦了,要求把数据保存在文件中,而不是保存在数据库中。为了满足客户的需求,小张增加了 FileProcess 类,包含了对文件的打开、关闭、读取、写入等操作,示意类图如图 10.11(b)所示。

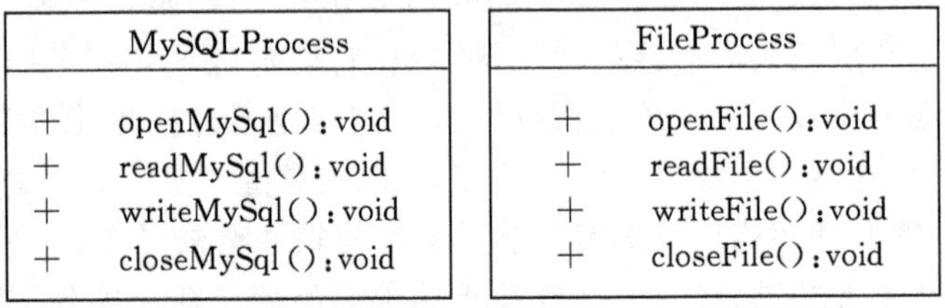

MySQLProcess	FileProcess
+ 　openMySql( )：void + 　readMySql( )：void + 　writeMySql( )：void + 　closeMySql( )：void	+ 　openFile( )：void + 　readFile( )：void + 　writeFile( )：void + 　closeFile( )：void

图 10.11　MySQLProcess 与 FileProcess 示意类图

FileProcess 类及客户端的示意代码如下所示:

```
    public class FileProcess { // 数据处理类,主要用于处理文件
    public void openFile( ); //打开文件
    public void readFile( ); //读文件
    public void writeFile( ); //写文件
    public void closeFile( ); //关闭文件
    }
public class Client { //客户端程序
    public static void main(String[ ] args) {
        FileProcess myProcess = new FileProcess ( ); //产生一个实例
        myProcess. openFile( ); // 打开文件
        myProcess. readFile( ); // 从文件中读取数据
        myProcess. writeFile( ); // 向文件中写入数据
        myProcess. closeFile( ); // 关闭文件
    }
}
```

　　从上面示例代码可以看到,由于底层的数据处理类从 MySQLProcess 变为了FileProcess,使得客户程序 Client 的代码也发生了改变,这使得软件的维护性变差。而且,客户的需求总是不断的变化,比如,随着客户公司规模的变大,需要用Oracle 数据库来存储数据。为了适应客户需求的变化以及适应客户未来的变化,小张采用依赖倒置原则,设计出了较好的软件,将数据处理抽象出来作为接口,而具体的数据库访问或文件访问通过实现该公共接口即可,示意类图如图 10.12所示。

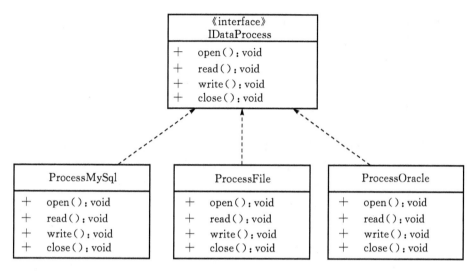

图 10.12　接口化后的示意类图

其对应的示意代码如下所示：

interface IDataProcess { //数据处理接口
　　public void open ( ); //打开操作
　　public void read ( ); //读操作
　　public void write ( ); //写操作
　　public void close ( ); //关闭操作
}
public class ProcessMySql：IDataProcess { // 处理 MySQL 数据库
　　public void open ( )； //打开 MySQL 数据库
　　public void read ( )； //从 MySQL 数据库中读取数据
　　public void write ( )； //向 MySQL 数据库中写入数据
　　public void close ( )； //关闭 MySQL 数据库
}
public class ProcessFile：IDataProcess { // 处理文件
　　public void open ( )； //打开文件
　　public void read ( )； //读文件
　　public void write ( )； //写文件
　　public void close ( )； //文件
}

```
public class ProcessOracle：IDataProcess { // 处理 Oracle 数据库
    public void open（）; //打开 Oracle 数据库
    public void read（）; //从 Oracle 数据库中读取数据
    public void write（）; //向 Oracle 数据库中写入数据
    public void close（）; //关闭 Oracle 数据库
}
public class Client { //客户端程序
    public static void main(String[ ] args) {
    // 发生变化的地方
        IDataProcess myProcess = new ProcessMySql( ); //对 MySQL 进
                                                        行操作
    //   IDataProcess myProcess = new ProcessFile（）; //对文件进行
    //   IDataProcess myProcess = new ProcessOracle（）; //对 Oracle 进
                                                        行操作

        myProcess. open( ); // 打开
        myProcess. read( ); //读取数据
        myProcess. write( ); //写入数据
        myProcess. close（）; // 关闭
    }
}
```

通过上面的示意代码,可以看出如果底层的具体处理数据的类发生了变化,我们在客户程序 Client 只需要做少量的修改即可,而且即使客户以后要求用 SQL Server,Excel 都没有问题,只需要增加相应的处理类即可。更进一步,我们可以将对数据的处理再编写一个类 MyProcess,这个类以接口 IDataProcess 为参数,在它的内部对数据的处理再进行一次包装。MyProcess 类与接口 IDataProcess 及客户程序 Client 之间的关系如图 10.13 所示。

MyProcess 类及客户代码如下所示:

```
public class MyProcess { // 数据处理类
    IDataProcess dataProcess;
    public MyProcess(IDataProcess a ) { // 构造方法,传入具体的数据处
                                          理实例
        dataProcess = a;
    }
```

```
public void readData ( ) { //读数据操作
    dataProcess. open( ); //读数据之前,需要先执行打开操作
    dataProcess. read( ); // 读取数据
    dataProcess. close( ); // 读取完成后,需要执行关闭操作
}
public void writeData ( ) { //写入数据操作
    dataProcess. open( ); //写数据之前,需要先执行打开操作
    dataProcess. write( ); // 写入数据
    dataProcess. close( ); // 写入完成后,需要执行关闭操作
}
}
public class Client { //客户端程序
    public static void main(String[ ] args) {
    // 发生变化的地方
        IDataProcess mySqlProcess = new ProcessMySql( );
                              //对 MySQL 进行操作
        MyProcess myProcess = new myProcess(mySqlProcess);
                              //生成数据处理实例
        myProcess. read( ); //读取数据
        myProcess. write( ); //写入数据
    }
}
```

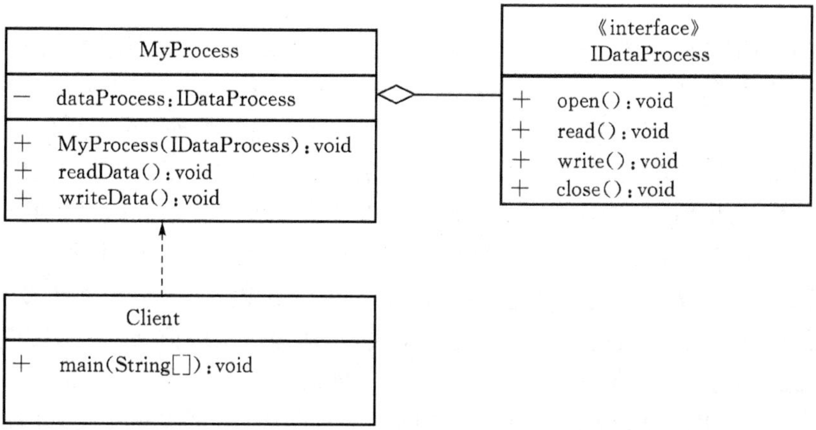

图 10.13　MyProcess,IDataProcess 及 Client 的类图

从上述代码可以看出,无论具体的数据处理对象如何发生变化,只要他们符合接口 IDataProcess,MyProcess 类就不需要更改,而且引用 MyProcess 的地方也不需要修改,这大大增加了软件的扩展性和维护性。

依赖倒置原则通过建立抽象为整个软件系统提供了整体的框架,通过类之间依赖于抽象类而不是具体类来实现了类之间操作关系的稳定性;同时,由于依赖于抽象类,从而对内部的具体类的扩展与变化进行了封装与隔离,当需求变化导致系统变化时,通过修改具体类来保证对外部的类之间的影响最小化,从而也实现了系统的灵活与可扩展。而建立抽象是面向对象设计过程中的一个核心原则,通过抽象机制为面向对象的设计与开发提供了代码重用与扩展。但是,依赖倒置原则的使用还会导致产生大量的抽象类,维护这样的系统也需要更多的资源与处理代价;因此,开发者与设计者必须权衡和评估在系统设计中实现抽象类或具体类的代价与开销,从而保证和平衡系统的复杂性与灵活性的要求。

10.2　设计模式

设计面向对象软件比较困难,设计可重用的面向对象软件就更加困难。我们的设计应该对当前所面临的问题具有较强的针对性,同时对将可能遇到的问题和需求也要有足够的通用性。我们希望避免重复设计或尽可能少做重复设计,类库和函数库这样低层次的重用已经不能满足特定领域的大型软件生产的需求。为了最大限度地提高软件的重用性,不仅要重用代码而且要重用相似的分析和体系结构设计,于是出现了对设计模式的研究与开发。

10.2.1　设计模式基本概念

人们在解决问题的时候,通常会结合经验知识,根据已求解问题的解决方案来生成新问题的解决方案。人们重用已有解决方案的思维方式就是模式。不同的人对模式有不同的认识和定义。建筑大师 Alexander 在其著作《建筑的永恒之道》中,认为每一个模式都描述了在我们周围不断重复发生的问题以及针对该问题的解决方案,因此我们就能够不断重复使用该解决方案而无需重复劳动。在软件领域,我们在开发软件的过程中,会经常碰到新的设计问题,我们通常根据经验,从已有问题的解决方案中找到解决这些新问题的方案。在软件开发过程中重复再现的问题场景及其解决方案的抽象描述就是模式,它来源于实践但又是对实践进行抽象后的结果,它在软件构思与实现之间架起了桥梁。

人们在应用面向对象设计原则解决问题的过程中,对某些相似问题的解决方案进行了总结,提出了设计模式的概念,它是一套被反复使用的代码设计经验总结、是针对某一类问题的最佳解决方案。但是需要注意,设计模式的目的不是针对软件开发过程中的每个问题都给出解决方案,而是针对某种特定环境中通常都会碰到的某类问题给出一些可重用的解决方案。在软件开发过程中,我们希望得到容易重用的、易于扩展与维护的软件设计,利用设计模式,通过重用经过充分检验的、灵活的解决方案,可以更快、更好地完成系统设计。

在软件开发过程中,为便于我们自身获取其他人能有效利用设计模式,我们需要对设计模式进行合理描述。GoF 将设计模式分为 4 个基本要素:

(1)模式名称(Pattern Name),是一个助记名,它高度概括了该模式的本质,用一两个词来描述模式的问题、解决方案以及效果。对每种模式起一个名称,有利于统一行业术语,便于不同人之间的交流。当然,对于新的设计模式,为其找到一个合适的名字也是一个难点。

(2)问题(Problem),描述应该何时使用该设计模式,解释设计问题是什么,问题存在的前因后果是什么,在什么环境下使用该模式。它可以描述特定的设计问题,如怎样用对象来表示算法等,也可以描述导致不灵活设计的类结构或对象结构。

(3)解决方案(Solution),描述了设计的组成部分,它们之间的相互关系,各自的职责及协助方式。由于模式就像是一个模板,所以解决方案并不描述一个特定的、具体的设计或实现,它提供设计问题的抽象描述,以及如何用一个具有一般意义的元素组合来解决这个问题。

(4)效果(Consequences),描述模式的应用效果,以及在使用模式时应当注意的问题。模式效果主要包括使用模式对系统的灵活性、扩展性、重用性的影响。设计模式基本要素关系如图 10.14 所示。

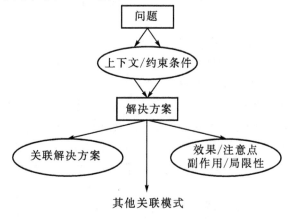

图 10.14　设计模式基本元素关系

为了在软件开发过程中能够更加有效地使用设计模式和发现新的设计模式，因此在上述 GoF 的设计模式四要素的基础上增加更多的元素来描述模式。通用的设计模式描述模板，包括名称、意图、动机、适用性、参与者、动态结构、静态结构、效果、实现、相关模式等，如表 10.1 所示。

表 10.1　设计模式描述模板

名称	模式的名称
意图	描述模式的实现目标和基本原理
动机	描述模式所针对的问题、应用场景
适用性	描述模式应用的约束条件以及模式的优势
参与者	描述解决方案中所包含的参与者，以及这些参与者的职责
静态结构	利用 UML 图描述模式所包含的元素及其关系
动态结构	利用 UML 图描述模式所包含元素之间的交互过程
效果	描述模式的应用效果、优缺点等
实现	描述如何具体使用该模式，给出帮助信息，包括示例代码等
相关模式	描述与该模式有密切关系的模式，他们之间的异同，与哪些模式一起使用等

10.2.2　设计模式分类

目前存在的设计模式有数百种之多，GoF 给出了最经典的 23 种设计模式，如表 10.2 所示。根据范围（即模式主要是用于处理类之间的关系还是处理对象之间的关系），可分为类模式和对象模式两种。类模式处理类和子类之间的关系，这些关系通过继承建立，在编译时刻就被确定下来。对象模式处理对象之间的关系，这些关系在运行时刻可以变化，具有动态性。根据其目的（即模式是用来做什么的），设计模式可分为三大类型：创建型模式、结构型模式与行为型模式。创建型模式用于解决对象的创建问题，而不需要关心其实现细节。结构型模式用于解决如何对现有的类进行封装，以及如何设计它们的交互方式。行为型模式用于描述类或对象如何交互以及职责如何分配问题。创建型模式和结构型模式强调的是静态的类实体间的关系，而行为型模式强调类实体间的通信关系。

表 10.2　23 种典型模式分类

目的 范围	创建型模式	结构型模式	行为型模式
类模式	工厂方法模式	(类)适配器模式	解释器模式 模板方法模式
对象模式	抽象工厂模式 建造者模式 原型模式 单例模式	(对象)适配器模式 桥接模式 组合模式 装饰模式 门面模式 享元模式 代理模式	责任链模式 命令模式 迭代器模式 中介者模式 备忘录模式 观察者模式 状态模式 策略模式 访问者模式

　　创建型模式是用来创建对象的模式,它抽象了实例化的过程,目的是将具体对象的实例化操作封装起来,客户端只需要了解某个实例,而不需要知道该实例的创建过程。创建型模式可分为类创建模式和对象创建模式。类创建模式使用继承关系,把类的构建延迟到了派生类中,这样就对客户端隐藏了创建和组合类实例的具体过程。对象创建模式是把对象的创建过程动态地委派给一个对象,动态地决定客户端将得到哪些具体类的实例以及这些类的实例是如何创建和组合的。创建型模式有 5 种,分别为:工厂方法模式、抽象工厂模式、建造者模式、单例模式和原型模式。

　　结构型模式处理类和对象的组合,讨论类和对象的结构,目的是为了解决如何组装现有的类及设计它们的交互方式以实现一定的功能。结构型模式分为类结构型模式和对象结构型模式,其中类结构型模式采用继承机制来组合接口或实现,而对象结构型模式通过组合/聚合一些对象来实现新功能。结构型模式主要为了解决以下问题:①在不破坏类封装性的基础上实现新功能;②在不破坏类封装性的基础上,使得类可以与可能新加入的系统进行交互;③对一组类创建统一的访问接口;④对同一个类,为不同的访问者提供不同的访问界面。结构型模式有 7 种,分别为:适配器模式、装饰模式、桥接模式、享元模式、外观模式、代理模式和组合模式。

　　行为型模式对算法以及对象间的职责分配进行设计,不仅描述类或对象的模式,还描述它们之间的通信模式,刻画了在运行时刻难以跟踪的复杂控制流。行为型模式分为类行为型模式和对象行为型模式。类行为型模式利用继承机制在类之间分派行为,而对象行为型模式利用对象复合而非继承,一些对象行为模式描述了一组对等的对象如何相互协作来完成其中任何单一对象都无法完成的任务。行为型设计模式有 11 种,分别为:解释器模式、模板方法模式、观察者模式、迭代器模式、责任链模式、备忘录模式、命令模式、状态模式、访问者模式、中介者模式、策略模式。

　　GoF 给出的 23 种经典设计模式之间并不是孤立存在的,这些模式相互之间存在一些关联,他们之间的关系如图 10.15 所示。

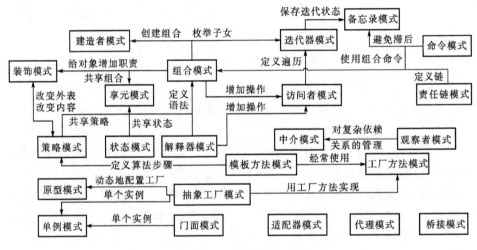

图 10.15　设计模式之间关系

10.2.3　设计模式的选择和使用

　　设计模式采用多种方法解决面向对象设计者经常碰到的问题。面向对象设计最困难的部分是将系统分解成合适的对象集合,利用设计模式可以帮助我们寻找合适的对象集合、决定对象的粒度、指定对象的接口、描述对象的实现。设计模式还可以帮助我们设计出可重用的、支持变化的软件。

　　经过一定的研究与发展,现在存在很多种设计模式。针对特定设计问题,如何从众多的设计模式中选择出正确合适的设计模式是有一定难度的,尤其是当我们对这些模式还不够熟悉时。为了帮助发现适合所面临问题的设计模式,可以考虑如下几个方面。

　　(1)考虑设计模式是如何解决设计问题的。在进行面向对象设计时,面临的主要问题有寻找合适的对象、确定对象的粒度、指定对象的接口、对象如何实现等。

设计模式中这些问题上都有相应的解决方案。认真考虑和理解设计模式是如何解决这些设计问题的,有助于我们找到所需要的合适的设计模式。

(2)查看设计模式的意图。每种设计模式都有其意图,即该设计模式的目的是解决什么样的设计问题,通过查看每种模式的意图,我们可以找出与我们问题相关的一种或多种设计模式,以备我们使用他们来解决遇到的问题。

(3)研究设计模式之间的关联关系。每种设计模式往往不是孤立存在的,它们之间通常存在一定的关联关系,研究模式之间的关系有助于我们得到合适的设计模式或一组设计模式。可参考图 10.17 中 GoF 所描述的 23 种设计模式之间的关联关系。

(4)比较目的相似的模式。由于存在众多的设计模式,一些设计模式的目的非常相似,通过对这些目的相似的模式进行认真研究,发现它们之间的共同点和不同点,有助于我们找到真正适合我们问题的设计模式。

(5)检查重新设计的原因。如果能够对需求的变化有一定的预见性,我们就能获得最大限度的重用。但如果在设计时没有考虑系统可能的变化,在将来就有可能需要重新设计。重新设计会影响软件系统的许多方面,并且未曾料到的变化总会引起巨大代价。设计模式可以确保系统能以特定方式变化,从而帮助我们避免重新设计系统。每一种设计模式允许系统结构的某个方面的变化独立于其他方面。通过认真检查重新设计的原因,选择合适的设计模式。

(6)分析设计中的可变因素。每种设计模式都允许进行一些方面的变化,改变这些方面却不会导致重新设计。因此,我们在进行系统设计时,要充分考虑哪些是可变的,哪些设计模式支持这些变化,从而帮助我们选择合适的设计模式。

一旦我们选择了一种设计模式,接下来的问题是该如何使用它。一个有效应用设计模式的方法包含如下几个步骤。

(1)快速浏览模式。对该设计模式快速浏览一遍,重点注意该模式的适用性及其效果如何,确定该模式是否适合我们所面临的问题。如果不适合我们的问题,则放弃该模式。如果适合,则进行下一步的工作。

(2)研究模式中的结构、参与者、协作等部分。通过对模式的结构部分、参与者部分以及协作部分的研究,我们能够理解该模式的类和对象以及他们是如何关联的。

(3)查看模式的示例代码。通过对示例代码的研究,可以理解该模式是如何使用的,有助于我们针对我们的问题,实现该模式,写出我们的实现代码。

(4)选择合适的模式参与者名字。设计模式参与者的名字通常是抽象的,他们和具体的应用无关。为了在实现中更显式地体现模式,需要选择合适的参与者名字,和我们的具体应用关联起来,使它们在应用上下文中有意义。

（5）定义类。在实现该模式时，定义所需要的类并声明他们的接口，建立类之间的继承关系，定义代表数据和对象引用的实例变量。如果实现该模式所定义的类影响了应用中已有的类，则进行相应的修改。

（6）定义模式中专用于应用的操作名称。名字一般依赖于应用，针对于特定应用，定义不同的专用操作名称，名称的约定要一致。

（7）实现模式中责任和协作的操作。模式的实现部分和示例代码部分都提供了一个帮助信息，有助于针对我们的应用，实现该模式。

（8）了解模式的使用限制。设计模式不能随意使用，因为使用设计模式，我们在获得灵活性和可变性的同时，也使得设计更加复杂，牺牲了性能。在使用设计模式时，需要衡量使用该模式的得失，只有当该模式所提供的灵活性是真正需要的时候，才有必要使用。

10.3　设计模式的应用

由于设计模式种类众多，无法一一进行分析，本节结合实际例子，选取了几种经典的设计模式进行分析，关于其他类型的设计模式，读者请查阅相关文献。

示例：我们继续来分析第 9 章的个人图书管理系统，以此来介绍设计模式的实际应用，通过 5 个例子来具体说明了 5 种设计模式。我们将重点考察该系统设计中的如下 5 个问题。

1. 数据库切换问题

由于需求的改变，如藏书量的增加、数据库系统版权等问题，数据库需要进行切换，如使用的数据库系统从 MySQL 转变为 Oracle，我们该怎样设计才能灵活地切换数据库而不会影响到该系统的其他方面。

2. 数据库日志打印问题

为便于后期的维护，我们需要在系统运行过程中，打印一些数据库日志信息，但目前的设计并没有包含日志打印功能。我们该如何设计，在现有应用功能的基础之上添加日志打印功能而不会对系统进行大的改动。

3. 子系统间的交互问题

所开发软件系统通常具有多个子系统，客户端和各子系统之间的交互是必不可少的，我们该如何将客户端与各个子系统的耦合度降到最低，使得用户方便地与各个子系统进行交互。

4. 图书借阅量排序问题

随着系统的运营，图书的借阅量会越来越多，我们如何高效地将各个图书的借阅量进行排序？如何找出借阅量超过某个阀值的用户？排序算法有多种，如何按需进行切换？

5. 图书信息打印与借阅量查询功能

在使用个人图书管理系统过程中，图书分为计算机类、艺术类等多种图书。不同类别的图书可能具有相同的书名，因此，我们在打印图书信息的时候需要注明是什么类型的图书。而且，我们还需要统计每本图书的借阅量、每类图书的借阅量。对于这些功能，我们该如何尽可能少地修改已有设计来实现？

我们将在下面各节中讨论这些设计问题。每个问题都有其要达成的目标及其限制条件，这些问题均有对应的设计模式能够解决，接下来部分我们会针对这些问题，讨论相应的设计模式，包括设计模式的定义、如何使用等。

10.3.1　工厂方法模式

在软件系统中，经常面临着"某个对象"的创建工作，但由于需求的变化，这个对象的具体实现会经常面临着剧烈变化，如某个系统需要支持对数据库中的员工薪资进行导出功能，支持如 HTML，CSV，PDF，WORD 等多种格式，每种格式导出的结构有所不同。那么，如何应对这种变化？能否提供一种封装机制来隔离出"这个易变对象"的变化，从而保持系统中"其他依赖该对象的对象"不随着需求的改变而改变？使用工厂方法模式可以解决这类问题。

工厂方法模式（Factory Method）又称为虚拟构造，是指定义一个用于创建对象的接口，由子类决定实例化哪一个类。即该模式使一个类的实例化延迟到其子类进行。使用工厂方法模式，可以避免客户端与具体类之间的紧密耦合，客户端通过接口间接获取具体类的实例。

工厂方法模式包含 4 种角色，分别为：

（1）抽象产品（Product）：负责定义产品的共性，实现对事物最抽象的定义。抽象产品代表了所创建的所有对象的父类，是抽象类或接口，定义具体产品必须实现的方法；

（2）具体产品（ConcreteProduct）：代表了实际创建的目标，所有创建的对象都是扮演这个角色的某个具体类的实例。如果抽象产品是抽象类，那么具体产品就是抽象产品的子类。如果抽象产品是一个接口，则具体产品是实现接口的类；

（3）构造者（Creator）：为抽象创建类，是一个抽象类或接口，负责定义一个称为工厂方法的抽象方法，该方法的返回值为具体产品类的实例；

（4）具体构造者（ConcreteCrator）：实现或重写构造者中定义的工厂方法，返回一个具体产品对象。如果构造者是抽象类，则具体构造者是构造者的子类。

如果构造者是接口,则具体构造者是实现构造者的类。通用类图如图 10.16
所示。

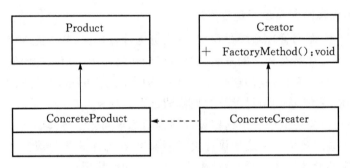

图 10.16　工厂方法模式通用类图

示例:对于个人图书馆理系统,随着图书数量的不断增加,所采用的数据库系
统可能发生变化,如从 Access 数据库换成 SQL Server 数据库、再换成 Oracle 数据
库。如果在设计系统时候,没有考虑到数据库系统的变化,将在后期使用和维护过
程中带来非常大的问题。假设系统开始使用的是 Access 数据库,示意类图如图
10.17 所示。

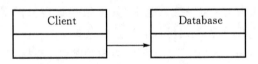

图 10.17　Client 与数据库示意类图

对应的示意代码如下:

```
public abstract class Database{ // Database 类,用于访问 Access 数据库
    public void connectAccessDB( ) { //定义连接到 Access 数据库的方法
        System. out. println("连接到 Access 数据库");
    }
}
public class client {
    public static void main(String[ ] args) {
        Database db = new Database( );//创建数据库实例,用于访问 Ac-
                                        cess 数据库
        db. connectAccessDB( ); //调用连接 Access 数据库的方法
    }
```

```
}
```

假如现在根据需要数据库变为 SQLServer,那么我们必须同时修改 Database 类和 Client 类,修改后的示意代码如下:

```
public abstract class Database{  // Database 类,用于访问 SQLServer 数据库
    public void connectSQLServerDB( ) {//定义连接到 SQLServer 数据库
                                                的方法
        System. out. println("连接到 SQLServer 数据库");
    }
}
public class client {
    public static void main(String[ ] args) {
        Database db = new Database( );//创建数据库实例,用于访问 Ac-
                                            cess 数据库
        db. connectSQLServerDB( ); //调用连接 SQLServer 数据库的方法
    }
}
```

如果需求再一次发生变化,数据库需要变为 Oracle,我们仍必须同时修改 Database 类和 Client 类,如果需求继续变化,我们将不断重复这个过程。此外, 如果出现了将数据库变回原先数据库的需求,如从 SQLServer 变回为 Access,我 们原先设计的访问 Access 的类被修改了,我们需要重新实现访问 Access 功能。 这使得系统的设计非常脆弱,可维护性、可重用性很低。为了解决这个问题,可 以采用工厂方法模式来解决,将具体的数据库系统抽象出来变为一个抽象的数 据库,并定义一个抽象的数据库访问接口,这样对于系统的其他部分代码不需要 进行修改,增加了系统的稳定性和可维护性。而且,即使以后又更换为其他的数 据库系统,也只需要进行少量修改即可,增加了系统的可扩展性。该示例的类图 如图 10. 18 所示。

1. 抽象产品

对于上述示例,希望用户的数据库可以在需要的时候随时更换,因此这里的抽 象产品为抽象类 Database,该类的不同子类可以提供不同的数据库。

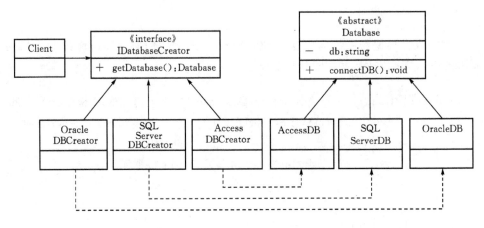

图 10.18　工厂方法模式使用类图

Database 类的示意代码如下：

```
public abstract class Database{ //抽象产品,Database 类
    String db; // 字符串类型的属性
    public abstract void connectDB( );//产品类的抽象方法,用于连接
                                       数据库
}
```

2. 具体产品

具体产品是抽象产品的子类,这里包括 AccessDB,SQLServerDB,OracleDB 等 3 个类,分别代表 3 个具体产品,示意代码如下：

```
public class AccessDB extends Database{ // 具体产品,访问 Access 数据库
    AccessDB( ){ //构造方法
        db="Access";
    }
    public void connectDB( ){ //实现 Access 数据库连接
        System. out. println("连接的是 Access 数据库");
    }
}
public class SQLServerDB extends Database{// 具体产品,访问 SQLServer
                                          数据库
```

```
SQLServerDB( ){ //构造方法
    db="SQLServer";
}
public void connectDB( ){ //实现 SQLServer 数据库连接
    System. out. println("连接的是 SQLServer 数据库");
}
}
public class OracleDB extends Database{// 具体产品,访问 Oracle 数据库
    OracleDB( ){//构造方法
        db="Oracle";
    }
    public void connectDB(){//实现 Oracle 数据库连接
        System. out. println("连接的是 Oracle 数据库");
    }
}
```

3. 构造者

构造者也称为抽象工厂类,负责定义一个称作工厂方法的抽象方法,该方法会返回具体产品类的实例。构造者可以为抽象类,也可以为接口。这里我们将其定义为一个接口 IDatabaseCreator,包含一个方法 getDatabase。示意代码如下:

```
public interface IDatabaseCreator { //构造者,IDatabaseCreator 接口
    String db; // 字符串类型的属性
    public Database getDatabase( );//工厂方法,获取连接的数据库
}
```

4. 具体构造者

具体构造者是构造者的子类或具体实现,具体构造者重写了构造者的工厂方法,该方法返回具体产品的实例。在上述示例中,有三个具体构造者分别对应着三个具体产品:AccessDBCreator,SQLServerDBCreator,OracleDBCreator 类,示意代码如下:

```
//具体构造者 AccessDBCreator,用于创建 Access 数据库
public class AccessDBCreator implements IDatabaseCreator{
    public Database getDatabase( ){ //实现工厂方法,创建 Access 数据库
```

```
        return new AccessDB( );
    }
}
// 具体构造者 SQLServerDBCreator,用于创建 SQLServer 数据库
public class SQLServerDBCreator implements IDatabaseCreator{
    public Database getDatabase( ){ //实现工厂方法,创建 SQLServer 数据库
        return new SQLServerDB( );
    }
}
public class OracleDBCreator implements IDatabaseCreator{ //创建 Oracle
                                              数据库
    public Database getDatabase( ){ //实现工厂方法,创建 Oracle 数据库
        return new OracleDB( );
    }
}
```

为了更加深入地理解工厂方法模式的应用,我们定义如下客户程序 Client:

```
public class Client{ //客户程序
    public static void main(String[ ] args){
        DatabaseCreator creator; // 声明一个构造者变量 creator
        Database database; // 声明一个抽象产品变量 database
        // 将 creator 赋值为 Access 具体构造者对象
        creator = new AccessDBCreator( );
        database = creator. getDatabase( ); //获取数据库实例
        database. connectDB( ); //执行数据库连接操作
        // 将 creator 赋值为 SQLServer 具体构造者对象
        creator = new SQLServerDBCreator ( );
        database = creator. getDatabase( );
        database. connectDB( );
        // 将 creator 赋值为 Oracle 具体构造者对象
        creator = new OracleDBCreator ( );
        database = creator. getDatabase( );
        database. connectDB( );
    }
```

　　}

　　该客户程序 Client 的运行结果为

　　连接的是 Access 数据库

　　连接的是 SQLServer 数据库

　　连接的是 Oracle 数据库

　　从上面代码及类图可以看出,当需要增加新的数据库时,只需要增加一个数据库类和一个对应的具体工厂类即可,而不需要修改原有的数据库类和工厂类,此设计遵循了开放封闭原则。工厂方法模式是典型的解耦框架,符合里氏替换原则、依赖倒置原则和迪米特原则。使用工厂方法模式,客户代码与它所使用的某个类的子类之间不直接发生关系,客户不必知道它所使用的对象是如何创建的,只需要知道该对象有哪些方法即可。

10.3.2　装 饰 模 式

　　在进行面向对象系统设计时,有些时候我们希望给某个对象而非整个类添加一些功能。例如,我们对开发工具提供的某个界面控件不满意,需要增加一些特性或行为(如异形边框、滚动字体等)。我们可以使用继承机制来为该界面控件增添异形边框等相应功能,但这种方法灵活度不高,因为边框的选择是静态的,用户不能控制对该界面控件添加异形边框的时机与方式。并且随着子类的增多(扩展功能的增多)以及各种子类的组合(扩展功能的组合)会导致更多子类的膨胀。如何使"对象功能的扩展"能够根据需要来动态地实现? 同时如何避免"扩展功能的增多"所带来的子类膨胀问题? 如何使得任何"功能扩展变化"所导致的影响降为最低? 解决这些问题的方式是将该界面控件嵌入到另一个对象中,由这个对象负责添加异形边框等功能,这个嵌入的对象称为装饰。这个装饰与它所装饰的界面控件接口一致,因此它对使用该界面控件的客户透明。该装饰将客户的请求转发给该界面控件,并且能在转发前后执行一些额外的动作(如绘制异形边框)。透明性使得我们可以递归地嵌套多个装饰,从而可以添加任意多的功能。这就是装饰模式。

　　装饰模式(Decorator),是指可以动态地给一个对象添加一些额外的职责。就增加功能来说,与通过继承生成子类相比,装饰模式更加灵活。装饰模式包含四个角色:

　　(1)抽象组件(Component):是一个接口或者是抽象类,用于定义我们最核心的对象,也就是最原始的对象。

　　(2)具体组件(ConcreteComponent):是最核心、最原始、最基本的接口或抽象类的实现,是我们要装饰的对象。

(3)装饰角色(Decorator):一般是一个抽象类,持有一个组件对象的实例,并实现一个与抽象组件接口一致的接口。它里面不一定有抽象的方法,但在它的属性里必然有一个 private 变量指向抽象组件。

(4)具体装饰角色(ConcreteDecorator):是具体的装饰类,负责给组件对象添加上新增的功能。装饰模式通用类图如图 10.19 所示。

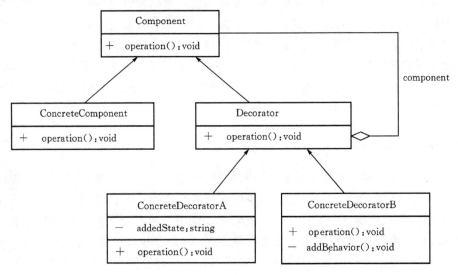

图 10.19　装饰模式通用类图

示例:在上一节中,我们采用工厂方法模式解决了数据库的切换示例问题,现在我们需要在数据库连接之前增加日志的打印输出功能,用于记录用户的操作。采用传统的做法,需要修改每一个具体的实现类,在这些类中增加日志的打印输出功能。如图 10.20 所示。

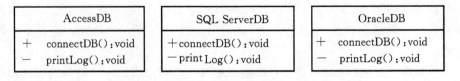

图 10.20　采用传统方式修改的数据库类图

示意代码如下:

```
public class AccessDB extends Database{ // 具体产品,访问 Access 数据库
```

```
    AccessDB( ){ //构造方法
        db="Access";
    }
    private void printLog( ) { //打印日志
        System. out. println("———打印 Access 相关日志");
    }
    public void connectDB( ){ //实现 Access 数据库连接
        printLog( ); //调用日志打印方法
        System. out. println("连接的是 Access 数据库");
    }
}
public class SQLServerDB extends Database{ // 具体产品,访问 SQLServer
                                              数据库
    SQLServerDB( ){ //构造方法
        db=" SQLServer";
    }
    private void printLog( ) { //打印日志
        System. out. println("———打印 SQLServer 相关日志");
    }
    public void connectDB( ){ //实现 SQLServer 数据库连接
        printLog( ); //调用日志打印方法
        System. out. println("连接的是 SQLServer 数据库");
    }
}
public class OracleDB extends Database{ // 具体产品,访问 Oracle 数据库
    OracleDB ( ){ //构造方法
        db=" Oracle";
    }
    private void printLog( ) { //打印日志
        System. out. println("———打印 Oracle 相关日志");
    }
    public void connectDB( ){ //实现 Oracle 数据库连接
        printLog( ); //调用日志打印方法
        System. out. println("连接的是 Oracle 数据库");
```

```
    }
  }
```

从图 10.20 及其示意代码可以看出,为了增加日志的打印输出功能,我们对每个具体类都进行了修改,增加了相应的代码。如果原先的代码中实现的具体类特别多,那么工作量将会非常大,而且这也违背了开放封闭原则,对原有的类进行了修改。为了解决这个问题,我们采用装饰模式,对类的实例追加或扩展附加功能,动态地改变一个对象方法的行为,同时也满足设计原则中的开放封闭原则。该示例的类图如图 10.21 所示。

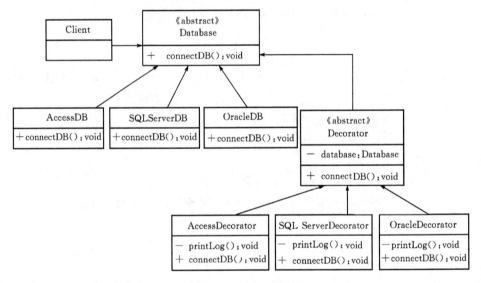

图 10.21　装饰模式使用类图

在图 10.21 中:

(1)抽象组件:是要装饰对象的接口,这里为抽象类 Database,关于它的描述请参见上一小节。

(2)具体组件:是我们要装饰的对象,这里为 AccessDB,SQLServerDB,OracleDB 类,关于他们的描述参见上一小节。

(3)抽象装饰:用来装饰具体组件。对于上述示例,抽象装饰角色的类名为 Decraotor。示意代码如下:

```
public abstract class Decorator extends Database{ // 抽象装饰
    private Database database; // 包含一个被装饰者变量
    //通过构造函数传递被修饰者
```

```
    public Decorator(Database _database) {
        database = _database;
    }
    //委托给被修饰者执行
    public void connectDB( ){
        database. connectDB( );
    }
}
```

(4)具体装饰：负责用新的方法装饰"被装饰者"的方法。对于上述示例,具体装饰有三个类：AccessDecorator,SQLServerDecorator,OracleDecorator。示意代码如下:

```
public class AccessDecorator extends Decorator{ //装饰 AccessDB
    //定义被修饰者
    public AccessDecorator(Database _database){
        super(_database);
    }
    //定义自己的修饰方法
    private void printLog( ){
        System. out. println("————打印 Access 相关日志");
    }
    public void connectDB( ){
        printLog();
        super. connectDB( );
    }
}
public class SQLServerDecorator extends Decorator{ //装饰 SQLServerDB
    //定义被修饰者
    public SQLServerDecorator(Database _database){
        super(_database);
    }
    //定义自己的修饰方法
    public void printLog( ){
        System. out. println("————打印 SQLServer 相关日志");
```

```
    }
    public void connectDB( ){
        printLog( );
        super. connectDB( );
    }
}
public class OracleDecorator extends Decorator{
    //定义被修饰者
    public OracleDecorator (Database _database){
        super(_database);
    }
    //定义自己的修饰方法
    public void printLog( ){
        System. out. println("-------打印 Oracle 相关日志");
    }
    public void connectDB( ){ //实现 Oracle 数据库连接
        printLog( ); //调用日志打印方法
        System. out. println("连接的是 Oracle 数据库");
    }
}
```

为了查看装饰模式是如何运行的,我们定义如下 Client 类,示意代码如下:

```
public class Client{
    public static void main(String[] args){
        //在 Access 连接前增加日志输出
        AccessDecorator accessDecorator = new AccessDecorator (new Ac-
                                            cessDB( ));
        accessDecorator. connectDB( );
        //在 SQLServer 连接前增加日志输出
        SQLServerDecorator sqlServerDecorator = new SQLServerDecorator
                                            (new SQLServerDB( ));
        sqlServerDecorator. connectDB( );
        //在 Oracle 连接前增加日志输出
```

```
        OracleDecorator oracleDecorator = new OracleDecorator(new Ora-
                cleDB( ));
        oracleDecorator. connectDB( );
    }
}
```

该 Client 程序的运行结果如下:

————打印 Access 相关日志

连接的是 Access 数据库

————打印 SQLServer 相关日志

连接的是 SQLServer 数据库

————打印 Oracle 相关日志

连接的是 Oracle 数据库

通过上面示意代码及类图可以看出,我们动态地增加了数据库日志打印功能,而没有对原先设计的类进行任何代码修改,符合面向对象设计原则中的开放封闭原则。

在设计中使用装饰模式,装饰类和被装饰类可以独立发展,相互之间不会发生耦合关系。抽象组件类 Component 不需要知道装饰类 Decorator,装饰类 Decorator 也不需要知道具体组件类 ConcreteComponent,装饰类 Decorator 从外部来对抽象组件类 Component 进行功能扩展。装饰关系是继承关系的一个替代方案,无论装饰类 Drecorator 对抽象组件类 Component 进行怎样的装饰,返回的还是组件类的对象,实现的还是 is‐a 关系。装饰模式可以动态地扩展一个实现类的功能,这是它与继承关系的不同。但是,由于装饰模式比继承机制更加灵活,这增加了系统的复杂性,而且如果过度使用装饰模式,会导致较多的小类,降低程序的可维护性。

10.3.3　外观模式

在软件开发系统中,客户程序经常会与复杂系统的内部子系统之间产生耦合,从而导致客户程序随着子系统的变化而变化。例如,对于一个抵押系统,一个人想要进行抵押,他首先需要到银行子系统查询他是否有足够多的存款,到信用子系统查询他的信用是否良好,到贷款子系统查询他之前是否有不良贷款,然后只有在以上要求都达到时才能进行抵押。客户需要直接访问这些子系统,客户程序与这三个子系统都发生了耦合,使得客户程序依赖于子系统,这样当任何一个子系统发生变化时,客户程序也面临着变化的可能。那么,如何简化客户程序与子系统之间的交互接口? 如何将复杂系统的内部子系统与客户程序之间的依赖解耦? 要解决这些问题,可以采用外观模式。

外观模式(Facade),也称为门面模式,提供了一个统一的接口,用来访问子系统中的一组接口,即为系统中的一组接口提供了一个一致的界面,使得用户更容易使用子系统。外观模式用于减少客户端和子系统之间的耦合程度,通过定义一个界面,把处理子类的过程封装成操作,从而避免用户与子系统之间进行的复杂交互。外观模式包含2种角色:

(1)子系统(Subsystem):子系统是若干类的集合,这些类的实例协同工作为用户提供所需要的功能。

(2)外观(Facade):包含子系统中部分或全部类的实例的引用,将用户的请求转发给适当的子系统对象。通用类图如图 10.22 所示。

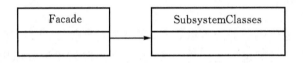

图 10.22　外观模式通用类图

示例:对于个人图书管理系统,包含多个子系统,如图书查询、图书借阅、图书归还等。用户在借阅某图书时,通常需要查询该图书是否还在架上、查询该图书是否已经被预约、该图书所处的位置等。如果这些都需要用户一步一步进行操作,则对于用户来讲太过复杂,用户体验非常糟糕。示意类图如图 10.23 所示。

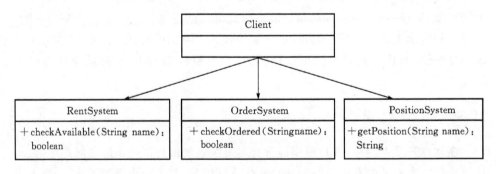

图 10.23　客户直接与子系统关联示意类图

这里假定系统包含 3 个子系统:图书借阅状态子系统 RentSystem、预约子系统 OrderSystem、图书位置管理子系统 PositionSystem。子系统和客户 Client 的示意代码如下:

```java
public class RentSystem{ //图书借阅状态子系统
    public boolean checkAvaliable(String name){ //参数为书名
        //检查图书是否在架上
    }
}

public class OrderSystem{ //预约子系统
    public boolean checkOrdered(String name){ //参数为书名
        //检查图书是否已经被别人预约
    }
}

public class PositionSystem{ //图书位置管理子系统
    public String getPosition(String name){ //参数为书名
        //返回图书所处的位置
    }
}

public class Client { //客户程序
    public static void main(String[ ] args){
        Private RentSystem rent = new RentSystem ( );
        Private OrderSystem order = new OrderSystem( );
        Private PositionSystem position = new PositionSystem( );
        rent. checkAvaliable("设计模式"); // 调用借阅状态子系统
        order. checkOrdered("设计模式"); // 调用预约子系统
        position. getPosition("设计模式"); // 调用位置管理子系统
    }
}
```

从上面示意代码看出,客户为了借阅《设计模式》这本书,需要调用状态借阅子系统、预约子系统、位置管理子系统。而且,如果这几个子系统发生了改变,客户程序往往也需要进行相应的修改,降低了程序的可读性、可维护性、客户的便捷性。为了解决这个问题,使用户能够很方便地借阅到图书,我们采用外观模式进行设计,该示例的类图如图 10.24 所示。

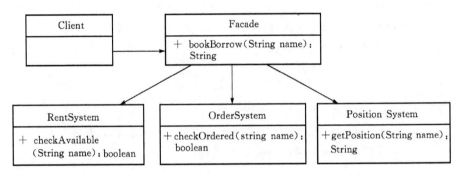

图 10.24 　外观模式使用类图

对上图的结构进行分析如下。

1. 子系统

子系统主要实现的是子系统内部的业务逻辑,这里使用上面所述的 3 个子系统:图书借阅状态子系统 RentSystem、预约子系统 OrderSystem、图书位置管理子系统 PositionSystem。

2. 外观

访问 RentSystem,OrderSystem,PositionSystem 3 个子系统来进行图书的借阅时,由于客户程序并不直接与这些子系统进行通信,所以需要通过外观进行,示意代码如下:

```
public class Facade{
//被委托的对象
Private RentSystem rent = new RentSystem ( );
Private OrderSystem order = new OrderSystem( );
Private PositionSystem position = new PositionSystem( );
//提供给外部访问的方法
public String bookBorrow(String name){ //借阅图书方法,name 为书名
    if(rent. checkAvaliable(name) == false){ //如果图书已经被借走,不
                                在架上
        return "该图书已被借走,暂不可借";
    }
    if(order. checkOrdered(name) == true) { //如果图书已被别人预约
```

    return "该图书已被预约,暂不可借";

   }

   String s = position. getPosition(name); //得到图书所处的位置

   return "该图书可借,位于:" + s;//返回图书所处的位置

  }

}

为了查看外观模式是如何运行的,我们定义如下 Client 类,示意代码如下:

```
public void Client{
    public static void main(String[ ] args){
        Facade fa? ade＝new Fa? ade( ); //创建外观对象
        String s＝facade. bookBorrow("设计模式"); //借阅"设计模式"图书
    }
}
```

  通过上述类图和代码可以看出,为了借阅一本图书,客户不需要知道内部具体的流程,也不关心内部是如何实现的,用户只需要通过一个总的外观类就可以得到想要的结果。外观模式是"迪米特法则"的体现,通过引入一个新的外观类可以降低原有系统的复杂度,同时降低客户类与子系统类的耦合度。外观模式要求一个子系统的外部与其内部的通信通过一个统一的外观对象进行,外观类将客户端与子系统的内部复杂性分隔开,使得客户端只需要与外观对象打交道,而不需要与子系统内部的很多对象打交道,在很大程度上提高了客户端使用的便捷性。

  在设计时使用外观模式,客户和子系统之间没有耦合,子系统的修改不会导致客户程序的修改。子系统中任何类对其方法的内容进行修改时,也不影响外观类的代码。外观只是对用户提供了一个更加简洁的界面,但没有影响用户使用子系统的功能。当然,外观模式违背了"开放封闭"原则,当增加新的子系统或者移除子系统时需要修改外观类。

10.3.4　策略模式

  在软件系统的开发过程中,新的需求总是可能随时出现,能否设计这样的系统:它能够方便地添加新的功能,但不需要对系统进行重大修改。例如,某公司专门销售各种医疗器材,销售医疗器材都有一定的折扣让利给客户,但折扣的计算方法有多种,如按售价的 10% 打折、每台优惠固定金额、节假日临时优惠等,而且折扣的计算方法也可能发生变化。在为该公司开发销售系统时,需要考虑能够灵活

选择折扣计算方法,并且很容易增加或修改折扣计算方法,而不至于对系统的使用和维护带来困难。要解决该问题,一种解决方案是所有的业务逻辑都放在客户端里面,客户端利用条件选择语句决定使用哪一个算法,但这种方案会使得客户端代码变得非常复杂和难以维护。另一种解决方案是客户端利用继承方法在子类里面实现不同的行为,但使得环境和行为紧密地耦合在一起,使得二者不能单独演化。如何使环境和行为分割开来?如何使客户端简单且便于维护?这就是策略模式要解决的问题。

策略模式(Strategy),也叫做政策模式。它定义了一组算法,将每个算法都封装起来,并且使它们之间可以互换。一个策略就是一个计划,通过执行这个计划,我们能在既定的输入下给出特定的输出。策略可以表达为一组方案,这些方案之间可以进行相互替换。通常情况下,使用策略比使用算法有更广阔的选择空间。

策略模式使用的是面向对象中的继承与多态机制,非常容易理解和掌握,策略模式包含三个角色:

(1)上下文角色(Context):也叫做封装角色、环境角色,起承上启下的作用,屏蔽高层模块对策略、算法的直接访问,封装可能存在的变化;

(2)抽象策略角色(Strategy):是策略与算法家族的抽象,通常为抽象类或接口,定义每个策略或算法必须具有的方法和属性;

(3)具体策略角色(ConctreteStrategy):实现抽象策略中的操作,该类含有具体的算法。策略模式类图如图 10.25 所示。

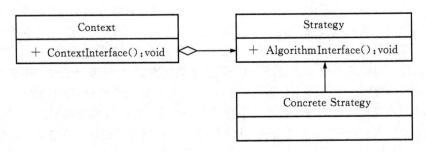

图 10.25　策略模式通用类图

示例:对于个人图书管理系统,为了使图书更有价值,需要对每本图书的借阅情况进行统计,按图书的借阅量、每个人的借阅量进行排序。为了进行高效的统计,可能会存在多种排序算法,如按图书的借阅量排序采用快速排序算法、按每个人的借阅量排序采用冒泡排序算法等。示意类图如图 10.26 所示。

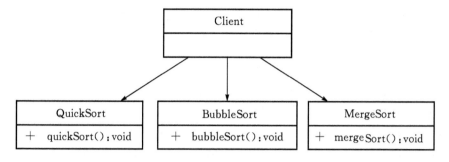

图 10.26　客户直接使用具体排序算法示意类图

其对应的示意代码如下:

```
public class QuickSort { //快排算法类
    public void quickSort ( ){ //实现快速排序
        System. out. println("快速排序");
    }
}
public class BuddleSort { //冒泡排序算法类
    public void bubbleSort ( ){ //实现冒泡排序
        System. out. println("冒泡排序");
    }
}
public class MergeSort{ //合并排序算法类
    public void mergeSort ( ){ //实现合并排序
        System. out. println("合并排序");
    }
}
public class Client{
    public static void main(String[ ] args){
        //声明一个具体的排序算法
        QuickSort quickSort = new QuickSort( ); //表示使用快速排序算法
        quickSort. quickSort( ); //实际执行快速排序
        BubbleSort bubbleSort = new BubbleSort ( ); //表示使用冒泡排序算法
        bubbleSort. bubbleSort( ); //实际执行冒泡排序
        MergeSort mergeSort = new MergeSort ( ); //表示使用合并排序算法
```

mergeSort. mergeSort( )；//实际执行合并排序

　　}

}

　　从上面示意类图和代码看出,客户程序需要知道每一种排序算法所包含的具体方法,而且当定义这些排序算法的类发生改变时,客户程序也需要修改。此时,可以采用策略模式,将经常需要变化的算法部分分割出来,并将这种可能的变化交给对应实现接口的一个类去负责。该示例的类图如图 10.27 所示。

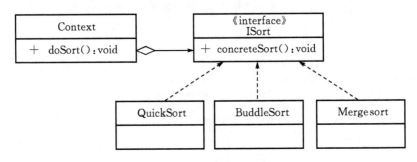

图 10.27　策略模式使用类图

结合上图进行如下分析。

1. 抽象策略

　　在上述示例中,排序算法可能发生变化,我们将这个可能的变化封装在一个接口 Sort 中。示意代码如下：

```
public interface ISort{
    public void concreteSort( );//接口方法、排序功能
}
```

2. 具体策略

　　具体策略是实现 Sort 接口的类,实现具体的排序算法,必须实现接口中的排序算法,每个具体策略类负责实现一个具体的排序算法。示意代码如下：

```
public class QuickSort implements ISort{ //快排算法类
    public void concreteSort ( ){ //实现快速排序
        System. out. println("快速排序");
    }
}
```

```
public class BuddleSort implements ISort{ //冒泡排序算法类
    public void concreteSort ( ){ //实现冒泡排序
        System. out. println("冒泡排序");
    }
}
public class MergeSort implements ISort{ //合并排序算法类
    public void concreteSort ( ){ //实现合并排序
        System. out. println("合并排序");
    }
}
```

3. 上下文

上下文面向抽象策略,主要是委托接口 ISort 调用具体的排序算法。示意代码如下:

```
public class Context{
    private ISort sort = null;
    //在构造函数中设置具体的排序算法
    public Context(ISort _sort){
        sort = _sort;
    }
    //封装后的策略方法
    public void doSort( ){
        sort. concreteSort( );
    }
}
```

为了查看策略模式的工作过程,我们定义 Client 类,示意代码如下:

```
public class Client{
    public static void main(String[ ] args){
        //声明一个具体的排序算法
        Sort sort = new QuickSort( ); //表示使用快速排序算法
        //声明上下文对象
        Context context =new Context(sort); //将 sort 传递给上下文对象 context
```

```
        //执行封装后的方法
        context. doSort( )；//实际执行快速排序
        //使用合并排序,动态更改策略
        sort ＝ new MergeSort( )；
        context ＝new Context(sort)；
        context. doSort( )；//实际执行合并排序
    }
}
```

　　从上面示例及类图可以看出,通过采用策略模式,我们就可以将变化的部分分割出去,使它和类中其他稳定的代码之间维持松耦合关系。在设计中使用策略模式,不同算法可以自由切换,只要某个策略为策略家族中的一员,就可以通过上下文角色对其进行封装,从而可以对外提供可自由切换的策略。策略模式具有良好的扩展性,只需要实现接口就可以在系统中增加新的策略,其余部分不需要进行修改,符合开放封闭原则。但是,策略模式也有一些不足,比如,客户端必须知道所有的策略类,并自行决定使用何种策略类。这意味着客户端必须能够理解这些算法的区别,以便于能够选择合适的算法类。

10.3.5　访问者模式

　　系统中的某些对象尽管都存储在一个集合中,但由于其类型不同,往往也可能会具不同的操作方法,例如,在医院里的医生所开具的处方单,划价人员关心的是其中的价格信息,而药房工作人员关心的是处方信息,虽然他们针对的是相同的对象"处方单",但他们对该对象中的不同元素具有不同的操作方法。另外,系统为了满足新的业务需求,也需要对系统中的对象进行扩展操作。而解决上述问题,可以采用访问者模式。访问者模式(Visitor)是封装一些作用于某种数据结构中的各元素的操作,它可以在不改变数据结构的前提下定义作用于这些元素的新的操作。该模式可以通过添加额外的访问者来对已有的代码进行功能提升,而不需要对原有的程序结构进行修改。

　　访问者模式包含 5 个角色:

　　(1)抽象访问者(Visitor):是抽象类或接口,声明访问者可以访问哪些元素,通过为该对象结构中具体元素角色声明一个访问操作接口来实现。该操作接口的名称和参数标识了发送访问请求给具体访问者的具体元素角色,这样访问者就能够通过该元素角色的特定接口来直接访问它;

　　(2)具体访问者(ConcreteVisitor)：实现每个由访问者角色声明的操作，它影响访问者访问到一个类后要做什么操作，该如何做；

　　(3)抽象元素(Element)：为接口或者抽象类，声明接受哪一类访问者访问，程序上是通过 accept 方法中的参数来定义的；

　　(4)具体元素(ConcreteElement)：实现由元素角色提供的 accept 方法；

　　(5)结构对象(ObjectStructrue)：这是使用访问者模式必须具备的元素，它能够枚举其包含的元素，能够提供一个高层接口来允许该访问者访问其元素，它可以是一个组合或集合。访问者模式的通用类图如图 10.28 所示。

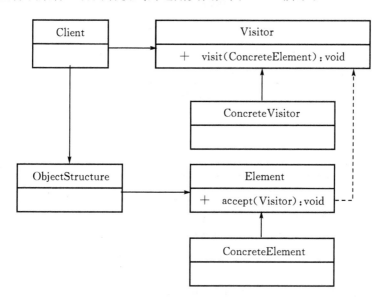

图 10.28　访问者模式通用类图

　　访问者模式中的对象结构存储的元素对象具有不同类型，可以供不同的访问者访问。访问者模式包含两个层次结构：①访问者层次结构，提供了抽象访问者和具体访问者；②元素层次结构，提供了抽象元素和具体元素。同一个访问者可以访问不同的元素，而该访问者访问不同元素时的访问方式可以不同。同一个元素可以接受不同的访问者，而针对不同的访问者所接受的访问方式可以不同。访问者模式具有良好的扩展性，如果需要增加新的访问者，原有系统不需要进行修改。

　　实现访问者模式的基本思路为：①定义一个接口来表示要新加入的功能，即定义一个通用的方法来代表新加入的功能；②在对象结构上添加一个方法作为通用的功能方法来代表被添加的功能，在这个方法中传入具体实现新功能的对象；③在对象结构的具体实现对象里面实现这个方法，回调传入具体的实现新功能的对象；

④提供新功能的对象;⑤提供一个能够循环访问整个对象结构的类,让这个类来提供符合客户端业务需求的方法,从而满足客户端的调用需求。

示例:对于第 9 章所描述的个人图书管理系统,我们需要对图书的详细信息进行打印,而且为了区分不同类别的同名图书,我们在打印图书信息的时候,要加上类别信息。假定目前图书包含两个类别,计算机类 ITBook 和艺术类 ArtBook。一种实现方案是在每个图书类中增加一个打印方法 print。其类图如图 10.29 所示。

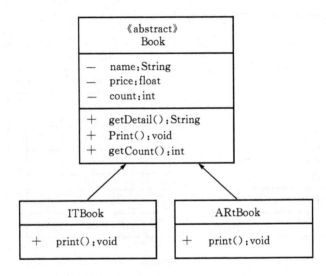

图 10.29　图书与借阅记录类图

抽象图书类 Book、IT 图书类 ITBook、艺术图书类 ArtBook 的示意代码如下:

public abstract class Book{ //图书类,只是为了说明问题,所以只选择了几个属性

```
    private String name; // 书名
    private float price; //价钱
    private int count; //借阅量
    public String getDetail( ) {// 返回详细信息
        return "书名-" + name + "价格-"+ price;
    }
    public abstract void print( ); //抽象打印方法,打印图书信息
    public int getCount( ) { // 获取该图书的访问量
        return count;
```

```
        }
    }
public class ITBook extends Book{ //IT 类图书
    public void print( ) { //打印图书详细信息
        System. out. println( "IT 类图书:"+ getDetail( )); //增加类别
                                                    信息
    }
}
public class ArtBook extends Book{ //艺术类图书
    public void print( ) { //打印图书详细信息
        System. out. println( "艺术类图书:"+ getDetail( )); //增加类别
                                                    信息
    }
}
```

这种方式通过为每个抽象图书类 Book 增加一个抽象的打印方法 print,在子类 ITBook 和 ArtBook 中分别实现这个 print 方法,从而满足了我们的需求。但是,为了实现打印功能,我们对这个类结构进行了修改,这破坏了开放封闭原则。那么,我们该如何解决这个问题呢? 这里,我们可以采用访问者模式进行设计,该示例的类图如图 10.30 所示。

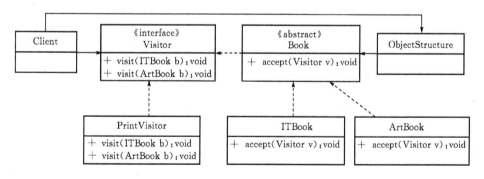

图 10.30　访问者模式的使用类图

结合上图分析如下。

1. 抽象元素

对于上述示例,抽象元素 Book 有一个方法 accept,用来表示允许哪一个访问者来访问该元素。示意代码如下:

```
public abstract class Book{ //抽象元素,图书类
    private String name; // 书名
    private float price; //价钱
    private int count; //借阅量
    public Book(String _name, float _price) { //构造方法
        name＝_name;
        price＝_price;
    }
public String getDetail( ) {// 返回详细信息
        return "书名——" ＋ name ＋ " 价格——"＋ price;
    }
    public int getCount( ) { // 获取该图书的访问量
        return count;
    }
    public String getName( ) { // 获取该书的名称
        return name;
    }
    //允许谁来访问
    public abstract void accept(Visitor visitor); // 定义一个 accept 方法
}
```

2. 具体元素

具体元素主要是实现某个访问者可以完成的某项操作。示意代码如下：

```
public class ITBook extends Book{ //IT 类图书,
    public void accept(Visitor v){ //accept 方法
        v. visit(this);
    }
    public ITBook(String _name, float _price) { //构造方法
        super( _name, _price);
    }
}
public class ArtBook extends Book{ //艺术类图书
    public void accept(Visitor v){ //accept 方法
```

```
        v. visit(this);
    }
    Public ArtBook(String _name, float _price) {  //构造方法
        super( _name, _price);
    }
}
```

3. 抽象访问者

为了便于规定具体访问者采用什么方法来访问具体元素,需要一个访问者接口 Visitor,示意代码如下:

```
public interface Visitor{  //抽象访问者接口
    public void visit(ITBook b);  //定义访问具体元素 ITBook
    public void visit(ArtBook b);  //定义访问具体元素 ArtBook
}
```

4. 具体访问者

具体访问者是实现接口 Visitor 的类。在上述示例中,有一个具体的访问者 PrintVisitor,示意代码如下:

```
public class PrintVisitor implements Visitor{  // 打印访问者类
    public void visit(ITBook b){  //访问的是 IT 类图书
        System. out. println( "IT 类图书:"+b. getDetail( ));
    }
    public void visit(ArtBook b) {  //访问的是艺术类图书
        System. out. println("艺术类图书:"+b. getDetail( ));
    }
}
```

5. 对象结构

对象结构用于产生出不同的元素对象,这里产生 5 个元素,即产生 5 本具体的图书。示意代码如下:

```
public class ObjectStructure{  //对象结构类
    public static List<Book> getBookList( ){  //产生具体元素对象列表
```

```
        List< Book > list = new ArrayList< Book >( );
        list. add(new ITBook("Java", 36.0)); //产生 IT Book 对象
        list. add(new ArtBook("红楼梦", 34.0)); //产生 Art Book 对象
        list. add(new ITBook("C♯", 40.0)); //产生 IT Book 对象
        list. add(new ITBook("Android", 45.0)); //产生 IT Book 对象
        list. add(new ArtBook("三国演义", 32.0)); //产生 Art Book 对象
        return list; //返回对象列表
    }
}
```

得到访问者角色后,我们对所有具体元素的访问就非常简单了,为了分析访问者模式是如何运行的,我们定义如下客户程序 Client,示意代码如下:

```
public class Client{ //客户程序
    public static void main(String[ ] args){
        Visitor sval = new PrintVisitor( ); //创建打印功能访问者
        List<Book> query = ObjectStructure. getBookList ( );
                                    // 获取图书列表
        Iterator<Book> it =query. iterator( );
        while(it. hasNext( )) { //打印功能访问者访问这些具体元素
            it. next( ). accept(sval);
        }
    }
}
```

程序的运行结果如下:
IT 类图书:书名—— Java 价格—— 36.0
艺术类图书:书名——红楼梦 价格—— 34.0
IT 类图书:书名—— C♯ 价格—— 40.0
IT 类图书:书名—— Android 价格—— 45.0
艺术类图书:书名——三国演义 价格—— 32.0
从上面示例及类图可以看出,通过采用访问者模式,我们不需要修改原有的类结构,能维持已有工作的相对稳定性。此时,如果想要增加图书借阅量的统计功能,我们可以继续使用访问者模式,所做的改动仅仅是增加一个统计访问者 StatisticsVisitor 即可。增加统计访问者之后的类图如图 10.31 所示。

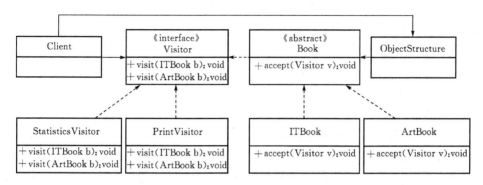

图 10.31　增加统计访问者之后的类图

统计访问者 StatisticsVisitor 的示意代码如下：

```
public class StatisticsVisitor implements Visitor{ // 统计访问者类
    public void visit(ITBook b){ //访问的是 IT 类图书,输出借阅量
        System. out. println( "IT 类图书"+b. getName( ) +"的借阅量:"
+ b. getCount( ));
    }
    public void visit(ArtBook b){ //访问的是艺术类图书,输出访问量
        System. out. println("艺术类图书"+b. getName( )+"的借阅量:"
+ b. getCount( ));
    }
}
```

我们修改客户程序 Client 为

```
public class Client{ //客户程序
    public static void main(String[ ] args){
        Visitor sval = new StatisticsVisitor( ); //创建统计功能访问者
        List<Book> query = ObjectStructure. getBookList ( );
                                        // 获取图书列表
        Iterator<Book> it =query. iterator();
        while(it. hasNext( )) { //统计功能访问者访问这些具体元素
            it. next(). accept(sval);
        }
    }
}
```

　　程序的运行结果如下（运行结果中的访问量数字为示意值，Book 类提供了查询该书借阅量的方法 getCount）：

　　IT 类图书 Java 的访问量为 5

　　艺术类图书红楼梦的访问量为 8

　　IT 类图书 C♯ 的访问量为 3

　　IT 类图书 Android 的访问量为 9

　　艺术类图书三国演义的访问量为 4

　　通过上面的类图和代码可以看出，只要元素类结构稳定不发生变化，在我们想对这些元素增加新的操作时，只需要新创建一个具体访问者即可。

　　访问者模式具有良好的扩展性，易于增加目前尚未考虑到的新操作，增加新的操作意味着增加一个新的访问者类。由于职责分开，元素可以通过接受不同的访问者来实现对不同操作的扩展。该模式将有关的行为集中到一个访问者对象中，而不是分散在一个个节点类中。另一方面，访问者模式也存在一些不足，如：增加新元素很困难，因为每增加一个新元素或修改一个元素，就要对相应的访问者类进行修改，违背了开放封闭原则，如示例中我们的图书种类增加了一种数学类 MathBook，那么我们必须对所有的访问者类进行修改，增加访问 MathBook 的方法。此外，访问者角色要执行与角色相关的操作，就必须让元素的内部属性暴露出来，破坏了元素的封装性。

10.3.6　设计模式应用思考

　　在以上 5 个小节中，我们结合具体的示例介绍了 5 种设计模式在解决问题过程中的应用。设计模式融合了众多专家的宝贵经验，并以一种标准化的形式供广大开发人员所用，通过提供一套通用的设计词汇和一种通用的语言，使得开发人员之间的沟通和交流更加方便、设计方案更加通俗易懂。即使对于使用不同编程语言的开发和设计人员，也可以通过设计模式来方便地交流系统设计方案，每一种模式都对应了一个标准的解决方案，设计模式可以降低开发人员理解系统的复杂度。设计模式使人们可以更加简单方便地重用成功的设计和体系结构，将已证实的技术表述成设计模式也使得新系统的开发者更加容易理解。另外，设计模式的使用能提高软件系统的开发效率和软件质量，并在一定程度上节约设计成本。

　　已有的设计模式根据目的可分为创建型、结构型以及行为型三种模式。创建型模式所关心的问题是创建了什么、由什么来创建、创建的方式是什么、创建的时机是什么。创建型模式抽象了实例化的过程，可以帮助系统独立于创建、组合以及表示该系统所包含的对象。不同的创建模式之间既可以是相互替换关系（如原型模式与抽象工厂模式），又可以是相互补充关系（如创建者模式与工厂方法模式）。

结构型模式所关注的问题是如何合理组合类及对象,以便于获取功能更加庞大的结构,通常情况下使用的是继承机制进行组合。行为模式关注的重点是算法和对象之间的职责是如何分配的,大部分的行为模式的主题是对变化进行封装。通常情况下,行为模式依赖继承机制在类之间分派行为。

尽管人们已经总结出了几百种设计模式,但每种设计模式都有其适用场景,都有优缺点。在实际设计过程中,将这些模式结合起来使用能更好地解决现实问题,增加系统的重用性和维护性。如装饰模式是在不改变接口的情况下,增强一个对象的功能;策略模式是在保持接口不变的情况下使具体的算法可以互换。但是,策略模式只能处理从几个具体算法中选择一个的情形,而不能处理客户端同时选用一种以上的算法的情形。这种情况下,可以同时使用策略模式和装饰模式来解决这个问题。结合策略模式与装饰模式的示意类图如图 10.32 所示。

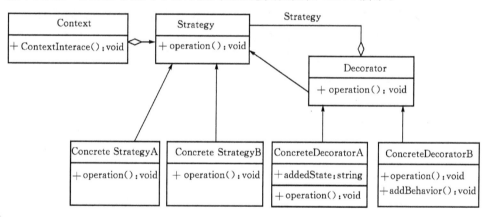

图 10.32　结合策略模式与装饰模式的示意类图

在应用设计模式上,要辩证地看待设计模式。应用设计模式会给我们带来许多好处,使得我们的软件变得更加灵活、模块之间的耦合度降低等。但是,在使用设计模式时,一些人教条地认为设计模式不可修改,只能严格套用这些模式。需要注意,设计模式并非设计模型,其最核心的要素是设计思想而非设计结构,只有掌握设计模式的核心思想,才能正确地灵活运用各种设计模式。在应用设计模式过程中,要仔细研究每种设计模式的意图和结构,明白为什么需要设计模式以及如何实现这个模式,判断该设计模式是否能够有效解决我们面临的问题。此外,应用设计模式增加了对象之间关联的复杂度,在一定意义上也增加了软件维护的难度。而且,应用设计模式会增加软件的设计周期,如果项目在设计阶段就被取消掉,那么再好的设计也没有发挥作用的地方。因此,在应用设计模式问题上,要清晰地认识到设计模式带给我们的好处和不足是什么,从而做出更合理的选择。

10.4　本章小结

在软件项目开发过程中,我们追求的是以较短的时间获得高质量的软件产品。高质量表现在软件具有较高的可维护性、可重用性、执行效率、稳定性等,同时程序的遗留 bug 较少。在进行面向对象程序开发时,如果能够遵守一些良好的设计原则、应用一些设计模式则就能够改进软件质量、增加开发效率。但是要注意,这些设计原则与设计模式并非万能钥匙,他们能为我们提供一些指导和帮助,但在应用的过程中,要结合实际问题辩证地采用这些原则与模式。如果应用得当,则能为我们带来许多益处。

本章首先对面向对象系统设计的原则进行了描述,重点对单一职责原则、开放封闭原则、里氏替换原则、接口隔离原则、依赖倒置原则等 5 个基本原则进行详细阐述。接着对设计模式进行描述,并结合实例重点对工厂方法模式、装饰模式、外观模式、策略模式、访问者模式进行了详细阐述。接着对架构模式设计进行了简单的描述,从而引出下一章的内容。

10.5　思考问题

(1)针对面向对象设计中存在设计原则,请结合你在项目具体开发实现过程中的一个示例,分析你是如何实现相应的每一个设计原则的。

(2)试分析以下三种不同级别的设计模式所对应的实现能力与差异:①设计模型分为代码级②业务实现级以及③整体架构级。

(3)针对本章提供的每一个设计模式,请结合你的具体代码实现,分别来分析具体的实现策略,并对利用设计模式来实现设计的过程中存在的优点与缺陷进行分析。

(4)结合参考文献与网络资源,请具体分析一下 Spring 开源框架中,所使用的软件设计模式有哪些,使用这一些模式对系统设计与开发带来了哪些好处,请完成相应的分析与研究报告。

(5)结合参考文献与网络资源,具体分析一下软件架构模式设计中的存在的技术问题、挑战以及目前的进展,并完成相应的研究综述。

参考文献与扩展阅读

[1] Erich Gamma,Richard Helm,Ralph Johnson,John Vlissides 著. 设计模式:
可复用面向对象软件的基础[M]. 李英军等,译. 北京:机械工业出版

社,2000.

[2] Alan Shalloway,James R. Trott 著. 设计模式解析[M].2 版. 徐言声,译. 北京:人民邮电出版社,2010.

[3] 秦小波. 设计模式之禅[M].2 版. 北京:机械工业出版社,2014.

[4] 刘径舟,张玉华. 设计模式其实很简单[M]. 北京:清华大学出版社,2013.

[5] John Vlissides 著. 设计模式沉思录[M]. 葛子昂,译. 北京:人民邮电出版社, 2010.

[6] 梅宏,陈锋,冯耀东,等. ABC:基于体系结构、面向构件的软件开发方法[J]. 软件学报,2003,14(4):721 - 732.

[7] 张天,张岩,于笑丰,等. 基于 MDA 的设计模式建模与模型转换[J]. 软件学报,2008,19(9):2203 - 2217.

[8] 刘海岩,锁志海,吕青,等. 设计模式及其在软件设计中的应用研究[J]. 西安交通大学学报,2005,39(10):1043 - 1047.

[9] 周晓宇,徐宝文. 一个设计模式自动识别技术研究框架[J]. 计算机科学, 2009,36(5):124 - 128.

[10] 刘伟成,孙吉红. UML 中设计模式应用及复合的表示[J]. 武汉科技大学学报(自然科学版),2007,30(3):311 - 314.

[11] 刘国梁,魏峻,冯玉琳. 基于组件模型分析的组件容器产品线体系结构[J]. 软件学报,2010,21(1):68 - 83.

[12] Lau K K, Wang Z. Software Component Models[J]. IEEE Trans. on Software Engineering, 2007, 33(10):709 - 724.

[13] 翟健,杨秋松,肖俊超,等. 一种形式化的组件化软件过程建模方法[J]. 软件学报,2011,22(1):1 - 16.

[14] 刘强. 设计模式的形式化研究及其 EMF 实现[D]. 华东师范大学博士学位论文,2011.

[15] 张天戈. 基于模型驱动的面向对象应用程序框架的关键技术研究[D]. 复旦大学博士学位论文,2009.

第 11 章　软件体系结构与应用

随着经济的发展和社会对软件需求的提高,软件系统规模日益庞大、复杂性日益增加。在传统的"程序＝算法＋数据结构"的软件工程方法中,需求和设计之间存在一条很难逾越的鸿沟。为保证软件质量,提高软件可靠性、可重用性和可维护性,软件设计正在从需求描述到设计优化,再到代码自动化生成的方向发展。代码组件化以及基于体系结构的软件工厂化组装开发模式正在成为主流,尤其是基于 SOA 的体系架构的发展极大地推动了软件工厂模式的发展。软件体系结构在软件需求和软件设计之间架起了一座桥梁,利用其结构描述语言可以将整个软件系统进行抽象和定义。本章针对软件体系结构的基本概念、方法以及相关的应用案例进行分析与介绍。

11.1　软件体系结构的基本概述

11.1.1　软件体系结构的来源与定位

软件体系结构在一定程度上借鉴了建筑学的设计方法与理念,特别是通过架构的设计来简化和降低整个建筑实施的复杂程度,尤其是针对规模较大且结构复杂的建筑设计而言则应用效果更加明显。例如,在构建一个小型宠物的活动室时,可能只需要构建者认真思考,利用存在于大脑中的设计蓝图就可实现建筑的设计与构建;但是,一旦将设计的建筑对象转变成了别墅这样的中等规模工程时,仅仅依赖于设计者的独立思考根本无法满足实际的建设需求。其中,一方面需要通过一个整体的设计模型为所有相关人员建立整个建筑的全局视图;另一方面,需要这样的设计为实施过程中不同工种的工程人员提供一个协同与执行的标准,从而在实现关注点的分离,同时有效地将不同模块进行整合与集成。这种基于标准的分工与协作成为了工程项目实施过程中的一个重要的里程碑。随着建筑规模与复杂度不断增加,为传统的设计与施工方法提出了新的挑战,为了更加简化工程实施的过程并提高整体效率,设计师将建筑中常用的一些结构单元独立地进行了封装设计与构建,并将这些建筑结构单元在整个建筑工程的实施过程中快速重用。在重用这些建筑结构组件的时,如何将这些组件有机地组织到一起并实现特定的功能,就需要在整体的结构上进行规划与设计。以上一系列的工作可以用图 11.1 来形象地表示。

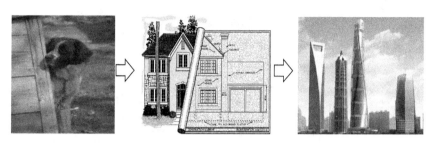

图 11.1　建筑工程与架构设计之间的关系

　　软件设计与建筑设计具有非常高的相似性,对于一个小型的软件应用系统,一个软件开发者可以凭借着自身的经验以及能力,将系统中的需求想清楚后直接进行系统的开发与设计,甚至有些程序员在未完成所有设计时就已开始进行开发,在开发的同时继续进行设计,最终完成完整功能的应用软件系统。对中等规模的软件系统而言,需要包括多个不同领域的工作人员一起来协同开发,为了保证这些关键的资源可以更加有效的协作,系统的"设计蓝图"起到了关键性的作用,同时,系统设计通过标准的接口实现了不同人员关注点的隔离,即每一个成员均可以关注于不同的软件要素与实现技术来最终完成系统整体的功能。而针对大型的软件系统,例如企业资源计划(ERP)系统,为了提高系统开发的效率和质量,通过模式抽取以及组件化的方式来实现代码的高效重用,在复杂系统中软件架构的设计与建模显示出了极为重要的价值。例如,针对一个计算机系统,为了简化计算机物理设计过程中的复杂性,冯·诺伊曼提出了一个经典的体系结构框架(如图 11.2 所示),在此基础上可以不断地进行扩展。通过了解整个系统的体系结构以及其中不同要素和要素之间存在的关系,为设计者提供计算机系统的整体轮廓视图。

　　通过上述的分析比较,我们也越来越清晰地发现,建筑物、计算机与软件的体系结构和设计的作用都为了简化其实现的复杂程度,通过抽象其中的关键要素并设计和组织这些要素的行为和关系来为达成系统的最终目标奠定基础。一些软件工程的大师们也正是从建筑结构中得到灵感,对软件的设计与分析提出了许多里程碑式的概念与方法。其中,E. W. Dijksrta 于 1960 年代提出了软件层次结构的概念,并设计出了一种自顶向下,逐步求精的结构化设计方法来勾画程序的结构模型。在此基础上,D. Parmas 进一步提出了信息隐藏和程序家族的概念,并通过抽象的数据类型来组成结构体,为面向对象的体系结构奠定了基础。随着软件规模越来越大,特别是分布式系统的发展,软件体系结构已发展成为软件工程中一个独立的研究领域。人们发现对这些大型复杂的软件系统进行体系结构设计时,其重要性已经远远超过了具体代码实现过程中具体算法和数据结构的选择,因此,软件体系结构的研究得到了快速的发展。

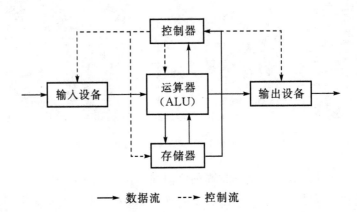

图 11.2　基于冯·诺伊曼的计算机体系结构的概念示意图

11.1.2　软件体系结构的定义与分类

目前,针对软件体系结构的定义还没有形成统一意见,软件工程领域的一些大师们分别提出其概念定义和模型描述。通过这些描述可以将软件体系结构分为两个主流研究学派,即结构学派与行为学派,其中结构学派的主要代表包括了以下一些经典的概念模型和定义。

定义 1:D. Garlan 和 M. Shaw 模型:SA ＝{Components,Connectors,Constrains},其中,组件(Components)可以是一组代码,也可以是一个独立的程序,连接器(Connectors)主要用来表示组件之间的相互作用,它可以是过程调用、管道等;一个软件体系结构还包括某些限制和约束(Constarins)。该模型在程序设计语言的视角下,将软件代码模块封装成相应的组件,并通过约束来实现软件的组装和集成。

定义 2:CFRP 模型:SA ＝{Elements, Interfaces, Connections, Connection Semanties},其中,软件系统是由一组元素(Elements)构成,这组元素包括处理元素和数据元素两类,并且每个元素均有一个接口(Interafec);一组元素的互连(Connectoin)构成了一个系统的拓扑结构,而元素互连的语义(Connection Semantics)包括了描述系统静态互连的语义(如数据元素的互连)以及描述系统动态连接的信息转换的协议(如过程调用、管道等)。

定义 3：D. E. Perry 和 A. L. Wolf 模型：SA＝｛Elements，Form，Rational｝，即软件体系结构是由一组元素（Elements）构成的，这组元素分成三类：处理元素（Proeessing Elements）、数据元素（Data Elements）、连接元素（Connecting Elements）。Form 是指软件体系结构形式，并由属性（Properties）和关系（Relationship）组成，从而形成了元素的拓扑结构；Rational 则是指这些属性与关系之间的选择原则。

定义 4：Vestal 模型：SA＝｛Component，Idioms/Styles，Common Patterns of Interaction｝，其中，软件由组件（Component）组成，组件之间通过通用的互操作模式（Common patterns of Interaction）相连，而软件体系结构的风格（Idioms/Styles）则描述了一种通用的设计模式，并可满足特定系列的应用需求。

这些定义均体现出了软件体系结构中结构要素与组成关系，在这些学者的大力推动下，软件的组件化技术以及基于组件化的软件体系结构技术得到了较大的发展。Clements 指出软件将分为两个核心的工作，一个是组件式的开发，另一个则是利用组件技术来实现系统的开发。如何有效地集成这些软件组件来完成系统的设计目标，是软件体系结构需要进一步解决的关键性问题。另外，还有一些学者则从系统的组织与行为的角度，分析并提出了一些软件体系结构的概念定义，其中代表性的模型包括以下两个。

定义 5：Soni，Nord 和 Homfeiser 模型：SA＝｛Conceptual Architecture，Module Interconnection Architecture，Execution Architecture，Code Architecture｝，即指软件体系结构反映了四种不同的系统视图，通过对这四种视图的定义描述与正交结构分解，实现软件组件的功能到运行平台元素之间的的映射，并最终通过代码体系结构来描述程序代码在开发环境下的组织方式。该定义将体系结构的实现过程通过这四种不同的体系结构模式来组织到一起，反映了架构实现过程中的整体行为。

定义 6：Kruchten 模型，SA＝｛Logiacl View，Process View，Physical View，Development View，Use Cases or Scenarios｝，该模型提出"4＋1"视图的体系架构模型已成为 UML 的理论建模基础，特别是通过不同的行为视角来审视系统的模型，为系统的设计者提供了一个多视角的分析方法与技术。

在这些工作的基础上，Booch，Rumbaugh 和 Jacobson 在 1999 年出版的《UML 建模语言用户向导》一书中指出：软件体系结构就是一系列关于软件系统的组织决策，它包括对系统中结构要素与接口的选择，以及不同要素之间的协同行为。因此，行为学派更多强调了这些模块在组合过程中不同结构要素之间的协作与交互行为。

尽管从不同角度出发软件体系结构的定义不同，但研究者对其特征也达成了一些共识:软件体系结构的抽象粒度特征、体系结构是对系统的一种高层抽象的描述,其目标在于描述整个软件系统的组织结构,注重构成软件系统的各个组件及其相互之间的关联作用和语义。由于抽象的粒度不同,它可能包括了对象、产品、数据库或其他更加广泛的概念;同时,组件自身也存在着不同的体系结构,这些组件包括了计算功能、结构和其他三个方面的特征。其中,计算功能是指组件实现的整体功能;结构特性描述与其他组件的组织和联系方法,这是体系结中最重要的内容;其他特性描述了组件的执行效率、环境要求和整体特性等方面的要求,这些大都是定量描述的,如时间、空间、精确度、安全性、保密性、带宽、吞吐量和最低软硬件要求等。通过对组件以及组件之间关系的设计,可以在系统组织、结构重用、运行模式、系统分析和维护等方面降低成本,促进软件系统生产的效率提高。

11.1.3　软件体系结构建模框架

软件体系结构为软件系统提供了一个结构、行为和属性的高级抽象,由构成系统的元素描述、元素间的相互作用、指导元素集成的模式以及相应的约束共同组成,反映了系统需求与构成系统的要素之间的映射关系。由于软件体系结构往往会以具体的形式来表现系统的框架结构,并能够帮助不同的用户角色从全局角度来理解和把握整个系统的框架,但是由于不同的用户对软件的质量需求具有不同的理解,且其关注点也存在差异,也就是对软件体系结构中的架构信息要求存在不同。因此,如何保证在系统特定约束条件下,一方面对系统的软件体系结构进行统一的描述和表示,另一方面,形成软件体系结构建模的整体过程框架,对不同的人员在体系结构建模的过程中进行有效的指导,成为了关键。

作为系统体系结构的关键部分,软件体系结构反映了系统的用户需求,并在需求的约束条件下,利用统一的软件体系结构描述语言来进行定义和描述,而对于体系结构的描述主要包括了两个方面,一个是体系结构风格,另一个则是体系结构视图。体系结构风格作为软件架构的一种高层的抽象能力,描述了系统中可重用的整体框架模式;而体系结构视图则可以通过 Kurchten 的"4+1"视图来进行多视角的描述、表示和实现,并且可以通过多个视角的协作来实现对系统整体体系结构的统一描述;另外,每个软件体系结构视图在整个系统架构蓝图的指导下,可以通过对其中关键要素以及要素之间关系的组合来实现整个系统。整个软件体系结构的实现要素框架如图 11.3 所示。

通过上图可以发现在整个体系结构实现的框架中,将软件体系结构的组成学派以及行为学派的观点进行了统一,同时,为了更有效地实现软件系统的整体框架,进一步抽象出了体系结构描述、体系结构蓝图、体系结构模式以及体系结构风格的关键技术与概念。在此基础上,软件体系结构的建模为指导整个软件体系结构的实现奠定了基础。

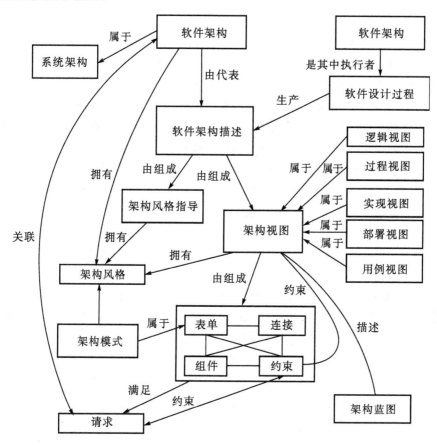

图 11.3　软件体系结构的组成要素与之间的关系框架图

11.2　软件体系结构的关键技术

　　基于软件体系结构框架图中提出的相关的技术要求,下面就软件体系结构描述方法、体系结构风格、体系结构的设计流程与特定领域的软件体系结构等内容进行介绍。

11.2.1　软件体系结构的描述方法

　　Mary Shaw 曾指出:如果体系结构的设计无法进行形式化的描述与模拟,在缺乏 CASE 工具的支持下很容易造成体系结构的难以理解,为了避免这种情况的发生,在软件体系结构中采用体系结构描述语言(Architecture Description Language,ADL)来从形式化的角度对体系结构进行定义和描述。

　　ADL 是一种形式化语言,它通过一套严格的语言模型,并在底层语义模型的支持下,为软件体系结构的概念建模提供相应的语法规则和概念框架的描述方法,从而实现对软件体系结构准确、无歧义的描述和定义,并在规范化的体系结构描述的基础上,使得软件体系结构自动化分析变得可能。一般地,ADL 包括了组件、连接件和体系结构配置三种基本要素,其中,组件必须有接口,而且体系结构配置的定义必须和连接件相分离,这一点与传统的程序语言存在着较大的差别,传统的程序语言中系统配置一般都是隐含分布在组件或者连接件的定义之中,不支持配置信息的独立定义,而 ADL 除了需要提供对组件的直接支持外,还可以提供对配置信息的独立定义与维护。这一点在面向对象的框架中基于 IOC 的技术实现中也得到了一定程度的实现和应用。

　　作为一种软件体系结构的描述语言,ADL 不仅充分继承和吸收了传统程序设计语言中语义严格且精确的优点,还具备了抽象、重用、组合、分析、验证及演化等功能,架构师可以充分利用 ADL 的语法和语义特性来刻画软件体系结构的概念框架。目前,主要的 ADL 包括了 Aesop、C2、Darwin、Unicon、XYZ/ADL 和 ACME 等二十余种,它们大多是面向特定领域的。图 11.4 反映了利用 ACME 语言来对 C/S 架构模型进行建模和语义描述。在 ACME 语言的描述中,一个软件系统(System)的体系结构主要包括了组件(Component)、连接件(Connector)、接口(Port)、角色(Role)和具体的描述(Representation),且每一个组件中对外暴露了一个接口,而每一个连接件则可以通过角色来与组件中的接口进行对接和集成,从而实现系统中不同组件的连接和组装,并为整个系统的架构框架的定义和描述提供了基础保障。

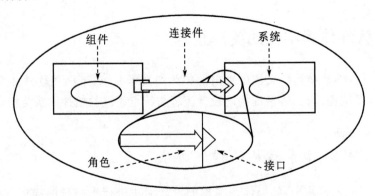

图 11.4　利用 ACME 语言来实现对 C/S 架构的体系结构描述

在本例中,存在两种核心组件:客户端与服务器,这两个组件通过连接件提供的协议来实现了不同组件的接口与连接件角色之间的关联,最终实现了客户端与服务器端之间的互操作与数据共享。利用 ACME 语言,具体的 C/S 架构的体系结构的描述代码如下:

```
System simple_cs = {
    Component client = {
        Port sandRequest;
        Properties { requestRate : float = 17.0;
                    sourceCode : ;externalFile="CODE - LIB/client. c"}}
    Component server = {
        Port receiveRequest;
        Properties { idempotent : boolean = true;
                    maxConcurrentClients : integer = 1;
                    multithreaded : boolean = false;
                    sourceCode : ;externalFile="CODE - LIB/server. c"}}
    Connector rpc = {
        Role caller;
        Role Callee;
        Properties { synchronous : boolean = true;
                    maxRoles : integer = 2;
                    protocol : WrightSpec = "..."}}
    Attchments {
        client. send - request to rpc. caller;
        server. receive - request to rpc. callee;
}}
```

ACME 提供了描述体系结构特性的方法和语义框架,并在结构特性上标注了 ADL 相关的属性,因此,ACME 能够表示大多数 ADL 都能描述的结构信息,还能够使用注解来表示 ADL 相关的信息。在利用 ACME 来对 C/S 系统中不同组件进行描述和约束条件定义的过程中,可以利用客户端 Client 的 send - request 消息来与连接件 rpc 中的 caller 方法的连接,并通过 rpc 协议的连接实现服务器端 Server 的 receive - request 消息来与连接件 rpc 中的 callee 方法的连接,最终完成 C/S 架构下不同组件之间的协作。

11.2.2　软件体系结构风格

　　将具有共识的公共设计模式进行统一抽象与封装是工程领域成熟的标志之一,软件系统体系结构的组织模式也同样存在着一些常用的公共机制,可以重用的公共机制被称之为软件体系结构风格(software architecture style)。因此,软件体系结构风格是指不同系统所拥有的共同的结构组织模式和语义特性,是软件系统内各个组件和连接件之间相互协调与处理的形式说明。软件体系结构风格反映了特定领域中众多系统所具有的共性结构和语义特征,并指导将不同的模块与子系统有效地组织成一个完整的系统。

　　一般地,一个具体软件系统的体系结构往往是某一种体系结构风格的具体实例,而体系结构风格反映了领域中众多的系统中所具有共性的结构和语义特性,并通过组件、连接件和一组相应的约束限制将各个模块与子系统有效地组织成一个完整的系统。每种体系结构风格均反映了系统中不同要素之间的组织方式与策略,并通过全局的抽象将一些特定的系统元素按照特定方式组成一个特定的软件结构,这个结构有利于解决不同上下文环境下的特定业务问题,如拓扑限制和执行语义限制等。对软件系统体系结构风格的研究存在两个方面的好处,一是有助于更准确地把握具有特定风格的软件系统的相应特征,以便于设计人员能尽早在系统结构上达成共识,提高系统的可重用性;二是能帮助设计人员更清楚地了解不同体系结构风格的异同点,为使用和组合不同风格的组件提供指导。常用的软件架构模式包括:管道/过滤器模式、分层模式、黑板模式、事件驱动模式、MVC 模式、微核模式、C/S 模式、B/S 模式、C2 模式、公共对象请求代理模式、正交架构模式、SOA 架构模式等。下面针对其中几种关键的模式来进行介绍。

1. 管道/过滤器模式(Pipes and Filters)

　　这种模式将软件元素分为管道和过滤器两个核心要素,过滤器通过输入接口接受输入的数据流,并负责对数据进行处理后,通过特殊类型的输出接口产生输出的数据流。管道本质上反映了两个过滤器之间的数据传输协议,它将一个过滤器的输出数据传递到另一个过滤器做为其输入数据,如图 11.5 所示。该体系结构常被用于当输入数据需要通过一系列计算或操纵组件变换为输出数据的情形,例如,传统的计算机指令流的处理以及编译器的处理机制就是管道/过滤器模式的典型示例。

　　管道/过滤器模式将整个系统看成由多个过滤器的简单组合,只要相邻两个过滤器之间流动的数据格式保持一致就可以互连,因此,系统易于维护和扩展,同时也具有较好的可复用能力,在管道协议不变的情况下,系统根据需要也可以方便地替换或增加过滤器。但是,管道/过滤器模式也存在一些不足,如果每一个过滤器均有独立的数据处理的格式,而没有通用的标准时,多个过滤器的组合将变得十分困难。特别是在多次的数据转化后,不仅增加了过滤器的复杂性,同时也将降低了系统的实际性能与效率。另外,这种结构模式由于过滤器之间的串行结构,会由于某个过滤器的性能与质量问题而导致整个系统的性能瓶颈,甚至出现系统崩溃,因此在采用管道/过滤器模式来设计一个应用系统的体系结构或者网络协议验证时,这一点需要引起设计师的特别关注。

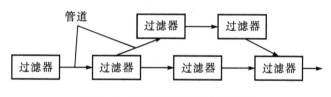

图 11.5　管道/过滤器模式示意图

2. 事件驱动模式(Event – Based Implicit Invocation)

　　系统中的组件不直接调用接口,而是通过触发或广播一个消息事件。每一个事件中注册了相应的组件接口,一旦触发事件就会自动向相关的接口发送消息,每一个组件根据接口收到的消息进行判断后,来确定是否实现相应的操作。这种模式的主要特征是发布事件的组件并不知道哪些组件将会受到该事件的影响,也无法预测哪些过程将被调用以及被调用的顺序。例如,当前一些高级语言开发坏境 IDE 的调试器常采用这种模式的体系结构设计。

　　事件驱动模式利用消息处理机制实现了组件之间的解耦,从而为组件复用提供了支持,特别是每一个组件只需要定义好相应的接口,而内部的具体实现机制可以灵活地进行扩展,而且这种扩展对于系统内其他的组件而言,均不会产生影响,这种方式极大地提高了系统的容错能力以及扩展能力。但是,这种消息的转发和广播机制使得组件无法控制系统执行计算的过程与调用的顺序,难以对系统的运行过程进行仿真与推理。

3. 层次系统(Layered Systems)

　　系统的功能采用分层化管理,在相邻层次之间的交互均采用接口的方式,每一层均向其上一层提供服务,并使用下层所提供的服务。相邻层次之间的交互采用协议的方式进行通信。最具有代表性的层次风格包括 TCP/IP 的协议栈以及操作系统的架构设计。例如操作系统的层次模式如图 11.6 所示。

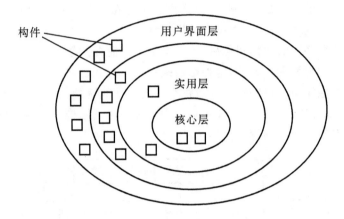

图 11.6　基于层次模式的操作系统体系结构示意图

　　层次模式通过对功能的层次化封装与隔离,一方面使得每一层次功能的关注点均不相同,只要层间接口不变,层次内的具体实现均可以根据需要来进行替换或重用;另一方面,系统每一次的增量式扩展,最多影响相邻的两层,这样就使得整个系统易于维护。这种层次模式的设计思想与面向对象的设计思想最为接近,即通过抽象来封装与隔离,通过接口来实现服务的调用,通过标准的协议来实现组件之间的规范通信。但是,层次模式由于没有合理的分层标准,造成抽象的粒度不同,因而实现的复杂度也会存在着差异。同时,层次化的封装也可能会导致系统的资源的消耗,而造成性能的下降。

4. 仓储模式(Repositories)

　　这是一种以数据为核心的软件体系结构模式,它包含了数据仓储和对数据进行操作的应用软件两个核心组件,且应用软件可以直接调用数据存储库,即应用软件模块可以独立于数据的内容变化来直接进行数据的操作。另外,仓储模式也可以转换为一种黑板模式,即一旦当客户感兴趣的数据发生变化时,则自动向客户软件发送消息通知。传统的语音和模式识别等信号处理系统经常采用黑板模式,现代的数据库更多地采用仓储模式。图 11.7 则显示了以数据为中心的体系结构模式。

图 11.7　以数据为中心的体系结构模式示意图

由于仓储模式中对外部组件的约束较小,当定义好标准的中心数据接口协议之后,就可以根据数据的操作需要来构造和定制系统,由于数据集中存储,使得业务逻辑和操作方法与数据进行了分离,从而在保证系统数据一致性的基础上,可以实现功能的扩展。但是,如果更改了数据存储的结构或者外部接口,均会对应用软件与程序带来直接的影响,甚至会导致系统的宕机和瘫痪。

5. 客户/服务器模式(Client/Server)

这是一种基于网络的分布式软件系统的经典应用模式。其中 Client 和 Server 是两个基础组件,Server 端通过通信协议来实现与其他的每一个 Client 之间的通信。如果将服务器端做为数据存储,则该模式可以转化为仓储模式,从这个角度来看,仓储模式是客户/服务器模式的一种特例。而在此基础上,随着 Internet 应用的普及,人们开始对网络软件的体系结构进行了抽象,并提出了 B/S 模式(Browser/Server)。客户/服务器模式的描述可以参考 11.2.1 节中提供的示例。

上述软件体系结构模式通过抽象建立起组件与组件之间关系的组合模式,这些模式不仅反映了系统的逻辑结构,同时也涉及到了具体的实现方法。例如,管道/过滤器模式、仓储模式、层次模式、C/S 模式等均是从系统逻辑架构的角度来考虑问题,与具体实现无关。在许多实际的应用系统中,往往会将这些模式组合使用,例如,一个基于网络的应用系统,其整体上可采用 C/S 模式,在网络的通信协议上可采用层次模式,在服务器端可采用事件驱动模式。

11.2.3　特定领域的软件体系结构

在同一个业务领域中,不同的应用系统以及同一系统的不同版本之间在体系结构上存在着许多相似性,其中包含了许多可以公用的软件组件,如何利用这些公共的软件组件来进行软件的复用,则是特定领域软件体系结构(Domain Special Software Architecture, DSSA)关注的核心问题。DSSA 是指在一个特定的问题域中,支持建立一组应用的领域框架模型,并在参考业务需求与体系结构组成要素的基础上,通过领域体系结构的复用,实现多个不同应用的快速开发与生成。关于领域软件体系结构的应用模式与开发方法如图 11.8 所示。

DSSA 作为对整个领域的高层抽象,通过对领域建立软件体系结构的参考模型,并对问题域和解决域进行严格的形式化定义,利用满足标准的软件组件设计与组合模式来完成对特定领域中应用的开发实现。该方法体现出了一种大粒度的软件组件的复用能力。在此基础上,Mcllroy 提出要用工业化方式来生产可复用的软件构件的思想,并进一步指出,一个软件的产品线是在特定领域的条件下,利用可共享、可管理的特征集合来满足特定需求的一种方法。我国的杨芙清院士则提

出了一个"青鸟"软件生产线的软件重用与开发的整体蓝图,该蓝图通过 DSSA 对
某一个特定领域建立体系结构应用框架,并将该框架存储到应用架构库内,而每一
个相关的应用架构中均可以抽象出一系列的软件组件,并将这些软件的组件组成
一个构件的资源库。当用户提出了一个新的应用系统需求时,通过应用架构库找
出对应领域的架构框架,并在 DSSA 特定的规范与标准下将这些软件组件资源进
行组装和质量验证后,最终快速生成一个满足实际业务需求的应用系统,整个软件
的开发过程如图 11.9 所示。相关详细的内容可以参考本章的参考文献与扩展
阅读。

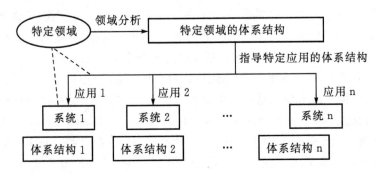

图 11.8　领域软件体系结构的应用模式与开发方法

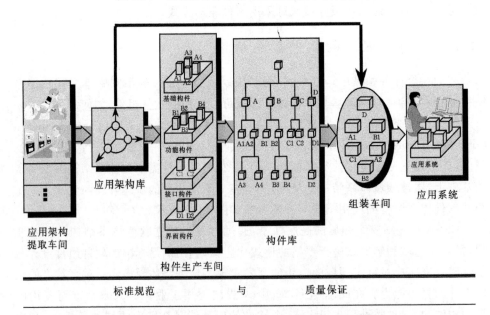

图 11.9　基于 DSSA 的青鸟软件生产线的软件组装过程示意图

随着领域需求复杂度的越来越高,相应软件的规模也越来越大、越来越复杂,青鸟软件生产线提出的组件化思想,为软件体系结构的应用奠定了重要的基础。目前,软件体系结构也在不断地发展演化,从单纯的应用软件体系结构角度到基于组件化的软件体系结构,再到基于网构软件的软件体系结构方向演化。其中,面向服务的架构(Service Oriented Architecture,SOA)在青鸟软件生产线的基础上,通过 UDDI 对所有的 Web Service 构件库进行统一的目录管理,通过 WSDL 来实现组件的标准化描述和定义,通过 SOAP 协议来实现组件之间的消息通信,从而将软件的重用模式以及软件的生产线的实践均向前推动了一大步,相关内容将在本章 11.4 节中进行介绍。

11.2.4 软件体系结构的核心模型与评价方法

根据前文介绍的软件体系结构的定义、描述方法和不同模式的分析,可以抽象出以下 5 种核心的元素,即组件、连接件、配置、端口和角色,并希望通过建立这些核心要素之间的关系模型来反映软件体系结构的特征,形成一个软件体系结构核心要素关系模型,如图 11.10 所示。

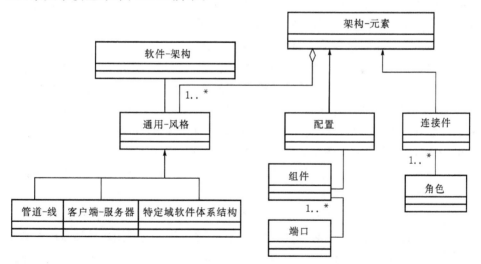

图 11.10　软件体系结构的核心要素关系模型

其中,组件是指具有某种功能可重用的软件程序单元,它封装了系统中特定功能的数据存储元素和处理元素,此外,组件也具有一定的层次性,每一个组件均可以由其他的组件或原子组件来组成,而这些原子组件则是通过一些实现类来最终完成相应的功能,通过对组件的抽象,也提供了利用分层来简化体系结构的表示与设计能力。这些抽象的组件包括了：客户端(Client)、服务器(Server)、过滤器(Filter)、数据库(database)等。另外,组件只能通过其接口与外部环境进行交互,而组件的接口由一组端口组成,每个端口表示了部件和外部环境的交互点。通过不同的端口类型定义和描述,可以为组件提供多重接口的操作。

而连接件则反映了不同组件之间的交互协议,例如,管道协议(Pipes)、远程调用协议(Procedure Call)、消息广播(Event Broadcast)等。通过连接件为系统与不同的组件提供了一个相互交互的机制。连接作为建模软件体系结构的主要实体也具有相应的接口,且该接口由一组角色组成,每一个角色均定义了该连接表示的交互的参与者,例如,在 C/S 模式下的角色为 Caller 和 Callee,pipe/filter 模式下的角色则是 reading 和 writing,而事件驱动模式下则包括了事件的发布者角色和接受者等角色。这些角色与组件中端口之间,均通过条件的配置来实现绑定。这些配置条件表示了组件和连接件之间的拓扑逻辑和相关约束,并通过条件的配置来保证了连接件中不同角色与组件中不同端口之间的正确交互。

通过软件体系结构核心要素关系模型的抽象,为软件体系结构的设计与相关CASE 工具的实现奠定了基础。但是,由于业务环境与需求不断调整和变化,所设计的软件体系结构也需要随着这些变化进行相应的调整,如何对所设计出来的软件体系结构质量进行客观合理的评价成为了必须考虑的关键问题. 识别出软件体系结构设计中存在的潜在风险,越早发现系统中存在的问题,就能尽早对软件的质量进行控制,减少软件体系结构演化过程中的潜在风险、维护代价与成本。根据ISO/IEC9126−1 标准对体系结构的质量定义了 6 种特征,即功能性、可靠性、可用性、有效性、可维护性和可移植性。这些特征又可以分成若干子特征,并根据软件系统外部的可见属性来反映这些特征的质量。因此,软件体系结构中将验证与评估相分离,通过验证来实现对软件体系结构的求精,而评价反映了体系结构实施与应用过程中的质量。软件体系结构的质量评价与验证对整个软件体系结构的设计与实施作用如图 11.11 所示。

其中,在利用形式化数据理论模型对软件体系结构中非形式化描述进行规范化过程中,通过抽象来实现对体系结构性质的分析,并通过利用软件体系结构方法的形式化定义来获得无歧义的、精确的形式化描述。由于大型软件系统均是通过逐步求精的方式来获得核心的架构,利用软件体系结构验证的方法来确定体系结构是否满足系统的需求,从而为软件体系结构的实施奠定基础。在实施过程,软件体系结构将组件和连接件有机地组织在一起应用于系统的具体设计实现过程中,根据系统的实际运行情况,对体系结构进行定性的评价和定量的度量,为体系结构的重用提供依据,同时也为解决体系结构的扩展与变更奠定基础。有关验证与评价方法可以进一步参考文献[11,20]。

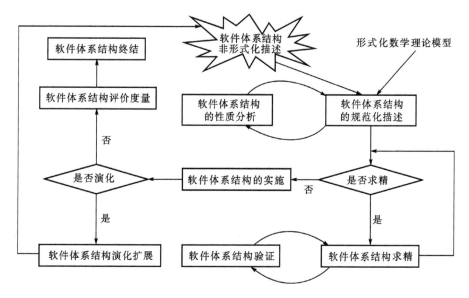

图 11.11　软件体系结构的验证与评价作用示意图

11.3　典型的软件体系结构模式及其应用

在实际的软件开发过程中,该如何为一个系统来选择或设计相应的架构模式,是设计师面对的一个关键性问题,这时必须结合体系结构的模式,对其中的组件、连接件以及约束条件等进行描述和定义,从而确定最合适的软件架构模式,下面针对几种常用的架构模式与应用进行分析和介绍。

11.3.1　MVC 模式

MVC(Model - View - Controller)模式是指"模式-视图-控制器"模式,它将应用系统的输入、处理、输出三个核心功能按照 Model、View、Controller 的方式进行映射与隔离,从而形成了模型层、视图层和控制层分层的软件体系结构模型。在这种分层的体系结构模式下,软件程序代码的结构实现了关注点的分离,从而也使得整个系统的业务逻辑、实现逻辑以及展示逻辑之间实现了解耦,这种模式对软件系统的开发带来了巨大而深刻的影响。目前,几乎主流的程序集成开发环境(IDE)均将 MVC 融入到其中,并实现了 UI 设计与业务逻辑代码之间的隔离,极大地促进了 UI 与 UE 相关职业的发展,并促进软件用户体验的升级。MVC 模式的结构之间的关系如图 11.12 所示。

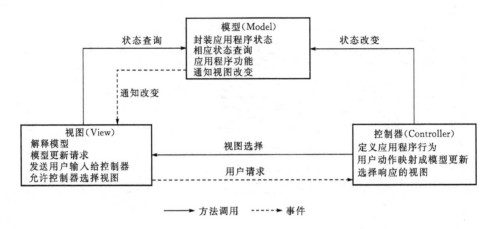

图 11.12　MVC 模式架构

其中,模型(Model)是指与问题相关数据的逻辑抽象,代表对象的内在属性,是整个模型的核心,它采用面向对象的方法,将问题领域中的对象抽象为应用程序对象,并在这些抽象的对象中封装了对象的属性和这些对象所隐含的业务逻辑。而视图(View)则是模型的外在表现,一个模型可以对应一个或者多个视图,如图形用户界面视图、命令行视图、API 视图等。系统通过视图来实现与外界的交互功能,它是应用系统与外界的接口,一方面为外界提供输入手段,触发应用逻辑运行,另一方面又将逻辑运行的结果以某种形式显示给外界。特别是当 Model 发生变化时,可以采用推(Push)和拉(Pull)两种机制来变更视图内容,其中,推(Push)方法让 View 在 Model 处注册,而 Model 在发生变化时向已注册的 View 发送更新消息。拉(Pull)方法让 View 在需要获得最新数据时调用 Model 的方法。而控制器(Controller)则是模型与视图联系的纽带,它提取通过视图传输进来的外部信息,并将用户与 View 的交互转换为基于应用程序行为的标准业务事件,再将标准业务事件解析为 Model 应执行的动作(包括激活业务逻辑和改变 Model 的状态)。同时,模型的更新与修改也通过控制器来通知视图,从而保持各个视图与模型的一致性。

在 MVC 具体的实现和处理的过程中,由控制器接收用户的 HTTP 请求,并调用相应的模型来进行业务处理,并将处理的结果数据集返回给控制器,控制器调用相应的视图来加载数据并显示处理的结果,随后控制器将用户请求的结果以 HTTP 响应的方式将视图呈现给用户。整个具体的实现与操作过程如图 11.13 所示。

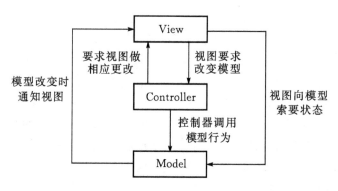

图 11.13 MVC 模式的实现操作过程示意图

从上图的执行过程可见,在整个系统执行过程中,模型的作用主要是对应用程序的功能进行抽象,并实现对程序数据结构及其操作的封装,并向控制器提供应用程序功能的访问服务。此外,模型还可以接收视图的数据查询请求,当数据发生变化时,可以向对此数据感兴趣的视图发送通知消息。而视图的主要作用除了对数据的表示部分进行抽象外,主要为用户提供交互的接口,一方面将用户的输入数据转发给控制器,另一方面,在接到来自 Model 的"数据更新"通知消息后,将更新信息提供给用户。控制器在对用户交互和应用程序语义映射的抽象基础上,将用户输入翻译成应用程序的动作,并转发给模型,并根据用户输入和模型对程序动作的输出,选择适当的视图来展现数据。

为了更好地说明 MVC 在实际应用系统中的具体的实现过程,我们仍然以第 9 章中的个人图书管理系统为例进行分析。通过前面的详细的分析与设计,目前多采用 SSH(Struts – Spring – Hibernate)框架来进行开发。SSH 框架巧妙地整合了 MVC 思想,从功能上来说,Hibernate 代表了模型 M,主要负责数据的持久化;Struts2 表示了视图 V,同时也具有控制器 C 的功能,主要负责表示层的显示;Spring 则表示控制器 C,它利用 IOC 和 AOP 技术来处理和控制业务逻辑,实现对数据实体的操作。

结合图 11.13 所示的 MVC 的实现操作过程,采用 SSH 来实现系统的基本业务流程是:在表示层中,首先通过 JSP 页面实现交互界面,负责接收请求(Request)和传送响应(Response),然后 Struts 根据配置文件(struts – config. xml)将 ActionServlet 接收到的 Request 委派给相应的 Action 处理。在业务层中,管理服务组件的 Spring IOC 容器负责向 Action 提供业务模型(Model)组件和该组件的协作对象数据处理(DAO)组件以完成业务逻辑,并提供事务处理、缓冲池等容器组件以提升系统性能和保证数据的完整性。而在持久层中,依赖于 Hibernate 的对象化映射和数据库交互,处理 DAO 组件请求的数据,并返回处理结果。

　　在个人图书管理系统中,如果管理员想要查询其中的一本书目,采用 MVC 模式进行设计如图 11.14 所示。在视图层,我们通过 queryBook.jsp 页面来实现交互界面,负责接收请求(queryBookRequest)和传送响应(queryBookResponse)。在业务层中,管理服务组件的 Spring IOC 容器负责向 queryBookAction 提供业务模型(Book)组件和该组件的协作对象数据处理(BookDAO)组件以完成业务逻辑,并提供事务处理、缓冲池等容器组件以提升系统性能和保证数据的完整性。而在模型层中,则依赖于 Hibernate 的对象化映射和数据库交互,处理 BookDAO DAO 组件请求的数据,并返回处理结果。

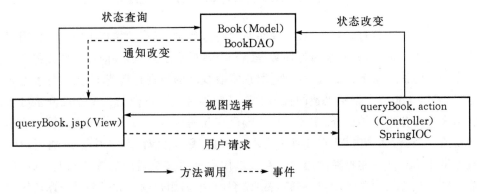

图 11.14　查询书目的 MVC 实现

　　采用上述开发模型,不仅实现了视图、控制器与模型的彻底分离,而且还实现了业务逻辑层与持久层的分离,以及业务表示层与业务逻辑层之间的分离。这样使得针对系统前端进行的交互方式的改变,如果不涉及到系统数据结构的变更,则对模型层没有直接的影响,而数据库也不需要发生较大变化,这种分层的关注点隔离技术大大降低了不同层次之间的耦合程度,不仅提高了系统的可复用能力,同时也有利于团队成员并行工作,提高了系统的开发效率。

　　尽管 MVC 模式已成为目前软件开发的主流模式之一,但是 MVC 模式也存在一些不足,特别是在项目开发过程中,实施 MVC 模式将会导致更多的成本开销,并增加类的数量以及文件数量,这也导致了系统测试与维护成本的增加。对于设计师而言,在系统架构的设计过程中充分了解 MVC 模式的优点与不足,为其在不同领域与业务场景下的应用模式的选择提供参考依据。

11.3.2　客户端/服务器模式和浏览器/服务器模式

　　客户端/服务器(C/S)模式是针对分布式环境下对计算资源进行解耦或隔离

的一种策略。客户端向服务器端请求资源服务,而服务器端提供资源服务。服务器端接收到客户请求后进行处理,处理完成后将结果返回给客户端,最终将结果返回给用户。C/S 模式定义了客户端如何与服务器端相连,并合理分配任务与各种计算资源的策略,其中包括数据资源、计算资源以及网络通信资源等,如何优化相关的资源是客户端/服务器架构模式中需要特别关注的关键因素。

　　在早期的 C/S 模式中,常采用两层结构模式,客户端负责业务逻辑的表示层和部分功能,服务器端则负责系统业务逻辑的处理与数据的持久化保存。但是这种实现方式将不同的功能融合在一起,并没有实现功能层次之间的解耦,为了更有效地来进行处理,形成了胖客户端或胖服务器的设计,其中如图 11.15(a)显示了一个胖客户端的架构。随着软件复杂度的提高,为了实现业务的解耦,C/S 模式进一步进化为三层结构模式,即通过增加一个应用服务器来负责处理所有的业务逻辑功能,如图 11.15(b)所示。这种模式在一定程度与 MVC 模式有一定的相似性,即均通过抽象来实现业务过程的解耦。

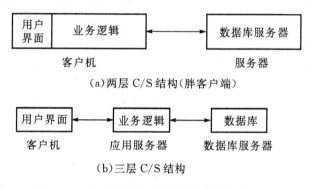

（a）两层 C/S 结构（胖客户端）

（b）三层 C/S 结构

图 11.15　客户端/服务器模式的软件体系结构

　　在传统的局域网环境下,信息管理系统大多采用 C/S 模式结构,由于必须开发一个相应的客户端软件,使得应用推广和维护的效率受到了一些限制。因此随着 Internet 的应用与发展大量软件逐步改成了 B/S 架构,但是,当前在移动互联网的快速发展推动下,为了在智能手机等移动终端上实现应用的快速响应和处理,C/S 模式又重新在移动应用平台上得到了越来越多的应用。例如,在针对第 9 章提出的个人图书管理系统实际应用案例中,在现有软件的基础上,小王进一步设计和开发了一款基于 Android 系统的 APP 应用软件,并可以利用该软件实时地利用手机来管理个人图书的相关资源。其中,这个 Android APP 应用系统采用了 C/S 模式,将手机作为客户端用来与用户进行数据交互,而部署在云端的应用服务器则用于接受客户端的请求,并对相应的请求进行数据的处理。因此,在实际的应用过程中,必须考虑到客户端应用系统的开发与服务端应用系统的开发,小王设计的基于 C/S 模式的系统模型如图 11.16 所示。

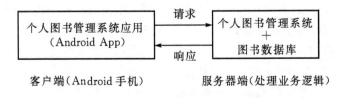

图 11.16　基于 C/S 的个人图书管理系统模型

而浏览器/服务器模型是客户端/服务器模式在互联网应用环境下的一种演进模式,它在 C/S 三层结构模式的基础上,一方面将客户端软件统一改成浏览器工具来与应用系统进行交互操作,避免了开发客户端软件而造成了维护与升级困难、无法实现标准化等问题,从而更容易来实现 Web 应用软件的开发与部署;另一方面为了实现浏览器在访问应用过程中对 http 标准协议请求的解析,B/S 架构模式中新增加了一个关键的单元——Web 服务器。而在实际的应用开发过程中,在不同的语言环境下,Web 服务器均可以通过标准化的方式来提供相应的工具,例如,.NET 开发环境下,可以采用微软公司开发提供 IIS 服务,而在 J2EE 开发环境下,则可以采用 SUN 等公司联合开发的 TOMCAT 服务,以及一些开源的 Web 服务工具,如 Kangle,Nginx 和 Apache 等,从而形成了四层体系结构,如图 11.7 所示。

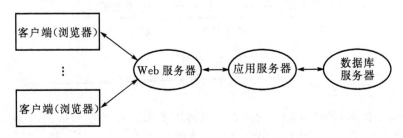

图 11.17　四层体系结构的浏览器/服务器模式

在 B/S 模式下,Web 服务器是整个架构的核心,它主要用来对 HTTP 协议进行解析。当 Web 服务器接收到一个 HTTP Request 请求时,会返回一个 HTTP Response 响应,可以是一个 HTML 的静态页面或页面重定向。如果需要产生一个动态响应(Dynamic Response)时,则将所产生的委托(Delegate)提供给相应的交互程序,例如系统中的 CGI 脚本、JSP 脚本、Servlets、ASP 脚本、服务器端的 JavaScript 脚本,或者是其他的一些服务器端技术,通过这些脚本的解析与处理,最终通过服务器端的程序产生一个 HTML 响应结果提交给浏览器,并以 Web 页面的形式呈现给用户。

　　由于在 B/S 的四层架构模型下，浏览器与 Web 服务器均可以通过标准化工具的方式集成到应用系统中，而系统的核心开发与部署的工作则在应用服务器端，即需要将核心的业务逻辑代码实现全部加载和部署一个应用服务器端来实现所有的业务功能。而为了更好地实现业务与数据的隔离，B/S 模式借鉴了 C/S 模式的隔离机制，将应用服务器与数据库服务器实现了逻辑上的分离。当进行系统维护与升级时，只需要更新应用服务器端的应用程序即可，而用户只需要通过任意一个浏览器就可以得到所需的功能。因此，在 B/S 体系结构下，系统的开发、部署和升级维护的灵活性、扩展性均得到了极大地保证。目前主流的网络应用软件特别是一些电子商务平台、办公软件系统、社交平台等应用系统软件均采用 B/S 的模式来进行架构与开发实现。例如，天猫商城、12306 的车票交易平台、企业内部的 OA 系统、ERP 软件等等。

　　结合本书第 9 章的个人图书馆系统，在完成了传统的桌面应用、C/S 应用以及 Android APP 应用开发之后，进一步希望将系统升级成一个 Web 应用系统，以便实现远程和简单化的系统图书资源共享与访问，为此，小王决定将图书管理系统采用 B/S 模式来进行重构，基于 B/S 的图书管理系统的体系结构模型如图 11.18 所示。

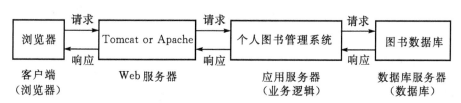

图 11.18　基于 B/S 的个人图书管理系统模型

　　由于 B/S 模式具有较强的开放性和用户界面的一致性，且对客户端硬件资源的要求较低，便于系统开发、维护和升级。因此，在利用 B/S 架构对个人图书管理系统的功能进行实现的过程中，也可以对系统功能进一步地进行扩展，并针对不同的用户角色实现不同应用系统。这些工作可以在借鉴前文系统设计的基础之上进行不断的功能扩展，从而可以更加深刻地理解软件设计的核心原则、重构、设计模式以及体系结构模式对软件实现的作用和影响。

11.3.3　ISO/OSI 的分层设计模式

　　为了解决网络数据通信的关键性问题，国际标准化组织 ISO 制定了一个"开放系统互连"(OSI)相关标准，并提出了一个基于功能分层的网络体系结构七层模

型——开放系统互连参考模型,如图 11.19 所示。并在此基础上,实现了在通信子
网环境下的网络通信以及应用数据的服务,相关的协议、基本概念与应用可以参考
《计算机网络》相关内容。而本节主要希望从体系结构的设计角度来分析这种具体
的分层体系结构所采用的设计思想与实现策略。

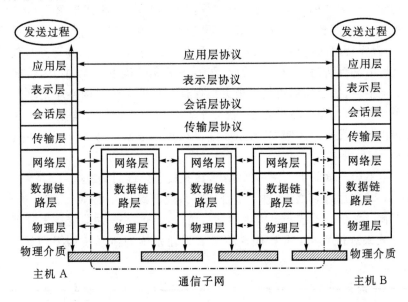

图 11.19　ISO/OSI 的网络开放系统互连参考模型

　　由于要利用软件来实现整个网络协议是一个比较庞大的程序开发任务,
特别是网络协议的实现过程中由于技术的升级以及业务需求的不断变化都将
对整个协议的开发与实现带来挑战,为此,ISO 采用了分层的软件体系结构模
式来解决上述的复杂问题。首先需要对整个协议栈中的服务功能进行抽象,
形成通信子网与主机,而通信子网只是进行数据通信的转发,对数据本身并不
进行直接的处理与展视;而主机是数据信息服务产生与消费的实体,一方面,
主机应该具有与通信子网内每一个节点进行标准化通信的能力;另一方面,主
机还应该能够接收用户输入的指令信息,并对这些指令信息进行封装与处理
的功能。为了实现每一层功能内部的高内聚以及不同层次之间功能的松耦
合,需要针对用户对系统所需的服务来确定对每功能层次的抽象,这种抽象是
围绕用户需求以及系统环境约束自上而下地来实现,每一层中的具体抽象结
构如图 11.20 所示。

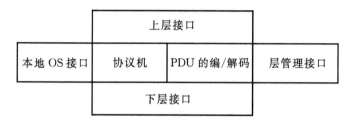

图 11.20　单层协议软件的典型结构示意图

其中,协议机软件和协议数据单元(PDU)的编/解码模块构成该层协议软件核心的数据结构。在多连接的情况下,为了考虑系统实现的效率,协议机通常采用链表结构,而 PDU 的格式则由协议规范来确定,协议实现的数据结构需要兼顾数据的处理与传输两个方面。根据 OSI 的增值服务原则和同等层通信原则,协议数据在层间传递时要加上或除去本层的协议控制信息(PCI)和可能的层间交换控制信息(ICI),这时希望协议数据在传输过程中以管道/过滤器模式下的流式数据来进行传输,而在层内的协议机内为了便于操作,形成一种树状的二维数据存储结构,并将按语义划分的不同的数据单元,如服务数据单元、接口数据单元协议控制单元等以二维结构存放于系统中。由于每层的数据都是有序地封装在其中,所以在层间的数据交换过程中可从中逐层地增加控制信息(PCI)或还原出相应的二维结构树中对应的数据。

另外,在分层协议的环境中,上层接口和下层接口分别通过一组方法调用和消息处理机制来实现相应的服务,并通过服务数据单元(SDU)和接口数据单元(IDU)的结构设计来实现层间的数据交换。为了更加有效实现层内的管理以及与本地 OS 接口处理的可移植性,协议中的每一层均可以通过一个统一的接口来调用本地操作系统所提供的功能。而层管理接口则实现了协议层软件与网络管理系统之间的交互,并通过向网管系统来报告状态或事件,或者执行网管系统发来的控制命令。因此,通过上述的协议层次的结构设计,当调整系统的内部操作与外部操作之间的映射时,便可以快速实现不同系统在基本数据类型、文件操作以及实现语言等方面的操作。

以 OSI 协议栈中的传输层(TCP 层)与网络层(IP 层)之间的交互为例,为了保证操作的一致性和互操作性,每一层均利用 PDU 和协议机对相应的功能进行了封装与隔离,但为了保持不同层次协议栈之间的服务与互操作能力,每个层次均可以调用相邻层提供的服务接口,并通过对该接口来实现消息输入或输出的服务处理。不同层间的交互方式如图 11.21 所示。其中,当数据下行时,即从用户输入数据并发送请求的过程中,高层的应用可以调用传输层(TCP 层)接口中提供的

TCPSend()方法,将数据传送到传输层 TCP 中加入包头,调用网络层(IP 层)输出数据服务接口中的 IPOutput()方法,将数据包传递到网络层中,通过网络层中的处理后,再次调用下个功能层所提供的相应接口,直至数据转换成数据帧并通过物理层进行传输;当数据报文到达接收主机并上行处理时,则可以将数据逐层地解包,恢复本层数据的原始结构信息,并将解包后的数据传送到上一层提供的服务接口,例如,底层来调用网络层提供的数据输入接口中的 IPInput()方法以及传输层中的 TCPInput()方法;为了更好地控制数据流,每一层的管理接口中均提供了一个定时器 Timer()方法,来处理延时数据包或过滤重复的数据包。

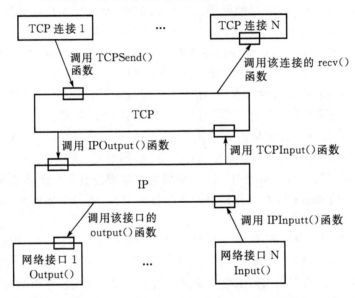

图 11.21　相邻层次之间的功能隔离与服务调用示意图

OSI 的分层体系结构的设计充分地体现了在面对复杂业务功能的条件下,分离功能点这一核心设计原则,按照此原则以对功能进行抽象的方式来实现高内聚与低耦合。其中,高内聚反映了模块内部的一系列功能的相关程度,对于功能之间相关度不高或者根本没有相关功能但却包含在某一模块中的作法是不可取的。而低耦合则是描述了不同模块之间的依赖与相互的感知程度,在面向对象以及组件化的程序开发过程中,模块之间的耦合度越低,则模块之间的依赖性就会越低,其扩展性则越高。

另外,分层体系结构对软件设计与开发带来的明显的好处包括了以下几个方面:一是分层结构使软件系统的逻辑分界变得很清晰,易于实现系统的模块化封装;二是关注点分离使得开发人员以及相关资源得到充分优化,有利于并行工程的实现；三是由于系统中的每层都是独立的组件，一方面使得整个系统的代码组织十分灵活，另一方面，每一个层内代码的改动被封装在有限环境下，对其他层的代码影响较小，从而有利于系统应用扩展。四是由于每一层均可以提供安全的管理机制，使得系统具有多级别的安全控制能力。因此，在一些复杂的大型软件的设计过程中，尽管可能带来一些性能上的开销，但实际过程中往往会利用分层体系结构模式中关注点分离与模块封装的优点，为系统的实现提供架构的有效支撑。

11.3.4　面向服务的体系结构(SOA)

随着 XML 技术的不断成熟，为开发和实现一个异构组件之间快速集成的新型"软件工厂"提供了技术支撑，而面向服务的体系结构(Service - Oriented Architecture，SOA)提供了一种以服务为驱动的分布式网络编程新模式与网络化软件开发的一种体系结构，它将服务作为架构中最核心的抽象组件，每个服务组件均由一个或多个分布的应用系统来提供具体的实现方法，并对外呈现出相对独立、自包含和可重用的特点，这种新型的分布式软件体系结构为 Web 服务技术的广泛应用提供了逻辑上的支撑框架，如图 11.22 所示。

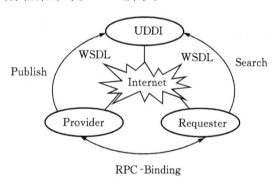

图 11.22　面向服务的体系结构逻辑模型

在这种体系结构下，服务注册与发布中心(UDDI)对服务提供者(Provider)所提供的 Web 服务进行注册与分类管理，而服务提供者将服务的接口采用基于 XML 的 ADL 语言——WSDL 来进行统一描述和发布，并利用基于 XML 的消息通信协议来实现不同组件之间的访问与互操作，从而解决了跨异构环境和跨平台的软件组件开发、重用与集成时所面临的互操作限制等问题，为服务需求者提供了一个跨平台、语言独立的远程服务绑定与调用的松耦合集成环境。作为一种新型的基于 Internet 的开放式软件体系结构的核心组件，Web 服务定义了一个与业务功能或业务数据有关的接口和约束契约，而服务接口和契约与实现服务的硬件平台、操作系统及编程语言无关,他们采用基于标准的协议进行定义和实现,Web 服务内部结构以及接口之间的描述与交互映射关系如图 11.23 所示。

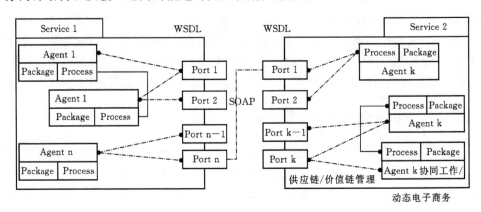

图 11.23　Web 服务的内部结构与映射关系

其中,服务(Service)是由一个或多个代理机构(Agent)组合而成的一个具有独立功能的、自治的软件体。由于它对内部多个代理机构间的数据包块与进程进行标准化的封装,并通过基于 XML 的服务定义语言(WSDL)对服务的外部接口进行描述,利用 SOAP 消息来完成服务间的消息通信,从而为异构环境下分布式计算提供了语法以及语义的支持。服务的结构采用 XYZ/ADL 可以定义如下:

Service ∷=ServiceName [ServiceDecPart] = = [Agent] [WherePart]

ServiceDecPart= = [IntefaceDecPart][FunctionDecPart][ComputationDec-
　　　　　　　　　Part]

IntefaceDecPart ∷= %PORT [port, …, port]

Port ∷= PortName [PortDec] = = [DataType][PortBehavior]

FunctionDecPart ∷= FunctionName [Function_specification]

ComputationDecPart ∷= ComputationName [Computation_specification]

Agent ∷ = AgentName [AgentDec] = = [Package][process]

其中,Agent 所包含的包块以及进程则可以认为是对 Service 中的接口、功能、计算声明部分的求精。除了在描述的抽象层次存在着区别外,Agent 更加强调了采用一种特定的数据结构对数据的包块进行存储与处理,而 Service 的内部可包含多个不同的 Agent,因此,其内部存在着多种不同的数据结构。

为了体现在 SOA 体系架构中服务的注册发布、查询匹配以及绑定调用过程中的关键环节与实现方法。我们对图 11.22 所示的 SOA 逻辑视图进行了进一步的形式化表示,整个 SOA 体系结构将三个组件通过基于消息的通信与远程过程调用两种连接方式组合而成,形成了一种带中介的、复杂的类似于 C/S 体系结构模式的一种异构式体系结构模式,如图 11.24 所示。

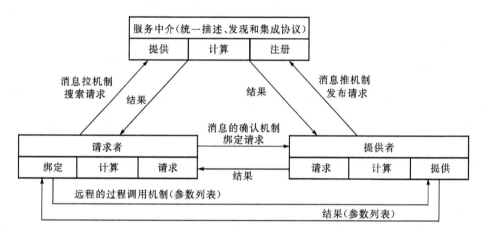

图 11.24　面向服务的体系结构形式化框架

　　其中,基于消息的通信包括消息的推(PUSH)和拉(PULL)两种策略,在服务的注册与发布过程中,采用消息的推送机制(MP1)将服务的提供者与服务中介连接起来,且 Provider 端通过调用 request 过程向 Broker 端发送服务注册与发布请求的 Request 消息以及服务的接口描述消息 WSDL,Broker 端通过调用 register 过程对服务进行注册、存储与分类,并通过调用 provide 过程向 Provider 端发送服务发布请求的 Result 消息,完成了一次通信。在服务的查询过程中,采用消息的拉机制(MP2)将服务的请求者与服务中介连接起来,且 Requester 端通过调用 request 过程向 Broker 端发送服务查询请求的 Request 消息,Broker 端通过调用 provide 过程向 Provider 端发送服务查询匹配结果的 Result 消息,从而完成了一次通信。在服务的绑定过程中,采用消息的确认机制(MP3)以及远程的过程调用机制(RPC1)将服务请求者与服务提供者连接起来,且 Requester 端通过调用 request 过程向 Provider 端发送服务绑定请求的 Request 消息,Provider 端通过调用 provide 过程向 Requester 端发送服务绑定确认结果的 Result 消息;随后,Requester 端通过 binding 过程采用 RPC 的方式向 Provider 端发送服务的调用参数,Provider 端利用 computation 过程处理后的结果通过 provide 过程向 Requester 端发送返回的 Return 结果信息。从而完成了整个服务的注册发布、查询匹配以及绑定调用的全部过程。

　　由于 SOA 体系结构中利用 Web 服务对业务逻辑的封装、发布、查找与绑定,从而有效地解决传统软件重用过程中需要解决的存在性、可发现性以及可用性(即互操作性)三个核心问题(这三个问题详细的分析参考 11.4.1 节相关内容)。即由服务的提供者将自己开发的软件模块进行封装并发布,而统一的 UDDI 中心可以通过已有的各类服务所发布的公共信息,为服务的使用者提供了快速查询与检索的能力,一旦发现了所需要的服务,则可以实现服务的绑定,从而为软件工厂的设计与实施提供了一个新机制。另外,由于 Web 服务不仅重用了服务提供者的业务处理功能,同时还透明地重用了 Web 服务提供者的数据存储结构与数据内容,从而提高了软件开发与部署的效率,这点与传统的基于组件的软件重用方式存在着明显区别。

11.4　基于体系结构的可重用软件开发方法

软件重用是现代软件工程中的一个重要概念,它不仅是一种技术、一种方法,也是一个过程,目的在于使软件开发从质量、生产效率和成本上得到改善甚至大幅度的优化。随着软件技术的迅猛发展,特别是有关软件体系结构模式的研究与技术进步,基于组件的开发以及基于框架的开发技术逐渐成为了主流的开发模式,下面针对软件体系结构下的组件化开发技术进行介绍。

11.4.1　软件重用所面对的挑战

早在上世纪 40 年代,A. Turing 就首先提出了子程序(subroutine)的概念,尽管他的主要目的是为了节省当时昂贵的机器内存资源,而非节约开发软件所需的人力资源,但通过子程序来实现软件或程序复用的思想却具有开创性的意义。1968 年,D. Mcllroy 针对"软件危机"首次正式提出了可重用软件组件的概念。1983 年,Freeman 对软件重用进行重新定义,他认为软件重用是在构造新的软件系统过程中,对已存在的软件的重新利用使用技术。从而精辟地分析了软件重用(使用,Development with Reuse)与软件开发(已存在, Development for Reuse)间存在的关系。尽管软件开发技术从面向过程发展到面向对象、面向组件以及目前的面向服务式开发,软件工程也为人们提供了更多更有效的方法与技术,使得软件重用在不同的角度和粒度上均得到了有效的支持,但是软件重用的基本思想与理念并没有发生明显的变化,利用已有的资源来控制软件开发的质量与成本,提高软件的生产效率和可靠性,并延长软件产品的生命期仍然是软件重用的核心目标。

Caper Jones 曾定义了 10 种可供重用的软件制品,并将软件重用的粒度按大小分为源代码级重用、软件体系结构重用、应用程序生成器以及域重用四大类。从软件工程与软件技术发展的角度来看,每一次软件技术的进步均推动了软件重用技术的发展,并使得软件重用的粒度从小变大,重用的方式更加灵活有效,重用效率不断提高。软件重用技术与粒度级别的层次关系如图 11.25 所示。

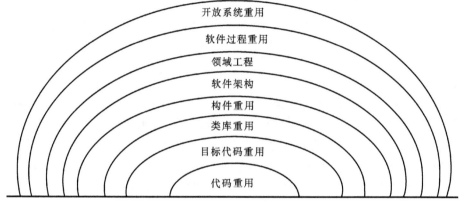

图 11.25　软件重用粒度级别层次图

　　其中,面向过程的软件开发中的源代码或目标代码重用均是一种简单的小粒度的重用方式,它要求开发者在重用软件时必须了解设计思路、编程模式、开发环境以及相应的开发语言和工具,因此其通用性、抽象性与灵活性差,重用的效率与效益都非常有限。面向对象的软件开发设计方式为软件重用提供了一个新的技术支持,它通过类的封装、继承与多态等方式对实体进行抽象,并通过调用类库和继承父类的方法与属性来实现软件重用。虽然这种通过类库和继承父类的方法和属性的重用方式有效提高了软件重用的粒度与水平,但重用所带来的效益与重用效率有限,不能为大规模的软件集成式开发与生产提供有力支持。尽管存在以上问题,面向对象的思想与技术还是为软件的模块化、集成化开发奠定了一定基础。面向构件的设计与开发,使应用软件的开发与生产达到了一个更高层次,它继承了面向对象的思想,将相应的业务逻辑有效地进行封装,通过向用户提供一个标准的通信接口,来实现一个较大粒度的、黑箱式的可重用操作。构件技术引发了软件开发与生产的又一次技术革命,它将软件开发自然地分成了两大业务,一是构件的生产(development for component);二是利用构件进行的组装(development with component),从而极大地推动了软件重用技术的发展。

　　面向软件体系结构的开发与设计模式为大粒度的软件制品的重用提供了新的机制,它要求使用者在软件体系结构的设计框架下,通过一系列具有良好定义接口的组件对系统进行集成式开发。这种方式使得基于重用的软件系统具有很强的可扩展性和灵活性,并可根据具体的需要来实现不同层次的软件重用。面向领域工程的开发与设计是将通过领域分析和领域设计而生成的公共体系结构与构件进行重用的一种方式,它要求开发人员对领域知识有深入的理解,可在域范围内可实现软件重用的极大化。软件过程的重用是指将软件工程所定义的软件开发过程内各种环节所产生的资源进行重用,这些资源包括:需求模型、规格说明、各种设计、用户界面、数据、测试用例、用户文档和技术文档以及项目计划与成本估计等等。它将软件开发过程中所有资源作为一个整体来实现重用,同时也可以根据需要灵活调整重用的粒度与层次。

面向开放系统的重用技术是通过一系列的标准与规范来解决目前分布式异构环境下系统间互操作问题的新技术,它通过分布对象技术使符合接口标准的构件可以方便地以"即插即用"的方式动态地组装到系统中,实现对用户透明的"黑箱"式复用,从而为软件复用提供了良好的支持。同时,也为系统的分析、设计、决策以及系统的演化过程提供了稳定的基础,并为异构系统间通过标准接口来实现互操作提供了保证,使得开放系统更易于适应新技术的发展。可见,开放系统技术可以在保持并提高系统效率的前提下有效降低开发成本并缩短开发与产品发布的周期。

随着软件重用技术的发展与可重用粒度的增大,对软件管理提出了许多新的要求,如:机构组织与管理方法如何适应复用的需求、开发人员知识的更新与心理因素的保证、知识产权以及商业秘密的保障等。除此之外,软件重用在应用与实现过程中还必须解决目前存在的三个基本问题,针对这三个问题存在三个基本原则:一是存在性原则,即必须存在可以复用的对象资源;二是可发现性原则,即需要向用户提供查找所需复用对象的有效手段;三是可用性原则,即为使用者提供被复用对象的可访问和使用的标准化方法。尽管实现软件复用的各种技术因素和非技术因素是互相联系的,但解决这三个基本问题才是成功实现软件复用的基础。

11.4.2　基于体系结构的软件组件化开发方法

为了更好地实现软件重用,解决软件重用过程中的三个关键性问题,一方面需要将已开发的各类软件组件进行有效的分类管理,并形成一个有效的组件库;另一方面需要利用已有的软件组件,并将其按照标准化与合理化的方式进行组织,在软件体系结构的框架下形成一个基于组件的软件产品开发过程与方法,则成为组件化软件开发的关键。本节先来分析一下基于软件体系结构框架下的组件化软件的开发过程与方法,而针对整个开发过程中的关键技术,如组件的描述模型、组件库、组件查找服务以及组件的集成与组合技术等,将在后续的内容中进行介绍。

与传统的软件工程项目的开发实现不同,在软件体系结构下的基于组件的软件开发方法与过程中,回避了简单代码实现任务,而是将更为重要的工作放到了整个系统的架构设计与已有组件的组织和合成上,从而通过将代码的大粒度重用来缩短软件产品的开发周期,并提升了系统的稳定性与可靠性。在整个基于组件的开发过程中,分为三个阶段,即组件的开发阶段、组件仓库的共享式管理阶段、应用软件的开发与合成阶段。每个阶段分别对应着软件重用中的存在性、可发现性以及可用性等三个原则性与问题。整个基于组件的开发过程如图 11.26 所示。

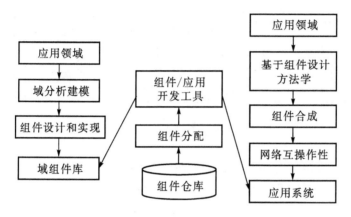

图 11.26　基于组件的软件开发过程与方法示意

其中,组件是指被封装为二进制单元的、可复用的、自描述的程序模块,它针对一个特定的应用领域,并通过领域分析与建模,由类与对象组成和实现并通过进一步封装,完成一个或多个功能的特定服务,通过相应的接口来实现功能的调用。例如,目前主流的组件包括以下 6 种类型:COM 与 DCOM 及 COM＋组件模型、CORBA 组件模型、JavaBeans 组件模型、.NET 组件模型、商品化的 COTS 组件模型以及 Web 服务组件模型。由于每个组件均隐藏了具体的实现,仅通过接口来描述了组件对外提供的服务,用户在直接引用组件时无需考虑组件内部的具体实现细节。

而面向系统的组件模型则是在系统体系结构设计方法作用下,将不同的组件、接口以及组件之间相互关系进行装配来实现软件可重用的快速软件开发方法。由于该方法特别强调了软件的可重用性、组件位置的透明性、编程语言与开发环境的独立性和不同组件之间的互操作性,因此,每一个组件必须遵循规范的标准来进行定义和描述,并且组件的接口尽量简单并相对独立。

基于组件的软件开发过程把应用业务和实现分离,通过其提供的标准接口和框架,使传统的软件开发方法转变成为了以接口为核心的组件的组合开发方法。因此,软件组件的状态以及状态变化则成为了 CBD 开发方法中关注的焦点,通过对这些状态变迁过程,围绕组件开展的一系列活动,如组件的发现、组件的选择、组件的创建、组件的匹配、组件与系统的测试、部署和组件的替换等,通过这一系列的活动来触发并实现组件状态的变化,从而构成了一个完整的基于组件的软件开发生命周期过程,基于组件的软件开发周期过程如图 11.27 所示。

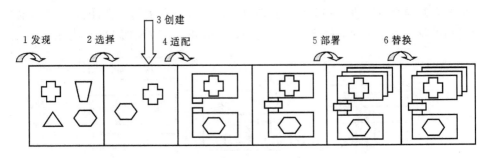

图 11.27　基于组件状态变迁的软件开发周期示意图

其中,组件获取是组件开发过程的基础与前提,通常获取组件的主要方式包括了以下 4 种:组件库选取并适配、独立开发、遗留系统的功能抽取以及基于 COTS (commercial of the-shelf)的商业化组件的利用。因此,在实际的业务过程中,根据相应的系统需求,对软件组件进行描述和定义后,通过测试则可以将这些组件统一地发布到组件库中进行管理。

在组件的选择过程中,一旦需要开发一个完整的应用系统时,可以根据业务的实际需求以及组件的接口描述和定义,发掘出能够在系统开发过程中所利用的各类组件,即可以通过组件库内对不同的组件进行统一的管理并提供查询服务,并为组件的发现与查询提供支持;而组件的选择与组件的发现相关,一方面通过对系统需求的定义进行描述,利用不同的参数来筛选相应的组件;另一方面则是针对从组件库中发现的组件进行再次的选择与匹配,找出符合接口参数定义、核心功能实现以及服务质量保障的组件。在组件集成到系统的过程中,一些组件能够被直接集成到系统中,而另外一些组件却需要对组件进行改动以适应系统的需求。而组件适配就是指基于组件模型的规范与标准对所选择的组件进行二次的开发或封装,使他们适用于现有的系统,这个阶段是基于组件开发方法的核心阶段。

在组件的测试与维护管理过程中,一方面需要对二次开发或二次封装的软件组件进行测试,另一方面也需要对集成后的系统功能性、安全性以及性能进行测试,确保组件满足质量标准与用户的实际需求,并且一旦通过测试则可以对软件系统进行快速的部署应用。而在系统运行的过程中,组件升级以及系统需求的变更都可能导致对组件进行调整与替换,从而达到降低漏洞、增加新功能和增加可维护性等目的。

综上,组件的出现改变了传统软件的开发方法,应用系统的开发过程变成了对组件接口、组件上下文以及框架环境一致性的逐渐探索过程,这种以软件的大粒度复用和并行化为手段的系统开发方式,极大地提高了软件的开发质量和效率。而SOA架构则是在组件化开发的基础上,将 Web 服务作为一种特定的网络应用组件,通过 UDDI 作为组件库来实现服务的注册、发布与查询发现,并在 SOAP 协议的基础上来实现服务绑定的一种基于网络的组件化开发方法。这种方式突破了传统基于组件的集成式应用的开发方法,而是利用分布式的网络环境,实现不同组件之间远程交互与消息的传递,因此,基于 SOA 体系结构与 Web 服务技术的组件化开发模式极大地促进了软件工厂化的开发与实施过程。

11.4.3 组件库的概念与基本结构

组件库作为基于体系结构的组件化开发方法的核心,是用来实现各类组件的注册收集、组织管理、动态发布、查询发现以及集成应用的关键。近年来,国内外不同的组织机构和公司企业纷纷投入大量的资源来实现一个可共享的组件,例如,STARS、REBOOT 以及我国杨芙清院士主持的青鸟系统等,但是由于传统的组件技术所受到开发环境与语言、应用领域、接口描述与定义等多种限制因素的影响,组件库的价值在实际的应用过程中并没有得到充分的体现。随着 SOA 架构技术的提出,基于 UDDI 的轻量级服务组件库模式得到了更为广泛的接受与应用推广,本节主要简要介绍 STARS 组件库和青鸟组件库以及 UDDI 服务注册中心的相应实现框架与方法。

1. STARS 组件库

STARS 计划最早由波音以及洛克希德-马丁等公司于 1988 年联合发起,主要目标是针对美国国防部内部软件开发过程中,通过大粒度重用现代软件开发过程与关键技术以提高软件生产率、可靠性和质量。STARS 组件库是由组件库的数据和系统两个部分组成,前者用于描述与定义组件自身及其相关属性的信息,并形成组件的基础目录信息。而后者则由组件库框架、元模型以及组件库工具等共同组成,它提供了一组定义和操纵组件库中数据的机制,即根据元数据模型的定义,来实现数据的组织、定义、创建、操作和管理全过程。整个组件库系统可以利用库工具以及相应的框架服务来实现与组件目录之间的映射,从而为组件在组件库内的全生命周期进行有效的管理。整个 STARS 组件库系统的整体结构如图 11.28所示。

为了描述 STARS 组件库中的组件特征,人们从概念、内容与上下语境等三个不同侧面来描述组件的基本特征,其中,概念是针对组件功能的一种抽象描述,它利用接口规约和语义描述两类特征实现了对组件的操作定义与关联;内容是指对概念的具体实现方法与技术所进行的描述;上下文语境则是指组件在应用上的环境条件,为构件的选择、适配和修改提供约束与指导信息;一般地,上下文语境可以进一步分为概念语境、操作语境与实现语境,分别描述了组件间接口和语义方面的关系、组件中被操作数据的类型和操作等特征以及组件在实现过程中存在的依赖关系。这些组件特征的描述,为 STARS 组件库内实现组件的快速发现与描述奠定了基础。

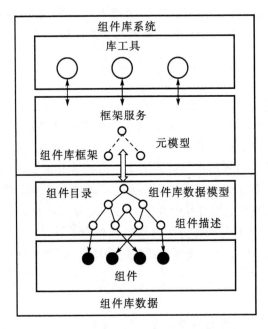

图 11.28　STARS 组件库的整体结构示意图

2. 青鸟组件库系统

青鸟组件库系统用于对可复用组件进行描述、管理、存储和检索,来满足基于组件的软件复用与开发过程的需要,它在组件模型的基础上,建立基于组件的数据模型来实现生产、描述(使用青鸟 ADL)、分类、存储、查询和复合。组件库做为储存组件及其他相关属性信息的核心工具,并通过组件入库、组件查询和组件库维护三个工具集提供了对组件库中数据直接操作的能力,软件入库工具集为管理员提供了将新组件加入组件库以及修改更新已有组件属性信息的分类管理工具,它通过网络和数据库服务器通信,支持用户对组件库的使用;组件查询工具集主要为用户提供了一个组件查询和组件使用的意见反馈工具,该工具可以协助组件库中的用户实现组件信息的浏览、查询与提取,并对组件的使用意见进行反馈;组件库维护工具集为组件库管理员提供了一个综合管理的工具,它包括了用户数据库维护、组件制作者数据库维护、组件的服务质量、用户反馈意见处理、组件库信息统计等功能,并对组件库的各部分内容进行维护。青鸟组件库系统的整体结组如图11.29 所示。

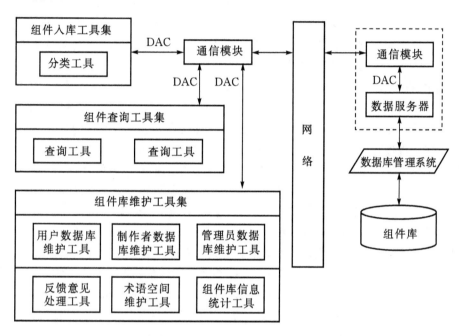

图 11.29　青鸟组件库系统的整体结组示意图

　　为了更好地、有效地实现组件的快速发现与适配,青鸟系统从组件的基本概念、操作规约、接口、类型、实现体、组件复合、组件性质、注释以及上下文语境等九个不同的方面来对组件的特征属性进行描述与建模。其中,组件的基本概念是对组件的抽象描述与说明;操作规约则定义了针对组件对外提供的可被请求的服务;接口则是为组件的对外提供服务的行为描述与定义;类型用来定义操作参数的值的特征和范围;实现体则是组件的具体实现部分,是实际完成被请求服务的系统。组件复合是指组件之间的适配方式,组件通过复合组成系统,模型中的复合关系仅限于可表示为程序代码的组件,复合的方式是服务请求或消息传递,并通过不同的组件之间的出、入接口所建立起来的关联关系,来实现组件的复合;组件性质是指明组件的形态、层次和表示方式;组件注释用来描述和组件库相关的其他性质,这些性质是组件库管理所必需的信息,如组件作者、制作时间、修改限制、修改影响等;组件上下文语境是指描述组件的软、硬件使用环境和相互的依赖。

　　通过这些组件属性参数的定义与描述,可以更有效地理解和实现组件的描述与定义,以及组件之间关系的定义,从而通过组件所提供的对外接口来实现组件提供者和组件请求者的分离,从而极大地提高和促进了开发的效率。

3. UDDI 服务注册中心

UDDI 是 SOA 体系结构中的一个关键组件,它通过 SOAP 协议为 Web 服务提供了信息注册、服务发现和服务绑定调用的访问协议与通信标准,并利用基于 XML 的体系结构描述语言 WSDL 来将用户提供的 Web 服务进行定义与描述,将服务的属性信息加载到 UDDI 中心的公共注册表内供其他用户查询和使用。由于组件库内的检索机制可能大大降低组件检索和理解的成本,针对不同的组件描述形式可以采用不同的检索方法,例如基于正文的组件检索、基于行为采样的组件检索、基于词法描述符的组件检索、基于规约的组件检索和基于语义的组件检索等,而 UDDI 在实现过程中融合了上述的一些方法,并且采用了基于刻面的检索机制,为此 UDDI 将 Web 服务的基本属性分解成了三个层次或刻面,即一般信息(白页)、分类信息(黄页)以及技术信息(绿页)。其中一般信息包括了 Web 服务的 URL 和提供者的名称、地址等基本信息;分类信息包括了基于标准分类法(如相关产业、产品或提供服务类型以及地域等)的分类系统;而技术信息则是发现潜在 Web 服务的关键,它提供了服务发现的接口与服务发现的实现机制与技术实现细节。

由于 UDDI 本身就是一个 Web 服务,它可以通过一组基于 SOAP 的 UDDI API 进行访问。其中可以利用 Inquiry APIs(查询 APIs)来查询定位商业实体、服务和绑定等信息;而利用 Publishing APIs(发布 APIs)在注册中心中发布或者取消服务。同时,UDDI 提供了基于 XML 的轻量级的数据描述和存储方式,并通过以下 5 种数据结构来具体实现。

(1)BusinessEntity(BE):包含了公司及其提供的服务的一般性描述性信息,如名称、联系方式等;

(2)BusinessSevice(BS):包含了业务实体提供的更为详细的服务或业务处理过程信息;

(3)BindTemplate(BT):包含了实际调用服务所需的具体技术和服务接口的信息;

(4)TModels(tMod):描述服务的具体技术规范和标准,代表了技术指纹、接口和元数据的抽象类型;

(5)Publisher Assertion(PA):UDDI 注册中心中 2 个业务实体之间的关联信息。

这些数据结构间的实现逻辑关系如图 11.30 所示。

由于 UDDI 服务注册中心只将 Web 服务组件的不同刻面信息进行了标准化后统一进行发布,且每一个 Web 服务组件仍然由服务的提供者来统一提供,并最终确定是否愿意实现绑定和服务集成,因此,这种面向网络的分布式松耦合的服务组织机制改变了传统的组件化的开发方法,特别是作为组件库的 UDDI 服务组件中心,它提供了一种轻量级组件库的服务机制,即只保存服务的刻面信息,并不管理具体的服务组件以及服务组件的具体实现,这种服务目录管理机制为 SOA 的架构的快速发现与组织服务奠定了重要的基础。

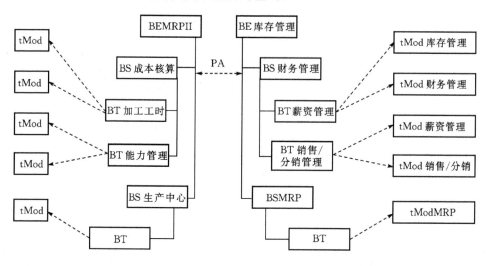

图 11.30　UDDI 服务注册中心的数据结构关系示意图

11.4.4　组件组装与推理技术

在基于组件的软件开发过程中,系统的开发人员首先依据用户需求和实现环境的要求,来确定软件系统的体系结构,并定义了系统需求与构成系统的各组件之间存在的映射关系,然后在组件库中查找与抽象组件相匹配的具体条件,并获得一个候选组件的集合。为了实现软件工厂化开发过程中组件的快速装配与软件生成,组件组装(component composition)和组装推理(compositional reasoning)则成为人们重点关注的核心技术,也是 CBD 开发过程中的难点所在。组件组装机制是在软件体系结构和组件库的构建基础上,运用多个组件联合构造软件系统的一种方法,而组装推理则是根据组件的功能行为、质量属性来推断、预测软件系统的功能行为和质量属性,为组件的组装提供筛选与过滤的判据。

在软件组件的组装过程中,组件本身所具有的可组合性则是判断组件组装能力的一个重要的特性,该特性包含了组件所具有的可重用性(reusability)、组件之间的互操作性(interoperability)以及组件所具有的可配置性(configurability),这些特性决定了组件在组装过程中所具有的基本能力,且这些组件特征之间存在的基本关系如图 11.31 所示。

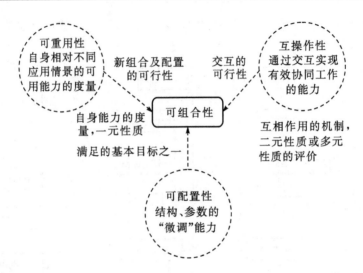

图 11.31　组件之间的可组合性与相关特征之间的关系

　　但是在实际的 CBD 软件开发过程中,人们从组件库中检索组件的查全率和查准率往往不高,这与组件库中对组件的形式化定义以及语义描述和检索的支持能力不足有关。Mili 等人在对基于组件开发过程中组件重用和组装合成进行深入研究后指出在组件组装与合成过程中存在两个核心问题:(1)被组装的组件粒度大小和规模与组装的复杂程度成正比,即在利用可重用组件进行组装时,对于组装深度为 d 的组装组件的复杂度为 $O(n^{(n^d)})$,为了降低组件组装与合成的复杂度,并提高合成组件性能,除了提供更好的组装与合成算法外,降低组装与合成深度则是一个更为有效的方式。因此,在组件组装与合成过程中要遵循的两个基本合成原则:一是通过领域分析使得需要组装的组件选择范围更具有针对性;二是采用尽可能少的组件来满足相应的需求。

　　(2)组装合成组件的可行性的校验(verification)以及对需求的满意程度的验证(validate)。其中可行性校验是指通过提供一系列的组件以及合成的语义,验证组件合成在语法与语义上的可行性;而需求验证是指根据用户提供的一系列需求,在组件库中找出相应的服务,且其合成行为满足这些用户的需求。因此,组件合成除了底层的设计外,还面临着三个挑战:即设计一个可验证的组件合成语言、执行可行性校验以及执行需求的验证。为了解决上述问题,大量的研究在针对组件的形式化定义与语义分析的基础上,来指导组件的适配、二次封装以及粘结代码的生成,同时为组件组装过程的行为分析、验证与仿真奠定了实现的基础。

　　目前,随着 SOA 架构的广泛应用,基于 Web 服务的合成研究已成为了组件组装与推理技术研究的核心领域。Web 服务合成技术围绕着 Web 服务在整个应用与实施过程中存在的服务发布、查寻与发现以及服务绑定三个阶段，分解成了一系列的研究主题，其中最为关键的技术与研究包括：富语义的 Web 服务描述、Web 服务合成的自动化发现与匹配策略、服务合成过程中的互操作、事务与安全性、服务合成描述语言与规范、智能 Web 服务的自动化合成等关键技术，由于该领域的研究一直是软件工程领域中的关键技术之一，软件组件组装以及 Web 服务合成的相关语义描述、适配算法与合成验证等相关技术一直是目前该领域研究的热点，其中的关键性技术挑战主要包括以下几点：

（1）组件组装的组装粒度大小与规模以及组装复杂度的理论分析；

（2）组件组装计划（或需求）的形式化语义描述；

（3）组件组装过程中的组合匹配或抗失配性（实现层）；

（4）一个可验证的且具有良好语义的组件组装与合成描述语言与规范的设计（规范层）；

（5）组装的组件所具有的可行性以及需求满足程度的验证分析；

（6）组件组装过程中对于组件的标准语义描述、自动的服务发现、绑定与执行、基于 QoS 和事务的组件合成与处理等等。

（7）合成组件之间的协作关系与状态的管理、监控以及动态切换等实际应用问题。

这些问题在理论探讨和实际应用领域为解决组件的组装与服务合成提供了研究的线索与方向，相关的研究工作可以参考相关的文献与扩展阅读提供的相关资料。

11.4.5　基于框架的软件开发重用方法

为了更好地重用软件的设计和代码，在实际的软件开发过程中也常常会采用基于框架的软件开发技术，例如 MFC 框架、.NET Framework、JUnit 以及 SSH（Struts，Spring 和 Hibernate 框架）等等。框架是特定领域基于架构的、解决某类应用问题的半成品，是大粒度的软件复用。Gamma 曾将框架定义为：一组协同工作的类，它们为特定类型的软件构筑了一个可复用的设计。它为程序开发人员提供了一个能够使用的架构模板和软件包，由于软件框架定义了一组公共的程序结构与领域的控制流程，利用抽象类来封装了特定的属性与方法，在实际应用过程中，通过重载框架中的抽象方法来适应特定需求的实际应用。让程序开发人员不必一切从头开始编程，而将自己的注意力集中到核心业务逻辑的实现与功能的扩展上，从而提高了程序实现的效率。

框架的概念与模式具有一定相似度，一方面它的抽象和可重用的粒度更大，包括了多个设计模式的应用；另一方面，在框架中也包含了一些公共的实现机制，并通过对抽象类的继承与实例化来实现了实例中的抽象方法,从而适应了不同的需求并实现了代码和设计的重用,其实现的方式比模式的实现更为具体。另外,框架与类库(class library)之间也存在差异,类库的目的是提供一组通用的类和函数;而框架提供的重用级别要高于类库,它更关注通用的过程和功能。因此,一个好的框架应该包含以下一些关键特征:

(1)框架中包含一系列的抽象体(abstraction),其中包括了抽象类和组件;

(2)这些抽象体之间可以相互协作与互操作来完成特定的任务;

(3)抽象体以及它们的行为方式都是可重用的;

(4)每一个可重用的抽象体均可以通过可扩展点(extension point)或焦点(hotspot)来实现对业务需求的扩展;

(5)框架解决的是某个特定领域的问题(domain),每个框架都有特定的目标领域,它并不满足所有人的所有业务需求,例如,Struts 只是一个针对 Web 开发的框架,而 Hibernate 则是提供了一个数据实体对象操作的框架。

因此,框架是一组相互协作的抽象体组成的集合,并能够重用处理一个或多个特定问题域中体系结构的设计决策,其主要的好处是设计的重用而不是代码的重用。同时,框架内嵌了控制流、实现了公共的基本功能,系统设计者可以简单地重用这些设计快速地应用到软件系统的开发与实现过程中。目前,在建造大型的软件应用系统中,框架技术已经成为软件开发的基础性必备的工具,它不仅为整个系统提供了整体的体系结构框架,同时为系统的实现与维护提供了结构化与形式化的支持与保障。

11.5　本章小结

本章在对软件体系结构的基本概念、定位与分类进行定义与描述的基础上,分析了软件体系结构的建模框架,并分析了软件体系结构的组成要素之间存在的关系,在此基础上,针对包括软件体系结构的描述方法、多种体系结构模式、特定领域的软件体系结构在内的软件体系结构的关键技术进行介绍,并分析了体系结构的核心模型与评价方法。通过理论的分析,结合一个实际的应用场景,针对 MVC 模式、C/S 和 B/S 模式、ISO/OSI 分层设计模式以及 SOA 模式的应用模式进行了介绍与阐述。最后,针对软件体系结构提供的可重用模式以及基于组件开发的相关技术进行介绍。

11.6　思考问题

(1)阅读相关的参考文献以及网络资源,针对软件体系结构的基本要素与概念,请结合你在项目开发过程中的具体实现,分析一下在不同规模条件下软件体系结构在系统的分析与设计过程中的作用。请举例分析说明。

(2)结合参考文献与网络资源,请对软件体系结构中的关键技术、目前的研究进展以及具体的应用等内容开展相应的调研与分析,并完成研究综述报告。

(3)结合软件体系结构模式,请在你的软件项目开发过程中,找出一个实际的应用示例,来分析并说明使用软件体系结构模式的优点与缺陷。

(4)结合参考文献与网络资源,请对软件组件库中的关键技术、目前的研究进展以及具体的应用等内容开展相应的调研与分析,完成研究综述报告。

(5)在软件生产线的基本概念与过程模型的基础上,针对软件生产线中的关键技术、目前的研究进展以及具体的应用进行调研与分析,完成研究综述报告。

参考文献与扩展阅读

[1] 张友生. 软件体系结构原理、方法与实践[M]. 北京:清华大学出版社,2014.

[2] 李金刚,赵石磊,杜宁. 软件体系结构理论及应用[M]. 北京:清华大学出版社,2013.

[3] Garlan, D, Shaw, M. An introduction to software architecture. Technique Report, CMU/SEI-94-TR-21, Carnegie Mellon University, 1994.

[4] Thomas Er. SOA 概念、技术与设计(英文版)[M]. 北京:科学出版社,2012

[5] Thomas Er, Benjamin Carlyle, Cesare Pautasso, Raj Balasubramanian 著. SOA 与 REST:用 REST 构建企业级 SOA 解决方案[M]. 马国耀译. 北京:人民邮电出版社,2014.

[6] 毛新生. SOA 原理方法实践[M]. 北京:电子工业出版社,2007.

[7] 骆华俊,唐稚松,郑建丹. 可视化体系结构描述语言 XYZ/ADL[J]. 软件学报,2000,11(8):1024-1029.

[8] 杨芙清,梅宏,吕建,等. 浅论软件技术发展[J]. 电子学报,2002,30(12A):1901-1906.

[9] 孙昌爱,金茂忠,刘超,软件体系结构研究综述[J]. 软件学报,2002,13(07):1128-1137.

[10] 梅宏,申峻嵘. 软件体系结构研究进展[J]. 软件学报,2006,17(6):1257-1275.

[11] 刘霞,李明树,王青,等. 软件体系结构分析与评价方法评述[J]. 计算机研究

与发展,2005,42(7):1247－1254.

[12] 黄双喜,范玉顺,赵弢. 一类通用的适应性软件体系结构模式研究[J]. 软件学报, 2006,17(6):1338－1348.

[13] 张琳琳,应时,倪友聪,等. 一种软件体系结构关注点分析方法[J]. 计算机学报,2009,32(9):1783－1790.

[14] 赵会群,王国仁,高远,软件体系结构抽象模型[J]. 计算机学报,2002,25(7):730－736.

[15] 梅宏,黄罡,张路,等. ABC:一种全生命周期软件体系结构建模方法[J]. 中国科学:信息科学,2014,44(5):564－587.

[16] 张伟,梅宏. 面向特征的软件复用技术——发展与现状[J]. 科学通报,2014,59(1):21－42.

[17] 朱雪阳. 软件体系结构形式描述研究[D]. 中国科学院研究生院(软件研究所)博士学位论文,2005.

[18] 杨芙清,梅宏,李克勤,等. 支持构件复用的青鸟Ⅲ型系统概述[J]. 计算机科学,1999,26(5):50－55.

[19] 梅宏,谢涛,袁望洪,等. 青鸟构件库的构件度量[J]. 软件学报,2000,11(5):634－641.

[20] 杨红. 适应性软件体系结构评价方法研究[D]. 大连理工大学博士论文,2007.

[21] 龚俭.OSI 协议软件的实现及迁移技术[J]. 东南大学学报,1994,24(5):59－64.

[22] 李庆如,麦中凡. 域分析:为软件重用产生有用的模型[J]. 计算机研究与发展,1999,36(10):1188－1196.

[23] Hafedh Mili, Fatma Mili and Ali Milr. Reusing Software: Issues and Research Directions [J]. IEEE Transactions on Software Engineering, 1995, 21(6): 528－561.

[24] 张驰. 异构组件互操作技术研究[D]. 西北工业大学博士学位论文,2006.

[25] 饶元. 基于 SOA 的 Web 服务重用与合成机制研究[D]. 西安交通大学博士学位论文,2005.

[26] 周东祥. 多层次仿真模型组合理论与集成方法研究[D]. 国防科学技术大学博士学位论文,2007.

[27] 蔡振兴. 软件生产线集成框架研究[D]. 电子科技大学硕士学位论文,2012.

[28] Yang Fuqing. Thinking on the Development of Software Engineering Technology [J]. Journalof Software, 2005, 16(1):1－7.

第 12 章　MDA 与设计发展方向

软件的开发已经历了以计算为中心、以数据为中心和以对象为中心(数据与处理一体化)的三个发展阶段,特别是继面向对象方法之后,软件体系结构的又一个重大的进化就是软件模型的出现,模型是对复杂系统的一种准确描述方法,模型驱动架构(Model Driven Architecture,MDA)是在 UML 基础之上构建的一个更高抽象层次的软件开发模型与开发框架。它从模型的层次上来解决系统互操作性的核心问题,并使用平台无关的语言进行描述,使它与具体的平台以及实现技术解耦和分离,同时可以根据各种具体平台的映射关系来实现相应模型,从而将技术与平台的变化对系统的影响最小化,这样不仅提升了软件的分析、设计、重用与开发实现的效率和质量,同时也增强了软件的移植性和跨平台的能力。

12.1　MDA 体系结构

MDA 是 OMG 组织提出的一种基于 UML、MOF、XMI 以及 CWM 等工业标准的软件设计和模型可视化、存储和交换的框架。与 UML 相比,MDA 能够创建出机器可读和高度抽象的模型,这些模型以独立于实现的技术开发,以标准化的方式储存,并进行模型数据之间严格变换,最终生成可执行程序。从宏观看,MDA使得应用模型与领域模型在整个软件生命周期中得到了复用,也为不同应用之间的数据结构和数据的交换提供了一种有效的途径。

12.1.1　MDA 的核心思想

计算机解决一个具体问题时,大致需要经过下列几个步骤:首先要从具体问题中抽象出一个适当的数学模型,然后设计一个解此数学模型的算法(Algorithm),最后编出程序、进行测试、调整直至得到最终解答。寻求数学模型的实质是分析问题,从中提取操作的对象,并找出这些操作对象之间含有的关系,然后用数学的语言加以描述。计算机算法与数据的结构密切相关,算法无不依附于具体的数据结构,数据结构直接关系到算法的选择和效率,但是算法的具体实现并不依赖于某一种语言或开发环境,这种逻辑实现与物理实现相分离的处理过程,对于我们理解程序的本质提供了重要的基础。

另外，随着软件开发技术的飞速发展，JAVA、C♯、Ruby、Objective－C、Python 等语言，以及 CORBA、J2EE、.NET 等新开发环境不断涌现，这些程序语言与技术平台虽然给软件开发者带来多样化的选择，但是由于各技术平台缺乏共同的元数据基础，所以彼此之间无法相互集成和互操作，从而直接导致了软件成本的提高、应用及开发的复杂度增大，并为软件开发带来了诸多问题。特别是由于软件的应用逻辑与平台技术绑定，使得一个系统如果要在新的技术平台上实现，就必须修改计算模型以适应新平台的技术特点，从而使得系统的许多模块甚至全部模块需要重新开发，导致不必要的人力和物力资源的浪费。为了从根本上解决这些问题，并促进和规范建模技术的进一步发展，对象管理集团（OMG）于 2001 年 7 月发布了一个全新的软件开发框架——模型驱动构架（MDA）。MDA 不同于 CORBA（Common Object Request Broker Architecture，公共对象请求代理架构）和 OMA（Object Management Architecture，对象管理架构），它把建模语言不仅仅做设计工作的描述语言，同时也将其当做一种编程语言来使用，从而通过建模语言的编程模式大大提高了软件的开发效率、改善质量和可迁移性，从而使得软件产品具有更好的适应性与健壮性。

因此，MDA 的基本思想就是：一切都是模型，基于 MDA 的软件开发过程的核心工作也转化成为了对软件系统的建模与描述过程，做为一种基于 UML、MOF、XMI 和 CWM 以及其他工业标准的框架，MDA 支持软件设计和模型的可视化、存储和交换。和 UML 相比，MDA 能够创建出可以被重复访问的、机器可读和高度抽象的模型，这些模型独立于实现的开发技术，以标准化的方式储存，并进行模型数据之间以及模型与代码之间严格变换，最终生成可执行程序代码框架（Skeleton）、测试代码工具（Test Harnesses）以及集成化的程序代码，并实现各种不同应用平台的快速部署。MDA 的框架要素与功能如图 12.1 所示。

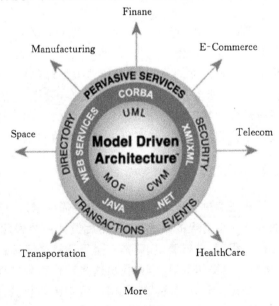

图 12.1　MDA 的框架要素与功能示意

12.1.2　MDA 的基本框架与概念

MDA 中的模型不仅仅用于系统的描述与沟通,同时也是软件开发的核心与主干,其目标是通过模型的精化来消除不相关的抽象细节层次。一般地,基于 MDA 的模型化软件开发框架可以分解为三个层次的模型,即计算独立模型(CIM,Computing Independent Model)、平台无关模型(PIM,Platform Independent Model)以及平台相关模型(PSM,Platform Specific Model),且三者之间存在着业务的抽象与精化的层次关系与映射机制,从而保证了模型的自顶向下、逐步求精的过程以及模型的可追溯性。其中,计算独立模型通过领域专家对业务领域知识与业务过程的描述,建立起业务模型来直接反映出业务逻辑的实现过程;平台无关模型是将业务模型映射到计算模型中,并表述如何利用软件系统来实现业务模型,但它弱化了与基础功能无关的技术实现细节,反映出了软件实现的抽象方法与通用过程;而平台相关模型表述了特定的软件平台技术对软件系统功能的具体实现方法。因此,一个完整的 MDA 应用可以由一个独立的 CIM、一个精化的 PIM 以及一个或多个 PSM(即开发者决定支持的任一平台,如 J2EE 或.NET)与系统的实现共同组成。整个 MDA 的三层架构示意模型如图 12.2 所示。

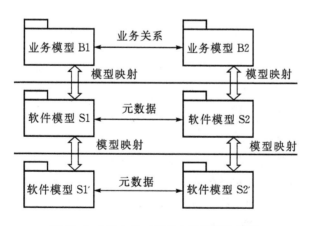

图 12.2　MDA 的三层基本模型架构示意

进一步分析可见,业务模型的建立是整个 MDA 的基础,通过对业务建模以及计算建模,可以获得对业务内容的抽象以及计算资源的抽象,有利于实现对整个计算模型以及计算资源更加有效地重用与快速映射。特别是由于 PIM 不考虑具体的实现技术,因此可以将系统的本质与逻辑更加清晰地表示出来,为模型的持久化保存、重用共享、具体实现和映射提供了基础。因此,MDA 模型驱动过程中最核心的工作是如何建立下两层(PIM 和 PSM)之间的映射与转换关系,由于 PIM 与任何实现技术无关,并由与平台无关的元模型所定义;而 PSM 则是由平台相关的元模型所定义的与特定的实现技术相关的计算模型,两者之间的元素存在着一一对应关系。MDA 的驱动过程可以通过图 12.3 表示。

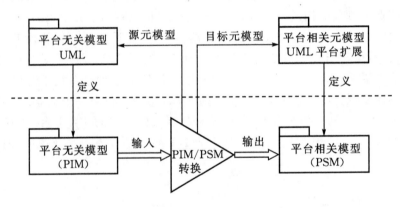

图 12.3　MDA 的驱动过程示意图

为了更好地解理 MDA 模型驱动过程中存在的优点,需要对其中的一些概念进行把握,这些基本的概念主要包括:模型与元模型、抽象与求精、平台无关与平台相关以及映射与转换,具体的定义描述如下。

1. 模型与元模型

模型是对系统中的一部分结构、功能或行为的形式化规约,是采用严格定义了语法和语义的建模语言来对系统或系统中的一部分进行统一描述和规约,且这种规约不仅包含了对系统的功能、结构和行为的统一描述,而且通过形式化的统一定义和描述,使得模型具有统一性与唯一性。

而元模型则是模型组成要素的进一步抽象,不同领域模型需要不同的建模结构集合,这些不同领域的建模要素集合形成了各类描述模型的元模型,例如:关系数据建模所需的建模结构包括表、列、键等;而 UML 类建模所需的建模结构集合包括了类、属性、操作、关联等。因此,模型是相应元模型的一个具体实例,而模型和元模型之间存在具体与抽象的关系。

　　另外,由于不同的视角导致系统的模型也存在着不同,因此一个系统也可以采用多种不同的模型来表示。例如 Zachman 模型可以从 6 个不同的视角中来展开系统的分析与设计,这些子模型的描述细节与关系也存在着差异,因此,一个系统也会存在着多个元模型,以及领域相关但平台无关元模型和领域无关且平台无关元模型等。

2. 抽象与精化

　　抽象是从众多的事物中抽取出共同的、本质性的特征,而舍弃其非本质的特征,抽象不能脱离具体而独自存在。因此,每一个系统的模型都是从某个特定角度对该系统的一种抽象。而精华则是需要考虑每一个系统抽象模型的具体实现方法与操作细节。

3. 平台相关与平台无关

　　平台是指和系统或执行领域的基础功能无关的技术细节,平台独立即是指独立于某些特定开发领域或平台的技术。在 MDA 中,平台无关模型对系统的结构和功能进行抽象和规约,不带有具体的技术实现细节,该模型可以用来描述独立于任何实现平台的结构和功能特征的系统,而平台相关模型则包含了特定的技术实现细节,该模型描述是建立在特定技术基础之上的系统结构和功能特征。

4. 映射

　　映射(mapping)也是一种规约,它包含规则以及相应的约束信息,主要用于PIM 模型与 PSM 模型的自动转化,示意如图 12.4。

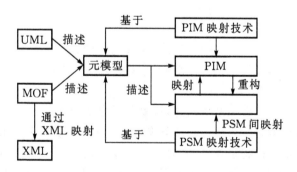

图 12.4　基于 MDA 的元模型与 PIM 和 PSM 模型之间的关系与映射技术

12.2　MDA 的核心技术

12.2.1　统一建模语言 UML 及元模型

UML 作为面向对象的可视化建模语言,它融合并扩展了多种建模方法的优点与应用范围,实现了对软件分析、设计、实现、和部署的全生命周期的可视化建模。UML 不仅有反映系统结构的静态模型,还有表现系统行为的动态模型,利用对象约束语言(Object Constraint Language, OCL)来制定约束和查询,具有较强的语义表达能力,避免了信息在建模过程中的失真。同时,静态模型和动态模型可以相互验证,为模型的正确性提供了保证。此外,为了增加了 UML 建模的灵活性,UML 内置了扩展机制(即 UML Profile),其元模型由 90 多个元类(Meta-Class)、100 多个元关联(Meta Aassociation)和 50 多个型板(StereoType)组成。并通过基础包、行为元素包和模型管理包三种逻辑包来实现对这些要素的封装。

其中基础包为描述软件系统提供最基本的支持,可分为核心包、辅助元素包、扩展机制包和数据类型包。行为元素包定义 UML 行为建模的超结构,可分为通用行为包、合作包、用例包和状态机包。模型管理包定义模型元素如何组织成模型、包和子系统。根据相应的包以及包之间的关系建立的 UML 元模型如图 12.5 所示。

12.2.2　元对象设施 MOF

MOF(Meta Object Facility)是 MDA 模型中的核心标准之一,它通过了一组公共且抽象的元模型定义语言,为建模元素提供统一的规则,MOF 包含 M0,Ml,M2,M3 四个模型层次,如表 12.1 所示。

其中,数据的语义由模型来描述,模型的语义由元模型来描述,元模型的语义由元-元模型(即 M3 层)来描述。从下向上,模型的抽象层次越来越高,而从上向下,模型的精化程度也越来越高,同时,表示也越来越具体。每一层的含义分别为:

M3 层是元-元模型层,它的元素是为定义元模型提供的结构。这些元素包括 Class(类)、Attribute(属性)、Association(关联)等,且 M3 层元素必须定义为 M3 层本身的实例,即 M3 层则有自描述的能力。例如,UML 类就是 M3 层类的一个具体实例。

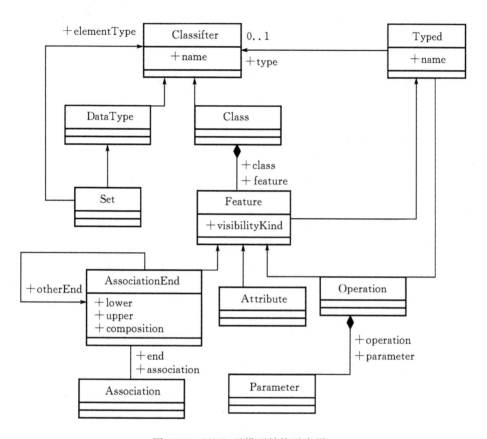

图 12.5　UML 元模型结构示意图

表 12.1　OMG 元建模框架

元层次	描述	元素
M3	MOF,定义元模型的结构集合	MOF 类,MOF 属性等
M2	元模型,定义模型的结构集合	UML 类,UML 属性;CWM 表等
M1	模型,由元数据构造的实例组成	Cat 类,客户类,Account 表等
M0	对象和数据	小猫 John,账号 Johnson 等

M2 层是元模型层,它包含了 M3 层结构定义的元模型;其中一些 M2 层实例是已经被标准化的元模型,例如 UML、CWM 和 CCM。很显然 M2 层是 M3 层结构的具体实例。

M1 层包含了各种模型,它们的结构是 M2 层的实例。例如 Cat 类就是 UML 类的一个实例,其属性 Name 就是 UML 属性的一个实例。

　　M0 层包含了具体的对象和数据,它们也是 M1 层元素的具体实例。例如小猫 John 就是 M2 层 Cat 类的一个实例。

　　MOF 利用 UML 作为描述建模结构的抽象语法,其核心概念包括 Classes,Association,DataType,Contraints 等,其中 Class 又包含 Attributes、Operations 和 Reference 三类结构特征,同时利用对象约束语言 OCL 来增强元模型的精确性。尽管 MOF 定义元模型的结构来自于 UML 元模型的显式定义,但 MOF 具有描述面向对象以及其他任何类型的建模结构和建模结构之间关系的能力,例如 MOF 提供了三种机制来表达 Classes 之间的联系:Attribute、Association 和 Reference。用 Attribute 表达的类关系是面向遍历的,即从一个类的实例中找出与其属性相同的另一个类的实例;用 Association 表达的类关系是面向查询的,便于在所有的关系中进行查询;而 Reference 则是两种表达的折中。另外,对于 MOF 中所有的元素都可以定义约束,例如取值的范围、满足的条件等。这种约束也可以采用 OCL 语言来表达,而对于每一个 MOF 元素也都有相应的信息格式映射。这种映射严格规范了对元模型的操作,不仅提供了在异质异构的分布式系统间对元数据进行存储、访问和操作的基础,而且当定义了一种新技术的映射后,操作该技术的元模型的 API 也就被定义好了。图 12.6 反映了 MOF 模型的抽象语法片断。

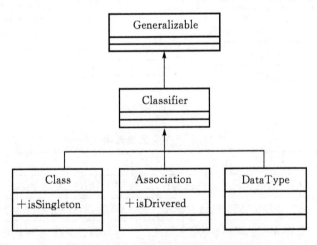

图 12.6　MOF 模型的抽象语法片断

　　虽然 MOF 统一了模型和数据的描述方式以及相应的标准,但是现在的 MOF 仍然存在一些明显的不足。例如,MOF 没有定义图形符号的语言。因此如果需要元模型为某一特定类型的模型定义图形符号,则尚没有标准方法来声明符号,并将符号结构关联到元模型抽象语法所定义的结构中。另外,MOF 不支持版本管理,一个模型的多个版本无法共存于一个仓库。虽然 MOF 的结构参考了 UML

建模结构,但 UML 和 MOF 的抽象语法并没有共享一个核心,因此,两者之间还存在着一些不兼容的地方。

12.2.3　元模型映射

根据 MDA 的标准,基于 MOF 的元模型可以相互映射,并能相互交换元数据。异构系统也可以通过元数据来互相识别,并互相协作,即所有的基于 MOF 的元模型都可以进行统一的信息格式转换和交流。为了更好地规范这些元模型之间映射机制,OMG 定义了几种 MOF 到特定信息格式的映射,其中主要包括了:MOF 到 CORBA 的映射;MOF 到 XML 的映射和 MOF 到 Java 的映射等。MOF 到特定信息格式的映射如图 12.7 所示。

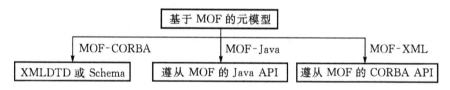

图 12.7　MOF 到特定信息格式的映射

由于 XML 本身所具有的自描述性和平台无关性,XML 元数据交换使 XMI 成为了模型信息交换的首选方式。XMI 定义了 XML 标记(tags)如何表示序列化的兼容 MOF 的模型。基于 MOF 的元模型被转换为 DTD 或者 XML Schema,模型根据其对应的 DTD 或者 XML Schema 被转换为 XML 文档。另外,由于 XMI 基于 XML 的特性,元数据(用 tags 表示)和其实例(元素内容)可以共存于同一个文档中,这使得应用程序可以容易地通过其元数据来理解实例。图 12.8 显示了 UML 元模型中的 Classifier 元素转换成 XML DTD 模型的示意。

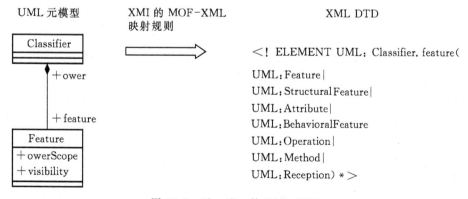

图 12.8　Classifier 的 XML DTD

　　另外,由于 XML 只是一种标记语言,DTD 生成规则仅涉及到信息的组织并只规定了 XML 语法而没有规定其语义,不涉及描述数据之间的复杂关系和数据操作,也无法表达继承、组合等语义。因此,XMI 进一步扩展了生成 DTD 的 XML 文档的规则集合,并规定了 XMI DTD 中所定义的 XML 位置语义信息。根据 XMI 映射,MOF 工具可以以特定的模型作为输入,生成符合 XMI DTD 的 XML 文档,也可以将符合 XMI DTD 的 XML 文档转化为特定模型,即通过 XMI 可以将不同 UML 模型开发工具建立的不同 UML 模型的存储格式统一为 XMI 文档。例如,以数据库中表、列关系的元模型为例。在数据库元模型中表拥有列,如果表被删除,则表所拥有的列也会被删除。其中,数据表和列之间关系的简化元模型如图 12.9 所示。

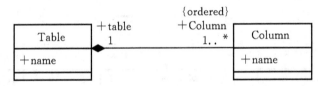

图 12.9　表、列关系的简化元模型

上述元模型的 XML DTD 如下所示。
＜xml version＝1.0 encoding＝"UTF-8"＞
＜! ELEMENT TABLE {NAME. COLUMN＋}＞
＜! ELEMENT NAME {♯PCDATA}＞
＜! ELEMENT COLUMN {NAME}＞

　　该 DTD 虽然表达了元模型的基本信息,但是无法表示"表拥有列"的特性,也无法体现数据表一旦被删除,则数据表所拥有的列也要被删除这一事实。因此,一种高级视图,UML 模型不能够具体表示且派生出有意义的、详细的 XML 模式。为了保证更精确的表示元模型的语义,OMG 和制订 Java 标准的机构 JCP 定义了 Java 元数据接口 JMI。Java 元数据接口(JMI)借鉴了 MOF-CORBA(IDL)的映射机制,不仅提供了将 MOF 映射到 Java 语言的正式的映射规则,还定义了接口的语法和语义。JMI 实现允许生成纯 Java 接口,以对元模型仓库中的 MOF 元模型和其实例进行访问。Java 客户端可以轻便地通过 JMI 来访问元数据服务。例如,数据表、列关系的元模型可以根据 JMI 的映射规则生成的 table 接口包含了 getName,getColumn 等操作,其中 getColumn 操作以 Java 的 List 类型返回 Column,这些操作代码会在表被删除的同时删除它拥有的列,即 JMI 可以完全表示元模型包含的规则,并且实现对元数据的相应操作。

12.2.4　公共仓库元模型 CWM

CWM(Common Warehouse Model)是建立在 UML、MOF 和 XMI 这三种标准的基础上,实现数据仓库和业务分析领域进行元数据交换的标准,其目标是为了在分布式异质且异构的环境下为数据仓库工具、平台以及存储建立一个商务智能的元数据交互机制。CWM 能够支持模型的构建(Construction)、发现(Discovery)、移动(Traversal)和更新(Update)等操作,同时还支持模型的生命周期语义以及应用的设计、部署、集成和管理。例如,新开发的元模型可以保存在符合 CWM 标准的元数据仓库中。根据 MOF 生命周期语义以及继承 Inheritance、集群 Clustering、嵌套 Nesting 等复合语义,并能够和现有的元模型组合。同时,模型接口和默认的实现可以被生成,并通过 OCL 来实现对环境可用。一个符合 CWM 标准的仓库可以提供众多的元数据服务,比如持久性(Persistence)、版本(Versioning)和目录服务(Directory Services)等;同时,也可以支持对数据的转化、OLAP、信息可视化以及数据挖掘的建模。图 12.10 描述了一个满足 CWM 标准的元数据仓库的实例。

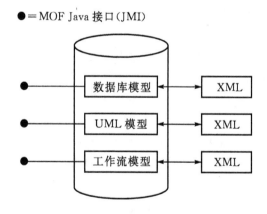

图 12.10　元数据仓库的实例示意图

CWM 中包含了许多不同类型的元数据,客户可以通过导出 Java 接口来将元数据表示成 Java 对象,从而可以通过接口来处理元数据,即可以采用满足 CWM 标准的元数据管理工具支持用 Java API 来实现在仓库里创建新的元数据、读出仓库里已有的元数据、更新仓库中的元数据和删除元数据等操作,也可以将模型作为输入来生成 XML DTD 和 XML Schema,并生成执行导入和导出的操作代码。因此,在 MDA 框架下,对元数据的操作都被标准化了,从而真正实现了模型驱动的软件开发与实现过程。

12.3　基于 MDA 的软件开发过程

虽然基于 MDA 的软件开发生命周期与传统的软件开发生命周期具有一定的相似性,但是由于开发人员的关注点发生了变化,使得整个的软件开发的目标与相关软件的资源都发生了一定的变化,即从原来的代码为中心转移到了平台无关模型的设计,并且最终转换到平台相关模型的实现上。因此,可编译、可操作的模型的开发与设计则成为了整个平台中的一个关键。

12.3.1　传统软件开发过程中存在的问题

目前的软件开发过程主要是以概要设计、编码或者测试用例来驱动的,无论是通过需求"推动"还是测试"拉动",在传统的软件开发过程中都无法回避以下一些关键的问题。

(1)需求变更问题:随着业务的发展,需求也会随着业务环境的变化、流程的变化以及操作方式的变化而不断发生变化,但这种变化对软件系统而言,有时可能是颠覆性的,因此如何保持软件系统的灵活性与可扩展,则成为了软件系统分析与设计的关键。

(2)版本管理问题:传统的软件开发过程是一个迭代过程,当从需求捕获与开发开始,经过需求分析、设计、编码实现、测试、并最终部署等阶段,形成了一个完整的生命周期过程(如图 12.11 所示)。但是由于前期工作所花费的时间与精力较大,对于一些初级程序员而言,更愿意花费大量的时间直接进入到代码的编写阶段,从而造成设计的文档与代码之间版本脱节,设计文档中的建模结果无法与代码实现同步,对软件开发与维护人员所提供的帮助有限,有时文档与模型已成为了过时的,且失效的文档。

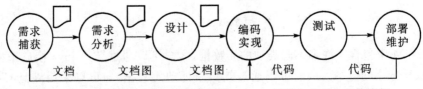

图 12.11　传统软件开发的全生命周期过程

(3)技术与平台的升级与迁移问题:软件的部署环境一般都会有一定的限制,特别是随着业务的性能与部署环境的变化,可能会对原有的软件系统进行迁移操作,而这种软件的迁移过程,由于程序语言、开发平台以及中间件或操作系统环境之间的差异,可能需要对原有的系统进行重新设计与编程,从而造成了大量的重复性工作。

(4)软件重用问题:为了更好更快地开发软件产品,我们通过软件工程的角度来设计和开发了软件的模块,并希望通过模块一方面解决代码间的隔离与封装问题,另一方面来形成大粒度的可以重用的软件资源。但是由于所设计的模块还仅仅是粒度较小的代码资源,一旦平台迁移或升级,大量的模块也将无法有效使用,如何能够做到更有效的、大粒度的软件资源重用,如模型的重用,则提出了新的挑战与问题。

正是针对传统软件开发过程中存在的一些问题,MDA 提出了以模型驱动的软件开发思想,即通过从高层的抽象模型到底层的实现模型的建模与自动转换,通过代码自动生成工具自动获得软件系统的源代码与相关的配置文件。从而试图从根本上解决软件资源大粒度的重用、平台迁移与升级以及模型与代码之间的映射与自动同步问题。下面对基于 MDA 的软件开发过程进行相应的介绍。

12.3.2　基于 MDA 的软件开发过程

基于 MDA 的软件开发过程并不是要改变传统软件开发生命周期(见图12.10)中的过程和阶段,而是希望改变每一个阶段所提交的内容结果,即从代码的设计转向到模型的设计上来,并通过模型的转换可以自动化地生成整个项目的大部分的代码,而不仅仅是生成部分代码框架,从而从根本上改变了软件开发生态,将会对于整个软件行业带来颠覆式的影响。整个基于 MDA 的软件开发生命周期如图 12.12 所示。

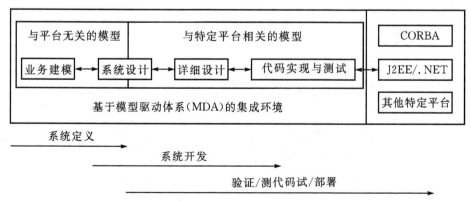

图 12.12　基于 MDA 的软件开发生命周期示意图

　　由于 MDA 能够从更高的抽象粒度上来考虑软件系统的资源重用与自动生成,通过 CIM 形成的概念模型可以完成对整个系统的业务分析并形成初步的业务模型,通过进一步的分析与设计,形成平台独立的模型结果 PIM,从而可以适应不同的技术以及平台的选择需求。一旦确定相应的技术平台后,可以通过 CASE 工具自动地生成 PSM 模型,程序员能够使用 CASE 工具进行模型之间以及模型和代码之间的自动转换,因此,MDA 的支持工具一般都需要具有支持双向工程的能力,对于设计的模型结果可以立即转化到代码中,并且对于代码的变化也能够动态地映射到模型图中。模型和代码的自动化同步极大地提高模型的价值,也使得模型对于代码变得更加具有实际的操作价值和意义,这不仅将程序员从具体平台的技术细节中彻底解脱出来,使得他们更加清晰地了解和把握系统的整个架构,同时极大地提高了开发的效率和对客户需求变化的响应能力。

　　因此,MDA 的开发过程就是从高层抽象模型到底层抽象模型的转换,然后借助代码生成工具得到满足特定平台的目标软件系统的源代码和相关配置文件的过程。在此过程中,CIM、PIM 和 PSM 模型以及最终生成的代码 Code 均是软件开发生命周期中的关键工件,它们表示了对系统不同层次的抽象。同时,通过定义从 CIM 到 PIM,以及从 PIM 到 PSM 模型的转换规范,为模型转换的实现提供基础。因此,模型以及模型转换映射构成了 MDA 的核心基础,图 12.13 则反映了 MDA 的模型映射的工作机理与实现过程。

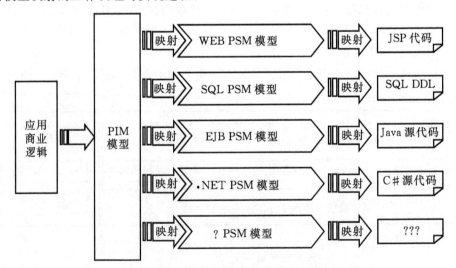

图 12.13　基于 MDA 的模型映射工作机理与实现过程示意

12.3.3　MDA 的典型应用实例

MDA 的基本思想是将模型作为软件开发工程中的核心制品,目前,围绕着模型的定义、功能结构、操作行为、表示方法以及映射工具,目前,已有大量的 MDA 工具不断地被开发并应用到实践之中,并对软件的开发过程与软件开发效率带来了新的变化与影响,其中,MDA 工具目前主要分为以下 6 类:

(1) 基于 MDA 规范的模型生成工具(MDA Specification based Model Generation Tools);

(2)模型转换工具(Model Transformation Tools);

(3)模型仓库(Model Repository);

(4)模型生成框架(Model Generation framework);

(5)UML 工具(UML Tool);

(6)基于 MDA 开发的支持工具(MDA based development support tools)。

为了充分利用 UML 的模型表示方法,MDA 一方面通过 Profile 机制来扩充 UML 的表述能力;另一方面利用转换工具来提供模型转换方法的实现,即利用正向和逆向软件工程,通过转换模型和转换方法来实现模型到代码以及模型到模型之间的映射与转换;除了常见到的 ATL、OpenArchitectureWare(OAW)、MOF-Script、UMT-QVT、QiQu、BASEGen、Tefkat、Kermeta、Mod-Transf 以及 Acceleo 等工具外,最具有 MDA 思想的代表性工具则是我们常常用来进行数据库设计的一个 CASE 工具——ERWin。ERWin 是美国 CA 公司 All Fusion 品牌下的一个数据建模工具,它不仅提供了数据库的模型的管理,同时还提供了一个数据库模型的设计与映射转换的工具,从而实现一个 PIM 模型的设计,多个不同的 PSM 模型的应用。下面简单利用几张 CA ERWin 的模型工具的操作来说明 MDA 的应用和实现过程。其中,基于 MDA 的软件开发过程可以分解为以下几个关键的步骤。

步骤 1:通过对需求进行分析来了解系统的需求目标、边界以及核心要素,从而形成与具体的实现技术无关的一种高层次的与平台无关的系统模型(PIM)。并且可以从业务的过程与业务逻辑的角度不断优化该模型,使其可以通过 PIM 更加精确地描述软件系统。其中,图 12.14 反映了通过业务需求的分析所形成的业务逻辑模型,该模型只与业务相关而与平台无关,该模型也属于 PIM 模型。

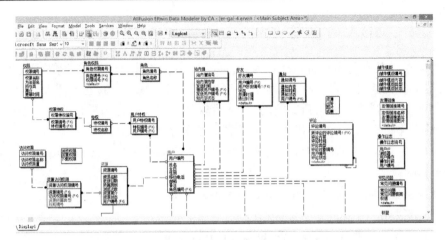

图 12.14　利用 ERWin 工具设计形成一个完整的业务逻辑模型——PIM 模型

步骤 2：定义相应的规则与参数，将 PIM 转换到一个或者多个针对用户选择的实现技术（或平台），并将软件系统的 PIM 模型转化到特定的平台相关模型（PSM）中，且每一个 PIM 都对应着不同的技术平台时，都会生成独立的 PSM，这也是 MDA 中的最为关键步骤之一。

在 ERWin 建模的过程中，通过对 PIM 的业务逻辑模型进行进一步的设计，形成相应的物理模型，该模型的设计依赖与具体的平台相关，是一个平台相关的模型（PSM）。例如，图 12.15 中所示的配置工具也反映出将系统的 PIM 模型转化到与 SQL Server 平台相关的物理数据表的映射方式。根据不同的平台类型，对字段的数据类型以及相关的约束机制都存在着不同的选择和设置，从而可以形成依赖于平台的完整数据结构。

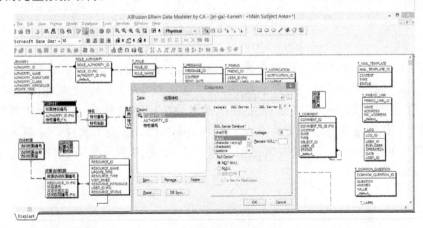

图 12.15　利用 ERWin 工具进行平台相关的模型设计——PSM 模型

步骤 3：对于生成的 PSM 进行调整与优化，同时，PSM 的改变也可以反映到 PIM 模型中，即两个模型之间可以进行相互映射。利用 ERWin 的正向引擎(Forward Engineer Schema Generation)对 PSM 模型的参数设置，形成针对 PSM 模型向代码映射规则与机制，如图 12.16 所示。

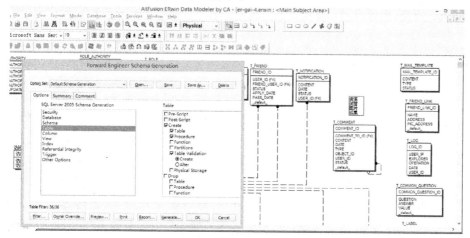

图 12.16　PSM 模型向代码映射的规则配置示意

步骤 4：对 PSM 进行不断的精化，并且通过参数的配置，来实现高质量代码的自动生成；因此，利用 ERWin 在配置映射规则与参数的基础上，自动地生成相应的数据库代码脚本，如图 12.17 所示。

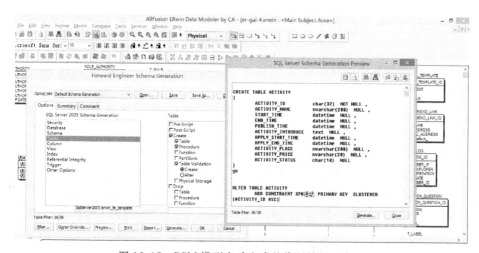

图 12.17　PSM 模型自动生成的代码结果示意图

整个过程以模型为核心,通过对模型的不断优化与细化,反映出了整个系统从需求的分析建模开始,通过利用 MDA 思想来对模型进行不断的精化,创建出逻辑、物理等多个层次的模型,并定义系统中相应的 PIM 模型与 PSM 模型之间以及 PSM 模型与代码之间的映射规则,最终自动化地生成相应的代码。因此,在 ERWin 的设计示例中,可以进一步看到基于 MDA 的软件开发过程的实现策略与方式。

12.4 本章小结

MDA 以模型为核心来驱动软件的开发过程,为软件的开发、重用提供了新机制。软件开发正在从传统的代码为中心向以模型为中心的方式发展。尽管目前大量的 MDA 工具还存在着转换功能局限、自动化程度不高、代码生成不够完整、难以覆盖整个软件开发生命周期等问题,但随着标准以及模型转移机制的不断完善与标准化,MDA 工具以及基于 MDA 工具的软件开发与设计将彻底地改变目前软件开发效率低、重用程度低以及跨平台迁移等相关问题,不但有助于软件开发过程、生命周期和架构机制的改进,同时也将极大地推动和深刻地改变软件行业的生态链与软件工程的内涵,从而成为了下一代软件工程发展以及 CASE 工具开发的核心。

12.5 思考问题

1. 请阅读相关的参考文献以及网络资源,针对 MDA 技术目前应用的进展、核心技术以及具体的应用等内容开展相应的调研与分析,并完成研究综述报告。

2. 对比 MDA 中的核心技术,分析这些核心的特征以及异同,并形成分析报告。

3. 对于传统软件开发过程与 MDA 软件开发过程,请分析它们之间存在的核心差异。

4. 尝试研究有关 MDA 工具在平台相关的过程中,如果实现从模型到代码之间的映射,并写出研究报告。

5. 假设你作为一个软件研发部门的负责人,为了更有效地组织团队成员以更好的工作效率来完成软件项目的开发,你希望采用 MDA 的方式来建立一个公司级的软件建模与代码自动化生成的一个工具,请查阅文献与资料,并尝试设计与开发建设一个 MDA 的软件自动化工具,在实践基础上完成相应的一个研究报告。

参考文献与扩展阅读

[1] 张天,张岩,于笑丰,等. 基于 MDA 的设计模式建模与模型转换[J]. 软件学

报,2008,19(9):2203 - 2217.

［2］Jon M Siegel. MDA Guide V2. 0, OMG, June 2014. http://www. omg. org/cgi - bin/doc? ormsc/14 - 06 - 01.

［3］李群,王超,朱一凡,等. 基于 MDA 的仿真模型开发与集成方法研究[J]. 系统仿真学报,2007,19(2):272 - 276.

［4］姚益平,刘刚. 基于 MDA 的并行仿真可视化组件建模范式[J]. 计算机学报,2011,34(8): 1488 - 1499.

［5］马浩海,麻志毅,吉哲,等. 元模型可度量性及度量方法研究[J]. 电子学报,2004,32(12A):211 - 214.

［6］陈平,王柏. MDA——新一代软件开发方法学的挑战与发展研究[J]. 计算机科学,2005,(3):127 - 131.

［7］刘辉,麻志毅,邵维忠. 一种基于图转换的模型重构描述语言[J]. 软件学报,2009,20(08):2087 - 2101.

［8］孙为军,李师贤,严玉清. 模型驱动开发中模型演化语法和语义特性研究[J]. 计算机科学,2012,39(07):123 - 126.

［9］陈湘萍,黄罡,宋晖,等. 基于 MOF 的软件体系结构分析结果集成框架[J]. 软件学报,2012,23(4):831 - 845.

［10］刘辉,麻志毅,邵维忠. 元建模技术研究进展[J]. 软件学报,2008,19(06):1317 - 1327.

［11］曾一,黄兴砚,李函逾,等. 基于 MDA 的需求捕获工具的设计与实现[J]. 计算机科学,2014,41(10):204 - 209.

［12］麻志毅,刘辉,何啸,等. 一个支持模型驱动开发的元建模平台的研制[J]. 电子学报,2008,36(04):731 - 736.

［13］张森,邓磊,吴健,等. 一种基于 MDA 的分布式对象模型框架代码生成方法[J]. 西北工业大学学报,2014,32(1):49 - 54.

［14］何啸,麻志毅,王瑞超,等. 语义可配置的模型转换[J]. 软件学报,2013,24(7):1436 - 1454.

［15］余金山,周武斌. MDA 模型转换的 OCL 扩展[J]. 小型微型计算机系统,2012,33(3):548 - 551.

［16］王学斌,王怀民,吴泉源,等. 一种模型转换的编织框架[J]. 软件学报,2006,17(6):1423 - 1435.

［17］马坤. 模型驱动架构下模型及模型转换方法关键问题研究[D]. 山东大学博士学位论文,2011.

后　记

　　曾经困惑、犹豫了许久，终于通过一个教改项目的方式来促使和逼迫自己坐下来，认真地对这几年来有关企业架构与软件系统分析设计的内容进行了一次全面的思考。上课的过程中，我可以天马行空，把许多的企业的实际应用与课程内容相结合，但是一旦进入写书的程序后，发现想的和说的，说的和写的如果能够保持一致还真不是一件容易的事情。

　　也曾听许多同学说起来，软件工程对于他们而言，更像是一个可以临时背一下就能过关的一门课程，而系统分析与设计好像有一些抽象，特别对于没有软件开发经验的人而言，同样也有一些找不到北，只能依靠书中的概念背一下或者简单的用一下了事。但是，有两件事情促使我对这一现状进行改变，并对一些内容进行不断地调整与升级。一个事件是曾经面试了一位985院校的考研学生，为了更好地了解学生的能力与学习知识的深度，特意选择了这个学生的为98分的一门课程进行了提问，回答却令人惊愕，原因在于这一个高分仅仅是对内容进行突击式的背诵，而无任何理解或实际应用，在关键的时候却早早地还给了老师。另一个事件则是我自己的一个学生，现在远在美国的一所著名高校读博士的同时也兼职做了TA，他回学校来看望我的时候，一席话深深地刺痛了我，当他告诉我："老师，我在美国的学生可以任意选一名来到交大，我可以负责任地说，这一个学生一定是最优秀，且没有之一。"其原因在于，一门我们以为平常的课程，居然包含10～20个左右的实验训练，这种源于高强度的实际训练，将我们国内的大学生与美国大学生之间的差距越拉越大。这种没有"之一"的优秀，使我对自己所从事的教育事业进行了一个认真的反思……

　　感慨之余，做为一名普通的大学教师，没有期望成名成家，但是做为一个老师内心的职业素养使我必须去面对一些问题，同时也希望为我们的学生们做一点力所能及的事情，这一件事情也就是希望从自己做起，从实践的角度重新审视这一领域。一方面，随着软件形态正在发生着巨大的变化，对于软件的分析与设计而言也正在经历着一种新思想、新方法以及新应用的冲击，如何把这些新的技术、方法与课程的内容进行进一步的结合，为更多的学习者提供一个信息窗口，为他们了解更多的内容与知识提供一个框架与线索，则是本书希望达到的第一个目标；另一方面,软件系统分析与设计的方法,多年来一直延用着软件工程的基本套路,采用结构与对象的方式来进行介绍,但是一个有效的系统包括大量的领域信息与知识,因此,如何将行业内相对较为成熟且形成体系的设计整体框架,与实际的系统相结合,这使得我们采用了企业架构这一个相对"较新"的理念来重新组织所有的内容,也希望能够通过这一种方式,让更多的学习者在了解对一个系统整体状况的基础上,可以全面地把握系统分析与设计的几个关键维度,并利用这些维度模型,能够解决一类软件的设计问题。同时,在组织不同的维度后,也可以集成来解决一个复杂的系统设计问题,这也是本书希望能够为各位学习者抛砖引玉,来共同思考的一个关键问题。

本书应该也有几个第一,第一次以 Zachman 的角度来组织系统分析与设计维度,这会让许多人从实际的视角开始来审视设计;第一次提出一个完整的 RP 模型,把有关资源计划与时间维度相关的设计进行了抽象建模。希望通过这一个模型,可以获得对于一类问题的公共的基础性的解决方法;第一次在软件的分析与设计书中,加入了大量的实际业务与管理应用背景,希望打开"设计的神坛",让系统的设计走向实际的应用过程;第一次在课后的练习之中,加入了大量的实际性的开放问题,促进学习者深入去思考,更希望每一位学习者在此过程中"百炼成钢",成为知识能力的真正拥有者。

尽管目标与希望是美好的,但是在具体的写书过程中,也遇到了许多困惑,对书中的内容几经删减与调整,由于作者自身的学识所限,文中还存在着许多的不如意,在此,也希望得到更多同仁、老师、IT 的设计者们以及各位学习者们提供一些建议以及改进方案,我们也会通过各种交流与沟通方式,来促进本书内容质量的不断完善与提高。同时,也希望以此书来抛砖引玉,引起更多人对软件系统分析与设计方法的兴趣和真知灼见。因此,本书适用于本科高年级的同学、研究生以及 IT 领域中的专业人士以及专业人才,通过交流也期望达到教学相长的目标。

本书的出版得到了西安交通大学研究生院提供的教改项目的支持,同时也得到了软件学院多届同学在讨论中所给予的启发,也特别感谢出版社编辑同志所给予的无私的支持与大力的帮助,没有大家所提供的帮助,几乎是无法在这么短的时间内完成如此工作量的内容撰写。同时,本书在写作过程中,借鉴了大量来自网络博客、论文专著、以及 WIKI 百科等资源所提供的信息内容支持,尽管在本书每一章后都将绝大多数的相关文献以及扩展阅读的内容进行列举,但是我还是觉得在网络时代下,知识与信息的传递改变着每一个人的工作与学习方式,也同时改变着知识的表达方式,在此也特别希望向这些领域的同仁们的贡献表示感谢。

最后,感谢我年迈的父母,古稀之年还在为我们的工作与生活提供支持帮助与不断的鼓励,同时,也特别感谢我多年来相濡以沫的妻子和马上就要成为中学生的儿子,正是在家庭温暖的环境下,以及父母常说道的"认真做人,努力做事"的训诫下,让我人到中年也不能忘记了努力与回报。感谢青岛宝韵亦尚文化传媒有限公司董事长官爱兵先生,一次培训过程的邂逅,使得我们有了不断交流与沟通的机会,官总亲自为我们实验室写下了一幅"止于至善"的字已高挂在我们实验室的墙上,并与我的好友张澄宇博士题写的"君子不器"一起成为了我们实验室全体成员共享的一个文化、一种传承和一种精神。同时,也感谢我们社会智能与复杂数据处理实验室的年轻学子们,看到你们努力的似曾相识的身影,让我不敢有一丝一毫的懈怠,也希望在与大家共同努力的岁月中,不仅留下了青春奋斗的痕迹,同时,实验室的所有成员都应该能够不断地以你们自己的创造与成就而感到自豪,而这种可以不断传承的精神也将成为每一个成员心中难以忘怀的一个故事、一次活动、一个报告和一杯小酒下的青春印记。

　　毕竟是:千里之行,始与足下。

2014 年 6 月于西安交通大学软件学院
社会智能与复杂数据处理实验室